Inhaltsverzeichnis

Wichtige Sternkarten

Einleitung

Die folgenden Kapitel sind für den Neuling der Astronomie bestimmt. Wer schon über einschlägige Kenntnisse verfügt, kann diese Kapitel überblättern. Die in diesen Kapiteln beschriebenen und im folgenden Werk benutzten Einstellungen werden kurz zusammengefasst:

Äquinoktium in Sternkarten: 2000
Konjunktionen zwischen Mond, Planeten, Asteroiden und Fixsternen: Wert in Rektaszension
Konjunktionen zwischen Planeten und Asteroiden mit der Sonne. Wert in eklIptikaler Länge

Alle Angaben in diesem Werk wurden mit größtmöglicher Sorgfalt zusammen gestellt, doch können fehlerhafte Angaben niemals gänzlich ausgeschlossen werden. Der Autor übernimmt keine Haftung für Personen- oder Sachschäden, insbesondere nicht durch solche, die durch unvorsichtige Sonnenbeobachtung entstehen.

Sterne und Sternbilder

In einer klaren Nacht kann man etwa 2000 – 3000 Sterne sehen. Um in diese Vielzahl von Sternen Ordnung zu bringen, hat man markanten Gruppen von Sternen Namen gegeben, die man als Sternbilder bezeichnet. Jeder Kulturkreis hat im Laufe der Geschichte eigene Sternbilder kreiert. Heutzutage verwendet man 88 Sternbilder. Die meisten, der in Mitteleuropa sichtbaren Sternbilder gehen auf die griechische Sagenwelt zurück, in der die Beteiligten oft am Ende in den Himmel versetzt wurden. Es gibt aber – nicht nur am südlichsten Teil des Himmels, der den antiken Griechen unbekannt war – auch zahlreiche Sternbilder, die erst in der Neuzeit geschaffen wurden.
Die heute verwendeten 88 Sternbilder decken den kompletten Himmel ab und haben eindeutig definierte Grenzen. Die Sterne der Sternbilder bilden in der Regel keine echten Sterngruppen und befinden sich oft in unterschiedlicher Entfernung zur Erde. In den Sternkarten dieses Buches sind die Sternbilder als durch Linien verbundene Sterngruppen dargestellt. Diese Form der Darstellung ermöglicht eine relativ leichte Identifizierung. Natürlich existieren diese Linien am Himmel nicht. Diese Darstellungsform ist nicht genormt. Man kann auch Sternkarten finden, in denen die Sterne der Sternbilder auf andere Weise, wie in diesem Buch, mit Linien verbunden sind.

Liste der Sternbilder

Name des Sternbildes	Lateinischer Name	Genitiv des lateinischen Namens	Abkürzung
Adler	Aquila	Aquilae	Aql
Altar	Ara	Arae	Ara
Andromeda	Andromeda	Andromedae	And
Bärenhüter	Bootes	Bootis	Boo
Becher	Crater	Crateris	Crt
Bildhauer	Sculptor	Sculptoris	Scl
Chamäleon	Chamaeleon	Chamaeleontis	Cha
Chemischer Ofen	Fornax	Fornacis	For
Delphin	Delphinus	Delphini	Del
Drache	Draco	Draconis	Dra
Dreieck	Triangulum	Trianguli	Tri
Eidechse	Lacerta	Lacertae	Lac
Einhorn	Monoceros	Monocerotis	Mon
Eridanus	Eridanus	Eridani	Eri
Fische	Pisces	Piscium	Psc
Fliege	Musca	Muscae	Mus
Fliegender Fisch	Volans	Volantis	Vol
Fuchs	Vulpecula	Vulpeculae	Vul
Fuhrmann	Auriga	Aurigae	Aur

Name des Sternbildes	Lateinischer Name	Genitiv des lateinischen Namens	Abkürzung
Füllen	Equuleus	Equulei	Equ
Giraffe	Camelopardalis	Camelopardalis	Cam
Grabstichel	Caelum	Caeli	Cae
Großer Bär	Ursa Major	Ursae Majoris	UMa
Großer Hund	Canis Major	Canis Majoris	CMa
Haar der Berenike	Coma Berenices	Comae Berenices	Com
Hase	Lepus	Leporis	Lep
Herkules	Hercules	Herculis	Her
Inder	Indus	Indi	Ind
Jagdhunde	Canes Venatici	Canum Venaticorum	CVn
Jungfrau	Virgo	Virginis	Vir
Kassiopeia	Cassiopeia	Cassiopeiae	Cas
Kepheus	Cepheus	Cephei	Cep
Kleine Wasserschlange	Hydrus	Hydri	Hyi
Kleiner Bär	Ursa Minor	Ursae Minoris	UMi
Kleiner Hund	Canis Minor	Canis Minoris	CMi
Kleiner Löwe	Leo Minor	Leonis Minoris	LMi
Kompass	Pyxis	Pyxidis	Pyx
Kranich	Grus	Gruis	Gru
Krebs	Cancer	Cancri	Cnc
Kreuz des Südens	Crux	Crucis	Cru
Leier	Lyra	Lyrae	Lyr
Löwe	Leo	Leonis	Leo
Luchs	Lynx	Lyncis	Lyn
Luftpumpe	Antlia	Antliae	Ant
Maler	Pictor	Pictoris	Pic
Mikroskop	Microscopium	Microscopii	Mic
Netz	Reticulum	Reticuli	Ret
Nördliche Krone	Corona Borealis	Coronae Borealis	CrB
Oktant	Octans	Octantis	Oct
Orion	Orion	Orionis	Ori
Paradiesvogel	Apus	Apodis	Aps
Pegasus	Pegasus	Pegasi	Peg
Pendeluhr	Horologium	Horologii	Hor
Perseus	Perseus	Persei	Per
Pfau	Pavo	Pavonis	Pav
Pfeil	Sagitta	Sagittae	Sge
Phönix	Phönix	Phoenicis	Phe
Rabe	Corvus	Corvi	Crv
Schiffsheck	Puppis	Puppis	Pup
Schiffskiel	Carina	Carinae	Car

Name des Sternbildes	Lateinischer Name	Genitiv des lateinischen Namens	Abkürzung
Schild	Scutum	Scuti	Sct
Schlange	Serpens	Serpentis	Ser
Schlangenträger	Ophiuchus	Ophiuchi	Oph
Schütze	Sagittarius	Sagittarii	Sgr
Schwan	Cygnus	Cygni	Cyg
Schwertfisch	Dorado	Doradus	Dor
Segel	Vela	Velorum	Vel
Sextant	Sextans	Sextantis	Sex
Skorpion	Scorpius	Scorpii	Sco
Steinbock	Capricornus	Capricorni	Cap
Stier	Taurus	Tauri	Tau
Südliche Krone	Corona Australis	Coronae Australis	CrA
Südlicher Fisch	Piscis Austrinus	Piscis Austrini	PsA
Südliches Dreieck	Triangulum Australe	Trianguli Australis	TrA
Tafelberg	Mensa	Mensae	Men
Taube	Columba	Columbae	Col
Teleskop	Telescopium	Telescopii	Tel
Tukan	Tucana	Tucanae	Tuc
Waage	Libra	Librae	Lib
Walfisch	Cetus	Ceti	Cet
Wassermann	Aquarius	Aquarii	Aqr
Wasserschlange	Hydra	Hydrae	Hya
Widder	Aries	Arietis	Ari
Winkelmaß	Norma	Normae	Nor
Wolf	Lupus	Lupi	Lup
Zentaur	Centaurus	Centauri	Cen
Zirkel	Circinus	Circini	Cir
Zwillinge	Gemini	Geminorum	Gem

Sternhaufen und Nebel

Neben den Sternen gibt es auch noch nebelhaft erscheinende Objekte am Himmel. Diese sind zum Teil Sternhaufen, die nicht aufgelöst werden können, Gaswolken im Kosmos, aus denen sich entweder neue Sterne bilden oder die beim Tod von Sternen entstanden sind oder auch andere Galaxien, also Sternsysteme ähnlich der Milchstraße. Im Unterschied zu Sternbildern sind Sternhaufen echte Gruppierungen von Sternen. Es gibt 2 Typen von Sternhaufen: offene Sternhaufen und Kugelsternhaufen. Letztere sind dichter gepackt und erscheinen, wie der Name sagt, kugelförmig.

Bezeichnung von Sternen, Sternhaufen und Nebeln

Die hellsten Sterne eines Sternbildes werden, seitdem Johannes Bayer im Jahr 1603 den Sternatlas „Uranometria" herausbrachte, im Regelfall mit einem kleinen Buchstaben des griechischen Alphabets bezeichnet, den man dem Genitiv des lateinischen Sternbildnamens (siehe Liste auf Seite 6) anhängt. Hierbei trägt meist, aber nicht immer, der hellste Stern eines Sternbildes den Buchstaben α (Alpha), der zweithellste den Buchstaben β (Beta), der dritthellste den Buchstaben γ (Gamma), usw.

Die Kleinbuchstaben des griechischen Alphabets

α	Alpha
β	Beta
γ	Gamma
δ	Delta
ε	Epsilon
ζ	Zeta
η	Eta
θ	Theta
ι	Iota
κ	Kappa
λ	Lambda
μ	Mü
ν	Nü
ξ	Xi
ο	Omikron
π	Pi
ρ	Rho
σ	Sigma
τ	Tau
υ	Ypsilon
φ	Phi
χ	Chi
ψ	Psi
ω	Omega

Natürlich reichen die 24 Buchstaben des griechischen Alphabets nicht aus, um alle Sterne eines Sternbildes zu bezeichnen, weshalb der Astronom John Flamsteed im Jahr 1712 die Sterne der Sternbilder durchnummerierte, wobei auch die Sterne, die schon mit einem griechischen Buchstaben bezeichnet wurden, mitgezählt wurden. Noch heute wird dieses Nummerierungssystem genutzt, wobei die Sternennummer in Verbindung mit dem lateinischen Genitiv des Sternbildnamens verwendet wird.

Jedes Sternbild hat zudem noch eine Abkürzung, die aus 3 Buchstaben des lateinischen Sternbildnamens besteht.

Selbstverständlich reichte auch dies noch nicht aus und so wurden in den folgenden Jahrhunderten zahlreiche weitere Sternverzeichnisse, sogenannte Sternkataloge, geschaffen. In diesen erfolgt meist die Bezeichnung ohne Angabe des Sternbildes mit fortlaufender Nummerierung, wie HD 128974, welches den Stern mit der Nummer 128974 im Henry-Draper-Katalog bezeichnet.

Helligkeitsveränderliche Sterne werden, sofern sie nicht mit einem Buchstaben des griechischen Alphabets versehen sind, mit einem oder zwei lateinischen Großbuchstaben zwischen R und Z in Verbindung mit dem lateinischen Genitiv des Sternbildes gekennzeichnet.

Die hellsten Sterne und auch einige lichtschwächere Sterne an markanten Positionen besitzen zudem noch Eigennamen, die meist aus dem Arabischen stammen. Typische Beispiele hierfür sind Sirius für α Canum Majoris oder Pollux für β Geminorum.

Nebel, Galaxien und Sternhaufen werden unabhängig von ihrer Natur mit einer fortlaufenden Nummer aus einem entsprechenden Verzeichnis bezeichnet. Die am häufigsten verwendeten Verzeichnisse, sind der „Messier-Katalog" in dem Objekte mit einem M und der fortlaufenden Nummer bezeichnet werden, der „New General Catalogue", dessen Objekte mit „NGC" und der fortlaufenden Nummer benannt werden und der „Index Catalogue" (Objektbezeichnung: „IC" + fortlaufende Nummer).

Veränderliche Sterne

Manche Sterne zeigen eine mehr oder minder große Schwankung ihrer Helligkeit. Ursache hierfür können gegenseitige Bedeckungen von Sternen in Doppelsternsystemen (Bedeckungsveränderliche), die Rotation deformierter oder ungleichmäßig beschaffener Sternkörper (Rotationsveränderliche) oder physikalische Veränderungen des Sterns sein. Rotationsveränderliche zeigen meist nur geringe Helligkeitsschwankungen und sind deshalb für die meisten Amateurbeobachter uninteressant, weshalb sie in diesem Werk nicht näher behandelt werden.

Bedeckungsveränderliche

Bedeckungsveränderliche sind Doppelsterne, bei denen sich die beiden Komponenten während eines Umlaufs gegenseitig bedecken, wobei die Helligkeit des Sternsystems abnimmt, da jeweils nur das Licht einer Komponente die Erde erreicht.

Während eines Umlaufs treten zwei Minima auf, diese fallen je nachdem, wie groß der Unterschied zwischen beiden Sternen ist, verschieden stark aus.

Zwischen den Minima ist bei Bedeckungsveränderlichen mit nicht deformierten Sternen die Helligkeit mehr oder minder konstant, während sie bei Systemen, deren

Komponenten durch ihre gegenseitige Schwerkraft deformiert ist, in Folge der
Eigenrotation der Sternkomponenten schwanken kann. Ein
Bedeckungsveränderlicher der ersten Sorte ist Algol, einer der letzten ist β Lyrae.

Physikalisch-veränderliche Sterne

Physikalisch-veränderliche Sterne sind Sterne, deren
Helligkeit aufgrund physikalischer Veränderungen des Sterns schwanken. Hierbei
gibt es zwei Grundtypen: eruptive Veränderliche und Pulsationsveränderliche. Der
Helligkeitsverlauf eruptiv-veränderlicher Sterne kann nicht vorausberechnet werden,
weshalb auf sie nicht näher eingegangen wird.
Die für Amateurbeobachter wichtigsten Typen von Pulsationsveränderlichen sind
die Cepheiden und die Mirasterne. Cepheiden zeigen einen streng periodischen
Lichtwechsel mit einer Periode von wenigen Tagen und einer Helligkeitsschwankung
von 0,5 mag bis 1 mag. Mirasterne haben eine Periode von 80 bis 1000 Tagen, die
nicht immer streng eingehalten wird. Die Amplitude ihres Lichtwechsels ist
beträchtlich und kann bei einigen Objekten mehr als 10 mag betragen.

Ab Seite 259 werden einige gut beobachtbare veränderliche Sterne mit Angaben zu
den Zeitpunkten ihrer Helligkeitsmaxima oder Helligkeitsminima vorgestellt.

Astronomische Koordinatensysteme und Sternzeit

Um die Position eines Objekts am Himmel festzulegen, ist die Angabe des
Sternbildes häufig zu ungenau. Es muss ein Koordinatensystem her. Da der Himmel
von der Erde aus wie das Innere einer Kugel erscheint, kommt man mit zwei
Winkelkoordinaten aus, die man wie üblich in Grad, abgekürzt mit ° angibt. Für sehr
kleine Werte unterteilt man das Grad in 60 Bogenminuten (abgekürzt: ') und diese
wieder in 60 Bogensekunden (abgekürzt: "). Der naheliegendste Gedanke für ein
derartiges System ist das Horizontsystem, bei dem der Horizont als Bezugsebene
dient und man die Position des Objekts durch seine Höhe über dem Horizont und
dem Winkel zwischen Südlinie und der Linie zwischen Objekt und Scheitelpunkt des
Himmelgewölbes, den sogenannten Azimut bestimmt. Dieses System hat den
Nachteil, dass sich wegen der Erdrotation alle Koordinaten rasch ändern.
Ein Koordinatensystem, welches dieses Problem überwindet, ist das äquatoriale
Koordinatensystem. Bei ihm dient der Himmelsäquator als Bezugsebene und als
Koordinaten dienen die Winkel des Objekts zwischen dem Objekt und dem
Himmelsäquator und dem Objekt und dem Frühlingspunkt. Der Frühlingspunkt ist die
Stelle, an der sich die Sonne aufhält, wenn sie den Himmelsäquator in nördlicher
Richtung passiert und mit dessen Sonnenpassage der astronomische Frühling
beginnt.
Es ist üblich, den Winkel zwischen Objekt und Frühlingspunkt, den sogenannten
Rektaszensionswinkel in Stunden, Minuten und Sekunden anzugeben. Hierbei
entsprechen 1 Stunde 60 Minuten, 1 Minute 60 Sekunden und 24 Stunden einen

kompletten Umlauf um den Himmel. Im üblichen Winkelmaß ausgedrückt, entspricht somit 1 Stunde einen Winkel von 15°, 1 Minute einen Winkel von 15' und 1 Sekunde einen Winkel von 15".

Diese Bezeichnung rührt daher, weil in 24 Stunden sich die Erde einmal um sich selbst gedreht hat, sodass dann wieder der gleiche Punkt seinen höchsten Stand am Himmel erreicht.

Allerdings darf man hierzu nicht unsere normalen Stunden nehmen, denn diese sind von dem im Alltag gebräuchliche Tag abgeleitet, welcher als zeitliche Differenz zwischen zwei Höchstständen der Sonne definiert ist. Da die Erde um die Sonne wandert, hat sich die Sonne nach einem Tag am Himmel etwas in Richtung höherer Rektaszensionswerte verschoben, sodass sich dann etwas mehr als der komplette Himmel scheinbar um die Erde gedreht hat.

Man muss deshalb eine andere Tagesdefinition verwenden, den sogenannten Sterntag, der die zeitliche Differenz zwischen zwei Höchstständen des Frühlingspunkts darstellt. Er ist mit einer Länge von 23h56m4s etwas kürzer.

Von diesen können analog zum Sonnentag Stunden, Minuten und Sekunden abgeleitet werden, die um den Faktor 0,997268, ungefähr 365/366 mal kürzer sind als die im Alltagsgebrauch üblichen entsprechenden Zeiteinheiten.

Wenn an einen bestimmten Tag der Frühlingspunkt um 21.30 Uhr kulminiert, das heißt seinen höchsten Stand im Süden erreicht, dann kulminiert ein Objekt mit der Rektaszension 1h30m 1h29m45s später, also um 22h59m45s.

Die Deklination hingegen wird – wie allgemein üblich – in Grad (°), Bogenminute (') und Bogensekunden (") angegeben.

Ein korrekt aufgestelltes, parallaktisch montiertes Fernrohr, dessen Achsen mit Teilkreisen ausgestattet sind, kann mit Hilfe der Sternzeit blind auf ein Himmelsobjekt bekannter Rektaszension und Deklination eingestellt werden. Hierzu muss vom Rektaszensionswert der zur Beobachtungszeit gültige Sternzeitwert subtrahiert werden. Der erhaltene Winkel, der sogenannte Stundenwinkel ist an der Polachse und an der Deklinationsachse der Deklinationswert einzustellen.

Wenn die Montierung korrekt ausgerichtet ist, sieht man jetzt das Objekt im Fernrohr. Zur Bestimmung der Sternzeit gibt es auf der Seite 252 eine Tabelle mit der Sternzeit für jeden Tag des Jahres 2020.

Leider ist auch der Himmelspol nicht fest am Himmel, sondern beschreibt durch die Kreiselbewegung der Erde, die sogenannte Präzession im Zeitraum von 25800 Jahren einen Kreis mit 47° Durchmesser am Himmel.

Dies mag auf den ersten Blick vernachlässigbar klein erscheinen, wenn man Zeiträume von wenigen Jahren und Jahrzehnten betrachtet, ist es aber nicht, weil man oft Koordinatenangaben mit hoher Genauigkeit im Bogensekundenbereich in der Astronomie macht. Deshalb muss man bei äquatorialen Koordinaten stets angeben, für welchen Zeitpunkt, den man als Epoche bezeichnet, die Position des Frühlingspunktes angibt. In diesem Werk wird für Sternkarten die Epoche 2000 verwendet, während in den Ephemeriden, das sind die Listen mit den Positionen der Himmelsobjekte die aktuelle Epoche verwendet.

Ein weiteres astronomisches Koordinatensystem ist das ekliptikale System. Es verwendet die Erdbahnebene als Bezugsebene mit dem Frühlingspunkt als Nullpunkt.

12

Es wird in diesem Werk nicht verwendet, wie auch das galaktische System, welches die Ebene unseres Milchstraßensystems als Bezugsebene mit dem Zentrum der Milchstraße als Nullpunkt verwendet.

Uhrzeit

Alle Uhrzeiten in diesem Buch sind, sofern nicht anders angegeben, als mitteleuropäische Zeit (MEZ) angegeben. Herrscht Sommerzeit (MESZ) so ist zu diesen Angaben 1 Stunde zu addieren, wobei sich für Zeitangaben zwischen 23 Uhr und 24 Uhr MEZ, auch das Datum des Ereignisses auf den nächsten Tag verschiebt. Sind in der Liste der Sternbedeckungen durch den Mond bei einem Ereignis für manche Orte Zeitangaben mit Werten vor 24 Uhr zugeordnet und bei anderen welche mit Werten nach 0 Uhr zu finden so heißt dies das in letzteren Orten das Ereignis kurz nach Mitternacht am folgenden Tag stattfindet.

Helligkeit

Die Helligkeit von Himmelsobjekten wird in Größenklassen angegeben, wobei es üblich ist für ein Objekt mit der Helligkeit der Größenklasse 2,1 2,1 mag zu schreiben.
Je größer der Wert der Helligkeit eines Objektes ist, umso lichtschwächer ist es. Mit bloßem Auge kann man Objekte beobachten, deren Größenklassenwert kleiner gleich 6 ist, mit einem Feldstecher kommt man bis zur 9. Größe und einem 6 Zentimeter Fernrohr bis zu 11 mag.
Großteleskope können Objekte bis zu 28 mag detektieren.
Die Größenwerte sehr heller Objekte sind kleiner als 0. So hat Sirius, der hellste Fixstern, eine Helligkeit von −1,47 mag, die Venus eine von etwa − 4 mag, der Vollmond von −12,7 mag und die Sonne von −26,7 mag.
Die Größenklassenskala ist eine logarithmische Skala: ein Objekt, dessen Größenklassenwert um 5 Werte niedriger ist, als die eines anderen ist 100 mal heller als dieses, folglich ist ein Objekt, welches um 1 Größenklasse heller ist als ein anderes um den Faktor der 5. Wurzel aus 100 (ungefähr: 2,512 mal) heller als dieses.

Konjunktion und Opposition

Wenn von der Erde aus betrachtet, zwei Himmelskörper in der gleichen Richtung zu sehen sind, dann sagt man, sie sind in Konjunktion zueinander.
Das präzisere Kriterium für gleiche Richtung ist der gleiche Rektaszensionswert (Konjunktion in Rektaszension) oder der gleiche Wert der ekliptikalen Länge (Konjunktion in Länge).
Für Konjunktionen zwischen Mond, Planeten und Fixsternen werden in diesem Buch in der Liste „Astronomische Ereignisse" stets die Werte der Konjunktion in

Rektaszension angegeben, während bei Konjunktionen mit der Sonne immer der Wert der Konjunktion in ekliptikaler Länge angegeben ist.

Zum Zeitpunkt der Konjunktion erreichen zwei Himmelskörper ihren kleinsten gegenseitigen Winkelabstand. Es ist möglich, dass dieser Winkelabstand so klein ist, dass der eine Körper den anderen bedeckt oder vor diesen vorbeizieht. Da die Himmelskörper hierbei sehr unterschiedlich weit von der Erde entfernt sein können, ist es möglich, dass ein solches Ereignis nicht überall dort sichtbar ist, wo beide Himmelskörper zum fraglichen Zeitpunkt über dem Horizont stehen.

Stehen am Himmel zwei Objekte einander gegenüber, so stehen sie in Opposition zueinander. Dies ist insbesondere in Bezug auf die Sonne von großer Bedeutung, weil dann ein Objekt am besten beobachtet werden kann. Als Zeitpunkt wird hierbei stets der Zeitpunkt der Opposition in ekliptikaler Länge angegeben.

Sonnenuntergang und Dämmerung

In dieser Tabelle sind für jeden Tag des Jahres der Zeitpunkt des Sonnenaufgangs, des Sonnenuntergangs, des höchsten Standes der Sonne, des Anfangs und des Endes der Dämmerung sowie der Wert der Zeitgleichung angegeben. Es wird hierbei zwischen 3 Arten der Dämmerung unterschieden:
- bürgerliche Dämmerung: Sonne 6° unter dem Horizont. Die hellsten Sterne sind sichtbar und man kann nicht mehr ohne künstliche Beleuchtung lesen
- nautische Dämmerung: Sonne 12° unter dem Horizont. Sterne bis zur 3. Größe sind sichtbar und man kann nicht mehr die exakte Lage des Horizonts bestimmen
- astronomische Dämmerung: Sonne 18° unter dem Horizont. Es ist vollkommen dunkel.

Die Zeitgleichung beschreibt die Differenz zwischen der Kulmination der Sonne und dem Mittagszeitpunkt, der in dieser Tabelle nicht 12 Uhr, sondern 12.24 Uhr ist. Dies ist auf dem Umstand zurückzuführen, dass die Zeitangaben in MEZ angegeben sind, sich aber auf den Ort mit 50° nördlicher Breite und 9° östlicher Länge beziehen. Die Längendifferenz von 6° führt zu einer Verspätung der Sonnenkulmination von 24 Minuten.

Mond

Der Mond durchwandert in 27,5 Tagen den kompletten Tierkreis, weshalb für jeden Tag seine Position angegeben ist. Da der von der Sonne beleuchtete Teil des Mondes, den wir als Mondphase bezeichnen, innerhalb von etwa 29,5 Tagen einen kompletten Zyklus durchläuft, ist auch der sogenannte Phasenwinkel angegeben, wobei 0 nicht beleuchtet (Neumond), 0,5 (halb beleuchtet) und 1 (Vollmond) bedeutet.

Die exakten Zeitpunkte der Hauptmondphasen Neumond, Erstes Viertel (zunehmender Mond halb beleuchtet), Vollmond und Letztes Viertel (abnehmender

Mond halb beleuchtet), die in der Tabelle mit den Mondpositionen durch
entsprechende Symbole gekennzeichnet sind, können der Tabelle „Astronomische
Ereignisse" entnommen werden, ebenso die Konjunktionen des Mondes mit
Planeten und hellen Fixsternen.
In dieser Rubrik findet man auch die Zeitpunkte der größten Erdnähe und Erdferne
des Mondes und auch die Zeitpunkte, zu denen der Mond die Ekliptikebene
durchwandert (den Durchgang des aufsteigenden bzw. absteigenden Knotens) und
des maximalen Abstandes von der Ekliptikebene, der sogenannten größten Nord-
oder Südbreite.

Sternbedeckungen durch den Mond

Bei seiner Wanderung durch den Tierkreis bedeckt der Mond auch gelegentlich
Fixsterne und Planeten, was mit einem Fernrohr verfolgt werden kann. Da der Mond
keine Atmosphäre hat, verschwinden Fixsterne bei Bedeckungen schlagartig und
tauchen auch unvermittelt wieder auf. Im Anhang befindet sich auf Seite 177 eine
Tabelle mit derartigen Ereignissen. Die Ein- und Austrittszeitpunkte sind hierbei stark
ortsabhängig, weshalb diese für verschiedene Orte im deutschsprachigen Raum
angegeben sind. Bedeckungen von Himmelskörpern durch den Mond sind auch
nicht überall sichtbar. Aus diesem Grund enthält diese Tabelle auch für manche Orte
keine Werte.

Finsternisse

Wenn der Neumond vor der Sonne vorbeizieht, ereignet sich eine Sonnenfinsternis
und wenn der Vollmond durch den Erdschatten wandert, eine Mondfinsternis. Diese
Ereignisse werden in der Rubrik „Astronomische Ereignisse" und speziellen Kapiteln
beschrieben. Mondfinsternisse sind überall dort sichtbar, wo der Mond während der
Finsternis über dem Horizont steht, während Sonnenfinsternisse nur in bestimmten
Gebieten mit unterschiedlicher Ausprägung zu sehen sind.

Planeten

Die Sterne verändern innerhalb „überschaubarer" Zeiträume von einigen
Jahrtausenden ihre Position untereinander am Himmel praktisch nicht und
erscheinen „fix", weshalb man auch von Fixsternen spricht. Daneben gibt es auch
einige Objekte, die den Beobachter mit bloßem Auge zwar als Sterne erscheinen,
aber ihre Position in Bezug zu den anderen Sternen relativ rasch ändern. Man
bezeichnet diese Objekte als Wandelsterne oder Planeten. Sie sind allesamt Objekte
des Sonnensystems, die wie die Erde um die Sonne laufen.
Im Fernrohr sieht man Planeten als mehr oder minder große Scheibchen, während
Fixsterne selbst in größten Fernrohren punktförmig erscheinen.

Die Beobachtung dieser Objekte ist besonders interessant, weshalb der größte Teil des Werkes den Planeten gewidmet ist.

Man unterscheidet zwischen äußeren und inneren Planeten. Innere Planeten laufen innerhalb der Erdbahn um die Sonne, äußere außerhalb.

Da wir uns auch auf einem Planeten befinden, der um die Sonne läuft, erscheinen uns manchmal die Bahnen der Planeten am Himmel etwas verworren. So sehen wir, wenn die Erde einen äußeren Planeten überholt oder sie von einem inneren Planeten überholt wird, dass dieser am Himmel langsamer wird, stillzustehen scheint, sich am Himmel rückläufig bewegt, wieder stillzustehen scheint und sich dann wieder rechtläufig bewegt. Man spricht hierbei von der Oppositionsschleife (bei äußeren Planeten) bzw. Konjunktionsschleife (bei inneren Planeten).

Innere Planeten können nur am Abendhimmel nach Sonnenuntergang und am Morgenhimmel vor Sonnenaufgang beobachtet werden. Sie sind im Regelfall am günstigsten zum Zeitpunkt ihres größten Winkelabstandes von der Sonne, der größten Elongation zu sehen. Diese Planeten können auf zwei Arten mit der Sonne in Konjunktion stehen und zwar in dem sie „hinter" oder „vor" der Sonne stehen. (Da Planetenbahnen gegen die Erdbahnebene geneigt sind, stehen sie meist nördlich oder südlich der Sonne). Im ersteren Fall spricht man von der oberen, im letzteren Fall von der unteren Konjunktion.

In beiden Fällen ist der Planet im Regelfall unbeobachtbar. Allerdings kann die Venus bei einer unteren Konjunktion in so großem Abstand an der Sonne vorbeiziehen, dass sie kurzzeitig sowohl am Abendhimmel kurz nach Sonnenuntergang als auch am Morgenhimmel kurz vor Sonnenaufgang gesehen werden kann. Ein innerer Planet kann, wenn er zum Zeitpunkt der unteren Konjunktion sehr nahe an der Erdbahnebene steht, vor der Sonne vorbeiziehen, was mit geeigneten Vorsichtsmaßnahmen beobachtbar ist. Man spricht hierbei von einem Durchgang oder Transit.

Es gibt nur zwei innere Planeten: Merkur und Venus. Alle anderen Planeten sind äußere Planeten. Auch die Zwergplaneten und die meisten der sogenannten Asteroiden benehmen sich wie äußere Planeten.

Äußere Planeten kann man am besten zur Zeit der Opposition sehen. Sie stehen dann gegenüber von der Sonne am Himmel und gehen bei Sonnenuntergang auf und bei Sonnenuntergang auf und können die ganze Nacht über beobachtet werden. Wenn sie mit der Sonne in Konjunktion stehen, sind sie natürlich im Regelfall unbeobachtbar, da sie mit der Sonne auf und untergehen.

Alle Planeten halten sich, wie der Mond, stets in der Nähe der Ekliptik auf. Die Ekliptik ist die Linie, auf der sich die Sonne im Laufe eines Jahres durch die Sternbilder scheinbar bewegt. Sie verläuft durch die Sternbilder Fische, Waage, Stier, Zwillinge, Krebs, Löwe, Jungfrau, Waage, Skorpion, Schlangenträger, Schütze, Steinbock und Wassermann. Mit Ausnahme des Schlangenträgers werden diese Konstellationen als Tierkreissternbilder bezeichnet. Sie sind trotz Namensgleichheit nicht identisch mit den Tierkreiszeichen. Letztere teilen die Ekliptik in 12 gleich lange Teile, während die Länge der Ekliptik in den Tierkreissternbildern unterschiedlich ist. Außerdem sind die Tierkreiszeichen gegenüber den Sternbildern, in Folge der Präzession, welche eine Wanderung des Frühlingspunktes, an den die Tierkreiszeichen gekoppelt sind, um ca. 1° in 72 Jahren in westlicher Richtung bewirkt, um etwa 30° in westlicher Richtung verschoben, sodass eine Position in einem bestimmten Sternbild meist identisch ist mit einer Position im nächsten Tierkreiszeichen.

Identifizierung der Planeten

Merkur: nur während der Abenddämmerung in geringer Höhe über dem Westhorizont oder während der Morgendämmerung tief über dem Osthorizont zu sehen. Orangenes Licht. Helligkeit: 6,2 mag bis –2,3 mag, Symbol: ☿.

Venus: nur am Abendhimmel oder am Morgenhimmel zu sehen. Sie ist nach Sonne und Mond das hellste Objekt am Himmel. Gelbes Licht. Helligkeit: –3,7 mag bis –4,7 mag, Symbol: ♀.

Mars: Orangerotes Licht („Der rote Planet"). Helligkeit: 1,8 mag bis –2,9 mag, Symbol: ♂.

Jupiter: Gelbes Licht. Meist das vierthellste Gestirn. Helligkeit: –1,7 mag bis –2,9 mag, Symbol: ♃.

Saturn: Weißes Licht, Helligkeit: 1,3 mag bis –0,5 mag. Die berühmten Ringe sind nur in einem Fernrohr von mindestens 5 cm Durchmesser bei 30facher Vergrößerung sichtbar, Symbol: ♄.

Uranus: Grünliches Licht. Mit bloßem Auge nur bei sehr dunklen Himmel als schwacher Stern sichtbar. Helligkeit: 5,3 mag bis 5,9 mag, Symbol: ♅.

Neptun: Bläuliches Licht. Nur mit Ferngläsern oder Fernrohren beobachtbar. Helligkeit: 7,8 mag bis 8,0 mag, Symbol: ♆.

Asteroiden und Zwergplaneten

Die Planeten sind nicht die einzigen sternförmigen Objekte, die am Himmel relativ rasch ihre Position verändern. Auch die sogenannten Zwergplaneten und Asteroiden zeigen ein derartiges Verhalten.
Sie sind wie die Planeten Objekte des Sonnensystems, aber kleiner als diese. Mit Ausnahme von Vesta, die bei günstiger Opposition mit freiem Auge als Stern 6. Größe gesehen werden kann, ist zu ihrer Beobachtung optisches Gerät notwendig. Im Unterschied zu Planeten erscheinen Asteroiden und Zwergplaneten auch in größeren Fernrohren punktförmig.

Es gibt 5 Zwergplaneten (Ceres, Pluto, Eris, Makemake und Haumea) sowie einige tausend Asteroiden. In diesem Werk werden nur für Amateurastronomen interessante Objekte dieser Kategorien berücksichtigt.
Manche Asteroiden und Zwergplaneten haben Umlaufbahnen mit großer Neigung gegenüber der Erdbahn, sodass nicht alle dieser Objekte immer in unmittelbarer Nähe der Ekliptik zu finden sind.

Monde anderer Planeten

Schon mit einem Feldstecher sind die 4 hellsten Monde des Planeten Jupiter, Io, Europa, Ganymed und Kallisto zu sehen. Für alle Monate, in denen Jupiter beobachtet werden kann, ist ein Diagramm mit den Stellungen dieser Monde bezüglich des Planeten vorhanden.
Auf diesem Diagramm erscheint Jupiter als schwarzer Strich in der Mitte und die Monde sind mit I für Io, II für Europa, III für Ganymed und IV für Kallisto gekennzeichnet.
Diese Monde treten manchmal in den Schatten Jupiters ein, werden von ihm bedeckt, werfen ihren Schatten auf Jupiter oder ziehen vor ihn vorbei. Derartige Ereignisse können mit Fernrohren verfolgt werden und sind in einer Tabelle in den Monatsübersichten angegeben.
Mit einem Fernrohr können auch die Saturnmonde Titan, Rhea, Thethys, Japetus und Enceladus beobachtet werden. Während Titan schon mit einem lichtstarken Fernglas gesehen werden kann, ist für Rhea und Japetus ein Fernrohr mit 6 cm Objektivöffnung und für weitere Monde ein noch größeres Instrument erforderlich. Diagramme mit der Sichtbarkeit der Saturnmonde finden sich im Anhang auf Seite 242.
Die Helligkeit des Mondes Japetus schwankt stark während eines Umlaufs: in westlicher Elongation ist er 10,5 mag hell, während in östlicher Elongation seine Helligkeit auf 11,9 mag zurückgeht.

Astronomische Ereignisse

Diese Tabelle enthält alle wichtigen astronomischen Ereignisse, außer Sternbedeckungen durch den Mond und Ereignisse bei denen Monde anderer Planeten involviert sind. Man findet dort:
- Wichtige Stellungen der Planeten (Opposition, Konjunktion zur Sonne, größte Elongationen zur Sonne bei Merkur und Venus, Beginn und Ende von Oppositions- und Konjunktionsschleifen)
- Mondphasen
- Erdnähe und Erdferne des Mondes
- Passage des Perihels (sonnennächster Punkt) und Aphels (sonnenfernster Punkt) von Planeten und Zwergplaneten

- Passage der Ekliptikebene von Mond, Planeten, Zwergplaneten und Asteroiden (absteigender Knoten, wenn von Nord nach Süd, aufsteigender Knoten, wenn von Süd nach Nord)
- Maximaler Abstand von Mond, Planeten, Zwergplaneten und Asteroiden zur Ekliptik (Größte Nordbreite bzw. Größte Südbreite)
- Mond- und Sonnenfinsternisse
- Konjunktionen des Mondes, der Planeten und Zwergplaneten untereinander und mit hellen ekliptiknahen Sternen. Der angegebene Winkelwert bezeichnet den Winkelabstand zwischen den Mittelpunkten beider, an der Konjunktion beteiligten Himmelskörper.
Bei allen Konjunktionen ist auch ein Elongationswinkel zur Sonne angegeben, welcher den Winkel zwischen dem Sonnenmittelpunkt und dem Mittelpunkt des an diesem Ereignis beteiligten Himmelskörpers mit der kleinsten Elongation bezeichnet. Je größer dieser ist, umso besser ist es im Regelfall beobachtbar. Der Elongationswert kann für Konjunktionen mit der Sonne, unter die auch bekanntlich der Neumond fällt, einen negativen Wert annehmen. In diesem Fall wandert der entsprechende Himmelskörper im angegebenen Abstand südlich an der Sonne vorbei.

Ephemeriden

Ephemeriden sind Tabellen der Position beweglicher Himmelsobjekte. Im Anhang finden sich derartige Ephemeriden für die Sonne, die Planeten und in diesem Werk erwähnten Zwergplaneten. Sie enthalten neben den Rektaszensions- und Deklinationswerten für das aktuelle Äquinoktium noch den Zeitpunkt des Auf- oder Untergangs, wobei der Aufgang angegeben ist, falls dieser vor der Sonne erfolgt und der Untergang, wenn dieser erst nach Sonnenuntergang stattfindet. Aufgangszeiten sind mit „A", Untergangszeiten mit „U" gekennzeichnet.

Benutzung der Monatssternkarten

Um mit den Sternkarten die Sterne zu bestimmen, muss man zuerst einmal am Beobachtungsort die Himmelsrichtungen festlegen. In erster Näherung kann dies mit einem Kompass erfolgen, allerdings können in und in der Nähe von größeren Objekten aus Eisen, wie Stahlbetonbauten, Missweisungen auftreten.
Daher empfiehlt es sich, als Erstes den Polarstern aufzusuchen. Er steht fast genau über dem Punkt der Nordrichtung und bietet den Bewohnern der Nordhalbkugel die genaueste einfache Bestimmung der Nordrichtung. Um dies zu tun, gibt es zwei Möglichkeiten:
1.)   Man sucht den sogenannten Großen Wagen, das sind die hellsten Sterne des Großen Bären, die eine Sterngruppe bilden, welche an einen Wagen mit einer Deichsel erinnern, auf und verlängert in Gedanken die Verbindungslinie der beiden hintersten Kastensterne, welche die Namen

Dubhe und Merak tragen, um etwa den Faktor 5. Dann trifft man auf einen auffälligen Stern 2. Größe, den Polarstern.

2.)   Man sucht das Sternbild Kassiopeia auf, welches auch „Himmels-W" genannt wird, weil die hellsten Sterne dieses Sternbildes die Form eines Buchstaben „W" bilden. Die Spitze dieses „W" zeigt ungefähr in Richtung Polarstern.

Welche Methode gewählt wird, sei dem Leser überlassen. Die Sternbilder Kassiopeia und Großer Bär liegen in entgegengesetzter Richtung vom Polarstern, somit kann, wenn eines dieser Bilder durch irdische Hindernisse verdeckt wird, das andere zum Aufsuchen des Polarsterns genutzt werden.

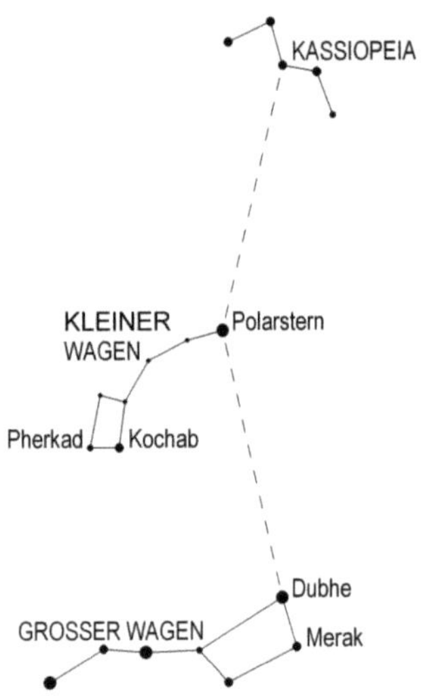

Die Sternbilder Großer Wagen, Kleiner Wagen und Kassiopeia mit Polarstern und anderen im Text erwähnten Sternen

Der Polarstern ist der hellste Stern des Sternbildes Kleiner Bär, das auch als Kleiner Wagen bezeichnet wird. Dieses Sternbild besteht sonst überwiegend aus lichtschwachen Sternen, die nur bei dunklem Himmel freiäugig sichtbar sind. Einzig die beiden hintersten Kastensterne des Kleinen Bären, welche die Namen Kochab und Pherkad tragen, sind 2. und 3. Größe und damit auch bei aufgehelltem Himmel sichtbar.

Nachdem man die Himmelsrichtungen für den Beobachtungsort bestimmt hat und wissen möchte, welche Sterne in einer bestimmten Richtung stehen, nimmt man die Monatskarte, die den gewünschten Zeitpunkt am nächsten kommt und dreht das Buch so, dass diese Richtung auf der Monatskarte nach unten weist. Ein Vergleich

20

der Sterne am Himmel mit denen auf der Karte ermöglicht dann die Identifizierung
dieser.
Die Position der in den Monatskarten eingezeichneten Planeten gilt nur für den 1.
des jeweiligen Monats. Sie können zum gewählten Beobachtungszeitpunkt ganz
woanders am Himmel stehen.

Planetenkarte

Diese Sternkarte, die man am Anfang des Kapitels „Planeten" des jeweiligen Monats
findet, veranschaulicht den Weg der Sonne und der hellen Planeten Merkur, Venus,
Mars, Jupiter und Saturn im jeweiligen Monat. Aus Platzgründen werden in diesen
Karten die Sternbilder mit den international üblichen Abkürzungen (siehe „Liste der
Sternbilder", auf Seite 6 und die Planeten mit den entsprechenden Symbolen (siehe
„Identifizierung der Planeten" auf Seite 17) bezeichnet. Der Buchstabe neben den
Planeten ist der Anfangsbuchstabe des jeweiligen Monats. Der entsprechende
Planet steht dort am 1. Tag dieses Monats. Da die aufeinander folgenden Monate
Juni und Juli beide mit dem gleichen Buchstaben anfangen, wird der Juni in diesen
Karten mit 6 und der Juli mit 7 bezeichnet.

Jahreszeitensternkarten

In den Monaten Januar, April, Juli und Oktober findet man zusätzliche
Jahreszeitensternkarten, welche die Sternbilder der jeweiligen Jahreszeit inklusive
aller in den Beschreibungen des monatlichen Sternenhimmels erwähnten Objekte
zeigen. Auch die Fixsterne, deren Konjunktionen mit Mond und Planeten in den
Monatslisten der astronomischen Ereignisse vermerkt sind, wurden markiert.
Planeten sind in diesen Karten nicht eingetragen.
Eine Karte der sogenannten Zirkumpolarsterne, das sind die Sterne, die nicht
untergehen, mit in diesem Werk erwähnten Objekten folgt am Ende dieses Kapitels.

Korrektur der Auf- und Untergangszeiten

Die in diesem Buch angegebenen Auf- und Untergangszeiten gelten für einen Punkt
bei 9° östlicher Länge und 50° nördlicher Breite. Für andere Orte ergeben sich
abweichende Zeiten. Allerdings sind die Zeitdifferenzen im deutschsprachigen Raum
so gering, dass eher die Beschaffenheit des lokalen Horizonts die größere Rolle
spielt. Wer aber dennoch für seinen Beobachtungsort genaue Werte ermitteln
möchte, findet auf Seite 256 die nötigen Informationen.

Meteorströme

Neben einzeln auftretenden Meteoren gibt es auch Meteorströme, das sind
Häufungen von Sternschnuppen, welche zu gewissen Zeiten auftreten und aus den
Resten von Kometen stammen. Ihre Bahnen verlaufen im Raum
annähernd parallel und sie scheinen, wenn sie in die Erdatmosphäre eintreten, von
einem Fluchtpunkt, dem Radianten, herzukommen. Ein Meteorstrom wird in der
Regel nach dem lateinischen Namen des Sternbildes, in dem sich der Radiant
befindet, bezeichnet. Wenn mehrere Meteorströme ihren Radianten in einem
Sternbild besitzen, wird zusätzlich meist entweder der Maximumsmonat oder der
dem Radianten nächstgelegene hellere Stern zur Bezeichnung herangezogen.

Die sichere Sonnenbeobachtung

Immer wieder besteht der Wunsch, die Sonne zu beobachten oder zu fotografieren.
Während die freiäugige Beobachtung der tief stehenden oder von Dunst
geschwächten, nicht blendenden Sonne ohne Filter gefahrlos möglich ist, muss für
die freiäugige Beobachtung der hochstehenden blendenden Sonne ein geeigneter
Filter verwendet werden. Berußte Gläser oder Rettungsfolien sind hierfür nicht zu
empfehlen, weil sie die für das Auge gefährliche Infrarot- oder UV-Strahlung nicht im
nötigen Umfang blockieren. Sicher sind nur für visuelle Beobachtungen bestimmte
Sonnenfilter, Schutzbrillen mit Mylarfolien oder Schweißergläser nach DIN EN 169
mit mindestens Filterstufe 14. Mit derartigen Gerätschaften ist auch ein längerer
freiäugiger Blick in die hochstehende, blendende Sonne möglich, ohne
Augenschäden befürchten zu müssen.
Wenn für die Sonnenbeobachtung ein Fernglas oder ein Fernrohr eingesetzt werden
soll, erfordert dies besondere Vorsichtsmaßnahmen, weil derartige optische
Instrumente wie ein Brennglas Licht bündeln. **Schon ein kurzer Blick durch ein
optisches Instrument ohne geeignete Filter zerstört das Auge des
Beobachters!**
**Auch eine oben genannte Gerätschaft zur freiäugigen Beobachtung der Sonne
würde keinen Schutz bieten, weil sie durch die Hitze im Brennpunkt binnen
kürzester Zeit zerstört würde!**
Um mit einem Fernrohr oder Fernglas die Sonne gefahrlos zu beobachten, gibt es
prinzipiell zwei Möglichkeiten: die Verwendung von Filtern oder die
Projektionsmethode.
Letzteres Verfahren, dass schon Gallileo 1610 anwandte, besteht darin, hinter dem
Okular einen Schirm anzubringen, auf dem das Sonnenbild projiziert wird. Es ist für
Beobachter absolut gefahrlos und bietet die Möglichkeit, das Sonnenbild
abzuzeichnen und ist, wenn mehrere Personen gleichzeitig das Ereignis verfolgen
wollen, das Mittel der Wahl.
Allerdings können insbesondere bei größeren Fernrohren durch die Hitzeentwicklung
verkittete Okulare beschädigt werden, weshalb es sich empfiehlt, vor dem Gerät eine
Blende anzubringen.

Da man nicht durch das Fernrohr blicken darf, wird das Gerät anhand seines Schattenwurfes auf die Sonne ausgerichtet. Sucherfernrohre müssen hierbei verschlossen oder abmontiert werden, um eine versehentliche Benutzung zu vermeiden.

Ein mit einem Projektionsschirm versehenes Fernrohr soll, während es auf die Sonne ausgerichtet ist, nicht unbeaufsichtigt gelassen werden.

Die andere Möglichkeit der gefahrlosen teleskopischen Sonnenbeobachtung besteht in der Verwendung geeigneter Filter, die in Optikfachgeschäften erhältlich sind.

Allerdings sollten nicht, die zahlreichen Fernrohren als Zubehör beiliegenden Okularfilter verwendet werden, weil sich diese stark erhitzen und platzen können. Die menschliche Reaktionszeit reicht nicht aus, das Auge rechtzeitig aus der Gefahrenzone zu bringen.

Filter, die vor dem Objektiv angebracht werden, sind sicher, weil sie sich kaum erwärmen und deshalb nicht platzen können. Es müssen optische Filter mit einer optischen Dichte von mindestens 5, was einer Lichtabschwächung um den Faktor 100000 entspricht, verwendet werden. Da auch die im Sonnenlicht vorhandenen unsichtbaren Infrarot- und UV-Strahlung die Augen schädigen können, dürfen für visuelle Beobachtung nur Filter verwendet werden, die auch diese Strahlung ausreichend stark unterdrücken.

Aus diesem Grund sollte man keine Sonnenfilter aus Materialien basteln, deren Absorptionsvermögen für Infrarot und UV-Strahlung nicht spezifiziert ist, wie dies zum Beispiel bei Rettungsfolien der Fall ist.

Grundsätzlich ist darauf zu achten, dass Sonnenfilter so gelagert werden, dass sie nicht beschädigt werden, weil sonst nicht das Lichtabsorptionsverhalten sichergestellt werden kann. Insbesondere bei Folienfiltern ist die Gefahr der Beschädigung durch Kratzer und Alterung gegeben.

Filter für fotografische Zwecke unterdrücken nicht immer schädliche UV- und Infrarotstrahlung in ausreichendem Masse, weshalb man durch diese nur zum Ein- und Scharfstellen des Sonnenbildes verwenden soll.

Eine Alternative zu Objektivsonnenfiltern stellen Herschelkeile dar. Sie werden am Okular befestigt und bestehen aus einem Prisma an dessen Oberfläche ein kleiner Teil des einfallenden Lichtes (etwa 4 %) reflektiert wird, während der Rest in eine Lichtfalle umgelenkt wird.

Da sie kaum Licht absorbieren erhitzen sie sich nur wenig und können deshalb nicht platzen.

Die Intensität des am Herschelkeils reflektierten Lichtes ist immer noch für eine direkte Beobachtung zu groß, aber nicht mehr so groß, um Okularfilter, die für diese Anwendung eine optische Dichte von 3 (Filterfaktor: 1000) haben müssen, zu zerstören. Herschelkeile sind teurer als Objektivfilter, liefern allerdings bessere Bilder. Herschelkeile sollen nicht bei Spiegelteleskopen eingesetzt werden, weil es durch Überhitzung des Fangspiegels zu Schäden am Teleskop kommen kann. Bei Herschelkeilen mit offener Lichtfalle ist darauf zu achten, dass in diese keine brennbaren Gegenstände geraten können und auch niemand hineinsehen oder hineingreifen kann.

Wenn Sucherfernrohre verwendet werden, müssen diese ebenfalls mit einem Sonnenfilter ausgestattet sein.

Detaillierte Fotografien der Sonne sind mit einem, mit einem Objektivsonnenfilter ausgerüsteten Teleobjektiv problemlos möglich. Da für fotografische Zwecke vorgesehene Filter oft nicht die schädliche UV- und Infrarotstrahlung ausreichend unterdrücken, sollte man die visuelle Beobachtung nur auf das Einstellen und Scharfstellen des Sonnenbildes beschränken.

Zirkumpolarsterne

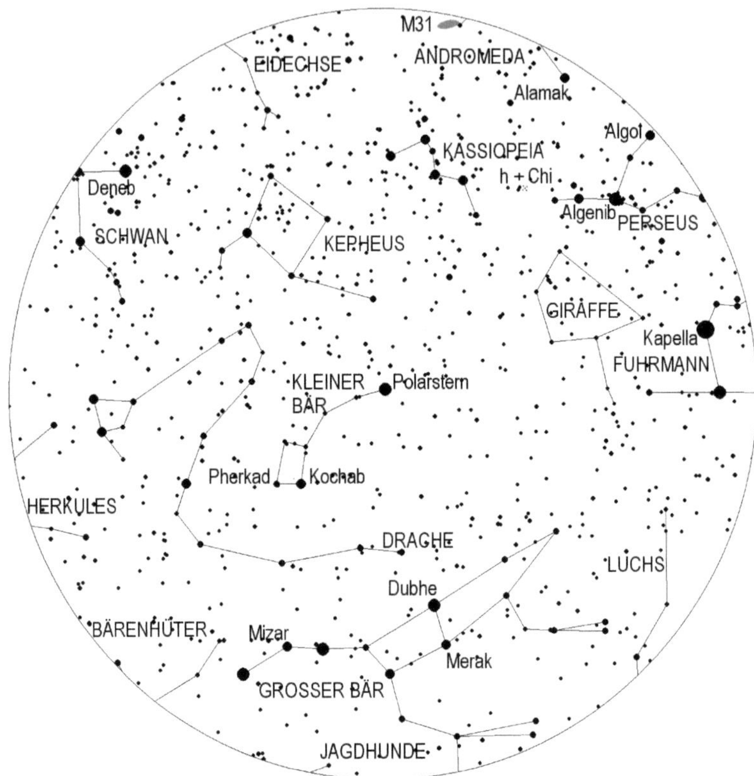

24

Der Sternenhimmel im Lauf des Jahres 2020

Januar

Sternenhimmel

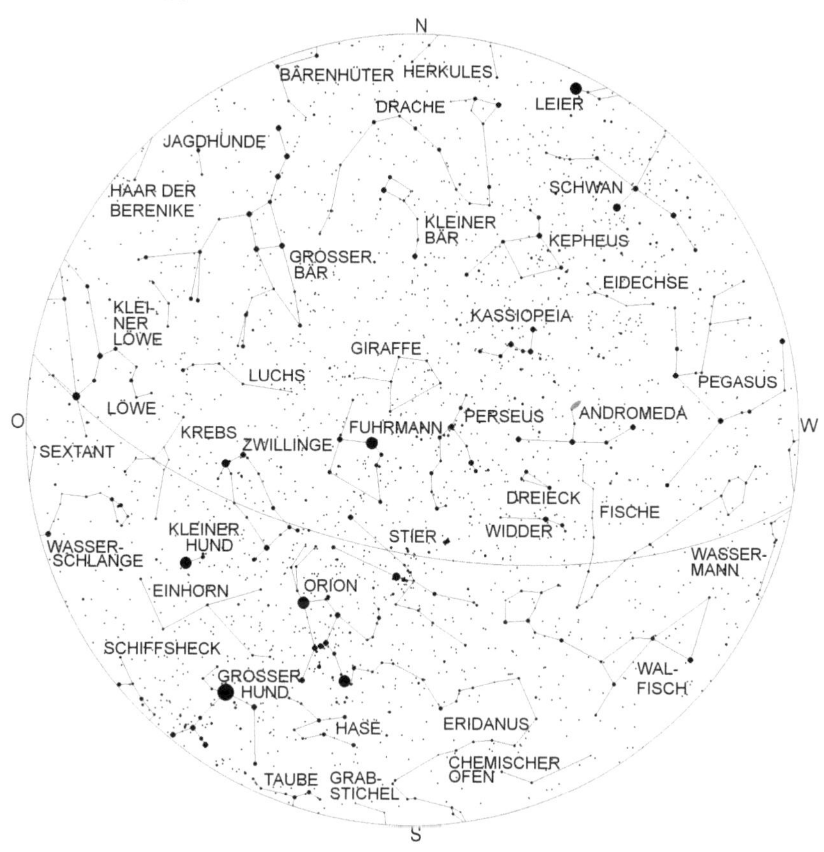

Gültig für

1.10. 4 Uhr	15.10. 3 Uhr
1.11. 2 Uhr	15.11. 1 Uhr
1.12. 0 Uhr	15.12. 23 Uhr
1.1. 22 Uhr	15.1. 21 Uhr
1.2. 20 Uhr	15.2. 19 Uhr

Im Januar dominieren erwartungsgemäß die Wintersternbilder den Himmel. So steht der Orion, eines der bekanntesten Sternbilder kurz vor seiner Kulmination im Süden. Die beiden hellsten Sterne im Orion sind Beteigeuze, der rötliche Stern am nordöstlichen Ende dieser Sternfigur und der bläulich-weiße Rigel an seinem südwestlichen Ende.

Die drei mittleren Sterne des Orion weisen in südöstliche Richtung auf Sirius im Großen Hund, den hellsten Stern des Himmels. Sirius ist nicht deshalb der hellste Stern, weil er extrem leuchtstark ist, sondern weil er mit einer Entfernung von 8,8 Lichtjahren zu den sonnennächsten Sternen gehört. Würden die anderen Sterne, welche die Figur des Sternbildes Großer Hund bilden, in der gleichen Entfernung zur Sonne stehen, so erschienen sie viel heller. Nordöstlich vom Großem Hund erkennt man einen weiteren hellen Stern, Prokion, den Hauptstern des Kleinen Hundes, der ebenfalls zu den sonnennahen Sternen zählt. Zwischen dem Großem Hund und dem Kleinem Hund befindet sich das lichtschwache Sternbild Einhorn.

Hoch im Südosten über dem Kleinem Hund erkennt man das Sternbild Zwillinge, mit seinen beiden hellen Sternen Kastor und Pollux. Für Fernrohrbeobachter ist Kastor interessant, denn er entpuppt sich schon in kleinen Fernrohren als Doppelstern. Seine beiden Komponenten, die 1,9 mag und 3,0 mag hell sind, befinden sich in einem Winkelabstand von 6", was eine Trennung schon in einem Fernrohr von 5 cm Objektivöffnung erlaubt. Westlich der Zwillinge befindet sich das Sternbild Stier, in dem es zwei, schon mit bloßem Auge auflösbare Sternhäufen gibt, die Plejaden und die Hyaden. Letztere sind um den rötlichen Hauptstern Aldebaran platziert, der aber nur ein Vordergrundstern ist. Beide Sternbilder bekommen als Ekliptiksternbilder hin und wieder Besuch vom Mond und den Planeten.

Über dem Stier, fast im Zenit steht das Sternbild Fuhrmann mit dem hellen Stern Kapella. Kapella, Aldebaran, Rigel, Sirius, Prokion und Pollux bilden das Wintersechseck, eine markante Konstellation.

Im Osten erkennt man das aufgehende Sternbild Löwe, ein Frühlingssternbild, dessen hellster Stern Regulus sich sehr nahe an der Ekliptik befindet. Zwischen Löwe und Zwillinge liegt der Krebs, der nur aus lichtschwachen Sternen besteht, aber über einen markanten Sternhaufen verfügt, der als Krippe, Praesepe oder M44 bezeichnet wird und schon mit bloßem Auge als Nebelfleckchen erkennbar ist.

Westlich des Fuhrmanns erkennt man den Perseus, in dessen nördlichen Teil es den bekannten Doppelsternhaufen h + Chi Persei gibt, der ein schönes Feldstecherobjekt darstellt und mit bloßem Auge als Nebelfleckchen erkennbar ist. In diesem Sternbild befindet sich auch Algol, der bekannteste bedeckungsveränderliche Stern.

Südwestlich des Perseuses erkennt man das Tierkreissternbild Widder, der wie das Sternbild Walfisch im Südwesten zu den Herbststernbildern gerechnet wird. Der bekannteste Stern dieses Sternbild ist der veränderliche Stern Mira, der im Maximum ein auffälliges Objekt 2. Größe sein kann (mitunter aber lichtschwächer ist) und im Minimum so lichtschwach ist, dass es schon ein Fernrohr bedarf, um ihn zu sehen. Mira ist ein pulsationsveränderlicher Riesenstern, der einer ganzen Klasse von veränderlichen Sternen seinen Namen gab. Zwischen Walfisch und Widder befindet sich das Tierkreissternbild Fische, das nur aus lichtschwachen Sternen besteht,

welche nur an ausreichend dunklen Beobachtungsorten mit bloßem Auge sichtbar
sein dürften.

Nördlich der Fische erkennt man die Sternenkette der Andromeda, an die sich das
Sternbild Pegasus anschließt, von dem bald die ersten Sterne unter dem Horizont
versinken werden.

Zwischen Walfisch und Orion liegt das ausgedehnte, nur aus Sternen geringer
Helligkeit bestehende Sternbild Eridanus. An dieses grenzt tief im Südsüdwesten der
Chemische Ofen an, der ebenfalls nur aus lichtschwachen Sternen besteht.

Wintersternbilder

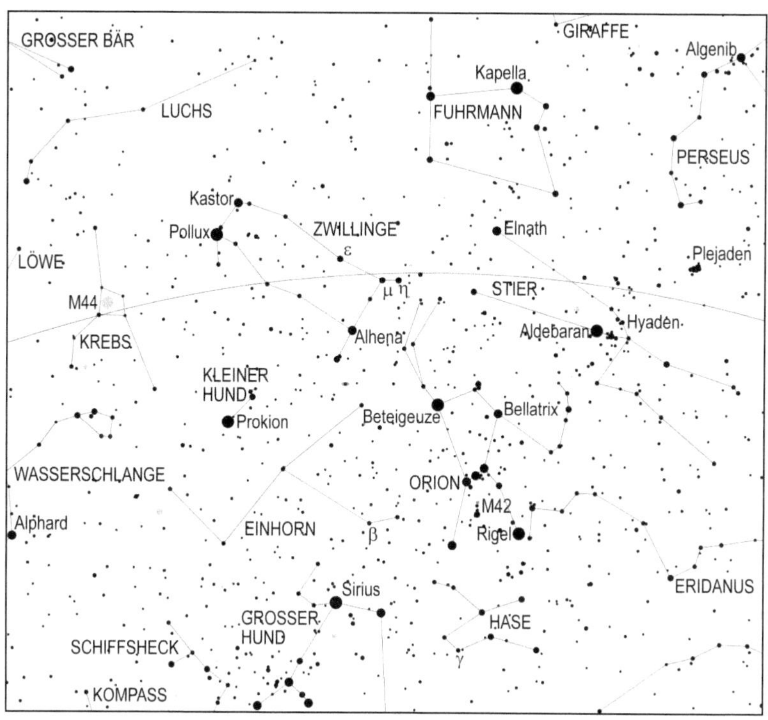

Astronomische Ereignisse

Datum	Uhrzeit	Ereignis	Elongation
2.1.2020	02:17:50	Mond in Erdferne	
2.1.2020	16:17:43	Merkur 1,5° südlich Jupiter	4,6°
2.1.2020	21:58:03	Mond in größter Südbreite	
3.1.2020	04:43:45	Vesta stationär, dann rechtläufig	
3.1.2020	05:45:33	Erstes Viertel	
4.1.2020	19:16:20	Mond 5,3° südlich Uranus	107,1°
4.1.2020	23:27:09	Mond 16,2° südlich Hamal	109,0°
5.1.2020	08:34:44	Erde im Perihel (Abstand: Erde-Sonne: 0,98324 AE)	
5.1.2020	17:42:37	Mond 1,25° nördlich Vesta	117,3°
6.1.2020	08:39:38	Merkur 1,8° nördlich Nunki	3,1°
7.1.2020	01:41:34	Mond 8,1° südlich der Plejaden	132,9°
7.1.2020	22:58:20	Mond 2,6° nördlich Aldebaran	142,7°
8.1.2020	19:07:31	Mars 45' südlich Akrab	44,3°
8.1.2020	19:32:37	Mond 7,45° südlich Elnath	154,1°
8.1.2020	23:57:49	Venus 56' nördlich Delta Capricorni	35,8°
9.1.2020	15:19:51	Mond 24' südlich Eta Geminorum	164,4°
9.1.2020	18:24:45	Mond bedeckt Mü Geminorum, siehe Seite 178	166,0°
10.1.2020	00:28:54	Mond im aufsteigenden Knoten	
10.1.2020	01:53:06	Mond 6,3° nördlich Alhena	168,1°
10.1.2020	04:51:24	Mond 2,5° südlich Epsilon Geminorum	170,6°
10.1.2020	16:19:21	Merkur in oberer Konjunktion zur Sonne	-1,9°
10.1.2020	18:07:01	Halbschattenmondfinsternis, Eintritt Halbschatten	
10.1.2020	20:09:56	Halbschattenmondfinsternis, Mitte der Finsternis, Größe: 0,91	
10.1.2020	20:21:27	Vollmond	
10.1.2020	21:41:15	Ceres 4,3° südlich Saturn	2,5°
10.1.2020	22:12:51	Halbschattenmondfinsternis, Austritt Halbschatten	
10.1.2020	23:22:19	Mond 9,4° südlich Kastor	168,1°
11.1.2020	04:49:36	Mond 5,9° südlich Pollux	171,1°
11.1.2020	08:17:49	Uranus stationär, dann rechtläufig	
11.1.2020	14:52:30	Ceres 3,6° südlich Pluto	2,0°
12.1.2020	01:12:43	Mond 50' nördlich M44	163,7°
12.1.2020	05:30:32	Merkur 2,1° südlich Saturn	1,3°
12.1.2020	07:51:40	Merkur 1,35° südlich Pluto	1,4°
12.1.2020	13:01:21	Ceres 2,3° südlich Merkur	2,3°
13.1.2020	13:29:47	Mond 2,9° nördlich Regulus	142,8°
13.1.2020	14:17:25	Pluto in Konjunktion zur Sonne	-40'
13.1.2020	16:15:59	Saturn in Konjunktion zur Sonne	2,2'
13.1.2020	18:58:42	Ceres in Konjunktion zur Sonne	-4,3°
13.1.2020	21:55:16	Mond in Erdnähe	

Datum	Uhrzeit	Ereignis	Elongation
14.1.2020	03:06:40	Saturn 43' nördlich Pluto	0,4°
16.1.2020	06:35:20	Mond in größter Nordbreite	
16.1.2020	09:21:59	Mond 1,7° nördlich Porrima	105,2°
16.1.2020	23:31:20	Mond 2,3° nördlich Juno	96,2°
17.1.2020	03:45:22	Mond 7,1° nördlich Spika	92,7°
17.1.2020	05:27:36	Mars 4,8° nördlich Antares	47,2°
17.1.2020	13:58:35	Letztes Viertel	
18.1.2020	10:25:21	Merkur 6,9° südlich Beta Capricorni	5,4°
18.1.2020	19:43:34	Mond 3,3° nördlich Zuben-el-dschenubi	73,0°
19.1.2020	12:26:06	Merkur in größter Südbreite	
20.1.2020	04:07:01	Mond 1,45° nördlich Akrab	56,1°
20.1.2020	16:41:18	Mond 6,5° nördlich Antares	50,2°
20.1.2020	20:25:15	Mond 1,75° nördlich Mars	48,4°
22.1.2020	07:32:50	Mond 28,1° südlich Pallas	30,8°
22.1.2020	21:31:31	Mond im absteigenden Knoten	
23.1.2020	02:45:53	Mond 52' südlich Jupiter	20,8°
23.1.2020	04:58:22	Mond 2,4° nördlich Nunki	20,2°
24.1.2020	00:49:23	Mond 1,1° südlich Pluto	10,3°
24.1.2020	02:03:40	Mond 1,9° südlich Saturn	9,4°
24.1.2020	09:22:20	Mond 2° nördlich Ceres	6,6°
24.1.2020	20:32:45	Mond 7,4° südlich Beta Capricorni	2,4°
24.1.2020	22:42:06	Neumond	-2,3°
25.1.2020	20:29:52	Mond 1,8° südlich Merkur	10,3°
26.1.2020	10:57:13	Mond 2,1° südlich Delta Capricorni	17,5°
27.1.2020	20:26:36	Venus 4,6' südlich Neptun	39,6°
28.1.2020	06:24:18	Mond 4,9° südlich Neptun	37,4°
28.1.2020	07:16:06	Mond 4,9° südlich Venus	37,8°
29.1.2020	00:21:24	Jupiter 3,5° nördlich Nunki	25,5°
29.1.2020	22:00:59	Mond in Erdferne	
30.1.2020	04:51:25	Mond in größter Südbreite	
31.1.2020	00:23:07	Merkur 1,3° nördlich Delta Capricorni	13,5°

Planeten

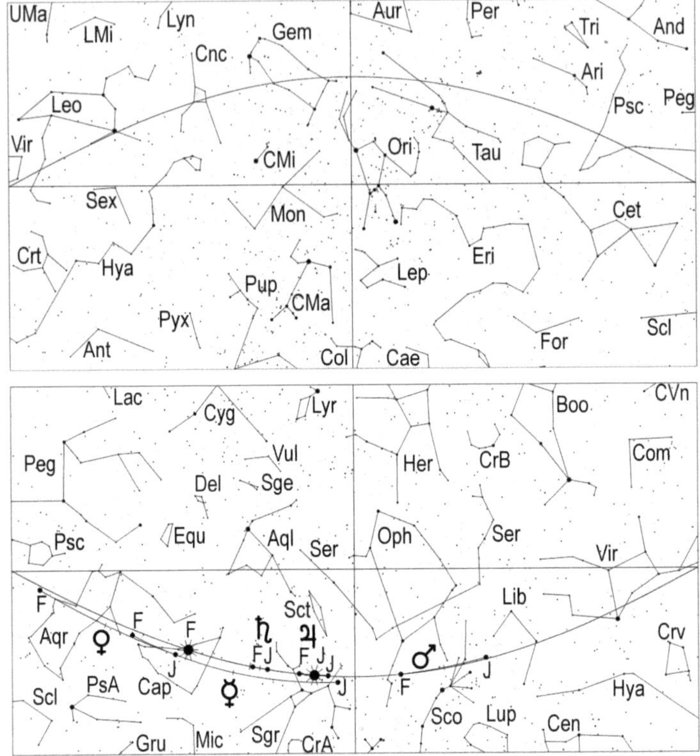

Merkur ist zunächst unbeobachtbar, denn er steht am 10. in oberer Konjunktion zur Sonne. Er gewinnt rasch östlichen Vorsprung vor der Sonne und kann ab dem 29.1. in der Abenddämmerung tief im Südwesten beobachtet werden. Der –1,0 mag helle Planet versinkt am 29. um 18.17 Uhr MEZ und am 31. um 18.29 Uhr MEZ unter dem Horizont. Im Fernrohr erkennt man ein fast voll beleuchtetes Scheibchen mit etwa 5,5" Durchmesser.

Venus baut ihre Abendsichtbarkeit im Laufe des Monats kräftig aus und verlagert ihren Untergang von 19.27 Uhr MEZ am 1., auf 20.10 Uhr MEZ am 15. und auf 20.57 Uhr MEZ am 31.. Mit einer Helligkeit, die leicht von –4,0 mag auf –4,1 mag ansteigt, ist sie das auffälligste Gestirn am Abendhimmel. Am 8. zieht sie 56' nördlich an Delta Capricorni und am 27. 4,6' südlich an Neptun vorbei, was eine gute Gelegenheit bietet, diesen lichtschwachen Planeten mit einem Fernrohr aufzusuchen. Am folgenden Tag zieht der Mond 4,9° südlich am Abendstern vorbei.

Im Fernrohr zeigt sich Venus als fast vollständig beleuchtetes Scheibchen, dessen Durchmesser im Laufe des Monats von 13" auf 15" anwächst, während der beleuchtete Anteil leicht von 92% auf 84% abnimmt.

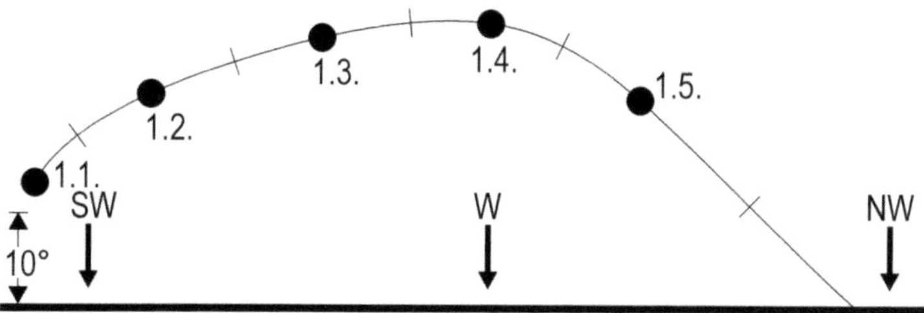

Position des Planeten Venus am Abendhimmel, 1 Stunde nach Sonnenuntergang.

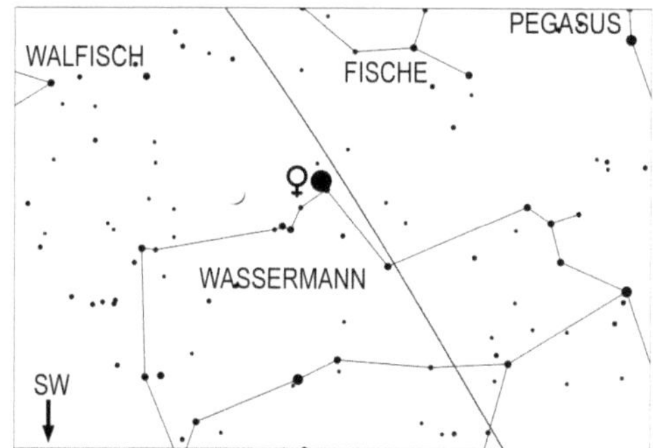

Mond und Venus im Sternbild Wassermann am Abend des
28.1.2020 um 18 Uhr MEZ

Mars, am Morgenhimmel, wandert von der Waage durch den Skorpion in den Schlangenträger und passiert hierbei am 8. Akrab 45' südlich und am 17. Antares 4,8° nördlich. Er erscheint am 1. um 5.04 Uhr MEZ und am 31. nur unwesentlich früher um 4.53 Uhr MEZ über dem Horizont. Mit einer Helligkeit, die im Laufe des Monats von 1,6 mag auf 1,4 mag ansteigt, ist er lichtschwächer als Antares. Für Fernrohrbeobachter ist er mit einem Scheibchendurchmesser von unter 5" nicht interessant.

Jupiter, rechtläufig im Schützen, kann ab dem 19. am Morgenhimmel beobachtet werden. Er geht an diesem Tag um 7.16 Uhr MEZ auf und kann bei guter Horizontsicht eine Viertelstunde später tief im Südwesten erblickt werden. 4 Tage später steht die dünne abnehmende Mondsichel, ein Tag vor Neumond, in der Nähe des Riesenplaneten. Am 31. geht Jupiter schon um 6.38 Uhr MEZ auf.
2 Tage zuvor passiert der −1,9 mag helle Planet den Fixstern Nunki in 3,5° nördlichem Abstand, der in der aufziehenden Morgendämmerung nur in einem Fernglas erkennbar ist.

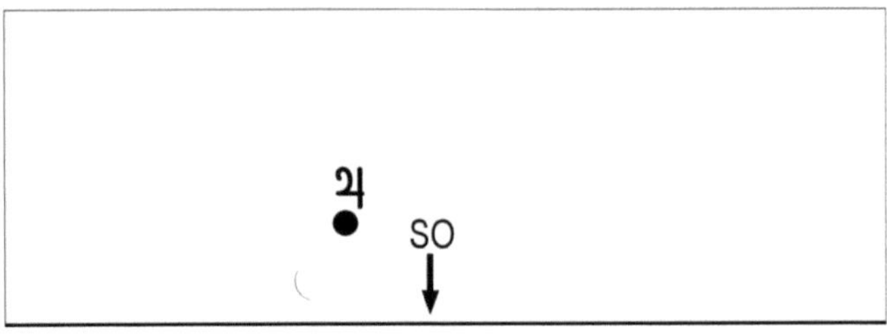

Mond und Jupiter am 23.1.2020 um 7.30 Uhr MEZ am stark aufgehelltem Morgenhimmel

Saturn erreicht am 13. seine Konjunktion zur Sonne und ist im Januar nicht zu sehen.

Uranus beendet am 11. seine Oppositionsschleife und bewegt sich dann rechtläufig durch das Sternbild Widder. Der grünliche Planet, dessen Helligkeit im Laufe des Monats von 5,7 mag auf 5,8 mag zurückgeht, kann am frühen Abendhimmel mit einem Feldstecher leicht beobachtet werden (Aufsuchkarte, Seite 147). Er kulminiert am 1.1. um 19.43 Uhr MEZ und am Monatsletzten schon um 17.46 Uhr MEZ, während sich sein Untergang im Laufe des Monats von 2.48 Uhr MEZ auf 0.51 Uhr MEZ verfrüht.

Neptun kann am Abend mit einem Fernrohr im Sternbild Wassermann in südwestlicher Richtung beobachtet werden (Aufsuchkarte, Seite 132). In der zweiten Monatshälfte wird dies immer schwieriger, denn er verlegt seinen Untergang von 22.24 Uhr MEZ am 1.1., auf 21.31 Uhr MEZ am 15. und auf 20.30 Uhr MEZ am Monatsletzten.
Allerdings bietet der Abend des 27. eine gute Gelegenheit Neptun einfach aufzusuchen, weil an diesem Tag die helle Venus nur 4,6' südlich an diesem vorbeizieht.

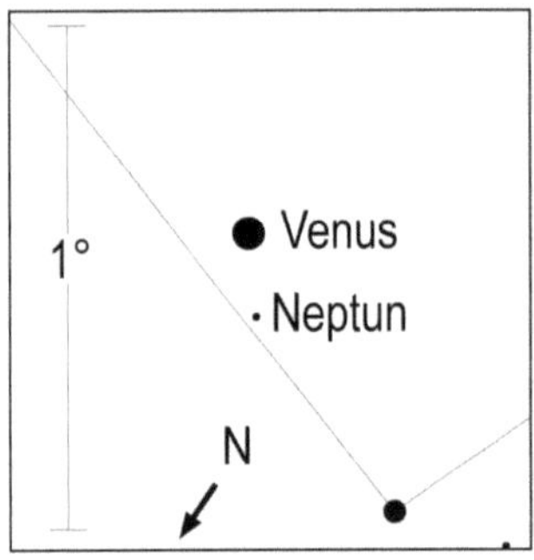

Anblick der Konjunktion zwischen Venus und Neptun am 27.1.2020 um 19 Uhr MEZ im umkehrenden Fernrohr

Klein- und Zwergplaneten

Ceres steht am 13. in Konjunktion zur Sonne und kann im Januar nicht beobachtet werden.

Pallas kann am Morgenhimmel mit Hilfe größerer Fernrohre (ab etwa 15 cm Objektivdurchmesser) in den Sternbildern Schlangenträger und Schlange kurz vor Beginn der Morgendämmerung aufgesucht werden. Während ihre Helligkeit leicht von 10,2 mag auf 10,3 mag zurückgeht, verfrüht sich ihr Aufgang im Laufe des Monats von 4.56 Uhr MEZ auf 3.34 Uhr MEZ.

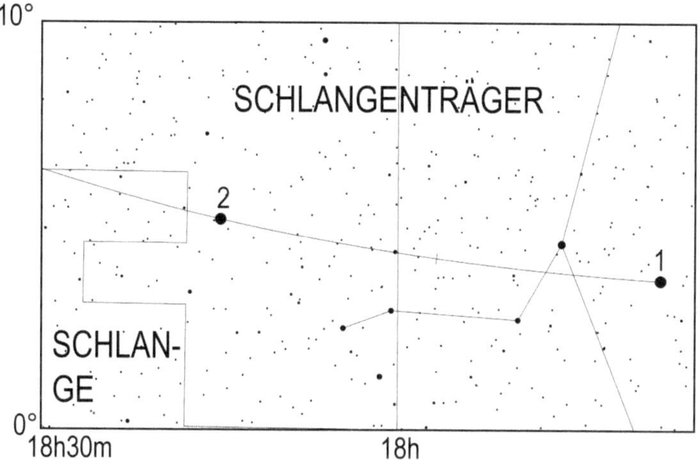

Lauf des Kleinplaneten Pallas im Januar 2020 und im Februar 2020. Die Zahl gibt die Position zum 1. des entsprechenden Monats an, also 2 die Position am 1.2.

Juno wandert rechtläufig durch die Jungfrau und verlagert ihren Aufgang von 1.12 Uhr MEZ am 1., auf 0.28 Uhr MEZ am 15. und auf 23.27 Uhr MEZ am 31.. Juno, deren Helligkeit von 10,6 mag auf 10,4 mag ansteigt, kulminiert am 1. um 6.49 Uhr MEZ, am 15 um 6.04 Uhr MEZ und am 31. um 5.09 Uhr MEZ. Wegen ihrer geringen Helligkeit sollte man zur Beobachtung ein Fernrohr von mindestens 10 cm Objektivöffnung einsetzen (Aufsuchkarte, Seite 67).

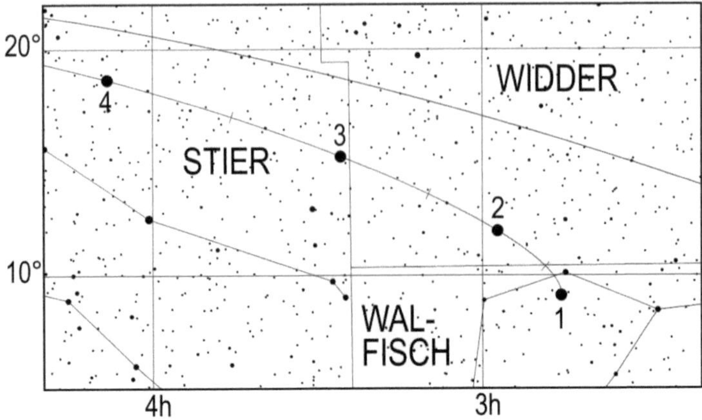

Lauf des Kleinplaneten Vesta von Januar 2020 bis April 2020. Die Zahl gibt die
Position zum 1. des entsprechenden Monats an, also 3 die Position am 1.3.

Vesta kann am frühen Abend mit einem Fernglas im Grenzgebiet der Sternbilder
Walfisch und Widder aufgesucht werden. Sie kulminiert am 1. um 20.28 Uhr MEZ,
am 15. um 19.35 Uhr MEZ und am 31. um 18.41 Uhr MEZ. Ihr Untergang verfrüht
sich im Laufe des Monats von 3.18 Uhr MEZ auf 1.45 Uhr MEZ und ihre Helligkeit
geht von 7,4 mag auf 7,9 mag zurück.

Periodische Sternschnuppenströme

Bis zum 6.1. sind die Quadrantiden aktiv, die ihren Radianten im nördlichen Teil des
Sternbildes Bärenhüter haben. Die mäßig schnellen Quadrantiden erreichen ihr
Maximum am 4.1. um 10 Uhr mit einer Rate von bis zu 80 Meteoren pro Stunde. Da
zu dieser Zeit schon die Sonne aufgegangen ist, ist das eigentliche
Maximum unbeobachtbar, doch lohnt es sich am 4.1. bis zum Anbruch der
Morgendämmerung nach diesen Meteoren Ausschau zu halten, wobei bis zu 60
Sternschnuppen pro Stunde zu sehen sind. Der Mond stört hierbei wenig, da er nur
in der ersten Nachthälfte, während der der Schwarm wegen geringer Höhe des
Radianten über dem Horizont ohnehin nicht optimal beobachtbar ist, über dem
Horizont steht.

Sonnenuntergang und Dämmerung

	Astr. Anf.	Naut. Anf.	Bürg. Anf.	Auf-gang	Kulm.	Unter-gang	Bürg. Ende	Naut. Ende	Astr. Ende	Zeitgl.
1.1.2020	6:23	7:03	7:45	8:22	12:27	16:32	17:11	17:52	18:31	3m02s
2.1.2020	6:24	7:03	7:45	8:22	12:28	16:33	17:12	17:53	18:32	3m31s
3.1.2020	6:24	7:03	7:45	8:22	12:28	16:34	17:13	17:54	18:33	3m59s
4.1.2020	6:24	7:03	7:44	8:22	12:29	16:35	17:14	17:55	18:34	4m27s

	Astr. Anf.	Naut. Anf.	Bürg. Anf.	Auf- gang	Kulm.	Unter- gang	Bürg. Ende	Naut. Ende	Astr. Ende	Zeitgl.
5.1.2020	6:24	7:03	7:44	8:22	12:29	16:36	17:15	17:56	18:35	4m54s
6.1.2020	6:23	7:03	7:44	8:22	12:30	16:38	17:16	17:57	18:36	5m21s
7.1.2020	6:23	7:03	7:44	8:21	12:30	16:39	17:17	17:58	18:37	5m47s
8.1.2020	6:23	7:02	7:44	8:21	12:31	16:40	17:18	17:59	18:38	6m13s
9.1.2020	6:23	7:02	7:43	8:20	12:31	16:41	17:19	18:00	18:39	6m39s
10.1.2020	6:23	7:02	7:43	8:20	12:31	16:43	17:21	18:01	18:40	7m04s
11.1.2020	6:22	7:02	7:43	8:19	12:32	16:44	17:22	18:02	18:41	7m28s
12.1.2020	6:22	7:01	7:42	8:19	12:32	16:45	17:23	18:03	18:42	7m52s
13.1.2020	6:22	7:01	7:42	8:18	12:33	16:47	17:24	18:05	18:43	8m15s
14.1.2020	6:21	7:00	7:41	8:18	12:33	16:48	17:26	18:06	18:45	8m38s
15.1.2020	6:21	7:00	7:40	8:17	12:33	16:50	17:27	18:07	18:46	9m00s
16.1.2020	6:20	6:59	7:40	8:16	12:34	16:51	17:28	18:08	18:47	9m21s
17.1.2020	6:20	6:59	7:39	8:15	12:34	16:53	17:30	18:10	18:48	9m42s
18.1.2020	6:19	6:58	7:38	8:14	12:34	16:54	17:31	18:11	18:50	10m02s
19.1.2020	6:18	6:57	7:38	8:14	12:35	16:56	17:33	18:12	18:51	10m21s
20.1.2020	6:18	6:56	7:37	8:13	12:35	16:57	17:34	18:14	18:52	10m40s
21.1.2020	6:17	6:56	7:36	8:12	12:35	16:59	17:36	18:15	18:54	10m58s
22.1.2020	6:16	6:55	7:35	8:11	12:35	17:01	17:37	18:16	18:55	11m15s
23.1.2020	6:16	6:54	7:34	8:10	12:36	17:02	17:38	18:18	18:56	11m32s
24.1.2020	6:15	6:53	7:33	8:09	12:36	17:04	17:40	18:19	18:58	11m47s
25.1.2020	6:14	6:52	7:32	8:07	12:36	17:06	17:41	18:21	18:59	12m02s
26.1.2020	6:13	6:51	7:31	8:06	12:36	17:07	17:43	18:22	19:00	12m17s
27.1.2020	6:12	6:50	7:30	8:05	12:37	17:09	17:45	18:23	19:02	12m30s
28.1.2020	6:11	6:49	7:29	8:04	12:37	17:11	17:46	18:25	19:03	12m42s
29.1.2020	6:10	6:48	7:28	8:02	12:37	17:12	17:48	18:26	19:05	12m54s
30.1.2020	6:09	6:47	7:26	8:01	12:37	17:14	17:49	18:28	19:06	13m05s
31.1.2020	6:08	6:46	7:25	8:00	12:37	17:16	17:51	18:29	19:08	13m15s

Mondlauf

	Rektaszension	Deklination	Elong.	Phase	mag	Auf- gang	Kulm.	Unter- gang
1.1.2020	23h12m30,9s	-10°48'04"	65,8°	0,29	-9,0	11:58	17:28	23:08
2.1.2020	23h56m52,2s	-6°25'29"	76,6°	0,39	-9,5	12:16	18:09	
3.1.2020	0h40m30,4s	-1°49'43"	87,4°	0,48 ☽	-9,9	12:34	18:50	0:13
4.1.2020	1h24m18,0s	2°51'12"	98,3°	0,57	-10,4	12:52	19:31	1:18
5.1.2020	2h09m09,6s	7°28'53"	109,3°	0,67	-10,8	13:12	20:15	2:24
6.1.2020	2h56m00,0s	11°53'36"	120,6°	0,76	-11,1	13:35	21:02	3:32
7.1.2020	3h45m39,6s	15°53'14"	132,1°	0,84	-11,5	14:03	21:51	4:42
8.1.2020	4h38m45,9s	19°12'49"	144,1°	0,9	-11,8	14:38	22:46	5:53
9.1.2020	5h35m29,5s	21°35'04"	156,4°	0,96	-12,2	15:24	23:43	7:02
10.1.2020	6h35m20,2s	22°42'55"	169,0°	0,99 ○	-12,6	16:21		8:05
11.1.2020	7h37m03,2s	22°23'45"	177,7°	1	-12,8	17:31	0:43	8:59
12.1.2020	8h38m56,6s	20°33'47"	164,6°	0,98	-12,5	18:48	1:42	9:43
13.1.2020	9h39m26,0s	17°20'11"	151,1°	0,94	-12,1	20:09	2:40	10:17
14.1.2020	10h37m35,3s	12°59'10"	137,6°	0,87	-11,8	21:31	3:36	10:46
15.1.2020	11h33m14,7s	7°51'46"	124,2°	0,78	-11,4	22:51	4:29	11:11

	Rektaszension	Deklination	Elong.	Phase	mag	Aufgang	Kulm.	Untergang
16.1.2020	12h26m51,1s	2°19'57"	110,8°	0,68	-11,0		5:20	11:34
17.1.2020	13h19m11,9s	-3°15'52"	97,6°	0,57 ☽	-10,5	0:10	6:10	11:55
18.1.2020	14h11m10,0s	-8°37'33"	84,6°	0,45	-10,0	1:29	6:59	12:18
19.1.2020	15h03m34,1s	-13°28'57"	71,8°	0,34	-9,4	2:46	7:50	12:44
20.1.2020	15h56m58,3s	-17°35'38"	59,2°	0,24	-8,8	4:02	8:42	13:14
21.1.2020	16h51m34,9s	-20°45'07"	46,8°	0,16	-8,0	5:15	9:35	13:51
22.1.2020	17h47m08,4s	-22°47'36"	34,6°	0,09	-7,2	6:21	10:30	14:36
23.1.2020	18h42m56,9s	-23°37'30"	22,7°	0,04	-6,2	7:19	11:24	15:30
24.1.2020	19h38m03,1s	-23°14'28"	11,0°	0,01 ●	-5,0	8:07	12:17	16:30
25.1.2020	20h31m31,8s	-21°43'31"	2,4°	0	-4,1	8:45	13:07	17:35
26.1.2020	21h22m45,5s	-19°13'50"	12,4°	0,01	-5,1	9:16	13:55	18:42
27.1.2020	22h11m32,1s	-15°56'49"	23,5°	0,04	-6,2	9:41	14:40	19:49
28.1.2020	22h58m02,8s	-12°04'14"	34,5°	0,09	-7,1	10:02	15:23	20:55
29.1.2020	23h42m46,4s	-7°47'04"	45,4°	0,15	-7,8	10:21	16:05	22:00
30.1.2020	0h26m22,8s	-3°15'03"	56,2°	0,22	-8,5	10:38	16:45	23:04
31.1.2020	1h09m38,6s	1°23'07"	66,9°	0,3	-9,0	10:56	17:26	

Finsternisse

In den Abendstunden des 10.1. kommt es zu einer Halbschattenmondfinsternis mit einer Größe von 0,91, die in ihrer gesamten Länge in Mitteleuropa sichtbar ist. Halbschattenmondfinsternisse sind eher unauffällige Ereignisse. Der Ein- und Austritt in den Halbschatten ist unbeobachtbar, aber man bemerkt zum Zeitpunkt der größten Phase, dass der Teil des Mondes, der am weitesten im Halbschatten liegt, dunkler erscheint als der übrige Mond. Auf kurz belichteten Fotografien ist dieser Effekt ausgeprägter als bei visueller Beobachtung. Zum Zeitpunkt der maximalen Verfinsterung befinden sich 95% des Mondes im Halbschatten.

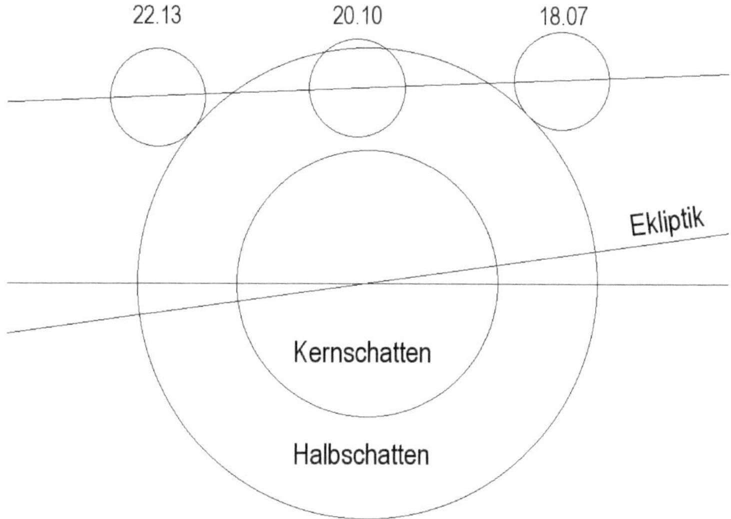

Verlauf der Halbschattenmondfinsternis vom 10.1.2020. Alle Zeiten in MEZ.
Norden ist oben und Osten links

Jupitermond-Ereignisse

Datum	Uhrzeit (MEZ)	Mond	Erscheinung	Phase
31. 1.2020	07:35:43	Ganymed	Bedeckung	Ende

Februar

Sternenhimmel

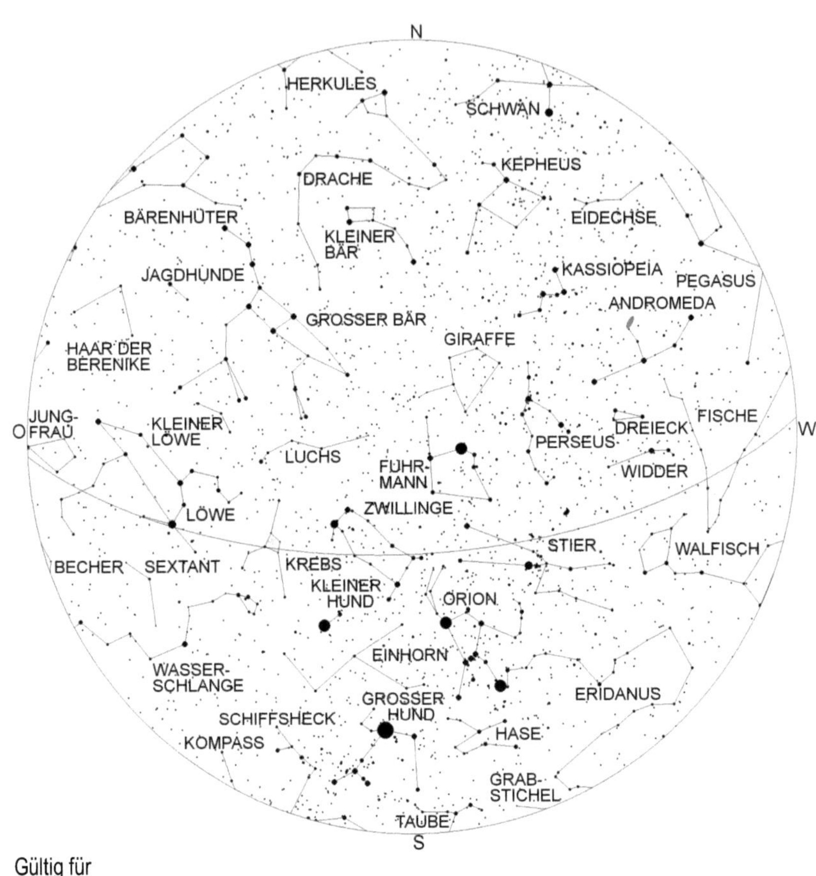

Gültig für

1.10. 6 Uhr	15.10. 5Uhr
1.11. 4 Uhr	15.11. 3 Uhr
1.12. 2 Uhr	15.12. 1 Uhr
1.1. 0 Uhr	15.1. 23 Uhr
1.2. 22 Uhr	15.2. 21 Uhr
1.3. 20 Uhr	15.3. 19 Uhr

Im Februar hat zur Standbeobachtungszeit (1. um 22 Uhr MEZ) der Orion seine höchste Position überschritten. Man erkennt in diesem Sternbild unterhalb der Gürtelsterne eine Sternengruppe mit einem nebligen Fleckchen. Dies ist der berühmte Orionnebel, ein Gasnebel in dem neue Sterne entstehen. Die beiden hellsten Sterne des Orions, Rigel (rechts unten) und Beteigeuze (links oben), sind Riesensterne von ganz unterschiedlicher Natur. Der bläuliche Rigel ist 60 mal größer als die Sonne und strahlt so viel Energie ab wie 41000 Sonnen. Seine Oberfläche ist mit 12300 Kelvin Oberflächentemperatur auch wesentlich heißer als die unseres Zentralgestirns, deren Oberfläche 5800 K heiß ist. Sein Abstand zur Sonne beträgt etwa 770 Lichtjahre.

Die rötliche Beteigeuze ist mit einer Oberflächentemperatur von 3450 K kühler als die Sonne, hat aber einen ungefähr tausendmal größeren Durchmesser. In ihren Inneren hätten die Umlaufbahnen aller inneren Planeten Platz.

Beteigeuze strahlt etwa 55000-mal so viel Energie wie die Sonne ab und ist ca. 640 Lichtjahre von ihr entfernt.

Das Sternbild Zwillinge steht jetzt kurz vor der Kulmination, während der Stier diese schon hinter sich gebracht hat, wie auch das Sternbild Fuhrmann.

Tief im Süden erreichen die ersten Sterne des Großen Hundes ihren höchsten Stand. Westlich von diesen erkennt man den Hasen, der in der Mythologie eine Beute des Himmelsjägers Orion darstellt. Im Hasen befindet sich ein schon im Feldstecher trennbarer Doppelstern, Gamma (γ) Leporis. Seine beiden Komponenten haben eine Helligkeit von 3,6 mag und 6,1 mag und stehen 97" voneinander entfernt. Bei guten Sichtbedingungen kann man auch das Sternbild Taube knapp über dem Südhorizont erkennen.

Nördlich des Großen Hundes befindet sich das Sternbild des Einhorns, welches nur aus lichtschwachen Sternen besteht. Dieses Sternbild hat im Unterschied zu vielen anderen in Mitteleuropa sichtbaren Sternbildern, wie den Orion und den Stier, seinen Ursprung nicht in der Antike, sondern wurde 1602 von den niederländischen Kartografen Petrus Plancius eingeführt. In diesem Sternbild gibt es einen für Amateurastronomen interessanten Dreifachstern und zwar den Stern Beta (β) Monocerotis, der schon mit einem Fernrohr von 5 Zentimetern Objektivöffnung aufgelöst werden kann. Beta Monocerotis besteht aus einem 4,6 mag hellen Stern mit einem 5,3 mag hellen Begleiter in 3" Abstand. Ein weiterer Begleiter mit einer Helligkeit von 5,0 mag befindet sich in 7" Entfernung vom 4,6 mag hellem Hauptstern. Alle 3 Sterne dieses Systems liegen in etwa auf einer Linie.

Höher am Himmel, zwischen Einhorn und Zwillinge findet man den Kleinen Hund mit dem hellen Fixstern Prokion.

Nordöstlich des Kleinen Hundes kann man an dunkleren Beobachtungsorten das lichtschwache Sternbild Krebs erkennen.

In westlicher Richtung sieht man den Widder und den im Untergang befindlichen Walfisch. Zwischen dem Widder und dem Horizont erblickt man bei dunklem Himmel die lichtschwachen Sterne der Fische, während das Gebiet zwischen Walfisch, Orion und Hase von dem ausgedehntem Eridanus ausgefüllt wird, der fast nur aus lichtschwachen Sternen besteht.

Weiter in nördlicher Richtung befinden sich noch einige Sterne des Pegasus über dem Horizont. Über diesen erkennt man das Sternbild Andromeda.

Im Osten ist jetzt das Sternbild Löwe komplett aufgegangen, auch die ersten Sterne des Tierkreissternbildes Jungfrau sind schon über dem Horizont erschienen, aber wegen des Horizontdunstes noch kaum zu sehen. Zwischen dem Kleinem Hund und dem Südosthorizont erkennt man den Kopf des Sternbildes Wasserschlange. Das Sternbild Wasserschlange ist das größte Sternbild des Himmels. Es besteht aber zum größten Teil aus Sternen der 4. Größenklasse und schwächer weshalb es von helleren Beobachtungsorten aus nur rudimentär erkannt werden kann. Es gibt nur einen Stern 2. Größe in dieser Konstellation, Alphard, der das hellste Objekt im Südosten darstellt. Alphard ist ein orangeroter Riesenstern mit 400-facher Sonnenleuchtkraft und 41-fachen Sonnendurchmesser in 180 Lichtjahren Entfernung.

Der Große Wagen, der aus den hellsten Sternen des Sternbildes Großen Bären besteht, gewinnt jetzt Höhe im Nordosten. Tief im Nordosten geht gerade der Bärenhüter auf. Allerdings ist sein hellster Stern, Arktur, noch unter dem Horizont und seine schon aufgegangenen Sterne sind im Horizontdunst kaum zu erkennen. Zwischen Bärenhüter und Großen Wagen kann man Chara, den mit 2,9 mag hellsten Stern der Jagdhunde erblicken. Alle anderen Sterne dieser Konstellation haben eine Helligkeit von 4 mag und weniger und sind nur an dunkleren Orten zu sehen.

Auch das „Haar der Berenike" ist inzwischen vollständig über dem ostnordöstlichen Horizont getreten, kann aber, da es nur aus Sternen 4. Größe und schwächer besteht, nur an dunkleren Orten gesichtet werden.

Astronomische Ereignisse

Datum	Uhrzeit	Ereignis	Elongation
1.2.2020	04:26:51	Mond 5,2° südlich Uranus	79,8°
1.2.2020	06:32:06	Mond 16,4° südlich Hamal	80,8°
2.2.2020	02:41:46	Erstes Viertel	
2.2.2020	08:49:23	Mond 21' südlich Vesta	92,8°
3.2.2020	09:18:55	Mond 8,4° südlich der Plejaden	104,4°
4.2.2020	08:20:05	Mond 2,2° nördlich Aldebaran	114,9°
5.2.2020	07:01:16	Mond 7,6° südlich Elnath	126,7°
5.2.2020	15:51:31	Ceres 9,7° südlich Beta Capricorni	12,8°
6.2.2020	03:44:41	Mond bedeckt Eta Geminorum, siehe Seite 181	136,5°
6.2.2020	06:41:06	Mond 13' südlich Mü Geminorum	138,2°
6.2.2020	09:59:21	Mond im aufsteigenden Knoten	
6.2.2020	11:24:58	Mond 5,9° nördlich Alhena	141,6°
6.2.2020	13:29:04	Mond 2,7° südlich Epsilon Geminorum	142,5°
7.2.2020	10:24:31	Mond 9,9° südlich Kastor	150,3°
7.2.2020	13:44:41	Mond 6,1° südlich Pollux	154,0°
7.2.2020	14:01:38	Merkur im aufsteigenden Knoten	
8.2.2020	11:44:44	Mond 22' nördlich M44	167,8°
9.2.2020	08:33:21	Vollmond	
9.2.2020	14:00:13	Pallas in größter Nordbreite	

Datum	Uhrzeit	Ereignis	Elongation
9.2.2020	21:11:19	Juno 6,7° nördlich Spika	116,8°
9.2.2020	21:49:35	Mond 3,3° nördlich Regulus	170,7°
10.2.2020	14:46:20	Merkur in größter östlicher Elongation	18,19°
10.2.2020	21:43:51	Mond in Erdnähe	
12.2.2020	06:05:24	Merkur im Perihel	
12.2.2020	12:32:21	Mond in größter Nordbreite	
12.2.2020	15:46:58	Mond 1,8° nördlich Porrima	133,2°
13.2.2020	12:14:22	Mond 6,6° nördlich Spika	120,4°
13.2.2020	12:17:26	Mond 21' südlich Juno	122,1°
14.2.2020	21:13:02	Juno stationär, dann rückläufig	
15.2.2020	00:32:10	Mond 3,2° nördlich Zuben-el-dschenubi	101,0°
15.2.2020	06:32:18	Venus im aufsteigenden Knoten	
15.2.2020	23:17:21	Letztes Viertel	
16.2.2020	11:15:04	Merkur stationär, dann rückläufig	
16.2.2020	11:42:46	Mond 1° nördlich Akrab	83,5°
16.2.2020	18:00:44	Juno 7,2° nördlich Spika	123,6°
16.2.2020	20:40:19	Mond 6,65° nördlich Antares	77,8°
18.2.2020	15:26:46	Mond 5,8' nördlich Mars	57,4°
19.2.2020	01:12:00	Mond im absteigenden Knoten	
19.2.2020	04:42:28	Mond 30,9° südlich Pallas	50,8°
19.2.2020	12:52:39	Mond 2,2° nördlich Nunki	46,9°
19.2.2020	20:51:39	Mond 1,3° südlich Jupiter	43,0°
20.2.2020	08:19:46	Mond 1,6° südlich Pluto	37,1°
20.2.2020	15:47:08	Mond 2,4° südlich Saturn	34,0°
21.2.2020	01:15:41	Mond 7,5° südlich Beta Capricorni	28,2°
21.2.2020	15:16:20	Mond 2° nördlich Ceres	23,1°
21.2.2020	21:27:27	Vesta im Aphel	
22.2.2020	11:00:00	Merkur in größter Nordbreite	
22.2.2020	19:42:28	Mond 1,6° südlich Delta Capricorni	10,3°
23.2.2020	16:32:07	Neumond	-4,3°
23.2.2020	20:42:34	Mond 9,05° südlich Merkur	4,7°
24.2.2020	17:17:31	Mond 4,6° südlich Neptun	12,2°
26.2.2020	02:44:51	Merkur in unterer Konjunktion zur Sonne	3,7°
26.2.2020	08:33:08	Mond in größter Südbreite	
26.2.2020	12:16:02	Mond in Erdferne	
27.2.2020	11:43:50	Mond 7,1° südlich Venus	41,7°
28.2.2020	11:42:49	Mond 5,2° südlich Uranus	52,5°
28.2.2020	13:06:12	Mond 16,2° südlich Hamal	53,1°

Planeten

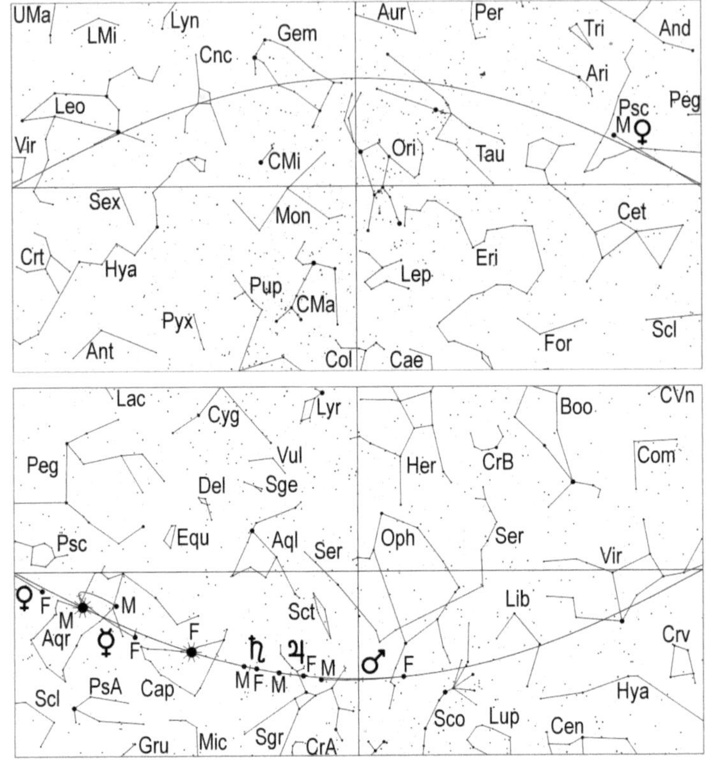

Merkur bietet in der ersten Monatshälfte eine gute Abendsichtbarkeit, denn er
erreicht am 10. seine größte östliche Elongation mit 18,2°. Der innerste Planet geht
am 1. um 18.35 Uhr MEZ, am 5. um 18.57 Uhr MEZ, am 10. um 19.15 Uhr MEZ und
am 15. um 19.17 Uhr MEZ unter. Etwa eine Stunde vor seinem Untergang taucht der
flinke Planet in der Abenddämmerung auf. Seine Helligkeit nimmt von –1,0 mag am
1., auf –0,6 mag am 10. und auf 0,3 mag am 15. ab, während sein Scheibchendurchmesser von 5,6" am 1., auf 7" am 10. und auf 8" am 15. anwächst. Gleichzeitig
schrumpft auch der beleuchtete Anteil Merkurs von 95% am 1., auf 84% am 5. und
auf 57% am 10.. Einen Tag später erreicht er die Halbphase (Dichotomie). Bis zum
15. nimmt der Beleuchtungsgrad des inzwischen sichelförmigen Merkurs auf 22%
ab.
Merkur durchwandert während seiner Abendsichtbarkeit das Sternbild Wassermann.
Am 16. kehrt er seine Bewegungsrichtung um und strebt der Sonne entgegen mit der
er am 26. in unterer Konjunktion steht. Der letzte Tag, um Merkur mit bloßem Auge

zu sehen, dürfte der 17. sein. An diesem Tag geht der 0,8 mag helle Planet um 19.11 Uhr MEZ unter.

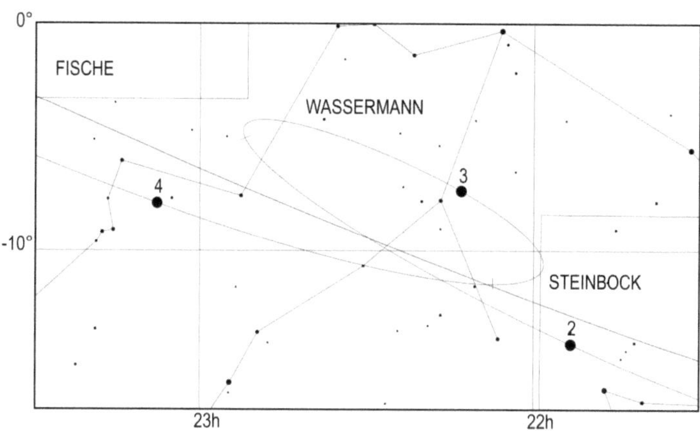

Lauf des Planeten Merkur von Februar bis April 2020. Die Zahl gibt die Position zum 1. des entsprechenden Monats an, also 4 die Position am 1.4.

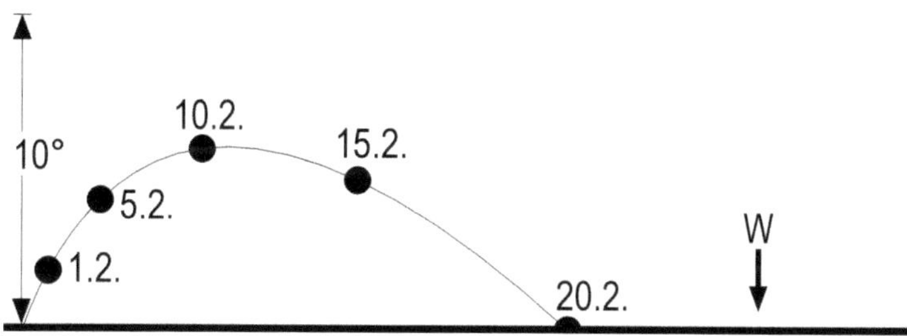

Position des Planeten Merkur 1 Stunde nach Sonnenuntergang

Venus, erreicht zu Monatsbeginn das Sternbild Fische, welches sie im Laufe des Monats durchläuft. Hierbei gewinnt sie immer nördlichere Deklinationen, nachdem sie den Himmelsäquator am 8.2. passiert hat. Sie geht im Laufe des Februars immer später unter: erfolgt der Untergang unseres inneren Nachbarplaneten am 1. um 21.00 Uhr MEZ, so erfolgt er am 15. um 21.39 Uhr MEZ und am 29. um 22.13 Uhr MEZ. Ihre Helligkeit steigt leicht an von –4,1 mag auf –4,2 mag, ebenso der Scheibchendurchmesser von 15,3" auf 18,6", während der beleuchtete Teil von 84% auf 70% abnimmt. Am 27. passiert der Mond den Abendstern in 7,1° südlichem Abstand – ein schöner Anblick am Abendhimmel.

43

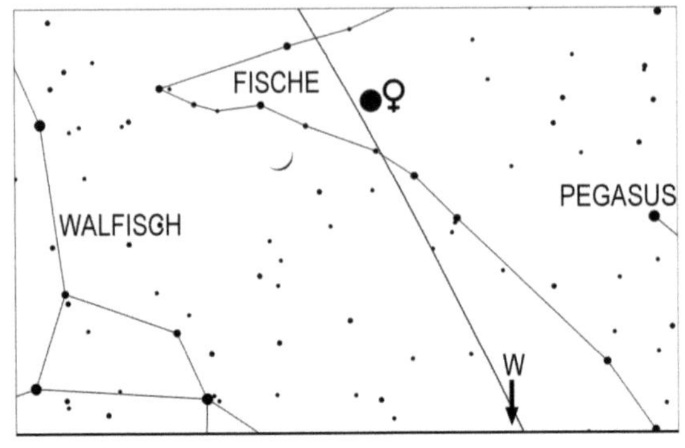

Mond und Venus im Sternbild Fische am Abend des 27.2.2020
um 20 Uhr MEZ

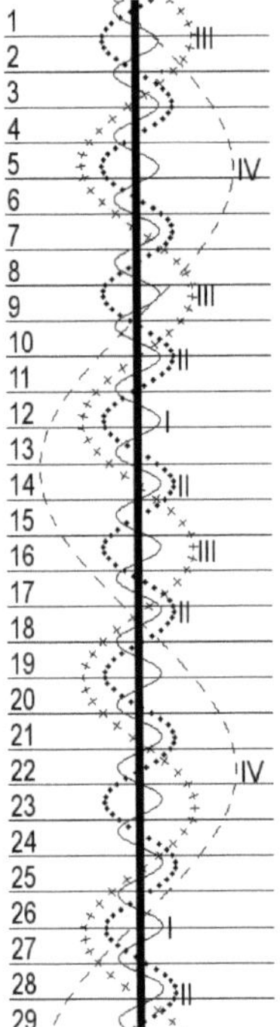

Stellung der 4
hellen Jupiter-
monde im
Februar 2020

Mars, am Morgenhimmel, wandert vom Schlangenträger in den Schützen, wo er sich den dort befindlichen Jupiter annähert. Der rote Planet, dessen Helligkeit im Laufe des Monats von 1,4 mag auf 1,1 mag ansteigt, geht am 1. um 4.52 Uhr MEZ und am 29. um 4.29 Uhr MEZ auf. Mit einem Scheibchendurchmesser, der im Laufe des Monats von 4,8" auf 5,4" anwächst, ist er noch kein lohnenswertes Objekt für Fernrohrbeobachter.

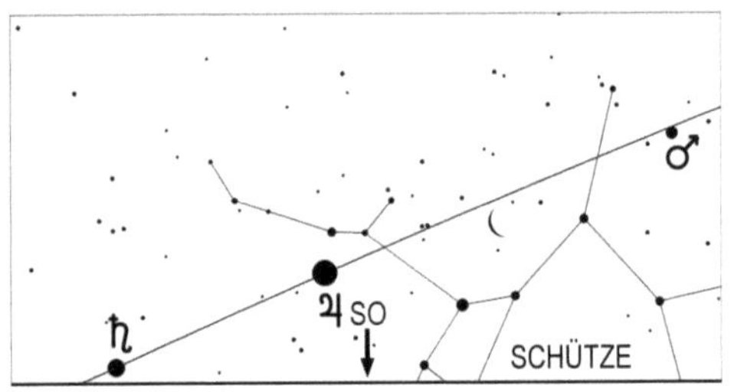

Mond, Mars, Jupiter und Saturn am Morgen des 19.2.2020 um 6.15 Uhr MEZ

Jupiter, rechtläufig im Sternbild Schütze, verbessert im Laufe des Monats seine Sichtbarkeit am Morgenhimmel: geht er am 1. noch um 6.35 Uhr MEZ auf, so erscheint er am 15. um 5.51 Uhr MEZ und am 29. um 5.05 Uhr MEZ über dem Horizont. Seine Helligkeit steigt von –1,9 mag auf –2,0 mag und sein Winkeldurchmesser von 32,5" auf 34,1" an. In den Morgenstunden des 20.2. erblickt man die abnehmende

44

Mondsichel in der Nähe von Jupiter, nachdem er den Riesenplaneten am Vortag
1,3° südlich passiert hat.

Saturn, im östlichen Teil des Sternbildes Schütze, taucht am 18. wieder am
Morgenhimmel auf. An diesem Tag geht der Ringplanet um 6.13 Uhr MEZ auf. Etwa
eine halbe Stunde später kann bei klarem Wetter eine Sichtung möglich sein.
Bis zum 29. verfrüht sich der Aufgang des 0,7 mag hellen Planeten auf 5.33 Uhr
MEZ.

Uranus kann am frühen Abendhimmel, nach Ende der Dämmerung, mit einem
Fernglas im Sternbild Widder (Aufsuchkarte, Seite 147) aufgesucht werden, wenn
sich auch sein Untergang von 0.47 Uhr MEZ am Monatsersten auf 22.58 Uhr MEZ
am Monatsletzten verfrüht.

Neptun kann höchstens noch zu Monatsbeginn mit einem größeren Fernrohr gegen
Ende der Abenddämmerung im Südwesten im Sternbild Wassermann aufgesucht
werden (Aufsuchkarte, Seite 132). Sein Untergang erfolgt am 1.2. um 20.27 Uhr
MEZ, am 15.2. um 19.35 Uhr MEZ und am Monatsletzten um 18.42 Uhr MEZ.

Klein- und Zwergplaneten

Ceres kann im Februar nicht beobachtet werden.

Pallas wandert rechtläufig vom Schlangenträger durch die nordöstlichsten Gebiete
der Schlange in den Adler und erscheint am 1. um 3.32 Uhr MEZ, am 15. um 2.48
Uhr MEZ und am 29. um 2.02 Uhr MEZ über dem Horizont. Der Kleinplanet, dessen
Helligkeit leicht von 10,3 mag auf 10,4 mag abnimmt, kann zu Beginn der
Morgendämmerung mit einem Fernrohr ab etwa 10 cm Objektivdurchmesser
aufgesucht werden (Aufsuchkarten, Seite 33 und Seite 106).

Juno, im Sternbild Jungfrau, beendet am 14. ihre rechtläufige Bewegung und setzt
zur Oppositionsschleife an, wobei ihre Deklinationen zunehmen. Ihr Aufgang verfrüht
sich von 23.23 Uhr MEZ am 1., auf 22.25 Uhr MEZ am 15. und auf 21.21 Uhr MEZ
am 29. Der Kleinplanet, dessen Helligkeit von 10,4 mag auf 10 mag ansteigt, kann
mit einem Fernrohr ab ca. 8 cm Objektivdurchmesser zum Zeitpunkt der Kulmination
aufgesucht werden, die am 1. um 5.05 Uhr MEZ, am 15. um 4.12 Uhr MEZ und am
29. um 3.14 Uhr MEZ erfolgt (Aufsuchkarte, Seite 67).

Vesta, wandert rechtläufig durch den Widder und erreicht zum Monatsende das
Sternbild Stier. Ihre Helligkeit geht von 7,9 mag auf 8,3 mag zurück und ihr
Untergang verfrüht sich von 1.42 Uhr MEZ am 1., auf 1.07 Uhr MEZ am 15. und auf
0.36 Uhr MEZ am 29..
Sie kann am besten zum Ende der Abenddämmerung mit einem Fernrohr oder
einem lichtstarken Fernglas aufgesucht werden (Aufsuchkarte, Seite 34).

Periodische Sternschnuppenströme

Der Februar ist der Monat mit der geringsten Sternschnuppenaktivität. Im Zeitraum vom 15.2. und 10.3. sind die Delta-Leoniden aktiv, ein schwacher Strom langsamerer Meteore, der am 25.2. sein Maximum mit bis zu 2 Meteoren pro Stunde erreicht.

Sonnenuntergang und Dämmerung

	Astr. Anf.	Naut. Anf.	Bürg. Anf.	Auf- gang	Kulm.	Unter- gang	Bürg. Ende	Naut. Ende	Astr. Ende	Zeitgl.
1.2.2020	6:07	6:44	7:24	7:58	12:38	17:17	17:52	18:31	19:09	13m24s
2.2.2020	6:06	6:43	7:22	7:57	12:38	17:19	17:54	18:32	19:11	13m33s
3.2.2020	6:04	6:42	7:21	7:56	12:38	17:21	17:55	18:34	19:12	13m40s
4.2.2020	6:03	6:41	7:20	7:54	12:38	17:23	17:57	18:35	19:13	13m47s
5.2.2020	6:02	6:39	7:18	7:53	12:38	17:24	17:59	18:37	19:15	13m53s
6.2.2020	6:01	6:38	7:17	7:51	12:38	17:26	18:00	18:38	19:17	13m58s
7.2.2020	5:59	6:37	7:15	7:50	12:38	17:28	18:02	18:40	19:18	14m02s
8.2.2020	5:58	6:35	7:14	7:48	12:38	17:30	18:03	18:42	19:20	14m05s
9.2.2020	5:56	6:34	7:12	7:46	12:38	17:31	18:05	18:43	19:21	14m08s
10.2.2020	5:55	6:32	7:11	7:45	12:38	17:33	18:07	18:45	19:23	14m10s
11.2.2020	5:54	6:31	7:09	7:43	12:38	17:35	18:08	18:46	19:24	14m11s
12.2.2020	5:52	6:29	7:07	7:41	12:38	17:36	18:10	18:48	19:26	14m11s
13.2.2020	5:50	6:27	7:06	7:40	12:38	17:38	18:11	18:49	19:27	14m11s
14.2.2020	5:49	6:26	7:04	7:38	12:38	17:40	18:13	18:51	19:29	14m09s
15.2.2020	5:47	6:24	7:02	7:36	12:38	17:42	18:15	18:53	19:30	14m08s
16.2.2020	5:46	6:23	7:01	7:34	12:38	17:43	18:16	18:54	19:32	14m05s
17.2.2020	5:44	6:21	6:59	7:32	12:38	17:45	18:18	18:56	19:34	14m02s
18.2.2020	5:42	6:19	6:57	7:30	12:38	17:47	18:19	18:57	19:35	13m58s
19.2.2020	5:41	6:17	6:55	7:29	12:38	17:48	18:21	18:59	19:37	13m53s
20.2.2020	5:39	6:16	6:53	7:27	12:38	17:50	18:23	19:01	19:38	13m47s
21.2.2020	5:37	6:14	6:51	7:25	12:38	17:52	18:24	19:02	19:40	13m41s
22.2.2020	5:35	6:12	6:50	7:23	12:38	17:53	18:26	19:04	19:41	13m35s
23.2.2020	5:33	6:10	6:48	7:21	12:37	17:55	18:28	19:05	19:43	13m27s
24.2.2020	5:31	6:08	6:46	7:19	12:37	17:57	18:29	19:07	19:45	13m20s
25.2.2020	5:30	6:07	6:44	7:17	12:37	17:58	18:31	19:09	19:46	13m11s
26.2.2020	5:28	6:05	6:42	7:15	12:37	18:00	18:33	19:10	19:48	13m02s
27.2.2020	5:26	6:03	6:40	7:13	12:37	18:02	18:34	19:12	19:50	12m52s
28.2.2020	5:24	6:01	6:38	7:11	12:37	18:03	18:36	19:14	19:51	12m42s
29.2.2020	5:22	5:59	6:36	7:09	12:36	18:05	18:37	19:15	19:53	12m31s

Mondlauf

	Rektaszension	Deklination	Elong.	Phase	mag	Auf- gang	Kulm.	Unter- gang
1.2.2020	1h53m24,4s	5°59'12"	77,8°	0,39	-9,6	11:15	18:08	0:09
2.2.2020	2h38m32,9s	10°24'35"	88,7°	0,49 ◗	-10,0	11:36	18:52	1:15
3.2.2020	3h25m56,8s	14°29'15"	99,9°	0,59	-10,5	12:00	19:40	2:22
4.2.2020	4h16m22,8s	18°01'01"	111,4°	0,68	-10,9	12:31	20:31	3:32

	Rektaszension	Deklination	Elong.	Phase	mag	Auf-gang	Kulm.	Unter-gang
5.2.2020	5h10m22,8s	20°45'03"	123,3°	0,77	-11,3	13:11	21:25	4:40
6.2.2020	6h07m59,1s	22°24'46"	135,6°	0,86	-11,6	14:02	22:24	5:46
7.2.2020	7h08m32,8s	22°44'28"	148,3°	0,93	-12,0	15:05	23:24	6:44
8.2.2020	8h10m43,8s	21°33'42"	161,4°	0,97	-12,4	16:20		7:34
9.2.2020	9h12m53,1s	18°51'41"	174,2°	1 ○	-12,7	17:42	0:24	8:13
10.2.2020	10h13m36,8s	14°48'54"	170,2°	0,99	-12,7	19:07	1:22	8:45
11.2.2020	11h12m11,1s	9°45'08"	156,6°	0,96	-12,3	20:31	2:18	9:12
12.2.2020	12h08m35,5s	4°04'59"	142,8°	0,9	-11,9	21:54	3:12	9:36
13.2.2020	13h03m20,4s	-1°46'25"	129,1°	0,81	-11,5	23:15	4:04	9:59
14.2.2020	13h57m10,9s	-7°26'19"	115,6°	0,72	-11,1		4:55	10:22
15.2.2020	14h50m52,2s	-12°35'22"	102,4°	0,61 ☽	-10,7	0:35	5:47	10:47
16.2.2020	15h44m59,1s	-16°57'54"	89,6°	0,5	-10,2	1:53	6:39	11:16
17.2.2020	16h39m48,0s	-20°21'37"	77,2°	0,39	-9,6	3:07	7:32	11:51
18.2.2020	17h35m11,4s	-22°37'50"	65,0°	0,29	-9,0	4:15	8:26	12:33
19.2.2020	18h30m38,6s	-23°41'50"	53,1°	0,2	-8,4	5:15	9:19	13:24
20.2.2020	19h25m24,0s	-23°33'27"	41,5°	0,13	-7,6	6:05	10:12	14:21
21.2.2020	20h18m41,2s	-22°17'01"	30,1°	0,07	-6,7	6:46	11:03	15:25
22.2.2020	21h09m55,8s	-20°00'30"	19,0°	0,03	-5,8	7:18	11:51	16:30
23.2.2020	21h58m53,6s	-16°54'11"	8,5°	0,01 ●	-4,7	7:45	12:37	17:37
24.2.2020	22h45m40,6s	-13°09'12"	5,6°	0	-4,4	8:07	13:20	18:43
25.2.2020	23h30m38,9s	-8°56'32"	15,2°	0,02	-5,4	8:26		19:49
26.2.2020	0h14m21,6s	-4°26'25"	25,7°	0,05	-6,3	8:44	14:43	20:53
27.2.2020	0h57m28,4s	0°11'42"	36,4°	0,1	-7,2	9:01	15:23	21:58
28.2.2020	1h40m43,4s	4°48'57"	47,2°	0,16	-7,9	9:19	16:05	23:03
29.2.2020	2h24m52,5s	9°16'33"	58,0°	0,24	-8,6	9:39	16:47	

Jupitermond-Ereignisse

Datum	Uhrzeit (MEZ)	Mond	Erscheinung	Phase
5.2.2020	07:35:52	Io	Bedeckung	Ende
8.2.2020	07:25:46	Europa	Durchgang	Anfang
17.2.2020	07:09:26	Europa	Bedeckung	Ende
25.2.2020	06:56:36	Ganymed	Schattenvorübergang	Ende

März

Sternenhimmel

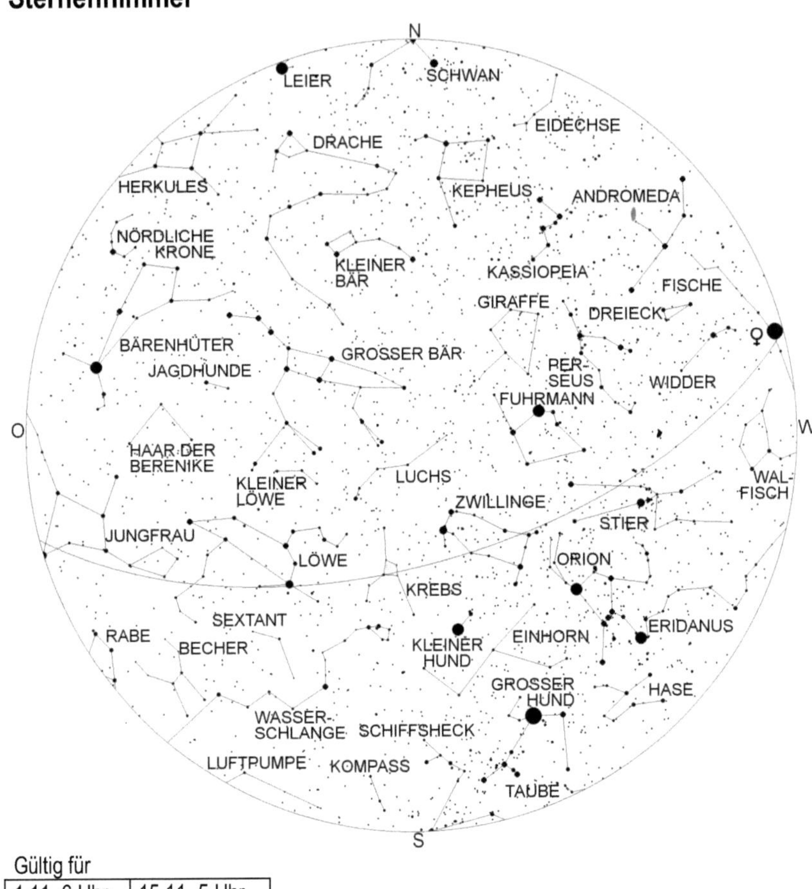

Gültig für

1.11. 6 Uhr	15.11. 5 Uhr
1.12. 4 Uhr	15.12. 3 Uhr
1.1. 2 Uhr	15.1. 1 Uhr
1.2. 0 Uhr	15.2. 23 Uhr
1.3. 22 Uhr	15.3. 21 Uhr
1.4. 20 Uhr	15.4. 19 Uhr

Die Wintersternbilder stehen noch alle über dem Horizont, sind aber jetzt fast alle im westlichen Teil des Himmels versammelt. Der Kleine Hund mit Prokion und die Zwillingssterne Kastor und Pollux erreichen jetzt ihren höchsten Stand. Das

48

lichtschwache Sternbild Krebs steht kurz vor der Kulmination und der Löwe hoch im Südosten. Südlich des Krebses erkennt man den Kopf der Wasserschlange und den hellsten Stern dieses Sternbildes, Alphard, was auf arabisch der „Alleinstehende" heißt, weil er der einzig helle Stern in diesem Gebiet ist. Im Südosten erkennt man unter dem Löwen die lichtschwachen Sterne von Wasserschlange, Becher und Sextant, während im Osten die Jungfrau schon zum größten Teil über den Horizont erschienen ist. Im Nordosten erblickt man einen hellen, orangefarbenen Stern. Es ist Arktur, der hellste Stern im Bärenhüter, der auch der vierthellste Stern des Himmels ist. Inzwischen ist dieses Sternbild genau so wie die Nördliche Krone vollständig über dem Horizont erschienen. Der Große Bär strebt jetzt immer höher in den Himmel, während sein Gegenstück, die Kassiopeia immer tiefer sinkt.

Astronomische Ereignisse

Datum	Uhrzeit	Ereignis	Elongation
1.3.2020	06:41:01	Mond 59' südlich Vesta	72,0°
1.3.2020	17:54:38	Mond 7,8° südlich der Plejaden	77,2°
2.3.2020	16:12:02	Mond 2,8° nördlich Aldebaran	87,1°
2.3.2020	16:44:24	Pallas 34,5° nördlich Nunki	60,7°
2.3.2020	20:57:30	Erstes Viertel	
3.3.2020	14:25:19	Mond 7,2° südlich Elnath	98,5°
4.3.2020	11:20:04	Mond 9,1' südlich Eta Geminorum	108,9°
4.3.2020	14:27:09	Mond 7,6' nördlich Mü Geminorum	110,5°
4.3.2020	15:58:58	Mond im aufsteigenden Knoten	
4.3.2020	22:09:28	Mond 6,6° nördlich Alhena	114,4°
5.3.2020	01:15:11	Mond 2,3° südlich Epsilon Geminorum	114,5°
5.3.2020	20:29:21	Mond 9,25° südlich Kastor	123,5°
6.3.2020	01:56:01	Mond 5,8° südlich Pollux	126,7°
6.3.2020	07:18:55	Mars 3° nördlich Nunki	63,2°
6.3.2020	22:45:40	Mond 54' nördlich M44	140,5°
8.3.2020	06:39:11	Pallas 32,15° nördlich Mars	63,8°
8.3.2020	10:10:43	Mond 2,8° nördlich Regulus	160,3°
8.3.2020	13:23:35	Neptun in Konjunktion zur Sonne	-1°
9.3.2020	09:04:32	Merkur stationär, dann rechtläufig	
9.3.2020	15:32:30	Venus 2,4° nördlich Uranus	44,5°
9.3.2020	18:21:47	Venus 8,7° südlich Hamal	45,4°
9.3.2020	18:47:44	Vollmond	
10.3.2020	07:28:29	Mond in Erdnähe	
10.3.2020	19:05:48	Mond in größter Nordbreite	
11.3.2020	01:56:00	Mond 1,6° nördlich Porrima	160,6°
11.3.2020	16:30:52	Mond 2,25° südlich Juno	152,4°
11.3.2020	19:36:46	Mond 6,9° nördlich Spika	147,7°
12.3.2020	09:11:08	Uranus 11,1° südlich Hamal	42,0°
13.3.2020	10:49:25	Mond 2,6° nördlich Zuben-el-dschenubi	128,2°

Datum	Uhrzeit	Ereignis	Elongation
14.3.2020	17:27:19	Mond 1,2° nördlich Akrab	111,2°
15.3.2020	03:07:38	Mond 6° nördlich Antares	105,0°
16.3.2020	10:34:20	Letztes Viertel	
16.3.2020	20:49:48	Merkur im absteigenden Knoten	
17.3.2020	18:00:50	Mond 2,3° nördlich Nunki	74,4°
17.3.2020	18:52:57	Vesta 6,95° südlich der Plejaden	61,2°
17.3.2020	23:19:22	Mond 34,2° südlich Pallas	70,5°
18.3.2020	09:47:39	Mond 1,6° südlich Mars	66,8°
18.3.2020	12:18:31	Mond 2,2° südlich Jupiter	65,5°
18.3.2020	16:32:06	Mond 1,4° südlich Pluto	63,5°
19.3.2020	00:03:00	Mond 2,7° südlich Saturn	59,1°
19.3.2020	06:52:09	Mond 8,05° südlich Beta Capricorni	55,1°
20.3.2020	03:15:52	Venus im Perihel	
20.3.2020	04:49:57	Frühlingsanfang	
20.3.2020	07:22:34	Mars 43' südlich Jupiter	67,3°
20.3.2020	17:55:42	Mond 2,3° nördlich Ceres	40,5°
20.3.2020	23:54:03	Mond 1,8° südlich Delta Capricorni	37,0°
21.3.2020	19:45:42	Mond 4° südlich Merkur	27,7°
23.3.2020	00:13:21	Mond 4,7° südlich Neptun	13,9°
23.3.2020	06:10:08	Mars 49" südlich Pluto	68,3°
24.3.2020	03:19:43	Merkur in größter westlicher Elongation	27,8°
24.3.2020	09:25:53	Mond in größter Südbreite	
24.3.2020	10:28:18	Neumond	-5°
24.3.2020	16:24:23	Mond in Erdferne	
24.3.2020	22:55:11	Venus in größter östlicher Elongation	46,1°
26.3.2020	21:24:55	Mond 15,7° südlich Hamal	27,1°
26.3.2020	22:42:59	Mond 4,6° südlich Uranus	27,7°
27.3.2020	05:42:46	Merkur im Aphel	
28.3.2020	10:22:03	Mond 7,6° südlich Venus	43,7°
29.3.2020	00:59:10	Mond 7,7° südlich der Plejaden	50,5°
29.3.2020	07:26:19	Mond 1,05° südlich Vesta	53,4°
30.3.2020	00:27:11	Mond 3° nördlich Aldebaran	60,5°
30.3.2020	23:37:21	Mond 6,9° südlich Elnath	72,3°
31.3.2020	06:29:14	Ceres 4,2° südlich Delta Capricorni	47,2°
31.3.2020	12:00:26	Mars 55' südlich Saturn	70,6°
31.3.2020	17:51:47	Mond im aufsteigenden Knoten	
31.3.2020	20:18:47	Mond 31' nördlich Eta Geminorum	82,2°

Planeten

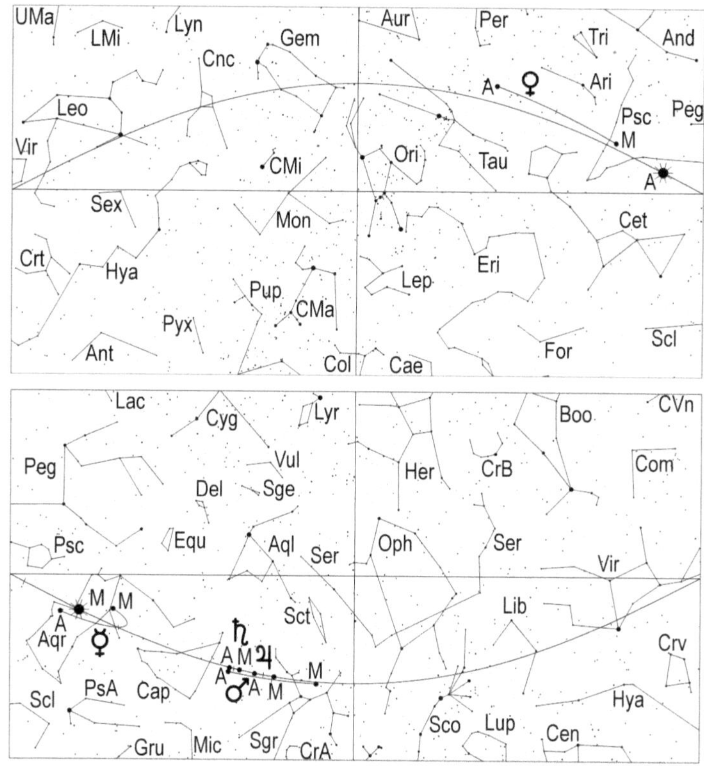

Merkur erreicht am 24.3. mit 27,8° seine größte westliche Elongation. Obwohl dies fast der maximal mögliche Wert ist, kommt es in unseren Breiten nicht zu einer Morgensichtbarkeit. Am Tag der Elongation geht der 0,3 mag helle Merkur um 5.37 Uhr MEZ auf, die Sonne folgt ihn um 6.17 Uhr MEZ. Bis Merkur genug Höhe erreicht hat, um in der Morgendämmerung zu erkannt zu werden, ist die Morgendämmerung schon so weit fortgeschritten, dass er sich nicht mehr in dieser durchsetzen kann. Südlich des 35. Breitengrades indes kann Merkur am Morgenhimmel beobachtet werden.

Venus erreicht am 24.3. mit 46,1° ihre größte westliche Elongation zur Sonne und ist strahlender Abendstern: sie taucht mit Sonnenuntergang am Abendhimmel auf und versinkt am 1. um 22.18 Uhr MEZ, am 15. um 22.54 Uhr MEZ und am 31. um 23.29 Uhr MEZ (0.29 Uhr MESZ) unter dem Horizont. Sie wandert von den Fischen durch den Widder in den Stier und passiert hierbei am 9. Hamal 8,7° südlich. Am

selben Tag steht sie auch 2,4° nördlich Uranus, was eine gute Möglichkeit ergibt, diesen lichtschwachen Planeten aufzusuchen. Ihre Helligkeit steigt von –4,2 mag auf –4,4 mag an und ihr Scheibchendurchmesser von 18,8" auf 25,2". Gleichzeitig nimmt ihr Beleuchtungsgrad ab: erscheint sie noch am 1. zu 69% beleuchtet, so sieht man am Monatsletzten im Fernrohr eine dicke, zu 46% beleuchtete Sichel. Die Halbphase (Dichotomie) wird am 27. erreicht.
Am 28.3. passiert der Mond den Abendstern 7,6° südlich, was man gut am Abendhimmel sehen kann (siehe Seite 58).

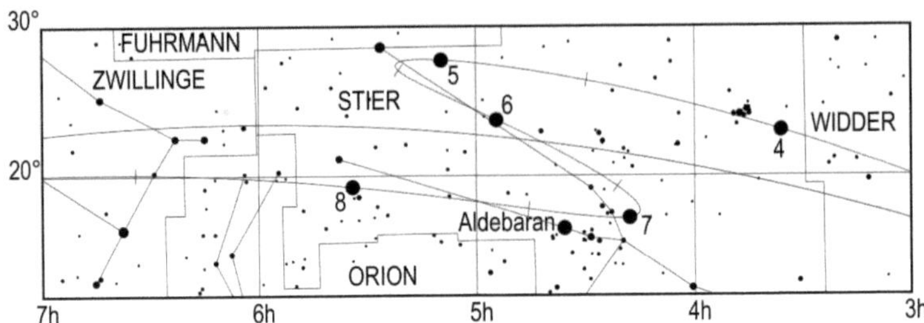

Lauf des Planeten Venus von März 2020 bis August 2020. Die Zahl gibt die Position zum 1. des entsprechenden Monats an, also 5 die Position am 1.5.

Mars durchläuft die östlichen Gebiete des Sternbildes Schütze und erreicht zum Monatsende den Steinbock. Er passiert hierbei Jupiter am 20. in 43' südlichem und am 31. Saturn in 55' südlichem Abstand. Beide Konjunktionen können am Morgenhimmel, am besten vor Beginn der Morgendämmerung problemlos beobachtet werden. Der Aufgang des roten Planeten verfrüht sich von 4.28 Uhr MEZ am 1., auf 4.10 Uhr MEZ am 15. und auf 3.44 Uhr MEZ (4.44 Uhr MESZ) am letzten Tag des Monats. Seine Helligkeit steigt von 1,1 mag auf 0,8 mag an und sein Winkeldurchmesser von 5,4" auf 6,4". Er ist damit noch kein lohnendes Objekt für Fernrohrbeobachter, doch erkennt man, dass er eine Phase zeigt wie der Mond 3 Tage nach Vollmond.
Am 18.3. zieht der Mond an Mars und Jupiter vorbei, was in den Morgenstunden einen schönen Anblick ergibt.

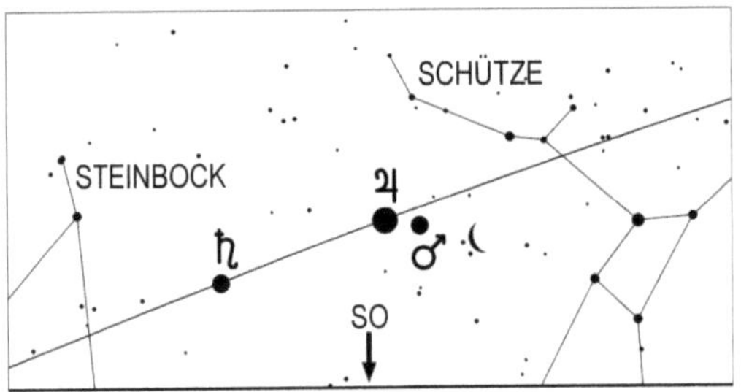

Mond, Mars, Jupiter und Saturn am Morgen des 18.3.2020 um 5 Uhr MEZ

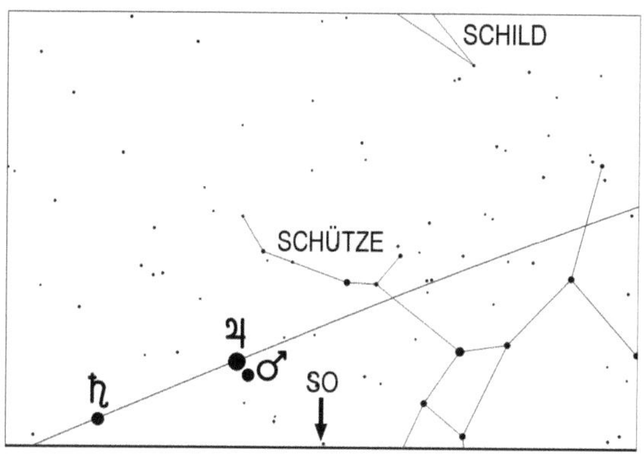

Anblick der Konjunktion zwischen Mars und Jupiter am 20.3.2020 um 4.30 Uhr MEZ

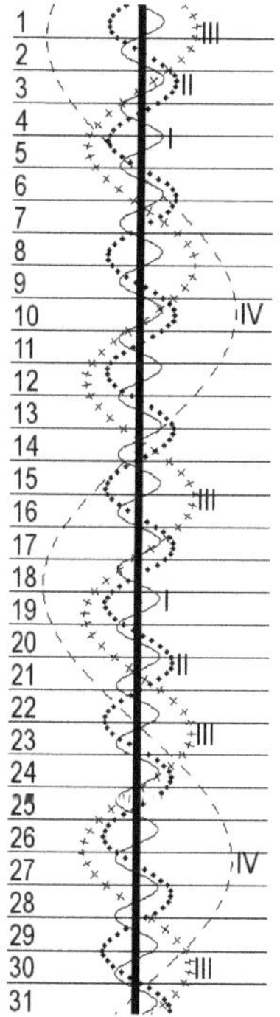

Stellung der 4 hellen Jupitermonde im März 2020

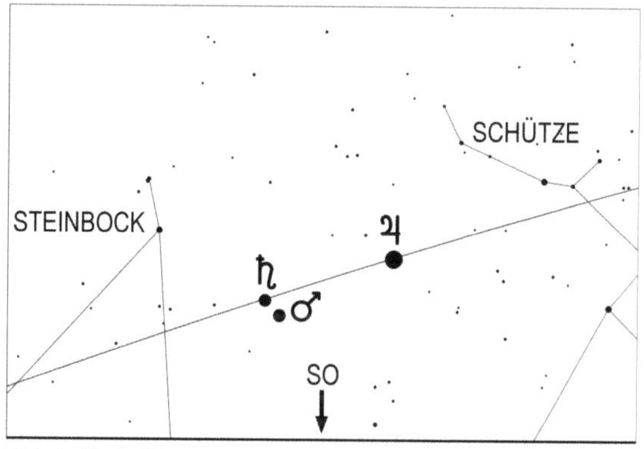

Anblick der Konjunktion zwischen Mars und Saturn am 31.3.2020 um 4.30 Uhr MEZ

Jupiter, rechtläufig im Ostteil des Schützen, verlagert seinen Aufgang von 5.02 Uhr MEZ am 1., auf 4.15 Uhr MEZ am 15. und auf 3.20 Uhr MEZ (4.20 Uhr MESZ) am Monatsletzten. Wie schon bei Mars erwähnt, zieht der rote Planet an ihn am 20. vorbei.

Seine Helligkeit steigt von −2,0 mag auf −2,1 mag und sein Winkeldurchmesser von 34,2" auf 37".

Leider erreicht Jupiter keine großen Höhen über dem Horizont, was Fernrohrbeobachtungen erschwert.

Saturn, der sich nur wenige Grad östlich von Jupiter befindet, geht am 1. um 5.30 Uhr MEZ, am 15. um 4.38 Uhr MEZ und am 31. um 3.39 Uhr MEZ (4.39 Uhr MESZ) auf.

53

Er wandert rechtläufig vom Schützen in den Steinbock und wird am 31. von Mars in 55' südlichem Abstand passiert.

Seine Helligkeit beträgt 0,7 mag, während sein Durchmesser leicht von 15,5" auf 16,2" zunimmt. Im Fernrohr kann man deutlich das weit geöffnete Ringsystem (Öffnungswinkel 21,7° am 1., 20,9° am 31.) des Planeten erkennen.

Uranus im Sternbild Fische kann gegen Ende der Abenddämmerung mit einem Fernrohr (Aufsuchkarte, Seite 147) tief im Westen im Sternbild Widder aufgesucht werden. Sein Untergang verfrüht sich von 22.54 Uhr MEZ am Monatsersten, auf 22.02 Uhr MEZ zur Monatsmitte und auf 21.04 Uhr MEZ (22.04 Uhr MESZ) am Monatsende.

Am 9. bietet Venus, die 2,4° nördlich an Uranus vorbeizieht, eine exzellente Aufsuchhilfe. In den letzten Tagen des Monats wird es sehr schwierig den grünlichen Planeten aufzusuchen.

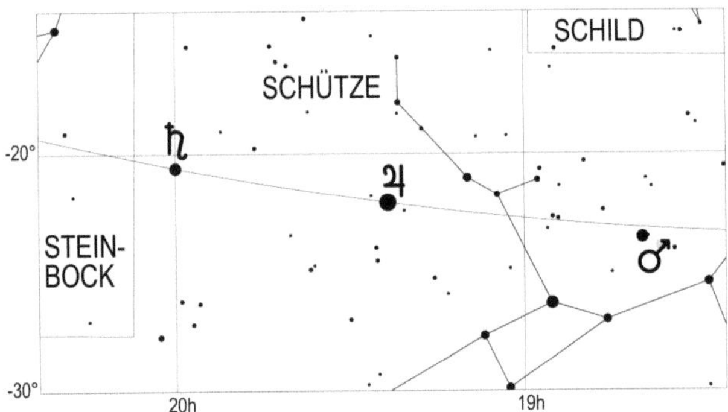

Mars, Jupiter und Saturn am 1.3.2020

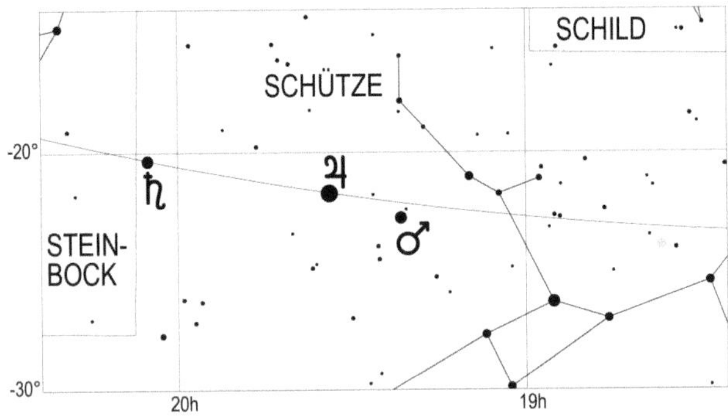

Mars, Jupiter und Saturn am 15.3.2020

54

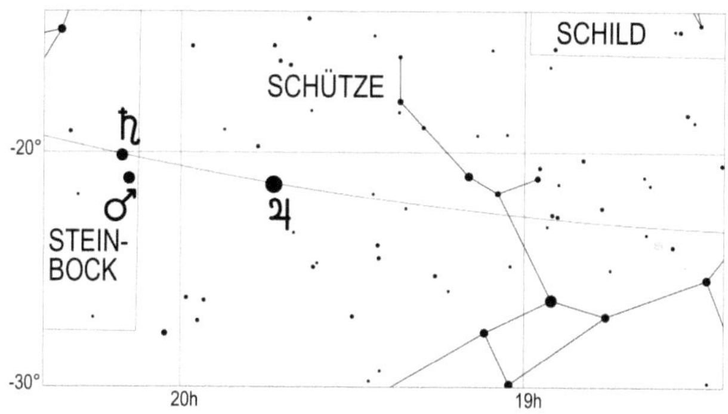

Mars, Jupiter und Saturn am 31.3.2020

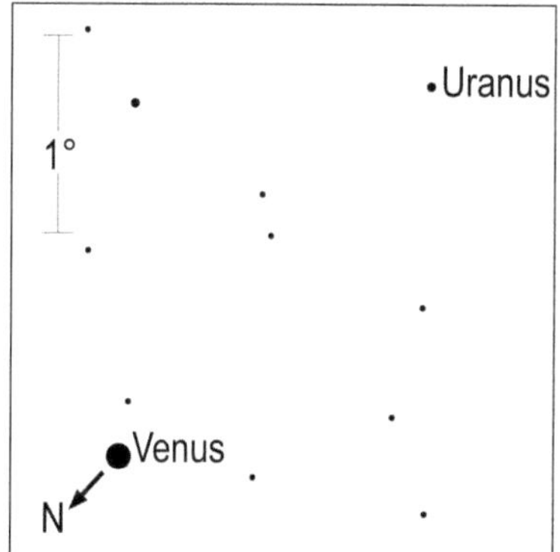

Anblick der Konjunktion zwischen Venus und
Uranus am 9.3.2020 um 20 Uhr MEZ im
umkehrenden Fernrohr

Neptun steht am 8.3. in Konjunktion zur Sonne und ist nicht beobachtbar.

Klein- und Zwergplaneten

Ceres kann im März nicht beobachtet werden.

Pallas, durchläuft das Sternbild Adler und gewinnt an Deklination. Der Kleinplanet,
dessen Helligkeit im Laufe des Monats von 10,4 mag auf 10,3 mag ansteigt, geht am
1. um 1.59 Uhr MEZ, am 15. um 1.10 Uhr MEZ und am 31. um 0.04 Uhr MEZ (1.04
Uhr MESZ) auf. Sie kann am besten zu Beginn der Morgendämmerung hoch im
Südosten aufgesucht werden, wofür aber ein Fernrohr von mindestens 8 cm Öffnung
nötig ist (Aufsuchkarte, Seite 106).

Juno, rückläufig in der Jungfrau, strebt ihrer Opposition entgegen und erscheint am 1. um 21.16 Uhr MEZ, am 15. um 20.05 Uhr MEZ und am 31. um 18.39 Uhr MEZ (19.39 Uhr MESZ). Sie kann am besten zum Zeitpunkt ihrer Kulmination, die am 1. um 3.10 Uhr MEZ, am 15. um 2.07 Uhr MEZ und am 31. um 0.53 Uhr MEZ (1.53 Uhr MESZ) stattfindet, mit einem Fernrohr aufgesucht werden (Aufsuchkarte, Seite 67). Ihre Helligkeit nimmt von 9,9 mag auf 9,5 mag zu.

Vesta, wandert rechtläufig durch den Stier und versinkt am 1. um 0.34 Uhr MEZ, am 15. um 0.06 Uhr MEZ und am 31. um 23.32 Uhr MEZ (0.32 Uhr MESZ) unter dem Horizont. Vesta, deren Helligkeit leicht von 8,4 mag auf 8,3 mag abnimmt, kann gegen Ende der Abenddämmerung mit einem Fernrohr oder einem lichtstarken Feldstecher in westlicher Richtung aufgesucht werden (Aufsuchkarte, Seite 34).

Periodische Sternschnuppenströme

Der März gehört zu den Monaten mit der geringsten Aktivität an Meteoren. Vom 22.3. bis zum 26.4. sind die Alpha-Virginiden aktiv, die am 17.4. ein schwach ausgeprägtes Maximum erreichen. Es sind nur wenige, recht langsame Sternschnuppen zu erwarten.

Sonnenuntergang und Dämmerung

	Astr. Anf.	Naut. Anf.	Bürg. Anf.	Auf-gang	Kulm.	Unter-gang	Bürg. Ende	Naut. Ende	Astr. Ende	Zeitgl.
1.3.2020	5:20	5:57	6:34	7:07	12:36	18:07	18:39	19:17	19:54	12m20s
2.3.2020	5:17	5:55	6:32	7:05	12:36	18:08	18:41	19:18	19:56	12m08s
3.3.2020	5:15	5:53	6:30	7:03	12:36	18:10	18:42	19:20	19:58	11m55s
4.3.2020	5:13	5:51	6:28	7:00	12:36	18:12	18:44	19:22	19:59	11m42s
5.3.2020	5:11	5:49	6:26	6:58	12:35	18:13	18:46	19:23	20:01	11m29s
6.3.2020	5:09	5:47	6:24	6:56	12:35	18:15	18:47	19:25	20:03	11m15s
7.3.2020	5:07	5:45	6:22	6:54	12:35	18:16	18:49	19:27	20:04	11m01s
8.3.2020	5:04	5:43	6:20	6:52	12:35	18:18	18:50	19:28	20:06	10m46s
9.3.2020	5:02	5:41	6:17	6:50	12:34	18:20	18:52	19:30	20:08	10m31s
10.3.2020	5:00	5:38	6:15	6:48	12:34	18:21	18:54	19:32	20:09	10m16s
11.3.2020	4:58	5:36	6:13	6:45	12:34	18:23	18:55	19:33	20:11	10m00s
12.3.2020	4:55	5:34	6:11	6:43	12:34	18:25	18:57	19:35	20:13	9m44s
13.3.2020	4:53	5:32	6:09	6:41	12:33	18:26	18:59	19:37	20:15	9m28s
14.3.2020	4:51	5:30	6:07	6:39	12:33	18:28	19:00	19:38	20:16	9m11s
15.3.2020	4:48	5:27	6:05	6:37	12:33	18:29	19:02	19:40	20:18	8m55s
16.3.2020	4:46	5:25	6:03	6:35	12:33	18:31	19:03	19:42	20:20	8m38s
17.3.2020	4:44	5:23	6:00	6:32	12:32	18:33	19:05	19:43	20:22	8m21s
18.3.2020	4:41	5:21	5:58	6:30	12:32	18:34	19:07	19:45	20:24	8m03s
19.3.2020	4:39	5:18	5:56	6:28	12:32	18:36	19:08	19:47	20:26	7m46s
20.3.2020	4:36	5:16	5:54	6:26	12:31	18:37	19:10	19:48	20:27	7m28s
21.3.2020	4:34	5:14	5:52	6:24	12:31	18:39	19:12	19:50	20:29	7m10s
22.3.2020	4:31	5:11	5:50	6:21	12:31	18:41	19:13	19:52	20:31	6m53s
23.3.2020	4:29	5:09	5:47	6:19	12:30	18:42	19:15	19:53	20:33	6m35s

	Astr. Anf.	Naut. Anf.	Bürg. Anf.	Aufgang	Kulm.	Untergang	Bürg. Ende	Naut. Ende	Astr. Ende	Zeitgl.
24.3.2020	4:26	5:07	5:45	6:17	12:30	18:44	19:17	19:55	20:35	6m17s
25.3.2020	4:24	5:04	5:43	6:15	12:30	18:45	19:18	19:57	20:37	5m59s
26.3.2020	4:21	5:02	5:41	6:13	12:30	18:47	19:20	19:58	20:39	5m41s
27.3.2020	4:19	5:00	5:39	6:11	12:29	18:49	19:21	20:00	20:41	5m23s
28.3.2020	4:16	4:57	5:36	6:09	12:29	18:50	19:23	20:02	20:43	5m05s
29.3.2020	4:14	4:55	5:34	6:06	12:29	18:52	19:25	20:04	20:45	4m46s
30.3.2020	4:11	4:53	5:32	6:04	12:28	18:53	19:26	20:05	20:47	4m29s
31.3.2020	4:08	4:50	5:30	6:02	12:28	18:55	19:28	20:07	20:49	4m11s

Mondlauf

	Rektaszension	Deklination	Elong.	Phase	mag	Aufgang	Kulm.	Untergang
1.3.2020	3h10m42,7s	13°25'10"	68,9°	0,32	-9,2	10:01	17:32	0:09
2.3.2020	3h58m57,9s	17°04'11"	80,0°	0,41 ☽	-9,7	10:28	18:20	1:17
3.3.2020	4h50m13,6s	20°01'19"	91,5°	0,51	-10,2	11:03	19:12	2:24
4.3.2020	5h44m46,9s	22°02'35"	103,2°	0,61	-10,6	11:47	20:07	3:30
5.3.2020	6h42m26,1s	22°53'30"	115,4°	0,72	-11,0	12:43	21:05	4:29
6.3.2020	7h42m25,2s	22°21'47"	128,0°	0,81	-11,5	13:51	22:04	5:22
7.3.2020	8h43m31,2s	20°20'55"	141,1°	0,89	-11,8	15:09	23:03	6:05
8.3.2020	9h44m26,3s	16°53'19"	154,6°	0,95	-12,2	16:33	23:59	6:41
9.3.2020	10h44m13,3s	12°11'24"	168,0°	0,99 ○	-12,6	17:59	0:00	7:10
10.3.2020	11h42m29,8s	6°36'04"	174,2°	1	-12,8	19:25	0:56	7:36
11.3.2020	12h39m26,3s	0°33'12"	161,9°	0,97	-12,4	20:50	1:50	7:59
12.3.2020	13h35m33,8s	-5°30'04"	148,1°	0,92	-12,1	22:14	2:43	8:22
13.3.2020	14h31m29,2s	-11°08'38"	134,3°	0,85	-11,7	23:37	3:37	8:47
14.3.2020	15h27m41,9s	-16°01'25"	120,9°	0,76	-11,2		4:31	9:16
15.3.2020	16h24m23,4s	-19°52'26"	108,0°	0,66	-10,8	0:55	5:26	9:49
16.3.2020	17h21m22,0s	-22°31'18"	95,4°	0,55 ☾	-10,3	2:08	6:21	10:29
17.3.2020	18h18m04,3s	-23°53'21"	83,3°	0,44	-9,8	3:12	7:16	11:18
18.3.2020	19h13m44,1s	-23°59'22"	71,5°	0,34	-9,3	4:05	8:09	12:14
19.3.2020	20h07m37,4s	-22°54'47"	60,0°	0,25	-8,7	4:48	9:00	13:17
20.3.2020	20h59m14,4s	-20°48'16"	48,8°	0,17	-8,0	5:23	9:49	14:21
21.3.2020	21h48m25,8s	-17°50'15"	37,7°	0,1	-7,3	5:50	10:35	15:28
22.3.2020	22h35m21,0s	-14°11'36"	26,9°	0,05	-6,4	6:13	11:19	16:34
23.3.2020	23h20m24,2s	-10°02'56"	16,3°	0,02	-5,5	6:32	12:01	17:40
24.3.2020	0h04m08,3s	-5°34'14"	6,9°	0 ●	-4,5	6:50	12:42	18:45
25.3.2020	0h47m11,6s	-0°55'01"	7,0°	0	-4,8	7:07	13:22	19:50
26.3.2020	1h30m15,0s	3°45'33"	17,6°	0,02	-5,6	7:25	14:03	20:55
27.3.2020	2h14m00,3s	8°18'15"	28,2°	0,06	-6,5	7:43	14:45	22:01
28.3.2020	2h59m08,6s	12°33'24"	39,0°	0,11	-7,4	8:04	15:29	23:08
29.3.2020	3h46m17,9s	16°20'36"	50,0°	0,18	-8,1	8:29	16:16	
30.3.2020	4h35m58,5s	19°28'22"	61,2°	0,26	-8,8	9:00	17:05	0:15
31.3.2020	5h28m26,5s	21°44'23"	72,6°	0,35	-9,4	9:39	17:58	1:20

Jupitermond-Ereignisse

Datum	Uhrzeit (MEZ)	Mond	Erscheinung	Phase
7.3.2020	06:06:45	Io	Schattenvorübergang	Ende
11.3.2020	05:37:06	Europa	Schattenvorübergang	Anfang
14.3.2020	05:45:15	Io	Schattenvorübergang	Anfang
21.3.2020	06:01:09	Ganymed	Verfinsterung	Anfang
22.3.2020	04:59:17	Io	Verfinsterung	Anfang
23.3.2020	05:36:48	Io	Durchgang	Ende
27.3.2020	04:57:58	Europa	Verfinsterung	Anfang
29.3.2020	05:17:00	Europa	Durchgang	Ende
30.3.2020	05:16:51	Io	Durchgang	Anfang
31.3.2020	04:52:16	Io	Bedeckung	Ende

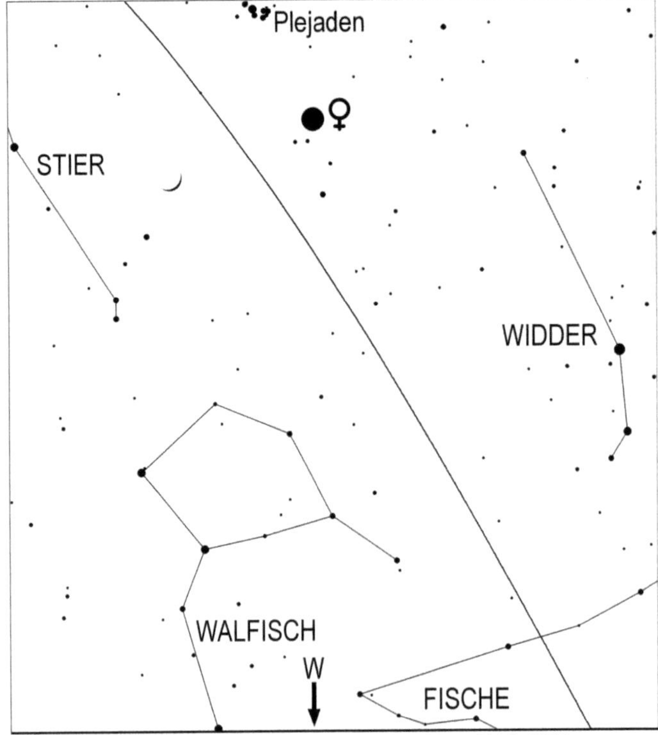

Mond und Venus im Sternbild Stier am Abend des 28.3.2020 um 20 Uhr MEZ

April

Sternenhimmel

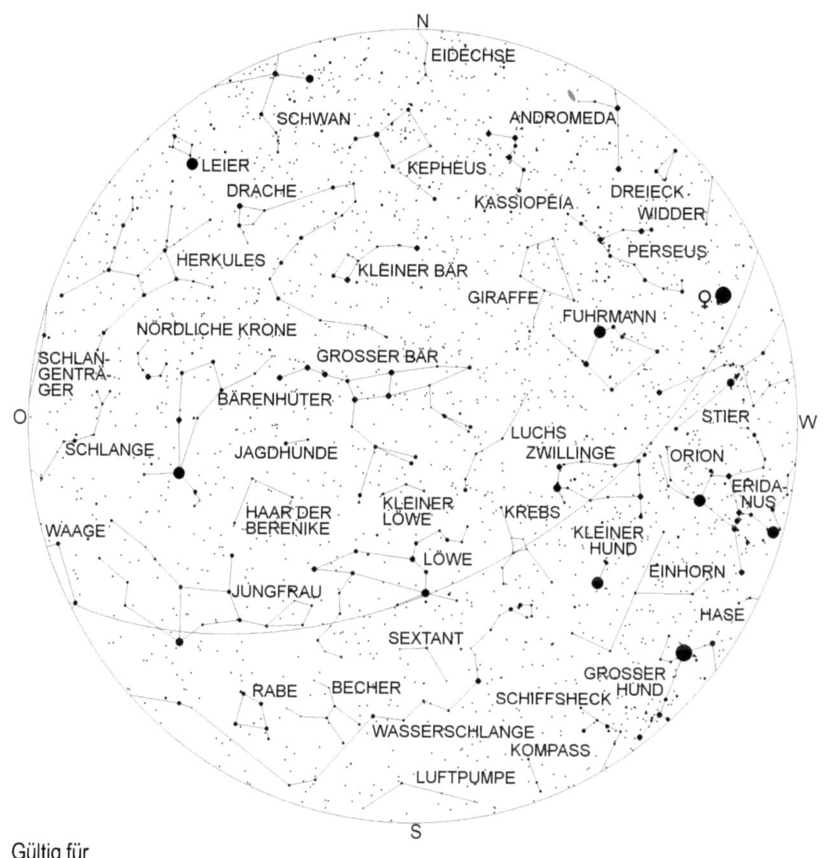

Gültig für

1.12. 6 Uhr	15.12. 5 Uhr
1.1. 4 Uhr	15.1. 3 Uhr
1.2. 2 Uhr	15.2. 1 Uhr
1.3. 0 Uhr	15.3. 23 Uhr
1.4. 22 Uhr	15.4. 21 Uhr

Die Wintersternbilder verschwinden jetzt vom Himmel, wenn auch das aus den Sternen Kapella, Aldebaran, Rigel, Sirius, Prokion und Pollux gebildete Wintersechseck noch vollständig über dem Horizont steht. Der Hase ist schon fast vollständig verschwunden, der Stier, in dem in diesem Jahr unübersehbar der Planet Venus glänzt und der Große Hund werden ihm bald folgen. Der Orion ist noch vollständig tief im Südwesten zu sehen. In der gleichen Richtung, aber höher sind die Zwillinge zu finden.
Im Süden erreicht jetzt der Löwe seinen höchsten Stand. Südlich des Löwens findet man die lichtschwachen Sternbilder Sextant, Becher, Wasserschlange und bei guter Horizontsicht auch das Sternbild Luftpumpe. Bemerkenswert ist, dass der Kopf der Wasserschlange schon in südwestlicher Richtung zu finden ist, während ihr Schwanz noch nicht aufgegangen ist. Im Südosten ist jetzt das Sternbild Jungfrau mit seinem hellen Hauptstern Spika aufgegangen. Für Fernrohrbeobachter ist in diesem Sternbild der Stern Porrima (Gamma Virginis) von besonderem Interesse, denn er ist ein Doppelstern, der aus zwei fast gleich hellen weißlichen Sternen besteht, die einander in 169 Jahren umkreisen, wobei der gegenseitige Winkelabstand beider Sterne zwischen 0,4" und 6,2" schwankt. Dies hat zur Folge, dass er zeitweise nur mit großen Fernrohren aufgelöst werden kann. Zuletzt war dies von 1995 bis 2015 der Fall. In diesem Jahr beträgt der Winkelabstand beider Komponenten wieder 2,9" was eine Trennung schon mit Fernrohren ab 5 cm Objektivöffnung ermöglicht. Südlich der Jungfrau erkennt man vier Sterne dritter Größe, die das Sternbild Rabe formen.
Nördlich der Jungfrau stehen der Bärenhüter mit seinem hellen Stern Arktur und die Nördliche Krone. Arktur bildet zusammen mit Regulus im Löwen und Spika in der Jungfrau die markante Sternfigur des Frühlingsdreiecks. Zwischen Löwe und Bärenhüter liegt das Sternbild Haar der Berenike. In diesem Sternbild existiert eine auffällige Konzentration von Fixsternen vierter Größe und schwächer, welche einen offenen Sternhaufen bilden, der ca. 290 Lichtjahre entfernt ist und nach der lateinischen Bezeichnung des Sternbildes, Coma Berenices, Coma-Berenices-Sternhaufen heißt.
Über dem Löwen ist das kleine Sternbild des Kleinen Löwens zu finden, über dem – hoch im Zenit – der Große Bär steht. Der zweitöstlichste helle Stern dieses Sternbildes, Mizar ist besonders interessant, denn er ist ein Mehrfachsternsystem. Schon mit bloßem Auge ist bei guten Sichtbedingungen neben diesem ein Stern 4. Größe, Alkor genannt, zu sehen, wobei immer noch nicht endgültig geklärt ist, ob er ein Hintergrundstern ist oder gravitativ an Mizar gekoppelt ist. Im Fernrohr erkennt man, dass Mizar selbst doppelt ist. Beide Sterne sind wiederum Doppelsterne, was aber nur durch Spektralanalyse nachweisbar ist.

Frühlingssternbilder

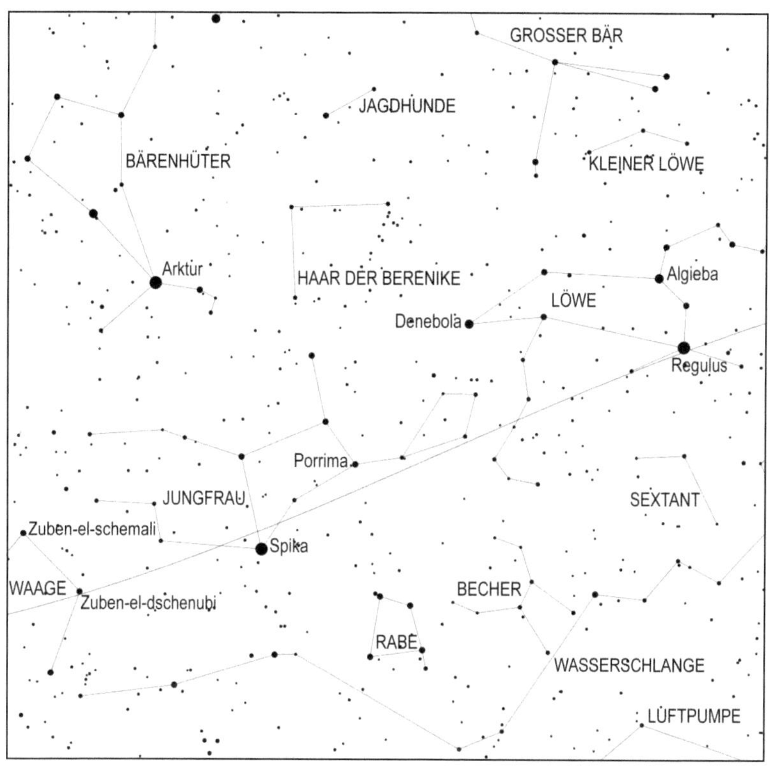

Astronomische Ereignisse

Datum	Uhrzeit	Ereignis	Elongation
1.4.2020	05:35:02	Mond 6,4° nördlich Alhena	87,1°
1.4.2020	07:39:58	Mond 2,3° südlich Epsilon Geminorum	88,1°
1.4.2020	11:21:20	Erstes Viertel	
2.4.2020	05:34:12	Mond 9,5° südlich Kastor	97,5°
2.4.2020	09:02:21	Mond 5,8° südlich Pollux	100,4°
2.4.2020	21:01:18	Junoopposition	
3.4.2020	07:58:03	Mond 42' nördlich M44	113,2°
3.4.2020	16:21:25	Merkur 1,4° südlich Neptun	25,0°
4.4.2020	00:05:25	Venus 16' südlich der Plejaden	45,7°
4.4.2020	04:01:12	Mars 5,8° südlich Beta Capricorni	70,5°

61

Datum	Uhrzeit	Ereignis	Elongation
4.4.2020	19:37:54	Mond 3,5° nördlich Regulus	132,8°
6.4.2020	10:54:32	Jupiter 45' nördlich Pluto	82,0°
7.4.2020	01:48:11	Mond in größter Nordbreite	
7.4.2020	12:53:39	Mond 1,7° nördlich Porrima	169,9°
7.4.2020	18:34:47	Mond 3,8° südlich Juno	170,0°
7.4.2020	19:07:11	Mond in Erdnähe	
8.4.2020	03:35:07	Vollmond	
8.4.2020	08:45:34	Mond 6,3° nördlich Spika	174,4°
9.4.2020	18:59:45	Mond 2,85° nördlich Zuben-el-dschenubi	155,0°
10.4.2020	18:43:23	Venus in größter Nordbreite	
11.4.2020	02:47:06	Mond 31' nördlich Akrab	138,2°
11.4.2020	13:19:46	Mond 6° nördlich Antares	131,9°
13.4.2020	03:59:19	Mond im absteigenden Knoten	
13.4.2020	23:23:39	Mond 1,8° nördlich Nunki	101,7°
14.4.2020	16:10:07	Mond 38,3° südlich Pallas	87,9°
14.4.2020	21:47:14	Mond 1,7° südlich Pluto	90,4°
14.4.2020	23:02:20	Mond 2,6° südlich Jupiter	89,5°
14.4.2020	23:56:13	Letztes Viertel	
15.4.2020	11:20:18	Mond 3,1° südlich Saturn	84,5°
15.4.2020	14:42:21	Mond 7,9° südlich Beta Capricorni	81,7°
16.4.2020	04:39:32	Mond 2,9° südlich Mars	75,3°
16.4.2020	11:43:48	Merkur in größter Südbreite	
17.4.2020	05:19:06	Mond 2,4° südlich Delta Capricorni	63,8°
17.4.2020	11:20:00	Vesta 6,4° südlich Venus	42,5°
17.4.2020	18:43:26	Mond 2,8° nördlich Ceres	58,6°
17.4.2020	21:12:52	Venus 10,1° nördlich Aldebaran	42,1°
18.4.2020	05:40:38	Vesta 3,7° nördlich Aldebaran	41,8°
19.4.2020	07:20:45	Mond 5,1° südlich Neptun	39,8°
20.4.2020	10:17:53	Mond in größter Südbreite	
20.4.2020	20:29:57	Mond in Erdferne	
21.4.2020	19:33:53	Mond 3,6° südlich Merkur	14,0°
23.4.2020	01:47:47	Mond 16° südlich Hamal	4,3°
23.4.2020	03:25:58	Neumond	-4,3°
23.4.2020	05:38:22	Mond 4,9° südlich Uranus	2,9°
25.4.2020	05:04:52	Mond 7,8° südlich der Plejaden	23,0°
26.4.2020	04:34:26	Mond 2,9° nördlich Aldebaran	34,0°
26.4.2020	10:00:26	Uranus in Konjunktion zur Sonne	27'
26.4.2020	10:27:48	Mond 33' südlich Vesta	36,7°
26.4.2020	14:08:35	Pluto stationär, dann rückläufig	
26.4.2020	16:59:07	Mond 6,5° südlich Venus	39,9°
27.4.2020	04:00:55	Mond 7° südlich Elnath	45,1°
27.4.2020	18:54:38	Mond im aufsteigenden Knoten	
28.4.2020	02:05:25	Mond 21' nördlich Eta Geminorum	55,5°

Datum	Uhrzeit	Ereignis	Elongation
28.4.2020	04:48:37	Mond 24' nördlich Mü Geminorum	57,1°
28.4.2020	10:07:18	Mond 6,8° nördlich Alhena	59,8°
28.4.2020	12:59:24	Mond 1,7° südlich Epsilon Geminorum	61,2°
28.4.2020	15:51:36	Venus in größtem Glanz, -4,5 mag	
29.4.2020	10:17:29	Mond 9° südlich Kastor	71,3°
29.4.2020	15:08:58	Mond 5,1° südlich Pollux	73,9°
29.4.2020	19:41:53	Merkur 11,6° südlich Hamal	6,0°
29.4.2020	23:30:07	Juno 6,3° nördlich Porrima	146,8°
30.4.2020	13:42:43	Mond 1,4° nördlich M44	85,9°
30.4.2020	21:38:29	Erstes Viertel	

Planeten

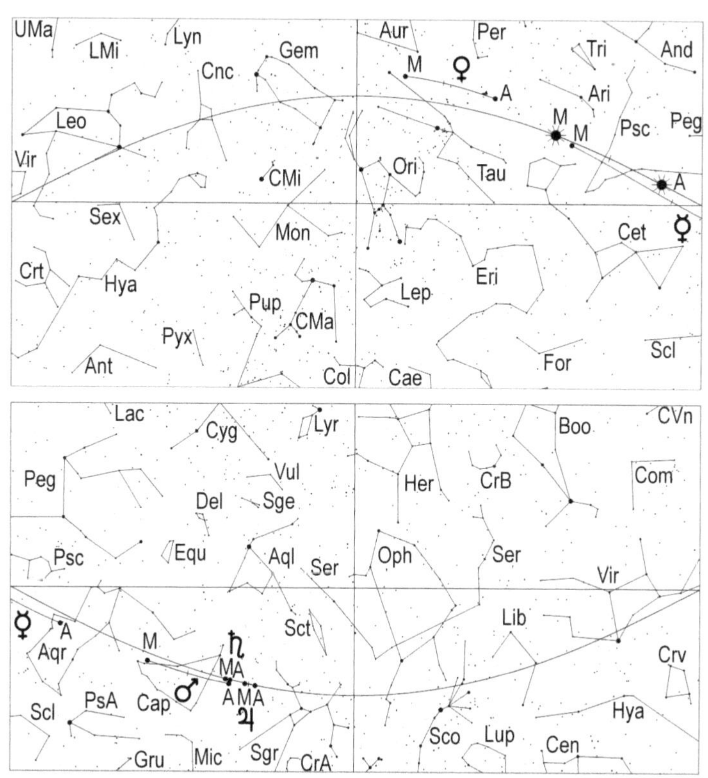

Merkur kann im April zumindest in unseren Breiten nicht beobachtet werden.

Venus ist strahlender Abendstern und geht am 1. um 23.31 Uhr MEZ (0.31 Uhr MESZ), am 15. um 23.47 Uhr MEZ (0.47 Uhr MESZ) und am 30. um 23.38 Uhr MEZ (0.38 Uhr MESZ) unter. Sie erreicht am 28. mit –4,5 mag ihren größten Glanz und kann in der 2. Monatshälfte bei klarem Wetter unter Umständen sogar schon am Taghimmel freiäugig gesehen werden. Im Fernrohr zeigt sie eine Sichel, deren Durchmesser im Laufe des Monats von 25,5" auf 38,2" zunimmt und deren beleuchteter Anteil von 46% auf 16% abnimmt. Der Abendstern wandert rechtläufig durch den Stier und passiert hierbei den hellsten Stern der Plejaden, Alkione, am 4.4. nur 16' südlich. Dieses Ereignis ist am besten am Abend des 3.4. zu sehen. Am hellsten Stern des Stiers, Aldebaran, wandert sie am 17. in 10,1° nördlichem Abstand vorbei.

Sie zieht am selben Tag auch 6,4° nördlich des Kleinplaneten Vesta vorbei, was von Fernrohrbeobachtern genutzt werden kann, diesen Asteroiden aufzusuchen.

Der Mond passiert am 26.4. Venus in 6,5° südlichem Abstand, was man gut am Abendhimmel sehen kann (siehe Seite 71).

Stellung der 4 hellen Jupitermonde im April 2020

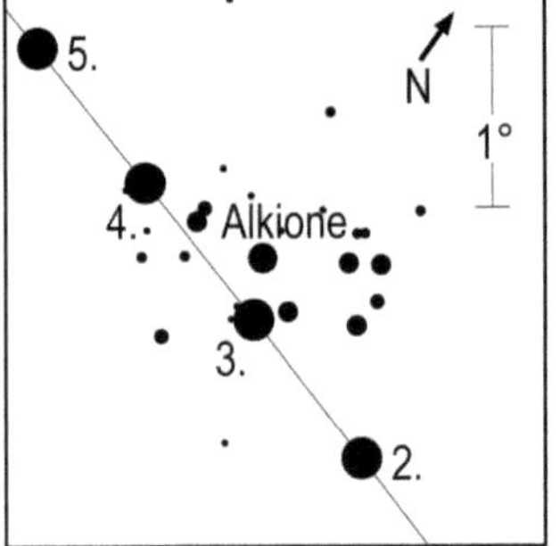

Stellung der Venus in den Plejaden vom 2.4. bis 5.4.. Der Kreis gibt die Position der Venus um 20 Uhr MEZ (21 Uhr MESZ) wieder

Mars durchwandert den Steinbock und zieht am 4. 5,8° südlich an Beta Capricorni vorbei. Er geht am 1. um 3.42 Uhr MEZ (4.42 Uhr MESZ), am 15. um 3.15 Uhr MEZ (4.15 Uhr MESZ) und am 30. um 2.42 Uhr MEZ (3.42 Uhr MESZ) auf. Seine Helligkeit nimmt von 0,8 mag auf 0,4 mag zu, während sein Scheibchendurchmesser von 6,4" auf 7,6" anwächst. Er ist noch kein interessantes Objekt für Fernrohrbeobachter, die aber bemerken, dass der rote Planet eine Form wie der Mond 4 Tage nach Vollmond hat.

Am 16. zieht der abnehmende Mond 2,9° südlich an Mars vorbei, was zusammen mit Jupiter und Saturn ein sehenswertes Quartett abgibt.

64

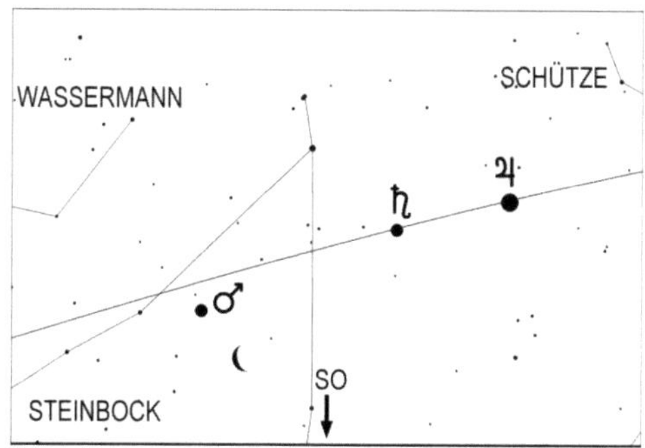

Mond, Mars, Jupiter und Saturn am 16.4.2020 um 4 Uhr MEZ
(5 Uhr MESZ)

Jupiter, rechtläufig im Ostteil des Sternbildes Schütze, verfrüht seinen Aufgang von
3.16 Uhr MEZ (4.16 Uhr MESZ) am 1., auf 2.26 Uhr MEZ (3.26 Uhr MESZ) am 15.
und auf 1.31 Uhr MEZ (2.31 Uhr MESZ) am Monatsletzten. Seine Helligkeit steigt auf
–2,3 mag und sein Scheibchendurchmesser auf 40,7". Er ist das auffälligste Objekt
am frühen Morgenhimmel.

Saturn, nur wenige Grad weiter östlich als Jupiter im Westteil des Steinbocks
gelegen, verbessert im Laufe des Monats seine Sichtbarkeit merklich. Geht er am 1.
noch um 3.35 Uhr MEZ (4.35 Uhr MESZ) auf, so erscheint er am 30. schon um 1.45
Uhr MEZ (2.45 Uhr MESZ). Seine Helligkeit nimmt unmerklich von 0,7 mag auf 0,6
mag zu. Im Fernrohr ist gut sein weit geöffneter Ring zu sehen.

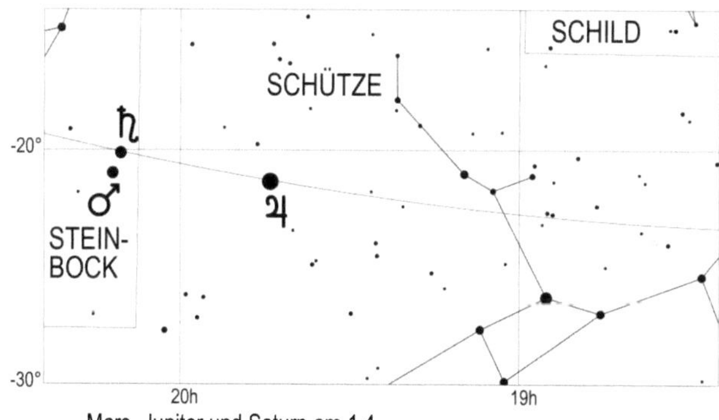

Mars, Jupiter und Saturn am 1.4.

65

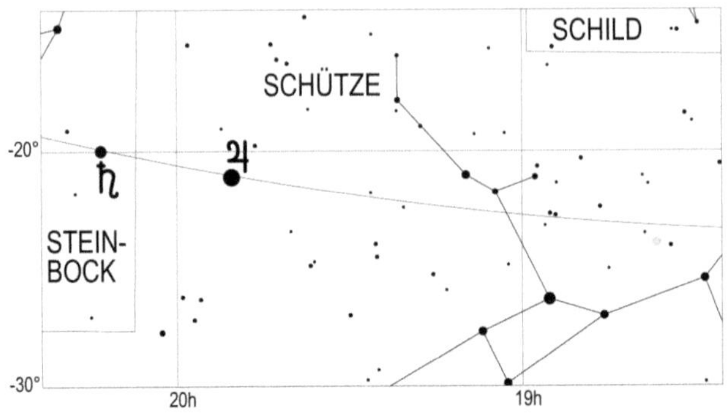

Jupiter und Saturn am 15.4.

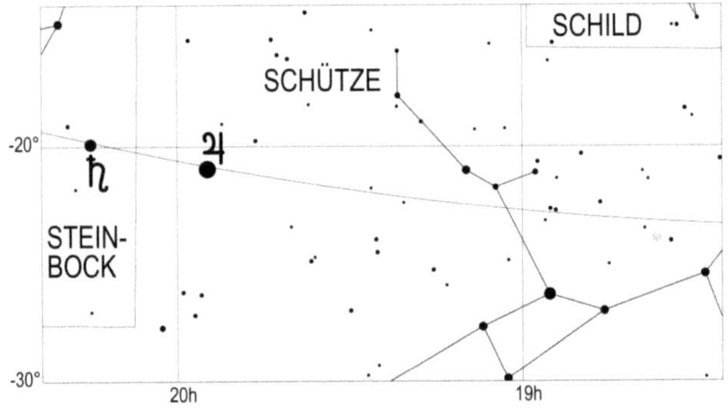

Jupiter und Saturn am 30.4.

Uranus im Sternbild Widder steht am 26. April in Konjunktion zur Sonne und ist im April unbeobachtbar.

Neptun hat noch einen zu geringen Winkelabstand von der Sonne, um ihn beobachten zu können.

Klein- und Zwergplaneten

Ceres ist weiterhin unbeobachtbar.

Pallas, durchläuft den Adler und erreicht zum Monatsende das Sternbild Pfeil. Der Kleinplanet, dessen Helligkeit im Laufe des Monats von 10,3 mag auf 10,1 mag ansteigt, geht am 1. um 0.04 Uhr MEZ (1.04 Uhr MESZ), am 15. um 23.03 Uhr MEZ (0.03 Uhr MESZ) und am 30. um 21.57 Uhr MEZ (22.57 Uhr MESZ) auf. Sie kann am besten vor Einbruch der Morgendämmerung hoch im Südwesten aufgesucht werden (Aufsuchkarte, Seite 106).

Juno, rückläufig im Sternbild Jungfrau, erreicht am 2. ihre Opposition zur Sonne. Zum Zeitpunkt der Opposition erreicht sie eine Helligkeit von 9,5 mag, was ein Fernrohr von mindestens 5 cm Objektiveröffnung erfordert, um den Kleinplaneten zu sichten. Dies gelingt am besten zum Zeitpunkt der Kulmination, die am 1. um 0.48 Uhr MEZ (1.48 Uhr MESZ), am 15. um 23.39 Uhr MEZ (0.39 Uhr MESZ) und am 30. um 22.30 Uhr MEZ (23.30 Uhr MESZ) erfolgt. Im Laufe des Monats nimmt die Helligkeit auf 9,8 mag am 15. und auf 10,1 mag am 30. ab, sodass am Monatsende es schwierig werden dürfte, diesen Kleinplaneten mit einem Fernrohr von weniger als 8 cm Objektivdurchmesser aufzuspüren.

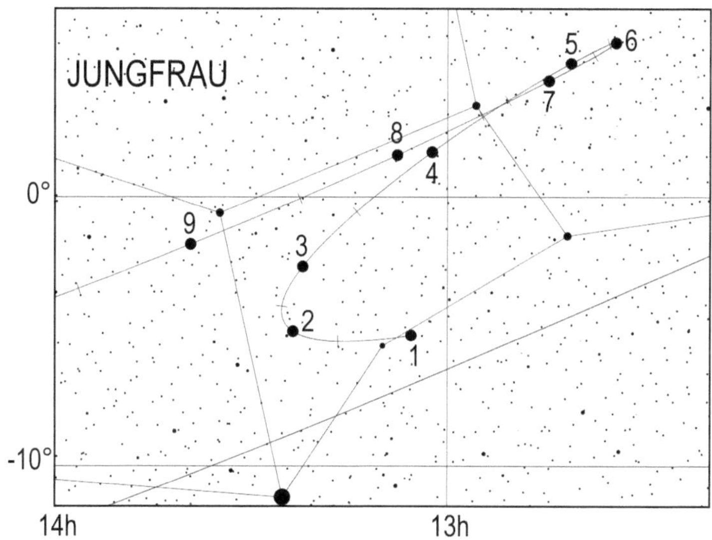

Lauf des Kleinplaneten Juno von Januar 2020 bis September 2020. Die Zahl gibt die Position zum 1. des entsprechenden Monats an, also 5 die Position am 1.5.

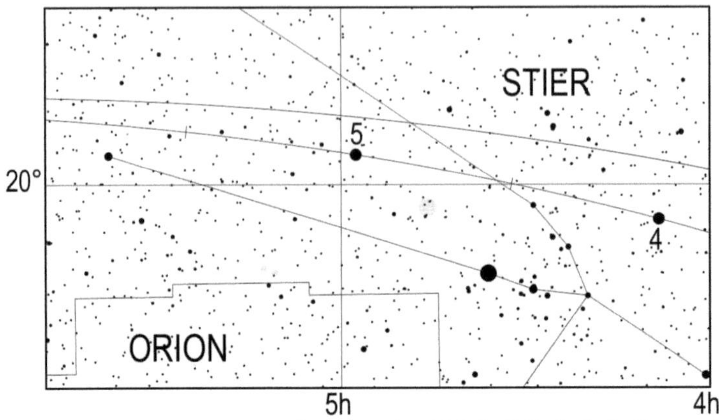

Lauf des Kleinplaneten Vesta von März 2020 bis Mai 2020. Die Zahl gibt die Position zum 1. des entsprechenden Monats an, also 4 die Position am 1.4.

Vesta, rechtläufig im Stier, geht am 1. um 23.30 Uhr MEZ (0.30 Uhr MESZ), am 15. um 23.05 Uhr MEZ (0.05 Uhr MESZ) und am 30. um 22.38 Uhr MEZ (23.38 Uhr MESZ) unter. Der Kleinplanet, dessen Helligkeit von 8,4 mag auf 8,5 mag zurückgeht, kann zum Ende der Abenddämmerung mit einem Fernrohr in westlicher Richtung aufgesucht werden, was aber zum Monatsende schon recht schwierig sein dürfte (Aufsuchkarten, Seite 34 und Seite 68).
Am 17. zieht die helle Venus 6,4° nördlich an Vesta vorbei, was zum Aufsuchen dieses Kleinplaneten ausgenutzt werden kann.

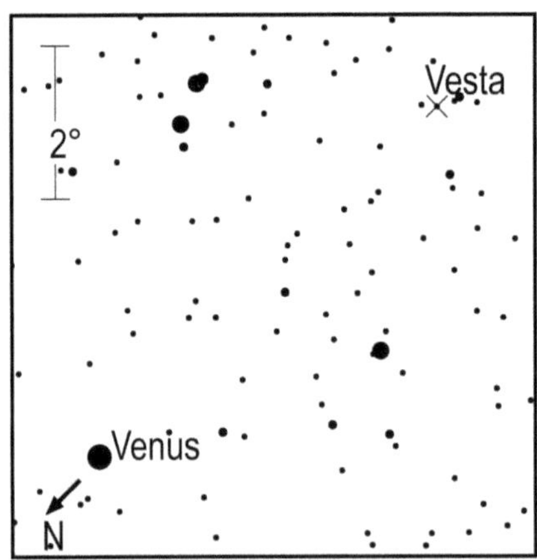

Anblick der Konjunktion zwischen Venus und Vesta (der mit einem Kreuz markierte Stern) am 17.4.2020 um 21 Uhr MEZ (22 Uhr MESZ) im umkehrenden Fernrohr

Pluto, im Ostteil des Schützen, setzt am 26. zu seiner Oppositionsschleife an, weshalb er in diesem Monat erwähnt wird. Er ist mit einer Helligkeit von 14,3 mag nur in Fernrohren mit mindestens 30 cm Objektivdurchmesser sichtbar (Aufsuchkarte, Seite 108).

Periodische Sternschnuppenströme

Vom 16.4. bis zum 25.4. sind die Lyriden aktiv, die ihr Maximum am 22.4. um 10 Uhr mit 8 Meteoren pro Stunde erreichen.
Die Lyriden sind schnellere Meteore unter denen sich auch hellere Exemplare befinden. Da am 23.4. Neumond ist, stört der Mond in diesem Jahr bei der Beobachtung nicht. Vom 1.4. bis 7.4. kann man die Kappa-Serpentiden beobachten, schnellere Meteore mit einer maximalen Rate von 2 Sternschnuppen pro Stunde. Sie erreichen ihr Maximum am 5.4. Leider beeinträchtigt der fast volle Mond die Beobachtung.
Bis zum 26.4. sind Meteore des schwachen Stroms der Alpha-Virginiden zu sehen, der am 17. sein Maximum mit bis zu 2 Meteoren pro Stunde erreicht. Ab dem 19.4. erscheinen die ersten Eta-Aquariden am Morgenhimmel.

Sonnenuntergang und Dämmerung

	Astr. Anf.	Naut. Anf.	Bürg. Anf.	Aufgang	Kulm.	Untergang	Bürg. Ende	Naut. Ende	Astr. Ende	Zeitgl.
1.4.2020	4:06	4:48	5:27	6:00	12:28	18:56	19:30	20:09	20:51	3m53s
2.4.2020	4:03	4:45	5:25	5:58	12:27	18:58	19:31	20:11	20:53	3m35s
3.4.2020	4:01	4:43	5:23	5:56	12:27	19:00	19:33	20:12	20:55	3m17s
4.4.2020	3:58	4:41	5:21	5:54	12:27	19:01	19:35	20:14	20:57	3m00s
5.4.2020	3:55	4:38	5:19	5:52	12:27	19:03	19:36	20:16	21:00	2m42s
6.4.2020	3:53	4:36	5:16	5:49	12:26	19:04	19:38	20:18	21:02	2m25s
7.4.2020	3:50	4:33	5:14	5:47	12:26	19:06	19:40	20:20	21:04	2m08s
8.4.2020	3:47	4:31	5:12	5:45	12:26	19:08	19:41	20:22	21:06	1m51s
9.4.2020	3:45	4:28	5:10	5:43	12:25	19:09	19:43	20:23	21:08	1m35s
10.4.2020	3:42	4:26	5:07	5:41	12:25	19:11	19:45	20:25	21:11	1m19s
11.4.2020	3:39	4:24	5:05	5:39	12:25	19:12	19:46	20:27	21:13	1m03s
12.4.2020	3:36	4:21	5:03	5:37	12:25	19:14	19:48	20:29	21:15	0m47s
13.4.2020	3:34	4:19	5:01	5:35	12:24	19:16	19:50	20:31	21:18	0m32s
14.4.2020	3:31	4:16	4:58	5:33	12:24	19:17	19:51	20:33	21:20	0m17s
15.4.2020	3:28	4:14	4:56	5:31	12:24	19:19	19:53	20:35	21:22	0m02s
16.4.2020	3:25	4:12	4:54	5:29	12:24	19:20	19:55	20:37	21:25	-0m11s
17.4.2020	3:22	4:09	4:52	5:27	12:23	19:22	19:56	20:39	21:27	-0m25s
18.4.2020	3:19	4:07	4:50	5:25	12:23	19:23	19:58	20:41	21:30	-0m39s
19.4.2020	3:16	4:05	4:48	5:23	12:23	19:25	20:00	20:43	21:32	-0m52s
20.4.2020	3:13	4:02	4:45	5:21	12:23	19:27	20:01	20:45	21:35	-1m04s
21.4.2020	3:10	4:00	4:43	5:19	12:23	19:28	20:03	20:47	21:37	-1m17s
22.4.2020	3:07	3:58	4:41	5:17	12:22	19:30	20:05	20:49	21:40	-1m28s
23.4.2020	3:04	3:55	4:39	5:15	12:22	19:31	20:06	20:51	21:43	-1m40s
24.4.2020	3:01	3:53	4:37	5:13	12:22	19:33	20:08	20:53	21:45	-1m51s

	Astr. Anf.	Naut. Anf.	Bürg. Anf.	Auf- gang	Kulm.	Unter- gang	Bürg. Ende	Naut. Ende	Astr. Ende	Zeitgl.
25.4.2020	2:58	3:50	4:35	5:11	12:22	19:34	20:10	20:55	21:48	-2m01s
26.4.2020	2:55	3:48	4:33	5:09	12:22	19:36	20:11	20:57	21:51	-2m11s
27.4.2020	2:52	3:46	4:31	5:07	12:22	19:37	20:13	20:59	21:53	-2m20s
28.4.2020	2:49	3:43	4:29	5:05	12:21	19:39	20:15	21:01	21:56	-2m29s
29.4.2020	2:46	3:41	4:27	5:03	12:21	19:41	20:17	21:03	21:59	-2m38s
30.4.2020	2:43	3:39	4:25	5:02	12:21	19:42	20:18	21:05	22:01	-2m46s

Mondlauf

	Rektaszension	Deklination	Elong.	Phase	mag	Auf- gang	Kulm.	Unter- gang
1.4.2020	6h23m36,6s	22°56'09"	84,3°	0,45 D	-9,9	10:29	18:53	2:21
2.4.2020	7h20m57,6s	22°52'42"	96,4°	0,56	-10,4	11:30	19:49	3:15
3.4.2020	8h19m37,2s	21°26'49"	108,9°	0,66	-10,8	12:42	20:46	4:00
4.4.2020	9h18m36,2s	18°37'15"	121,9°	0,76	-11,3	14:01	21:43	4:37
5.4.2020	10h17m07,1s	14°30'15"	135,2°	0,85	-11,7	15:25	22:38	5:08
6.4.2020	11h14m47,7s	9°19'35"	149,0°	0,93	-12,1	16:50	23:32	5:35
7.4.2020	12h11m43,4s	3°25'36"	162,8°	0,98	-12,5	18:16		5:58
8.4.2020	13h08m20,4s	-2°46'41"	174,7°	1 ○	-12,8	19:43	0:27	6:21
9.4.2020	14h05m13,6s	-8°50'10"	167,1°	0,99	-12,6	21:08	1:21	6:45
10.4.2020	15h02m52,8s	-14°18'32"	153,5°	0,95	-12,2	22:32	2:16	7:12
11.4.2020	16h01m29,1s	-18°49'07"	140,0°	0,88	-11,8	23:51	3:12	7:44
12.4.2020	17h00m45,4s	-22°05'27"	126,8°	0,8	-11,4		4:10	8:22
13.4.2020	17h59m56,6s	-23°58'47"	114,1°	0,71	-11,0	1:02	5:07	9:09
14.4.2020	18h58m00,7s	-24°28'23"	101,8°	0,6 ☽	-10,5	2:01	6:03	10:04
15.4.2020	19h53m59,0s	-23°40'17"	90,0°	0,5	-10,1	2:49	6:56	11:06
16.4.2020	20h47m13,3s	-21°44'54"	78,5°	0,4	-9,6	3:27	7:46	12:12
17.4.2020	21h37m32,4s	-18°54'26"	67,3°	0,31	-9,0	3:56	8:33	13:19
18.4.2020	22h25m09,8s	-15°20'59"	56,2°	0,22	-8,4	4:19	9:18	14:25
19.4.2020	23h10m35,3s	-11°15'42"	45,4°	0,15	-7,8	4:39	10:00	15:31
20.4.2020	23h54m27,6s	-6°48'31"	34,6°	0,09	-7,0	4:58	10:41	16:36
21.4.2020	0h37m29,6s	-2°08'37"	23,9°	0,04	-6,1	5:15	11:22	17:41
22.4.2020	1h20m25,2s	2°35'07"	13,4°	0,01	-5,2	5:32	12:02	18:46
23.4.2020	2h03m57,7s	7°13'34"	4,6°	0 ●	-4,2	5:49	12:44	19:53
24.4.2020	2h48m48,3s	11°36'57"	10,1°	0,01	-4,8	6:09	13:28	21:00
25.4.2020	3h35m33,1s	15°34'31"	20,8°	0,03	-5,9	6:32	14:14	22:08
26.4.2020	4h24m39,5s	18°54'30"	31,8°	0,08	-6,8	7:01	15:02	23:14
27.4.2020	5h16m19,6s	21°24'34"	43,2°	0,13	-7,7	7:37	15:54	
28.4.2020	6h10m24,6s	22°52'46"	54,8°	0,21	-8,4	8:23	16:47	0:16
29.4.2020	7h06m22,1s	23°09'03"	66,6°	0,3	-9,1	9:20	17:42	1:12
30.4.2020	8h03m22,2s	22°07'06"	78,8°	0,4 D	-9,7	10:26	18:38	1:59

Jupitermond-Ereignisse

Datum	Uhrzeit (MEZ)	Mond	Erscheinung	Phase
1.4.2020	04:54:34	Ganymed	Durchgang	Anfang
5.4.2020	05:08:22	Europa	Durchgang	Anfang
5.4.2020	05:19:05	Europa	Schattenvorübergang	Ende
8.4.2020	03:45:47	Ganymed	Schattenvorübergang	Anfang
8.4.2020	03:57:44	Io	Durchgang	Ende
12.4.2020	05:09:42	Europa	Schattenvorübergang	Anfang
14.4.2020	04:54:19	Europa	Bedeckung	Ende
14.4.2020	05:07:23	Io	Verfinsterung	Anfang
15.4.2020	03:35:34	Io	Durchgang	Anfang
15.4.2020	04:32:23	Io	Schattenvorübergang	Ende
19.4.2020	03:07:59	Ganymed	Bedeckung	Anfang
22.4.2020	04:10:14	Io	Schattenvorübergang	Anfang
25.4.2020	03:45:51	Kallisto	Verfinsterung	Ende
28.4.2020	04:37:54	Europa	Verfinsterung	Anfang
30.4.2020	03:22:06	Io	Verfinsterung	Anfang

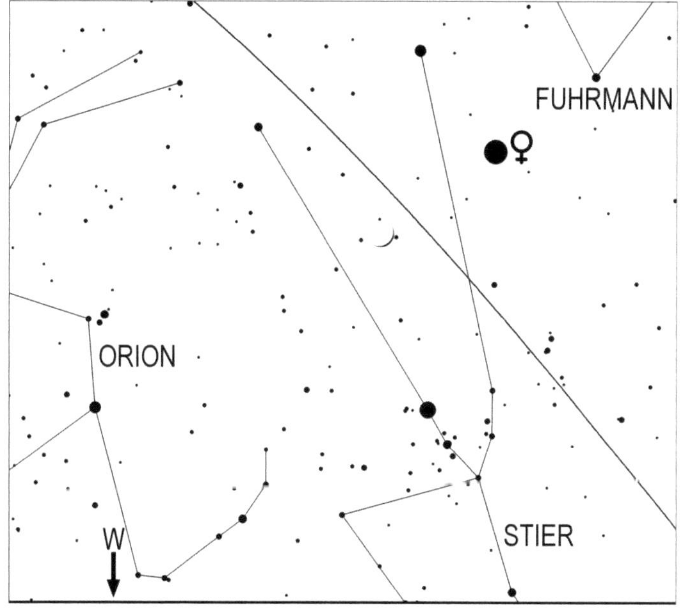

Mond und Venus im Sternbild Stier am Abend des 26.4.2020 um 21 Uhr MEZ (22 Uhr MESZ)

71

Mai

Sternenhimmel

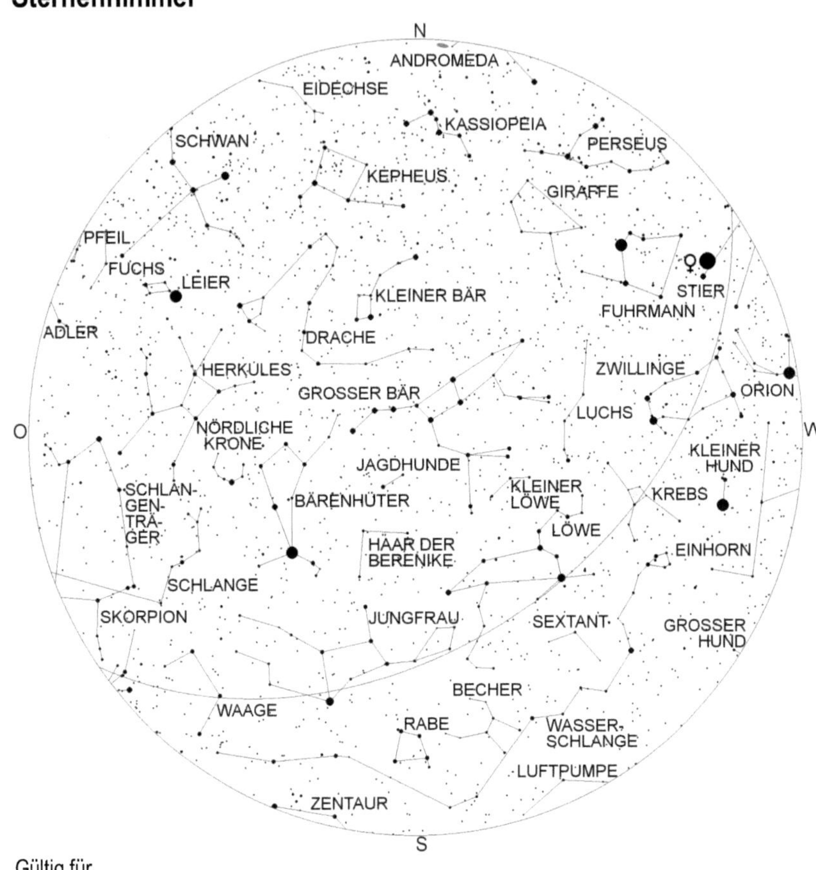

Gültig für

1.1. 6 Uhr	15.1. 5 Uhr
1.2. 4 Uhr	15.2. 3Uhr
1.3. 2 Uhr	15.3. 2 Uhr
1.4. 0 Uhr	15.4. 23 Uhr
1.5. 22 Uhr	15.5. 21 Uhr

Die Wintersternbilder sind fast vollständig verschwunden. Nur noch der Fuhrmann, die Zwillinge, der Krebs und der Kleine Hund sind noch vollständig zu sehen. Tief im Nordwesten strahlt in diesem Jahr die Venus. Sie ist das dritthellste Gestirn und 16-mal heller als der hellste Fixstern, Sirius, der schon unter dem Horizont versunken ist.

Tief im Süden erstreckt sich das riesige, aber unauffällige Sternbild Wasserschlange fast über den gesamten Himmel von Südost bis Südwest. Über dieser sind der Rabe, der Becher und der Sextant zu sehen, von denen aber nur ersteres auffällig ist. Halbhoch im Südwesten ist der Löwe zu finden, während gerade die Jungfrau kulminiert. Nordnordöstlich von dieser ist das Sternbild Bärenhüter mit dem orangerotem Arktur zu sehen. Östlich des Bärenhüters ist das Halbrund der Nördlichen Krone und das wenig charakteristische Sternbild des Herkules zu sehen. Im Ostsüdosten geht gerade der Schlangenträger auf. Etwas höher ist der vordere Teil der Schlange zu sehen. Im Südosten erkennt man das Sternbild Waage, dessen Hauptstern, Zuben-el-dschenubi fast genau auf der Ekliptik liegt. Er ist ein weiter Doppelstern und schon in einem Fernglas problemlos auflösbar.

Astronomische Ereignisse

Datum	Uhrzeit	Ereignis	Elongation
1.5.2020	03:25:21	Merkur 20' südlich Uranus	4,3°
2.5.2020	05:02:27	Mond 3,2° nördlich Regulus	106,8°
4.5.2020	08:09:50	Mond in größter Nordbreite	
4.5.2020	16:34:54	Mars 57' nördlich Delta Capricorni	80,5°
4.5.2020	22:18:40	Mond 4,7° südlich Juno	141,5°
4.5.2020	22:41:33	Merkur in oberer Konjunktion zur Sonne	-6,5'
4.5.2020	23:48:33	Mond 1,6° nördlich Porrima	144,5°
5.5.2020	13:16:54	Merkur im aufsteigenden Knoten	
5.5.2020	17:16:49	Mond 6,9° nördlich Spika	154,7°
6.5.2020	03:51:53	Mond in Erdnähe	
7.5.2020	07:57:56	Mond 2,4° nördlich Zuben-el-dschenubi	175,8°
7.5.2020	11:45:18	Vollmond	
8.5.2020	13:30:22	Mond 48' nördlich Akrab	164,9°
8.5.2020	22:19:07	Mond 5,7° nördlich Antares	158,2°
10.5.2020	05:20:35	Merkur im Perihel	
10.5.2020	10:01:36	Mond im absteigenden Knoten	
11.5.2020	00:48:37	Pallas stationär, dann rückläufig	
11.5.2020	10:27:02	Mond 1,6° nördlich Nunki	127,7°
11.5.2020	10:32:01	Saturn stationär, dann rückläufig	
11.5.2020	18:38:36	Merkur 3,1° südlich der Plejaden	8,2°
12.5.2020	02:13:10	Mond 43° südlich Pallas	106,0°
12.5.2020	07:29:50	Mond 2,15° südlich Pluto	117,0°
12.5.2020	11:47:05	Mond 2,8° südlich Jupiter	114,8°
12.5.2020	18:45:29	Mond 3,15° südlich Saturn	110,5°

Datum	Uhrzeit	Ereignis	Elongation
12.5.2020	20:36:14	Mond 8,2° südlich Beta Capricorni	108,1°
13.5.2020	11:15:10	Venus stationär, dann rückläufig	
14.5.2020	14:16:12	Mond 2,1° südlich Delta Capricorni	90,4°
14.5.2020	15:02:50	Letztes Viertel	
14.5.2020	18:09:13	Vesta 5,25° südlich Venus	27,1°
14.5.2020	19:28:50	Jupiter stationär, dann rückläufig	
15.5.2020	01:45:23	Mond 3,6° südlich Mars	83,4°
15.5.2020	17:52:05	Mond 3,8° nördlich Ceres	77,6°
16.5.2020	17:00:05	Mond 4,85° südlich Neptun	65,7°
17.5.2020	05:19:14	Vesta 6,5° südlich Elnath	25,8°
17.5.2020	09:59:17	Merkur 7,4° nördlich Aldebaran	14,2°
17.5.2020	13:49:13	Mond in größter Südbreite	
18.5.2020	08:53:46	Mond in Erdferne	
20.5.2020	07:55:45	Mond 16° südlich Hamal	23,8°
20.5.2020	10:00:00	Merkur in größter Nordbreite	
20.5.2020	17:48:20	Mond 4,4° südlich Uranus	22,2°
22.5.2020	08:53:23	Merkur 54' südlich Venus	18,6°
22.5.2020	12:16:29	Mond 7,4° südlich der Plejaden	4,0°
22.5.2020	18:38:57	Neumond	-2,4°
23.5.2020	10:30:31	Mond 3,25° nördlich Aldebaran	7,8°
23.5.2020	21:38:42	Merkur 3,15° südlich Elnath	19,7°
24.5.2020	03:13:09	Mond 4,6° südlich Venus	15,6°
24.5.2020	08:54:58	Mond 6,7° südlich Elnath	18,4°
24.5.2020	10:59:17	Mond 3,3° südlich Merkur	19,4°
24.5.2020	16:45:49	Mond 9,5' nördlich Vesta	21,7°
24.5.2020	22:34:08	Mond im aufsteigenden Knoten	
25.5.2020	06:10:26	Mond 28' nördlich Eta Geminorum	28,8°
25.5.2020	09:25:55	Mond 46' nördlich Mü Geminorum	30,3°
25.5.2020	17:29:10	Mond 7,2° nördlich Alhena	34,3°
25.5.2020	20:32:34	Mond 1,7° südlich Epsilon Geminorum	35,2°
26.5.2020	07:16:00	Vesta 3,1° südlich Merkur	20,9°
26.5.2020	17:09:58	Mond 8,6° südlich Kastor	45,6°
26.5.2020	22:19:39	Mond 5,3° südlich Pollux	47,8°
27.5.2020	21:15:17	Mond 1,3° nördlich M44	60,6°
29.5.2020	09:21:27	Mond 3,7° nördlich Regulus	79,7°
29.5.2020	16:44:19	Juno stationär, dann rechtläufig	
30.5.2020	04:30:01	Erstes Viertel	
31.5.2020	11:55:48	Ceres 8° südlich Mars	88,1°
31.5.2020	14:09:37	Mond in größter Nordbreite	
31.5.2020	15:37:27	Merkur 2,9° nördlich Eta Geminorum	23,1°

Planeten

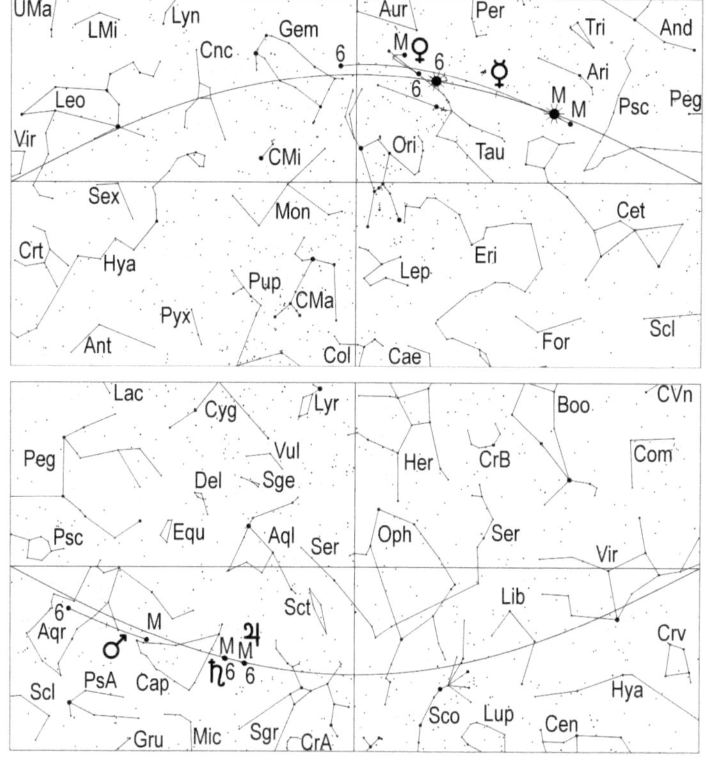

Merkur ist zunächst unsichtbar, da er am 4. in oberer Konjunktion zur Sonne steht,
wobei er von dieser bedeckt wird, was natürlich unbeobachtbar ist. Er gewinnt dann
rasch an östlicher Elongation zur Sonne und kann bei guten Sichtbedingungen
schon am 15. in der Abenddämmerung aufgefunden werden. An diesem Tag geht
der –1,2 mag helle Planet um 21.20 Uhr MEZ (22.20 Uhr MESZ) unter. Eine halbe
Stunde vorher dürfte es möglich sein, den flinken Planeten zu sichten. Der
Untergang des innersten Planeten verspätet sich im Laufe des Monats auf 21.53 Uhr
MEZ (22.53 Uhr MESZ) am 20., auf 22.14 Uhr MEZ (23.14 Uhr MESZ) am 25. und
auf 22.24 Uhr MEZ (23.24 Uhr MESZ) am 31.. Seine Helligkeit geht auf –0,8 mag am
20., auf –0,3 mag am 25. und auf 0,2 mag am 31. zurück.
Im Fernrohr bemerkt man, dass sein Winkeldurchmesser von 5,5" am 15., auf 5,9"
am 20., auf 6,5" am 25. und auf 7,4" am 31. ansteigt, während sein beleuchteter
Anteil von 96% am 15., auf 85% am 20., auf 68% am 25. und auf 45% am
Monatsletzten zurückgeht. Die Halbhase (Dichotomie) wird am 29. erreicht.

Der innerste Planet bewegt sich vom Stier in die Zwillinge, wobei er am 17.
Aldebaran 7,4° nördlich, am 23. Elnath 3,15° südlich und am 31. Eta Geminorum
2,9° nördlich passiert. Diese drei Konjunktionen sind nur im Fernglas sichtbar. Mit
bloßem Auge ist hingegen die Konjunktion mit Venus am 22. zu sehen, bei der diese
54' nördlich steht, ebenso natürlich die mit dem Mond am 24. bei welcher der
Erdtrabant 3,3° südlich an diesem vorbeizieht (siehe Seite 82).

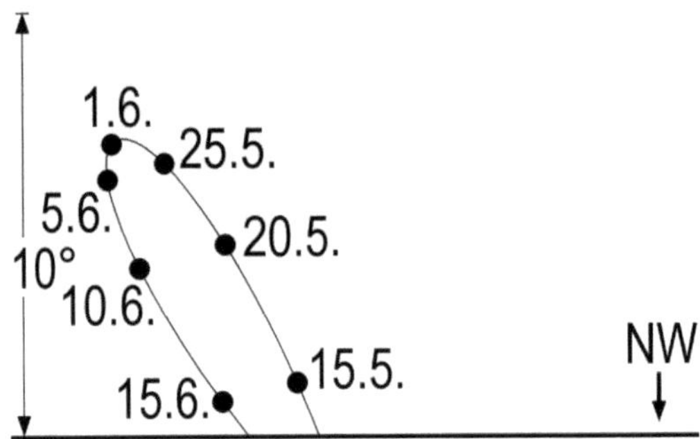

Position des Planeten Merkur 1 Stunde nach Sonnenuntergang

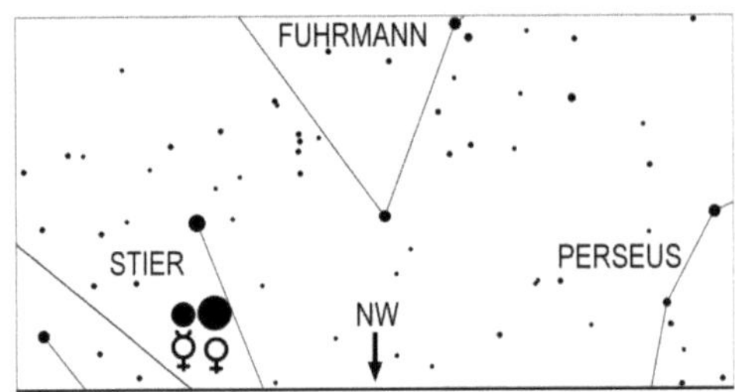

Anblick der Konjunktion zwischen Merkur und Venus am 22.5.2020 um
21.30 Uhr MEZ (22.30 Uhr MESZ)

Venus ist zu Beginn des Monats noch strahlender Abendstern und versinkt um
23.37 Uhr MEZ (0.37 Uhr MESZ) unter dem Horizont, doch verfrüht sich ihr
Untergangszeitpunkt immer mehr, da sie wegen ihrer immer langsamer und ab dem
13. sogar rückläufig werdenden Bewegung immer mehr an östlicher Elongation zur
Sonne verliert. Am 10. erfolgt ihr Untergang um 23.09 Uhr MEZ (0.09 Uhr MESZ),
am 15. um 22.46 Uhr MEZ (23.46 Uhr MESZ), am 20. um 22.16 Uhr MEZ (23.16 Uhr
MESZ) und am 25. um 21.41 Uhr MEZ (22.41 Uhr MESZ). Am 29. dürfte es letztmals
möglich sein, den Abendstern in der Dämmerung zu sichten. Er geht an diesem Tag
um 21.09 Uhr MEZ (22.09 Uhr MESZ) unter.
Im Fernrohr zeigt sich Venus als immer größer werdende Sichel, deren Durchmesser
von 38,8" am 1., auf 48,5" am 15. und auf 56,8" am 29. anwächst, während ihr
beleuchteter Anteil von 14,6% am 1. auf 3,4% am 15. und auf 0,04% am 29.

abnimmt. Ihre Helligkeit geht von –4,5 mag am 1., auf –4,4 mag am 15., auf –4,3 mag am 20., auf –4,1 mag am 25. und auf –4,0 mag am 29. zurück.
Am 22. passiert sie den Planeten Merkur in 54' nördlichem Abstand, was einen schönen Anblick in der Abenddämmerung ergibt.

Mars wandert vom Steinbock in den Wassermann und passiert hierbei Delta Capricorni am 4. in 57' nördlichem Abstand. Er steigt am 1. um 2.39 Uhr MEZ (3.39 Uhr MESZ), am 15. um 2.06 Uhr MEZ (3.06 Uhr MESZ) und am 31. um 1.27 Uhr MEZ (2.27Uhr MESZ) über dem Horizont. Seine Helligkeit nimmt von 0,4 mag auf 0,0 mag zu und sein Scheibchendurchmesser wächst von 7,6" auf 9,3". Damit wird er langsam für Fernrohrbeobachter interessant, doch bereitet die Luftunruhe noch Schwierigkeiten, da er bis zum Verblassen in der Morgendämmerung keine große Höhe erreicht.
Im Fernrohr erkennt man, dass er nicht rund erscheint, sondern eine ähnliche Form hat, wie der Mond 4 Tage nach Vollmond. Am 15. passiert der abnehmende Mond den roten Planeten 3,6° südlich.

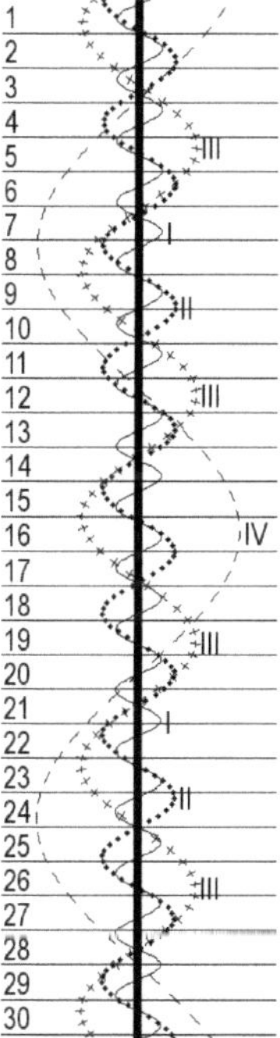

Stellung der 4 hellen Jupiter-monde im Mai 2020

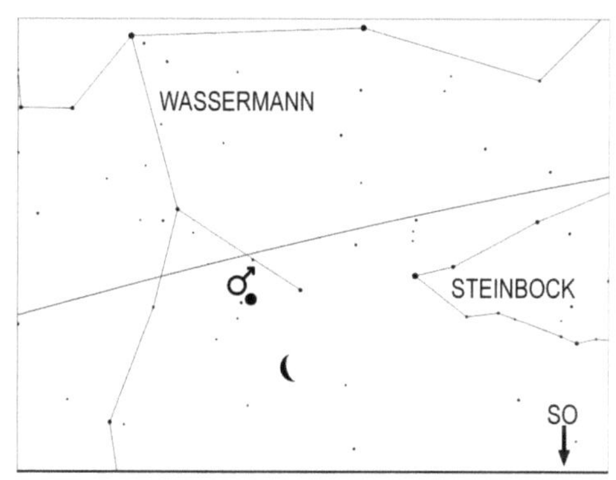

Mond und Mars am Morgen des 15.5.2020 um 3 Uhr MEZ (4 Uhr MESZ)

Jupiter, im Ostteil des Sternbildes Schütze, setzt am 14. zu seiner Oppositionsschleife an. Er erscheint am 1. um 1.27 Uhr MEZ (2.27 Uhr MESZ), am 15. um 0.32 Uhr MEZ (1.32 Uhr MESZ) und am 31. um 23.25 Uhr MEZ (0.25 Uhr MESZ) über dem Horizont. Mit einer Helligkeit, die von –2,3 mag auf –2,6 mag ansteigt, ist er mit Abstand das hellste Gestirn der 2. Nachthälfte. Sein Winkeldurchmesser nimmt von 40,8" auf 44,6" zu. Für Fernrohrbeobachtungen ist seine geringe Höhe über dem Horizont, die in unseren Breiten maximal 19° beträgt, von Nachteil, da es hierdurch große Probleme mit der Luftunruhe gibt. Am Morgen des 12. steht der Mond in der Nähe des Riesenplaneten (siehe Seite 82)

Saturn, im westlichen Teil des Sternbildes Steinbock, startet am 11. seine Oppositionsschleife. Er befindet sich nur wenige Grad östlich von Jupiter und erreicht am 17. mit 4,7° den kleinsten Winkelabstand zu diesem.

Sein Aufgang erfolgt am 1. um 1.41 Uhr MEZ (2.41 Uhr MESZ), am 15. um 0.46 Uhr MEZ (1.46 Uhr MESZ) und am 31. um 23.39 Uhr MEZ (0.39 Uhr MESZ). Seine Helligkeit steigt von 0,6 mag auf 0,4 mag, während sein Scheibchendurchmesser leicht von 17" auf 17,8" anwächst. Im Fernrohr ist sein weit geöffneter Ring (Neigungswinkel ca. 20,5°) gut zu sehen.

Uranus kann im Mai nicht beobachtet werden.

Neptun ist ebenfalls immer noch unbeobachtbar. Er geht am Monatsletzten um 1.35 Uhr MEZ (2.35 Uhr MESZ) auf, was ihn aber kaum die Möglichkeit bietet, ausreichend Höhe zu gewinnen, um erfolgreich mit einem Fernrohr aufgesucht werden zu können.

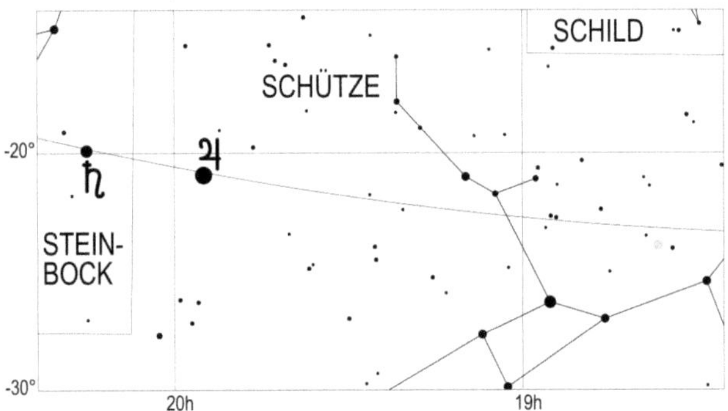

Jupiter und Saturn am 1.5.2020

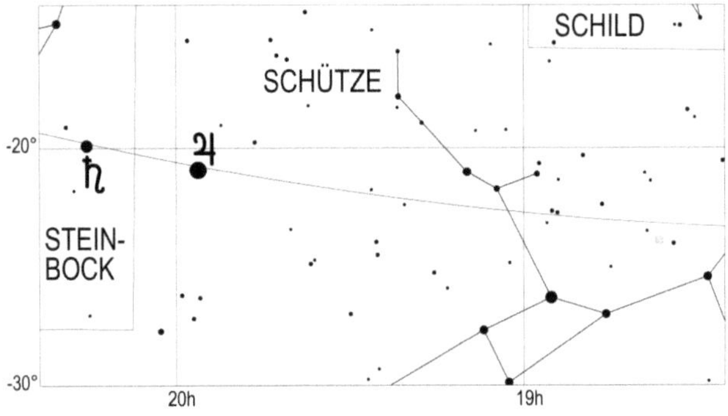

Jupiter und Saturn am 15.5.2020

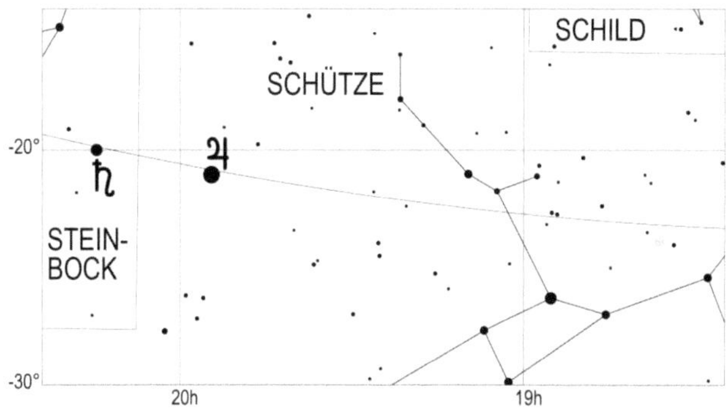

Jupiter und Saturn am 31.5.2020

Klein- und Zwergplaneten

Ceres kann sich immer noch nicht aus den Strahlen der Sonne befreien. Er geht am Monatsletzten um 2.05 Uhr MEZ (3.05 Uhr MESZ) auf, was den 9,0 mag hellen Kleinplaneten keine Chance gibt, ausreichend Höhe zu gewinnen, bevor die Morgendämmerung alle Beobachtungsversuche vereitelt.

Pallas setzt am 11. zu ihrer diesjährigen Oppositionsschleife an und wandert in nördliche Richtung vom Pfeil in den Fuchs. Ihr Aufgang erfolgt am 1. um 21.52 Uhr MEZ (22.52 Uhr MESZ), am 15. um 20.46 Uhr MEZ (21.46 Uhr MESZ) und am 31. um 19.29 Uhr MEZ (20.29 Uhr MESZ). Der Kleinplanet, dessen Helligkeit im Laufe des Monats von 10,1 mag auf 9,8 mag ansteigt, kann am besten kurz vor Beginn der Morgendämmerung hoch im Südwesten mit einem Fernrohr ab 8 cm Objektivdurchmesser aufgesucht werden (Aufsuchkarte, Seite 106).

Juno, in der Jungfrau, beendet am 29. ihre Oppositionsschleife. Sie erreicht ihre höchste Stellung im Süden am 1. um 22.26 Uhr MEZ (23.26 Uhr MESZ), am 15. um 21.26 Uhr MEZ (22.26 Uhr MESZ) und am 31. um 20.21 Uhr MEZ (21.21 Uhr MESZ). An letzteren Tag versinkt sie um 2.50 Uhr MEZ (3.50 Uhr MESZ). Sie kann am besten zum Zeitpunkt der Kulmination bzw. zum Ende der Dämmerung mit einem Fernrohr ab 10 cm Objektivöffnung aufgesucht werden (Aufsuchkarte, Scitc 67). Ihre Helligkeit geht von 10,1 mag auf 10,6 mag zurück.

Vesta, kann höchstens noch in den ersten Maitagen mit einem größeren Fernrohr gegen Ende der Abenddämmerung tief im Nordwesten im Sternbild Stier aufgesucht werden (Aufsuchkarte, Seite 68). Der 8,4 mag helle Kleinplanet geht am 5. um 22.29 Uhr MEZ (23.29 Uhr MESZ), am 10. um 22.20 Uhr MEZ (23.20 Uhr MESZ) und am 15. um 22.11 Uhr MEZ (23.11 Uhr MESZ) unter. Nach dem 7. dürfte es selbst mit großen Fernrohren bei bester Sicht unmöglich sein, diesen Asteroiden aufzuspüren.

Periodische Sternschnuppenströme

Bis zum 28.5. sind die Eta-Aquariden aktiv, die am 7.5. um 9 Uhr ihr Maximum erreichen. Die Eta-Aquariden sind Reste des Halleyschen Kometen. In unseren Breiten können von den sehr schnellen Eta-Aquariden bis zu 3 Meteore pro Stunde beobachtet werden, in südlichen Breiten bis zu zehnmal mehr. Da am 7.5. auch Vollmond ist, beeinträchtigt der Mond stark die Beobachtung dieses Schwarmes. Vom 7.5. bis 12.5. ist der eher schwache Strom der Eta-Lyriden aktiv, der am 9. sein Maximum mit bis zu 1,4 Meteoren pro Stunde erreicht.

Sonnenuntergang und Dämmerung

	Astr. Anf.	Naut. Anf.	Bürg. Anf.	Aufgang	Kulm.	Untergang	Bürg. Ende	Naut. Ende	Astr. Ende	Zeitgl.
1.5.2020	2:40	3:37	4:23	5:00	12:21	19:44	20:20	21:08	22:04	-2m53s
2.5.2020	2:37	3:34	4:21	4:58	12:21	19:45	20:22	21:10	22:07	-3m00s
3.5.2020	2:34	3:32	4:19	4:56	12:21	19:47	20:23	21:12	22:10	-3m06s
4.5.2020	2:31	3:30	4:17	4:55	12:21	19:48	20:25	21:14	22:13	-3m12s
5.5.2020	2:27	3:27	4:15	4:53	12:21	19:50	20:27	21:16	22:16	-3m18s
6.5.2020	2:24	3:25	4:13	4:51	12:21	19:51	20:29	21:18	22:19	-3m22s
7.5.2020	2:21	3:23	4:12	4:50	12:21	19:53	20:30	21:20	22:22	-3m27s
8.5.2020	2:18	3:21	4:10	4:48	12:21	19:54	20:32	21:22	22:26	-3m30s
9.5.2020	2:14	3:18	4:08	4:46	12:20	19:56	20:34	21:24	22:29	-3m33s
10.5.2020	2:11	3:16	4:06	4:45	12:20	19:57	20:35	21:27	22:32	-3m36s
11.5.2020	2:08	3:14	4:05	4:43	12:20	19:58	20:37	21:29	22:35	-3m38s
12.5.2020	2:05	3:12	4:03	4:42	12:20	20:00	20:39	21:31	22:39	-3m39s
13.5.2020	2:01	3:10	4:01	4:40	12:20	20:01	20:40	21:33	22:42	-3m40s
14.5.2020	1:58	3:08	4:00	4:39	12:20	20:03	20:42	21:35	22:46	-3m40s
15.5.2020	1:54	3:06	3:58	4:37	12:20	20:04	20:44	21:37	22:49	-3m39s
16.5.2020	1:51	3:04	3:57	4:36	12:20	20:05	20:45	21:39	22:53	-3m38s
17.5.2020	1:47	3:02	3:55	4:35	12:20	20:07	20:47	21:41	22:57	-3m37s
18.5.2020	1:44	3:00	3:54	4:33	12:20	20:08	20:48	21:43	23:01	-3m35s
19.5.2020	1:40	2:58	3:52	4:32	12:21	20:09	20:50	21:45	23:05	-3m32s
20.5.2020	1:36	2:56	3:51	4:31	12:21	20:11	20:51	21:47	23:09	-3m28s
21.5.2020	1:32	2:54	3:49	4:30	12:21	20:12	20:53	21:49	23:13	-3m25s
22.5.2020	1:28	2:52	3:48	4:29	12:21	20:13	20:54	21:51	23:18	-3m20s
23.5.2020	1:24	2:50	3:47	4:27	12:21	20:14	20:56	21:53	23:22	-3m15s
24.5.2020	1:20	2:48	3:46	4:26	12:21	20:16	20:57	21:55	23:27	-3m10s
25.5.2020	1:15	2:47	3:44	4:25	12:21	20:17	20:59	21:57	23:32	-3m04s
26.5.2020	1:10	2:45	3:43	4:24	12:21	20:18	21:00	21:59	23:37	-2m58s
27.5.2020	1:05	2:43	3:42	4:23	12:21	20:19	21:02	22:00	23:43	-2m51s
28.5.2020	0:59	2:42	3:41	4:23	12:21	20:20	21:03	22:02	23:50	-2m43s
29.5.2020	0:53	2:40	3:40	4:22	12:22	20:21	21:04	22:04	23:58	-2m36s
30.5.2020	0:45	2:39	3:39	4:21	12:22	20:23	21:05	22:05		-2m27s
31.5.2020	0:33	2:37	3:38	4:20	12:22	20:24	21:07	22:07	0:10	-2m19s

Mondlauf

	Rektaszension	Deklination	Elong.	Phase	mag	Auf-gang	Kulm.	Unter-gang
1.5.2020	9h00m30,8s	19°45'47"	91,2°	0,51	-10,2	11:41	19:32	2:38
2.5.2020	9h57m06,9s	16°09'43"	104,1°	0,62	-10,7	13:00	20:26	3:10
3.5.2020	10h52m53,6s	11°29'04"	117,3°	0,73	-11,1	14:22	21:19	3:36
4.5.2020	11h48m01,1s	5°58'54"	130,8°	0,83	-11,5	15:45	22:11	4:00
5.5.2020	12h43m00,3s	-0°01'21"	144,6°	0,91	-11,9	17:10	23:04	4:22
6.5.2020	13h38m33,7s	-6°08'45"	158,5°	0,97	-12,3	18:35	23:58	4:44
7.5.2020	14h35m22,4s	-11°57'57"	172,1°	1 ○	-12,7	20:01		5:09
8.5.2020	15h33m52,4s	-17°03'22"	172,3°	1	-12,6	21:24	0:54	5:38
9.5.2020	16h33m59,4s	-21°02'20"	159,2°	0,97	-12,3	22:41	1:52	6:13
10.5.2020	17h35m00,3s	-23°38'39"	145,9°	0,91	-11,9	23:49	2:51	6:56
11.5.2020	18h35m39,4s	-24°45'19"	133,1°	0,84	-11,5		3:49	7:50
12.5.2020	19h34m31,7s	-24°25'05"	120,7°	0,76	-11,1	0:44	4:46	8:50
13.5.2020	20h30m31,7s	-22°48'16"	108,7°	0,66	-10,7	1:27	5:39	9:57
14.5.2020	21h23m09,2s	-20°08'56"	97,1°	0,56 ☽	-10,3	1:59	6:29	11:05
15.5.2020	22h12m29,6s	-16°41'41"	85,8°	0,46	-9,8	2:25	7:15	12:13
16.5.2020	22h59m03,4s	-12°39'36"	74,8°	0,37	-9,4	2:46	7:58	13:20
17.5.2020	23h43m34,2s	-8°13'47"	63,9°	0,28	-8,8	3:05	8:40	14:25
18.5.2020	0h26m51,4s	-3°33'41"	53,0°	0,2	-8,2	3:22	9:20	15:31
19.5.2020	1h09m45,1s	1°12'05"	42,2°	0,13	-7,5	3:39	10:01	16:35
20.5.2020	1h53m04,4s	5°55'00"	31,3°	0,07	-6,7	3:56	10:42	17:42
21.5.2020	2h37m35,7s	10°25'48"	20,3°	0,03	-5,8	4:14	11:25	18:49
22.5.2020	3h24m00,1s	14°33'58"	9,3°	0,01 ●	-4,8	4:36	12:10	19:58
23.5.2020	4h12m48,8s	18°07'33"	3,3°	0	-4,1	5:03	12:59	21:06
24.5.2020	5h04m16,5s	20°53'33"	14,1°	0,02	-5,3	5:37	13:50	22:11
25.5.2020	5h58m14,3s	22°39'08"	25,7°	0,05	-6,4	6:19	14:44	23:10
26.5.2020	6h54m06,1s	23°13'28"	37,6°	0,1	-7,3	7:13	15:39	23:59
27.5.2020	7h50m54,7s	22°30'00"	49,7°	0,18	-8,2	8:17	16:34	
28.5.2020	8h47m37,7s	20°27'55"	62,1°	0,27	-8,9	9:29	17:28	0:40
29.5.2020	9h43m27,3s	17°12'21"	74,7°	0,37	-9,5	10:46	18:21	1:14
30.5.2020	10h38m03,0s	12°53'26"	87,6°	0,48 ☾	-10,1	12:05	19:13	1:41
31.5.2020	11h31m34,3s	7°44'55"	100,7°	0,59	-10,6	13:25	20:03	2:04

Jupitermond-Ereignisse

Datum	Uhrzeit (MEZ)	Mond	Erscheinung	Phase
1.5.2020	02:48:25	Io	Schattenvorübergang	Ende
1.5.2020	04:06:17	Io	Durchgang	Ende
7.5.2020	02:06:44	Europa	Schattenvorübergang	Anfang
7.5.2020	03:59:53	Ganymed	Durchgang	Ende
8.5.2020	02:26:07	Io	Schattenvorübergang	Anfang
8.5.2020	03:40:35	Io	Durchgang	Anfang
9.5.2020	01:51:50	Europa	Bedeckung	Ende
9.5.2020	03:12:33	Io	Bedeckung	Ende
14.5.2020	02:51:24	Ganymed	Schattenvorübergang	Ende
16.5.2020	01:36:50	Io	Verfinsterung	Anfang

Datum	Uhrzeit (MEZ)	Mond	Erscheinung	Phase
17.5.2020	02:15:05	Io	Durchgang	Ende
20.5.2020	01:29:28	Kallisto	Schattenvorübergang	Anfang
21.5.2020	03:37:25	Ganymed	Schattenvorübergang	Anfang
23.5.2020	01:44:44	Europa	Verfinsterung	Anfang
23.5.2020	03:30:07	Io	Verfinsterung	Anfang
24.5.2020	01:46:54	Io	Durchgang	Anfang
24.5.2020	02:58:49	Io	Schattenvorübergang	Ende
24.5.2020	04:03:54	Io	Durchgang	Ende
25.5.2020	01:17:13	Io	Bedeckung	Ende
25.5.2020	01:18:36	Ganymed	Bedeckung	Ende
25.5.2020	01:21:26	Europa	Durchgang	Ende
29.5.2020	01:39:11	Kallisto	Bedeckung	Ende
31.5.2020	02:36:26	Io	Schattenvorübergang	Anfang
31.5.2020	03:34:39	Io	Durchgang	Anfang

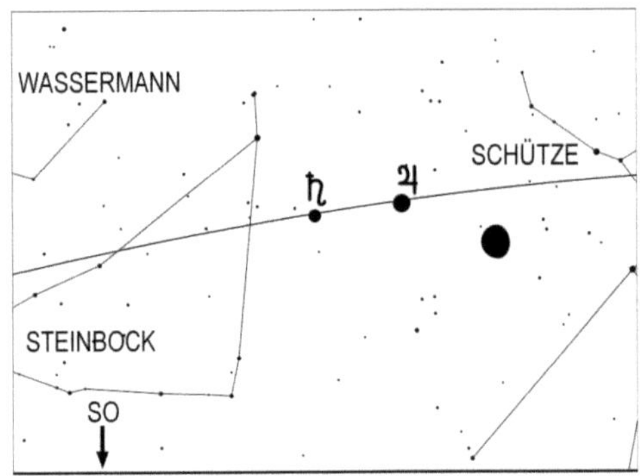

Mond, Jupiter und Saturn am 12.5.2020 um 3 Uhr MEZ (4 Uhr MESZ)

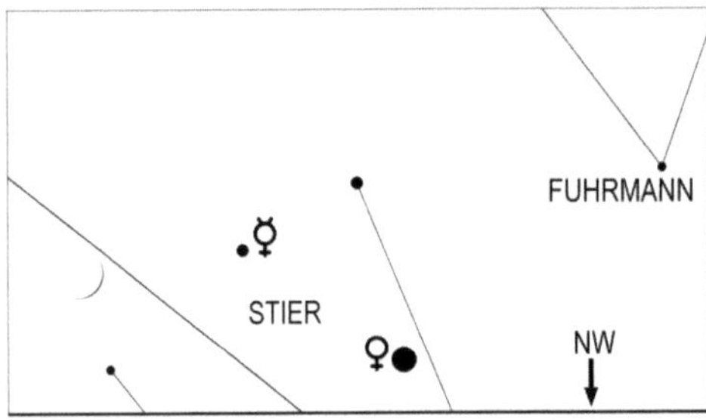

Mond, Merkur und Venus am Abend des 24.5.2020 um 21.30 Uhr MEZ (22.30 Uhr MESZ)

Juni

Sternenhimmel

Gültig für

1.2. 6 Uhr	15.2. 5 Uhr
1.3. 4 Uhr	15.3. 3 Uhr
1.4. 2 Uhr	15.4. 1 Uhr
1.5. 0 Uhr	15.5. 23 Uhr
1.6. 22 Uhr	15.6. 21 Uhr

Jetzt sind die Nächte am kürzesten. Zu unserer Standardbeobachtungszeit, am Monatsersten um 22 Uhr MEZ, ist immer noch Restdämmerung im Nordwesten vorhanden, wenngleich es ausreichend dunkel ist die Sternbilder zu beobachten und zu identifizieren. In allen Gebieten nördlich von 48,5° nördlicher Breite wird es zum Zeitpunkt der Sommersonnenwende überhaupt nicht richtig dunkel, wenn dies auch erst nördlich des 52 Breitengrades auffallen dürfte.
Der helle Stern Arktur im Bärenhüter ist hoch im Süden zu finden. Unterhalb von diesem findet man die Jungfrau mit Spika. Auch der Kopf des Skorpions mit Antares ist tief im Südosten beobachtbar. Oberhalb von diesem ist der Schlangenträger mit der Schlange zu sehen. Tief im Osten erkennt man einen hellen Stern – es ist Atair – der Hauptstern des Adlers. Höher im Osten ist ein noch hellerer Stern sichtbar, es ist Wega, der hellste Stern des kleinen Sternbildes Leier und der fünfthellste Stern des Himmels. Weiter nordöstlich erblickt man das kreuzförmige Sternbild Schwan, dessen hellster Stern Deneb zusammen mit Wega und Atair das sogenannte Sommerdreieck bildet. Zwischen Leier und Bärenhüter befinden sich die Sternbilder Herkules und Nördliche Krone. Auf der westlichen Himmelshälfte befinden sich der Löwe, der Kopf der Wasserschlange, der Krebs und das untergehende Sternbild Zwillinge. Tief im Süden kann man bei klarem Himmel die nördlichsten Sterne des Wolfs und des Zentauren sehen.

Astronomische Ereignisse

Datum	Uhrzeit	Ereignis	Elongation
1.6.2020	04:49:22	Mond 4,8° südlich Juno	114,4°
1.6.2020	07:32:11	Mond 1,8° nördlich Porrima	118,2°
2.6.2020	04:04:12	Mond 6,4° nördlich Spika	129,8°
2.6.2020	05:24:19	Merkur 2,7° nördlich Mü Geminorum	23,4°
3.6.2020	04:10:28	Mond in Erdnähe	
3.6.2020	15:27:51	Mond 2,85° nördlich Zuben-el-dschenubi	150,0°
3.6.2020	18:43:51	Venus in unterer Konjunktion zur Sonne	29'
4.6.2020	14:07:21	Merkur in größter östlicher Elongation	23,59°
4.6.2020	23:37:29	Mond 23' nördlich Akrab	168,3°
5.6.2020	09:53:59	Mond 5,85° nördlich Antares	173,1°
5.6.2020	13:35:53	Merkur 8,2° nördlich Alhena	23,6°
5.6.2020	18:44:24	Halbschattenmondfinsternis, Eintritt Halbschatten	
5.6.2020	20:12:28	Vollmond	
5.6.2020	20:24:43	Halbschattenmondfinsternis, Mitte der Finsternis, Größe: 0,58	
5.6.2020	22:05:02	Halbschattenmondfinsternis, Austritt Halbschatten	
6.6.2020	19:09:56	Mond im absteigenden Knoten	
7.6.2020	06:44:40	Merkur 56' südlich Epsilon Geminorum	23,4°
7.6.2020	18:14:15	Mond 1,65° nördlich Nunki	154,5°
8.6.2020	09:00:23	Venus 4,9° nördlich Aldebaran	7,3°
8.6.2020	10:10:33	Mond 45,8° südlich Pallas	123,6°

Datum	Uhrzeit	Ereignis	Elongation
8.6.2020	15:27:43	Mond 1,8° südlich Pluto	143,7°
8.6.2020	17:40:23	Mond 2,7° südlich Jupiter	142,1°
9.6.2020	03:06:00	Mond 3,6° südlich Saturn	137,4°
9.6.2020	07:32:30	Mond 8,4° südlich Beta Capricorni	134,4°
10.6.2020	20:30:16	Mond 2,5° südlich Delta Capricorni	116,5°
12.6.2020	10:56:06	Vesta 22' nördlich Eta Geminorum	11,8°
12.6.2020	13:27:32	Mars 1,7° südlich Neptun	91,1°
12.6.2020	14:07:13	Mond 5,5° nördlich Ceres	97,9°
12.6.2020	20:03:27	Merkur im absteigenden Knoten	
12.6.2020	23:06:38	Mond 5,4° südlich Neptun	91,4°
12.6.2020	23:37:13	Mond 3,6° südlich Mars	91,9°
13.6.2020	07:23:48	Letztes Viertel	
13.6.2020	20:20:03	Mond in größter Südbreite	
15.6.2020	02:10:53	Mond in Erdferne	
16.6.2020	16:59:52	Vesta 24' nördlich Mü Geminorum	9,6°
16.6.2020	17:10:59	Mond 15,8° südlich Hamal	48,8°
17.6.2020	01:38:43	Mond 4,8° südlich Uranus	47,0°
17.6.2020	20:31:00	Merkur stationär, dann rückläufig	
18.6.2020	20:16:52	Mond 7,6° südlich der Plejaden	28,0°
19.6.2020	09:30:13	Mond bedeckt Venus, siehe Seite 196	22,6°
19.6.2020	19:26:13	Mond 3,2° nördlich Aldebaran	17,9°
20.6.2020	18:11:50	Mond 6,6° südlich Elnath	6,7°
20.6.2020	22:44:08	Sommeranfang	
21.6.2020	05:23:35	Mond im aufsteigenden Knoten	
21.6.2020	07:41:15	Ringförmige Sonnenfinsternis, maximale Dauer: 38s, in Deutschland nicht sichtbar	
21.6.2020	07:41:33	Neumond	6,85'
21.6.2020	14:21:15	Mond 52' nördlich Eta Geminorum	3,2°
21.6.2020	18:21:18	Mond 48' nördlich Mü Geminorum	4,9°
21.6.2020	22:07:58	Mond 17' nördlich Vesta	6,9°
21.6.2020	23:45:56	Mond 6,8° nördlich Alhena	8,1°
22.6.2020	01:49:40	Mond 1,95° südlich Epsilon Geminorum	9,2°
22.6.2020	07:14:14	Mond 3,2° nördlich Merkur	11,9°
22.6.2020	23:36:52	Mond 9,05° südlich Kastor	20,4°
23.6.2020	03:06:04	Mond 5,4° südlich Pollux	22,2°
23.6.2020	04:58:11	Merkur im Aphel	
23.6.2020	19:34:34	Neptun stationär, dann rückläufig	
24.6.2020	02:13:33	Mond 1,1° nördlich M44	34,3°
24.6.2020	11:23:15	Vesta 6,5° nördlich Alhena	5,6°
24.6.2020	19:06:05	Venus stationär, dann rechtläufig	
25.6.2020	15:20:27	Mond 3,9° nördlich Regulus	54,1°
25.6.2020	16:58:48	Juno 6,1° nördlich Porrima	93,4°
27.6.2020	19:05:07	Vesta 2,3° südlich Epsilon Geminorum	3,9°

Datum	Uhrzeit	Ereignis	Elongation
27.6.2020	19:43:22	Mond in größter Nordbreite	
28.6.2020	09:15:47	Erstes Viertel	
28.6.2020	11:59:34	Mond 2,1° nördlich Porrima	91,5°
28.6.2020	12:39:31	Mond 4° südlich Juno	91,2°
28.6.2020	19:04:19	Vesta 3,9° nördlich Merkur	3,3°
29.6.2020	00:48:00	Jupiter 42' nördlich Pluto	163,5°
29.6.2020	08:49:50	Mond 6,9° nördlich Spika	103,0°
29.6.2020	13:03:23	Merkur 6,3° südlich Epsilon Geminorum	2,9°
30.6.2020	02:36:15	Mond in Erdnähe	

Planeten

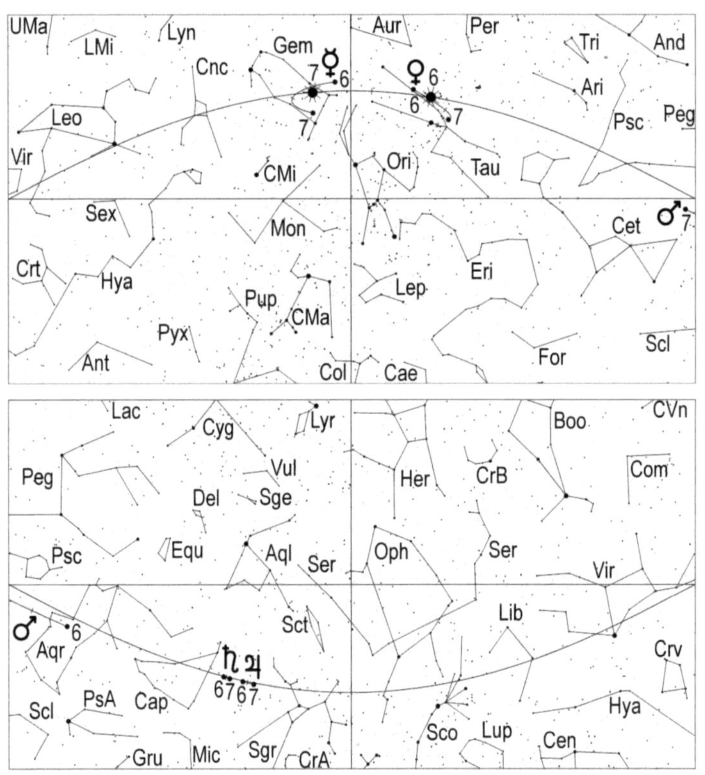

86

Merkur kann bis zum Tag seiner größten östlichen Elongation, den 4.6., tief im Nordwesten in der Abenddämmerung beobachtet werden. Der 0,5 mag helle Planet versinkt an diesem Tag um 22.23 Uhr MEZ (23.23 Uhr MESZ) und zeigt im Fernrohr ein sichelförmiges Scheibchen mit einem Durchmesser von 8,1". Nach dem 4. ist der flinke Planet unsichtbar. Er kehrt am 17. seine Bewegungsrichtung um und strebt der Sonne entgegen, mit der er am 1.7. in unterer Konjunktion steht.

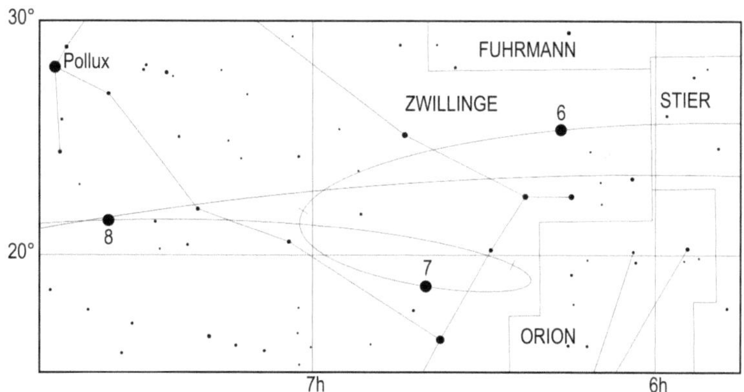

Lauf des Planeten Merkur von Mai bis August 2020. Die Zahl gibt die Position zum 1. des entsprechenden Monats an, also 7 die Position am 1.7.

Venus ist zunächst unsichtbar, denn sie steht am 3. in unterer Konjunktion zur Sonne, wobei sie 13' nördlich der Sonnenscheibe (29' nördlich vom Sonnenmittelpunkt) vorbeizieht. Sie gewinnt rasch westliche Elongation und kann am 15. erstmals in der Morgendämmerung tief im Nordosten beobachtet werden. Sie geht an diesem Tag um 3.28 Uhr MEZ (4.28 Uhr MESZ) auf und kann bei klarem Himmel ca. eine Viertelstunde später über dem Horizont erkannt werden. Am 19. steht der schmale abnehmende Mond nur wenige Grad westlich der Venus und kann beim Auffinden des Morgensterns helfen. In den Vormittagsstunden des gleichen Tages bedeckt der Mond die Venus (Kontaktzeiten, siehe Seite 196). Bei klarem Wetter kann dieses Ereignis mit einem Fernrohr beobachtet werden, wobei sehr sorgfältig vorgegangen werden muss, damit nicht die Sonne ins Blickfeld gerät (Erblindungsgefahr!). Die am selben Tag stattfindende Passage von Aldebaran in 3,2° nördlichem Abstand ist ohne optische Hilfsmittel ebenfalls nicht zu sehen.

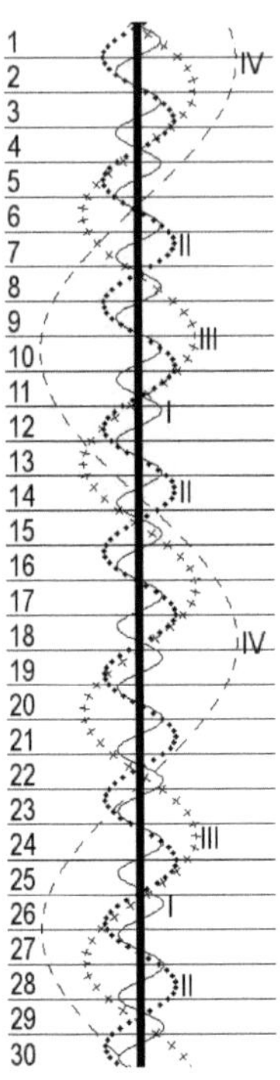

Stellung der 4
hellen Jupiter-
monde im
Juni 2020

Der Aufgang des Morgensterns verfrüht sich im Laufe des Monats von 3.10 Uhr MEZ (4.10 Uhr MESZ) am 20., auf 2.52 Uhr MEZ (3.52 Uhr MESZ) am 25. und auf 2.37 Uhr MEZ (3.37 Uhr MESZ) am 30..
Am 24. kehrt unser innerster Nachbarplanet seine Bewegungsrichtung um und bewegt sich wieder rechtläufig durch das Sternbild Stier.
Im Fernrohr zeigt sich Venus als dünne Sichel, deren Durchmesser ab und deren Beleuchtungsrad zunimmt. Am 15. sind bei einem Winkeldurchmesser von 55,3" nur 0,5% beleuchtet, am 30 bei 43,8" 7,5%.. Ihre Helligkeit wächst leicht von –4,2 mag auf –4,4 mag.

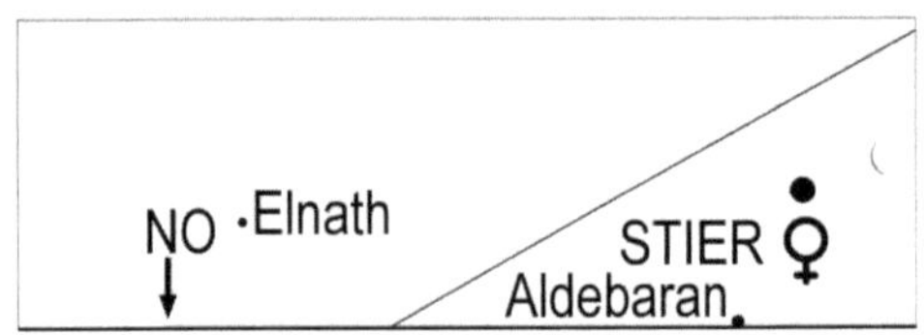

Mond und Venus am 19.6.2020 um 3.45 Uhr MEZ (4.45 Uhr MESZ). Wegen der hellen Dämmerung sind Elnath und Aldebaran freiäugig nicht sichtbar.

Mars wandert vom Wassermann in die Fische und geht immer früher auf: erscheint er am 1. um 1.24 Uhr MEZ (2.24 Uhr MESZ) über dem Horizont, so erfolgt dies am 15. schon um 0.47 Uhr MEZ (1.47 Uhr MESZ) und am 30. um 0.07 Uhr MEZ (1.07 Uhr MESZ). Seine Helligkeit wächst von 0,0 mag auf –0,5 mag und sein Scheibchendurchmesser von 9,3" auf 11,4", was ihn für Fernrohrbeobachtungen interessant werden lässt. Allerdings erreicht er bis zum Verblassen in der Morgendämmerung keine große Höhe über dem Horizont, was Probleme mit der Luftunruhe bedeutet. Fernrohrbeobachtern fällt auf, dass er nicht rund erscheint, sondern eine Phase, wie der Mond 4 Tage nach Vollmond zeigt.
Am 12. zieht der rote Planet 1,7° südlich von Neptun vorbei. Fernrohrbeobachter können dieses Ereignis für einen Versuch nutzen, den äußersten Planeten aufzusuchen.

Jupiter, rückläufig im Sternbild Schütze, wird zum Planeten der ganzen Nacht. Er geht am 1. um 23.21 Uhr MEZ (0.21 Uhr MESZ), am 15. um 22.22 Uhr MEZ (23.22 Uhr MESZ) und am 30. um 21.19 Uhr MEZ (22.19 Uhr MESZ) auf. Seine Helligkeit steigt leicht von –2,6 mag auf –2,7 mag an und sein Scheibchendurchmesser wächst von 44,7" auf 47,2". Er ist ein interessantes Fernrohrobjekt, wenn auch wegen seiner geringen Höhe über dem Horizont, die Luftunruhe Probleme bei der Erkennung von Oberflächendetails bereiten dürfte.

88

Saturn, nur wenige Grad weiter östlich als Jupiter im westlichen Gebiet des Steinbocks, wird im Laufe des Monats ebenfalls zum Planeten der gesamten Nacht. Am 1.6. geht er um 23.35 Uhr (0.35 Uhr MESZ), am 15.6. um 22.38 Uhr MEZ (23.38 Uhr MESZ) und am Monatsletzten um 21.37 Uhr MEZ (22.37 Uhr MESZ) auf. Seine Helligkeit steigt leicht von 0,4 mag auf 0,2 mag. Schon in kleinen Fernrohren ist sein Ring zu erkennen. Sein scheinbarer Durchmesser nimmt leicht von 17,9" auf 18,4" zu. Am 9. zieht der Mond 3,6° südlich an Saturn vorbei.

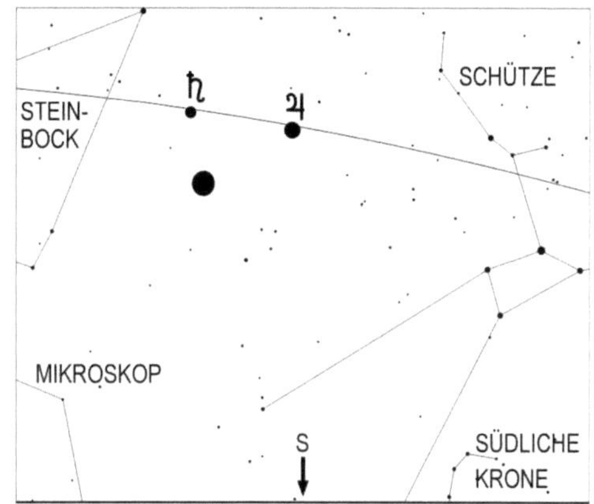

Mond, Jupiter Saturn am 9.6.2020 um 3Uhr MEZ (4 Uhr MESZ)

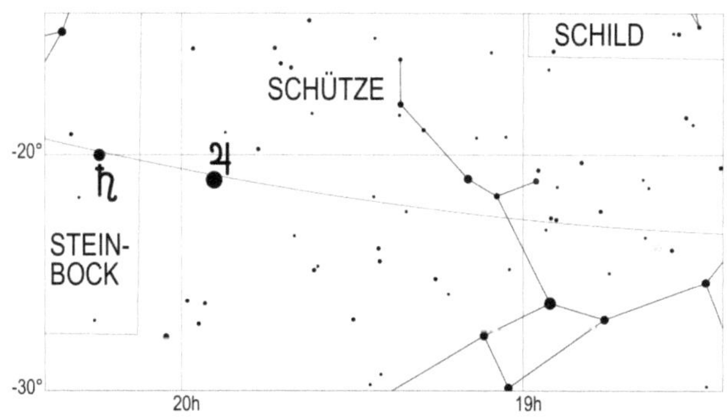

Jupiter und Saturn am 1.6.2020

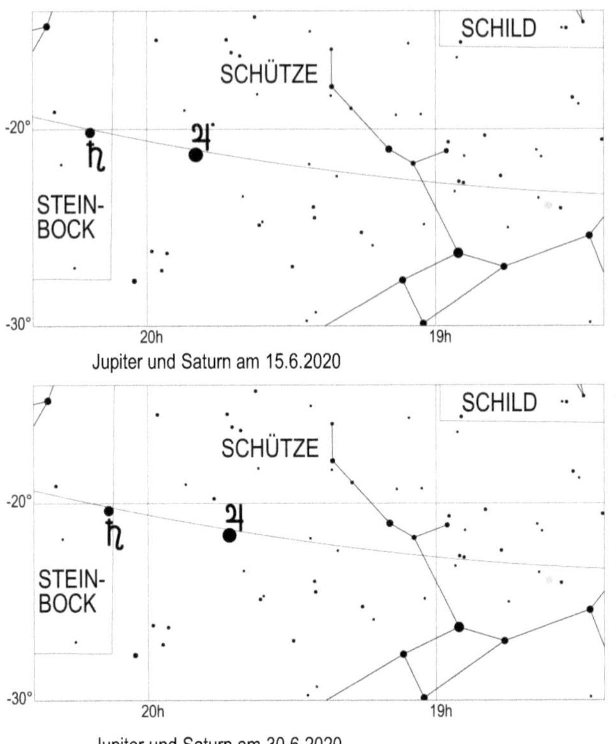

Jupiter und Saturn am 15.6.2020

Jupiter und Saturn am 30.6.2020

Uranus kann im letzten Monatsdrittel mit einem Fernrohr im Sternbild Widder aufgesucht werden (Aufsuchkarte, Seite 147). Sein Aufgang erfolgt am 20.6. um 1.44 Uhr MEZ (2.44 Uhr MESZ) und am Monatsletzten um 1.06 Uhr MEZ (2.06 Uhr MESZ). Etwa eine Stunde nach seinem Aufgang lohnt es sich, nach den 5,8 mag hellen Planeten in der beginnenden Dämmerung, Ausschau zu halten.

Neptun im Wassermann, kann wieder am Morgenhimmel mit einem Fernrohr aufgesucht werden (Aufsuchkarte, Seite 132), wenn dies auch im ersten Monatsdrittel noch sehr schwierig sein dürfte. Er übertritt den Horizont am 1.6. um 1.31 Uhr MEZ (2.31 Uhr MESZ), am 15.6. um 0.36 Uhr MEZ (1.36 Uhr MESZ) und am Monatsletzten schon um 23.33 Uhr MEZ (0.33 Uhr MESZ). Eine gute Gelegenheit, um Neptun aufzufinden, bietet sich am 12., wenn Mars 1,7° südlich an diesem Planeten vorbeizieht. Am 23. wird der sonnenfernste Planet stationär und setzt zu seiner Oppositionsschleife an.

90

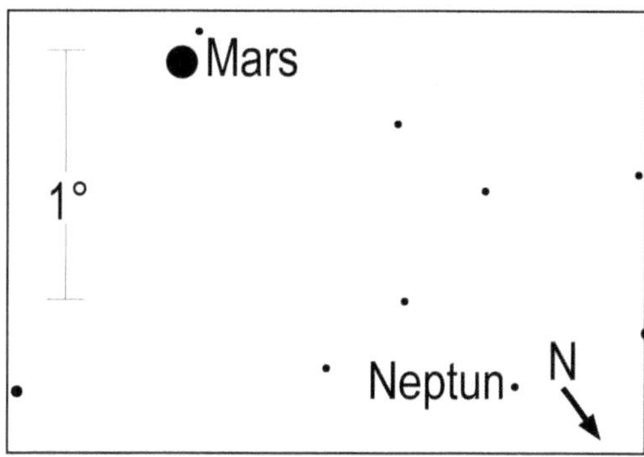

Anblick der Konjunktion zwischen Mars und Neptun am
12.6.2020 um 2 Uhr MEZ im umkehrenden Fernrohr

Klein- und Zwergplaneten

Ceres, rechtläufig im Wassermann, kann im 2. Monatsdrittel in der beginnenden
Morgendämmerung mit einem Fernrohr aufgesucht werden (Aufsuchkarte, Seite
120). Sie geht am 10. um 1.36 Uhr MEZ (2.36 Uhr MESZ), am 20. um 1.04 Uhr MEZ
(2.04 Uhr MESZ) und am 30. um 0.30 Uhr MEZ (1.30 Uhr MESZ) auf. Mit einer
Helligkeit, die im Laufe des Monats von 9,0 mag auf 8,6 mag ansteigt, ist sie ein
schwieriges Objekt.

Pallas, rückläufig im Fuchs, befindet sich die ganze Nacht über dem Horizont und
erreicht ihren höchsten Stand im Süden am 1. um 3.19 Uhr MEZ (4.19 Uhr MESZ),
am 15. um 2.16 Uhr MEZ (3.16 Uhr MESZ) und am 30. um 1.06 Uhr MEZ (2.06 Uhr
MESZ). Der Kleinplanet, dessen Helligkeit leicht von 9,8 mag auf 9,6 mag ansteigt,
kann am besten in der 2. Nachthälfte mit einem Fernrohr aufgesucht werden
(Aufsuchkarte, Seite 106).

Juno, rechtläufig in der Jungfrau, kann mit einem Fernrohr ab ca. 10 cm Öffnung am
besten nach Ende der Abenddämmerung im Sternbild Jungfrau aufgestöbert werden
(Aufsuchkarte, Seite 67). Ihre Helligkeit geht von 10,6 mag auf 11,0 mag zurück und
ihr Untergang verschiebt sich von 2.50 Uhr MEZ (3.50 Uhr MESZ) am 1., auf 1.56
Uhr MEZ (2.56 Uhr MESZ) am 15. und auf 0.59 Uhr MEZ (1.59 Uhr MESZ) am 30..

Vesta ist im Juni nicht zu beobachten.

Periodische Sternschnuppenströme

Vom 11.6. bis zum 21.6. kann man die Juni-Lyriden beobachten, die zum Zeitpunkt
ihres Maximums am 16.6. um 5 Uhr MEZ bis zu 2 Meteore pro Stunde

hervorbringen. Der Mond stört kaum bei der Beobachtung, da er schon stark abgenommen hat und erst um 2 Uhr MEZ (3 Uhr MESZ) aufgeht.

Während des ganzen Monats sind die langsam fliegenden Meteore der Scorpius-Sagittariiden zu registrieren, welche am 14. ihr Maximum erreichen. Der Mond beeinträchtigt die Sichtung nur wenig, da er erst nach Mitternacht aufgeht und schon das Letzte Viertel hinter sich hat.

Zwischen dem 26.6. und dem 30.6. sind die Juni-Bootiden aktiv, die ihr Maximum am 27.6. um 21 Uhr MEZ erreichen. Es sind bis zu 3, langsamere Meteore pro Stunde zu erwarten, doch können höhere Fallraten nicht gänzlich ausgeschlossen werden.

Sonnenuntergang und Dämmerung

	Astr. Anf.	Naut. Anf.	Bürg. Anf.	Auf- gang	Kulm.	Unter- gang	Bürg. Ende	Naut. Ende	Astr. Ende	Zeitgl.
1.6.2020	----	2:36	3:37	4:19	12:22	20:25	21:08	22:09	----	-2m10s
2.6.2020	----	2:35	3:36	4:19	12:22	20:26	21:09	22:10	----	-2m00s
3.6.2020	----	2:33	3:35	4:18	12:22	20:27	21:10	22:12	----	-1m51s
4.6.2020	----	2:32	3:35	4:17	12:22	20:27	21:11	22:13	----	-1m41s
5.6.2020	----	2:31	3:34	4:17	12:23	20:28	21:12	22:15	----	-1m30s
6.6.2020	----	2:30	3:33	4:16	12:23	20:29	21:13	22:16	----	-1m20s
7.6.2020	----	2:29	3:33	4:16	12:23	20:30	21:14	22:17	----	-1m09s
8.6.2020	----	2:28	3:32	4:16	12:23	20:31	21:15	22:18	----	-0m57s
9.6.2020	----	2:27	3:32	4:15	12:23	20:31	21:16	22:20	----	-0m46s
10.6.2020	----	2:27	3:31	4:15	12:24	20:32	21:17	22:21	----	-0m34s
11.6.2020	----	2:26	3:31	4:15	12:24	20:33	21:18	22:22	----	-0m22s
12.6.2020	----	2:25	3:31	4:14	12:24	20:33	21:18	22:23	----	-0m10s
13.6.2020	----	2:25	3:30	4:14	12:24	20:34	21:19	22:23	----	0m02s
14.6.2020	----	2:25	3:30	4:14	12:24	20:35	21:19	22:24	----	0m14s
15.6.2020	----	2:24	3:30	4:14	12:25	20:35	21:20	22:25	----	0m27s
16.6.2020	----	2:24	3:30	4:14	12:25	20:35	21:20	22:26	----	0m40s
17.6.2020	----	2:24	3:30	4:14	12:25	20:36	21:21	22:26	----	0m53s
18.6.2020	----	2:24	3:30	4:14	12:25	20:36	21:21	22:26	----	1m06s
19.6.2020	----	2:24	3:30	4:14	12:26	20:36	21:22	22:27	----	1m19s
20.6.2020	----	2:24	3:30	4:14	12:26	20:37	21:22	22:27	----	1m33s
21.6.2020	----	2:24	3:30	4:15	12:26	20:37	21:22	22:27	----	1m46s
22.6.2020	----	2:24	3:31	4:15	12:26	20:37	21:22	22:27	----	1m59s
23.6.2020	----	2:25	3:31	4:15	12:26	20:37	21:22	22:27	----	2m12s
24.6.2020	----	2:25	3:31	4:15	12:27	20:37	21:22	22:27	----	2m25s
25.6.2020	----	2:26	3:32	4:16	12:27	20:37	21:22	22:27	----	2m38s
26.6.2020	----	2:26	3:32	4:16	12:27	20:37	21:22	22:27	----	2m51s
27.6.2020	----	2:27	3:33	4:17	12:27	20:37	21:22	22:26	----	3m03s
28.6.2020	----	2:28	3:33	4:17	12:27	20:37	21:22	22:26	----	3m15s
29.6.2020	----	2:29	3:34	4:18	12:28	20:37	21:21	22:26	----	3m28s
30.6.2020	----	2:30	3:35	4:18	12:28	20:36	21:21	22:25	----	3m39s

Mondlauf

	Rektaszension	Deklination	Elong.	Phase	mag	Auf- gang	Kulm.	Unter- gang
1.6.2020	12h24m34,6s	2°03'11"	114,0°	0,7	-11,0	14:46	20:54	2:26
2.6.2020	13h17m52,1s	-3°53'03"	127,5°	0,81	-11,4	16:08	21:45	2:47
3.6.2020	14h12m19,4s	-9°42'53"	141,2°	0,89	-11,8	17:32	22:39	3:10
4.6.2020	15h08m40,5s	-15°03'33"	154,9°	0,95	-12,2	18:55	23:35	3:36
5.6.2020	16h07m16,6s	-19°31'54"	168,5°	0,99 ○	-12,5	20:16		4:06
6.6.2020	17h07m50,3s	-22°47'26"	177,7°	1	-12,7	21:30	0:34	4:45
7.6.2020	18h09m19,1s	-24°36'07"	164,8°	0,98	-12,4	22:31	1:33	5:34
8.6.2020	19h10m09,3s	-24°53'36"	152,0°	0,94	-12,0	23:21	2:31	6:32
9.6.2020	20h08m46,6s	-23°45'42"	139,6°	0,88	-11,6	23:59	3:27	7:38
10.6.2020	21h04m08,0s	-21°25'28"	127,5°	0,81	-11,3		4:20	8:47
11.6.2020	21h55m53,6s	-18°09'04"	115,9°	0,72	-10,9	0:27	5:08	9:57
12.6.2020	22h44m20,7s	-14°12'06"	104,5°	0,62	-10,5	0:51	5:53	11:05
13.6.2020	23h30m09,7s	-9°47'59"	93,4°	0,53 ☽	-10,1	1:11	6:36	12:12
14.6.2020	0h14m11,6s	-5°07'39"	82,4°	0,44	-9,7	1:28	7:17	13:18
15.6.2020	0h57m21,0s	-0°20'16"	71,6°	0,34	-9,2	1:45	7:58	14:23
16.6.2020	1h40m32,3s	4°25'50"	60,7°	0,25	-8,6	2:02	8:38	15:29
17.6.2020	2h24m38,2s	9°02'09"	49,7°	0,18	-8,0	2:19	9:21	16:35
18.6.2020	3h10m27,1s	13°19'06"	38,6°	0,11	-7,3	2:40	10:05	17:44
19.6.2020	3h58m39,1s	17°05'25"	27,2°	0,06	-6,5	3:05	10:52	18:53
20.6.2020	4h49m39,4s	20°08'08"	15,7°	0,02	-5,4	3:36	11:43	20:00
21.6.2020	5h43m28,8s	22°13'26"	3,8°	0 ●	-4,2	4:15	12:37	21:02
22.6.2020	6h39m36,8s	23°08'43"	8,2°	0,01	-4,7	5:06	13:32	21:57
23.6.2020	7h37m03,6s	22°45'16"	20,6°	0,03	-6,0	6:07	14:29	22:41
24.6.2020	8h34m35,6s	21°00'44"	33,1°	0,08	-7,0	7:18	15:24	23:17
25.6.2020	9h31m08,7s	17°59'57"	45,8°	0,15	-8,0	8:35	16:18	23:46
26.6.2020	10h26m07,1s	13°53'49"	58,7°	0,24	-8,7	9:54	17:10	
27.6.2020	11h19m30,1s	8°57'09"	71,8°	0,34	-9,4	11:13	18:00	0:10
28.6.2020	12h11m45,7s	3°26'44"	84,9°	0,46 ☽	-10,0	12:32	18:50	0:32
29.6.2020	13h03m41,3s	-2°19'41"	98,1°	0,57	-10,5	13:52	19:40	0:53
30.6.2020	13h56m12,4s	-8°03'41"	111,4°	0,68	-10,9	15:13	20:31	1:14

Finsternisse

Am Abend des 5.6.2020 ereignet sich eine Halbschattenfinsternis mit einer Größe von 0,58. Sie ist wegen ihrer geringen Größe nur schwer beobachtbar, da die Verdunkelung des südlichen Mondrandes, der den Kernschatten der Erde am nächsten steht, nur relativ gering ausfällt. Ein- und Austritt sind sowieso unbeobachtbar. Die Finsternis nimmt folgenden Verlauf (alle Zeiten in MEZ):

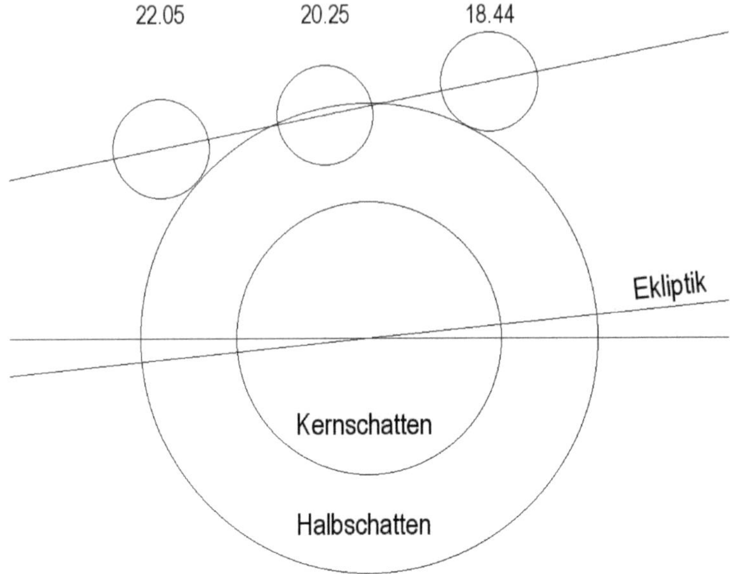

Der Mond ist zum Höhepunkt der Verfinsterung im deutschsprachigen Raum gerade
erst aufgegangen, bzw. sehr horizontnah, was das Erkennen dieses geringen
Verdunkelungseffekts praktisch unmöglich machen dürfte. Vielleicht gelingt es ihn,
fotografisch oder fotometrisch festzuhalten.

Mondaufgang für verschiedene Orte im deutschsprachigen Raum am 5.6.2020
(alle Zeiten in MEZ)

Bern	Berlin	Dresden	Frankfurt	Hamburg	Hannover
20:09	20:10	20:01	20:18	20:29	20:24

Köln	Leipzig	München	Nürnberg	Stuttgart	Wien
20:29	20:08	19:57	20:05	20:10	19:37

Am 21. Juni kann in Zentralafrika, den südlichen Teil der arabischen Halbinsel,
Pakistan, Indien und China eine ringförmige Sonnenfinsternis mit einer maximalen
Dauer von 38 Sekunden und einer maximalen Größe von 0,994 beobachtet werden.
Sie ist im östlichen Afrika, den südlicheren Gebieten Asiens und Südosteuropa als
partielle Sonnenfinsternis zu sehen. In Deutschland, Österreich und der Schweiz ist
dieses Ereignis nicht beobachtbar.

Jupitermond-Ereignisse

Datum	Uhrzeit (MEZ)	Mond	Erscheinung	Phase
1.6.2020	00:55:02	Europa	Durchgang	Anfang
1.6.2020	00:58:06	Ganymed	Verfinsterung	Ende
1.6.2020	01:30:04	Ganymed	Bedeckung	Anfang
1.6.2020	01:48:39	Europa	Schattenvorübergang	Ende
1.6.2020	03:04:16	Io	Bedeckung	Ende
1.6.2020	03:42:22	Europa	Durchgang	Ende
2.6.2020	00:18:24	Io	Durchgang	Ende
6.6.2020	03:32:39	Kallisto	Durchgang	Anfang
8.6.2020	01:37:00	Europa	Schattenvorübergang	Anfang
8.6.2020	01:42:09	Ganymed	Verfinsterung	Anfang
8.6.2020	01:45:14	Io	Verfinsterung	Anfang
8.6.2020	03:13:58	Europa	Durchgang	Anfang
8.6.2020	23:47:57	Io	Durchgang	Anfang
9.6.2020	01:15:37	Io	Schattenvorübergang	Ende
9.6.2020	02:04:57	Io	Durchgang	Ende
10.6.2020	00:42:29	Europa	Bedeckung	Ende
15.6.2020	03:38:45	Io	Verfinsterung	Anfang
16.6.2020	00:53:16	Io	Schattenvorübergang	Anfang
16.6.2020	01:33:39	Io	Durchgang	Anfang
16.6.2020	03:09:54	Io	Schattenvorübergang	Ende
16.6.2020	03:50:38	Io	Durchgang	Ende
17.6.2020	01:01:51	Io	Bedeckung	Ende
17.6.2020	03:01:37	Europa	Bedeckung	Ende
19.6.2020	01:21:04	Ganymed	Durchgang	Ende
23.6.2020	02:47:36	Io	Schattenvorübergang	Anfang
23.6.2020	03:18:39	Io	Durchgang	Anfang
24.6.2020	00:00:49	Io	Verfinsterung	Anfang
24.6.2020	01:28:58	Europa	Verfinsterung	Anfang
24.6.2020	02:46:14	Io	Bedeckung	Ende
24.6.2020	23:32:58	Io	Schattenvorübergang	Ende
25.6.2020	00:01:48	Io	Durchgang	Ende
25.6.2020	22:47:23	Europa	Schattenvorübergang	Ende
25.6.2020	23:32:26	Ganymed	Schattenvorübergang	Anfang
25.6.2020	23:41:28	Europa	Durchgang	Ende
26.6.2020	01:19:56	Ganymed	Durchgang	Anfang
26.6.2020	02:50:20	Ganymed	Schattenvorübergang	Ende

Juli

Sternenhimmel

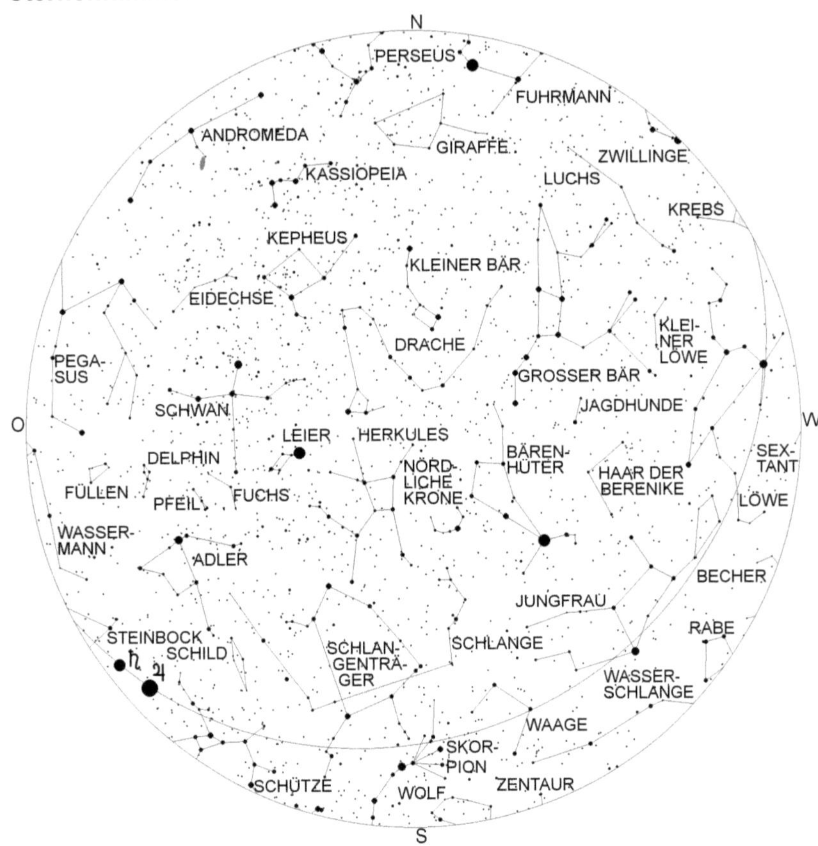

Gültig für

1.3. 6 Uhr	15.3. 5 Uhr
1.4. 4 Uhr	15.4. 3 Uhr
1.5. 2 Uhr	15.5. 1 Uhr
1.6. 0 Uhr	15.6. 23 Uhr
1.7. 22 Uhr	15.7. 21 Uhr

96

Zur Standardbeobachtungszeit, den Monatsersten um 22 Uhr MEZ, ist im Nordwesten immer noch eine Restdämmerung zu sehen und in den nördlichen Teilen Deutschlands wird es in der ersten Monatshälfte überhaupt nicht vollständig dunkel, doch ist es zu dieser Zeit dunkel genug, um die wichtigsten Sternbilder zu sehen und zu bestimmen.

Tief im Süden steht der Skorpion mit seinem hellen Stern Antares, der zu den größten Sternen überhaupt gehört. Im Skorpion befinden sich mehrere Doppelsterne, die schon mit kleinen Fernrohren getrennt werden können. Einer ist der Scherenstern Akrab, der schon mit Fernrohren ab 5 cm Öffnung aufgelöst werden kann. Er besteht aus den 2,6 mag hellen Hauptstern und einen 4,9 mag hellen Begleiter. Sowohl der Hauptstern als auch der Begleiter sind ihrerseits enge Doppelsterne, deren Auflösung nur mit sehr großen Fernrohren gelingt. Zumindest einer der Sterne, die das Hauptsternsystem bilden und ein Stern des Begleiters sind ebenfalls doppelt, sodass Akrab ein System aus 6, möglicherweise 7 Sternen darstellt.

Der nur knapp östlich von Akrab gelegene Stern Jabbah ist sogar schon im Feldstecher trennbar und besteht aus einem 4,0 mag hellen Hauptstern mit einem 6,3 mag hellem Begleiter in 41" Abstand. In einem Fernrohr ab 6 cm Öffnung erkennt man, dass der Begleiter seinerseits wieder doppelt ist und aus 2 Sternen in 2,4" Abstand besteht. Ein Fernrohr ab 15 cm Öffnung zeigt, dass auch der Hauptstern ein Doppelstern ist, der sich aus einem 4,2 mag und einem 6,6 mag hellen Stern in 1,3" Abstand zusammensetzt.

Beide Komponenten des Hauptsterns sind ihrerseits wieder Doppelsterne, was nur durch Spektralanalyse festgestellt werden kann. Möglicherweise trifft dies auch auf die schwächere Komponente des Begleiters zu.

Jabbah ist somit - wie Akrab – ein System aus 6 vielleicht sogar 7 Sternen.

Im Südsüdosten geht gerade das Sternbild Schütze auf, in dem sich in diesem Jahr die Planeten Jupiter und Saturn befinden.

Westlich des Skorpions befindet sich die Waage. Nordwestlich davon findet man die Tierkreissternbilder Jungfrau und Löwe, die bald unter dem Horizont versinken werden.

Das Areal nördlich des Skorpions wird von den Sternbildern Schlange und Schlangenträger eingenommen. Erstere ist das einzige Sternbild, welches aus zwei nicht zusammenhängenden Teilen besteht.

Nördlich des Schlangenträgers steht das wenig charakteristische Sternbild Herkules, dessen südöstlichster heller Stern, Ras Algheti (Alpha Herculis), ein schon in Fernrohren ab 5 cm Öffnung auflösbarer Doppelstern ist. Er besteht aus dem orangeroten Hauptstern, dessen Helligkeit zwischen 2,7 mag und 4,0 mag schwankt und einem 5,4 mag hellem, weißlichem Begleiter in 4,8" Abstand und zeigt im Fernrohr einen schönen Farbkontrast.

Weitere Beobachtungsobjekte im Herkules für Fernrohrbesitzer sind die Kugelsternhaufen M13 und M92, die mit einer Helligkeit von 5,8 mag bzw. 6,3 mag schon im Feldstecher aufgesucht werden können. Westlich des Herkules erkennt man das Halbrund der Nördlichen Krone und den Bärenhüter mit Arktur.

Hoch im Südosten findet man die Sternbilder Schwan, Leier und Adler, deren hellste Sterne Wega, Deneb und Atair das Sommerdreieck bilden. In der Leier finden sich einige interessante Beobachtungsobjekte: als Erstes ist hiervon der Vierfachstern Epsilon (ε) Lyrae zu nennen, der sich nordöstlich von Wega befindet. Seine beiden Hauptkomponenten, welche 3,45' auseinander stehen, können unter guten Sichtbedingungen schon mit bloßem Auge, auf jedem Fall aber in einem Fernglas getrennt werden. Bei Beobachtung mit einem Fernrohr ab 6 Zentimeter Objektivöffnung erkennt man, dass beide Hauptkomponenten ihrerseits Doppelsterne mit Winkelabständen von 2,3" und 2,7" sind. Wählt man eine ca. 150-fache Vergrößerung kann man alle 4 Sterne gleichzeitig sehen.

Ein weiterer Doppelstern, dessen Hauptkomponente zu den bekanntesten bedeckungsveränderlichen Sternen gehört, ist Beta (β) Lyrae. Er wird auf Seite 260 ausführlich beschrieben und kann schon mit einem Fernglas getrennt werden. Zeta (ζ) Lyrae, der aus einem 4,3 mag und einem 5,6 mag hellem Stern in 44" Abstand besteht, ist ein ebenfalls im Feldstecher auflösbarer Doppelstern. Das Sternbild Schwan liegt direkt in der Milchstraße und zeigt im Fernglas eine enorme Sternenfülle.

Sommersternbilder

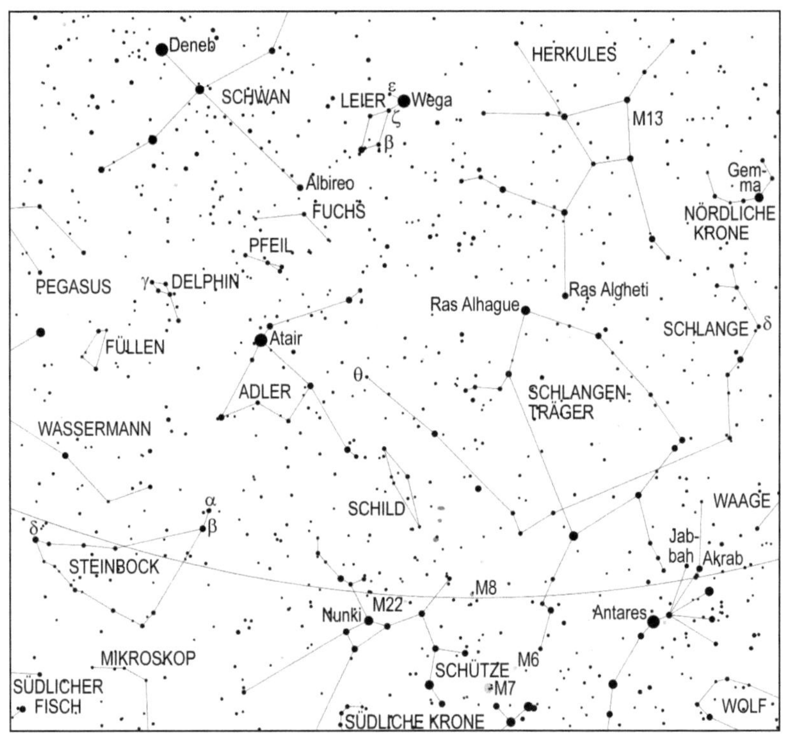

Astronomische Ereignisse

Datum	Uhrzeit	Ereignis	Elongation
1.7.2020	03:52:47	Merkur in unterer Konjunktion zur Sonne	-4,45°
1.7.2020	23:56:11	Merkur 2,2° nördlich Alhena	4,7°
2.7.2020	08:15:41	Mond 44' nördlich Akrab	142,6°
2.7.2020	16:40:57	Mond 5,9° nördlich Antares	147,1°
4.7.2020	04:18:00	Mond im absteigenden Knoten	
4.7.2020	13:17:44	Erde im Aphel (Abstand: Erde-Sonne: 1,01670 AE)	
5.7.2020	04:05:08	Halbschattenmondfinsternis, Eintritt Halbschatten	
5.7.2020	05:28:30	Mond 1,5° nördlich Nunki	176,4°
5.7.2020	05:29:55	Halbschattenmondfinsternis, Mitte der Finsternis, Größe: 0,38	
5.7.2020	05:44:31	Vollmond	
5.7.2020	06:54:42	Halbschattenmondfinsternis, Austritt Halbschatten	
5.7.2020	07:08:34	Vesta in Konjunktion zur Sonne	2'
5.7.2020	10:57:09	Mond 46,3° südlich Pallas	135,3°
5.7.2020	21:48:51	Mond 2,7° südlich Jupiter	170,9°
5.7.2020	23:19:17	Mond 2,1° südlich Pluto	170,3°
6.7.2020	10:26:53	Mond 2,9° südlich Saturn	164,9°
6.7.2020	15:21:03	Mond 8,2° südlich Beta Capricorni	160,1°
8.7.2020	02:06:16	Mars in größter Südbreite	
8.7.2020	07:22:28	Mond 2,4° südlich Delta Capricorni	142,5°
8.7.2020	13:31:28	Venus in größtem Glanz, -4,5 mag	
9.7.2020	21:56:22	Merkur 3,85° südlich Mü Geminorum	12,5°
10.7.2020	01:40:39	Mond 7,3° nördlich Ceres	122,4°
10.7.2020	09:41:06	Mond 4,9° südlich Neptun	117,7°
10.7.2020	15:51:58	Venus im Aphel	
11.7.2020	03:56:55	Mond in größter Südbreite	
11.7.2020	19:53:58	Mond 2,8° südlich Mars	101,9°
12.7.2020	07:55:53	Merkur stationär, dann rechtläufig	
12.7.2020	08:02:05	Venus 58' nördlich Aldebaran	40,4°
12.7.2020	20:26:11	Mond in Erdferne	
13.7.2020	00:29:06	Letztes Viertel	
13.7.2020	03:14:59	Pallasopposition	
13.7.2020	08:13:28	Ceres stationär, dann rückläufig	
13.7.2020	10:58:54	Merkur in größter Südbreite	
13.7.2020	23:04:28	Mond 16,15° südlich Hamal	74,2°
14.7.2020	08:59:15	Jupiteropposition	
14.7.2020	14:06:41	Mond 4,2° südlich Uranus	72,3°
14.7.2020	16:33:22	Merkur 3,2° südlich Mü Geminorum	17,1°
15.7.2020	20:09:27	Plutoopposition	
16.7.2020	02:46:35	Mond 7,7° südlich der Plejaden	53,8°
17.7.2020	01:49:27	Mond 3° nördlich Aldebaran	44,9°

Datum	Uhrzeit	Ereignis	Elongation
17.7.2020	07:56:48	Mond 2,6° nördlich Venus	41,9°
18.7.2020	00:46:16	Mond 6,9° südlich Elnath	33,4°
18.7.2020	13:33:04	Mond im aufsteigenden Knoten	
18.7.2020	22:21:55	Mond 25' nördlich Eta Geminorum	22,9°
19.7.2020	01:00:26	Mond 32' nördlich Mü Geminorum	21,2°
19.7.2020	03:48:45	Mond 3,1° nördlich Merkur	19,6°
19.7.2020	06:38:05	Mond 7,1° nördlich Alhena	18,7°
19.7.2020	09:50:21	Mond 1,5° südlich Epsilon Geminorum	17,0°
20.7.2020	02:49:05	Mond 47' nördlich Vesta	7,7°
20.7.2020	05:52:03	Mond 8,8° südlich Kastor	7,0°
20.7.2020	10:54:03	Mond 4,95° südlich Pollux	4,6°
20.7.2020	18:33:05	Neumond	2,6°
20.7.2020	23:28:26	Saturnopposition	
21.7.2020	08:29:02	Mond 1,5° nördlich M44	8,1°
21.7.2020	08:37:04	Merkur 4,1° nördlich Alhena	20,1°
22.7.2020	16:12:16	Merkur in größter westlicher Elongation	20,14°
22.7.2020	23:09:43	Mond 3,3° nördlich Regulus	28,9°
22.7.2020	23:59:47	Merkur 4,3° südlich Epsilon Geminorum	20,1°
24.7.2020	05:08:07	Pallas 46,5° nördlich Nunki	135,6°
24.7.2020	13:29:23	Vesta 9,9° südlich Kastor	9,9°
25.7.2020	00:37:57	Mond in größter Nordbreite	
25.7.2020	06:37:48	Mond in Erdnähe	
25.7.2020	19:23:12	Mond 1,7° nördlich Porrima	66,7°
26.7.2020	04:30:46	Mond 4,2° südlich Juno	70,4°
26.7.2020	13:44:17	Mond 6,8° nördlich Spika	76,9°
27.7.2020	13:32:40	Erstes Viertel	
28.7.2020	05:52:21	Mond 2,6° nördlich Zuben-el-dschenubi	98,9°
29.7.2020	12:56:44	Mond 45' nördlich Akrab	115,8°
29.7.2020	20:36:11	Venus 9,5° südlich Elnath	44,5°
30.7.2020	01:14:13	Mond 5,5° nördlich Antares	122,3°
30.7.2020	05:51:03	Vesta 6,3° südlich Pollux	12,9°
31.7.2020	10:32:07	Mond im absteigenden Knoten	
31.7.2020	19:51:35	Merkur 10,4° südlich Kastor	16,8°

Planeten

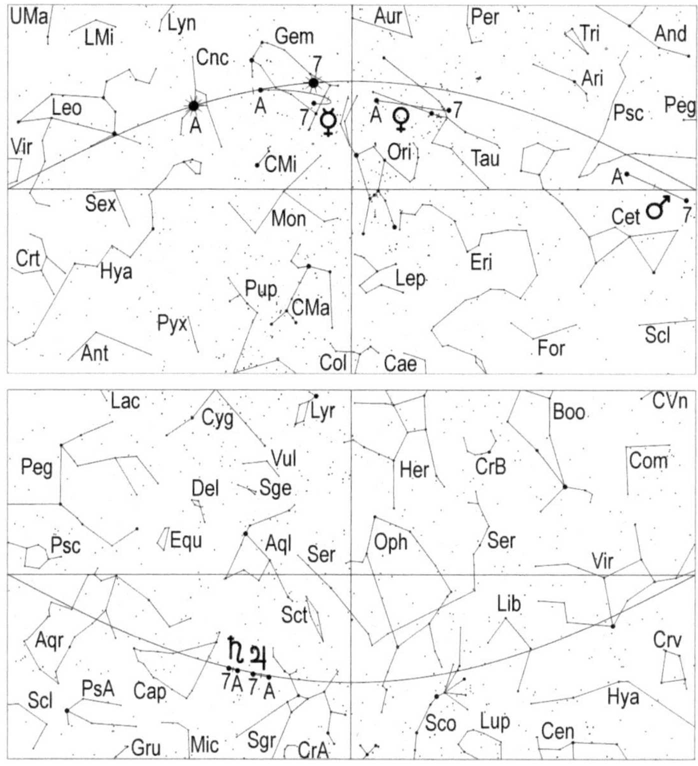

Merkur steht am 1. in unterer Konjunktion zur Sonne und bewegt sich bis zum 12. rückläufig durch das Sternbild Zwillinge. Am 22. erreicht er mit 20,1° seine größte westliche Elongation. 3 Tage später beginnt eine Morgensichtbarkeit. Am 25. geht der flinke Planet um 3.12 Uhr MEZ (4.12 Uhr MESZ) auf, am 31. erscheint er um 3.22 Uhr MEZ (4.22 Uhr MESZ) über dem Horizont. Etwa 20 Minuten später kann man bei guter Horizontsicht den innersten Planeten tief im Nordosten ausfindig machen. Seine Helligkeit steigt von 0,0 mag am 25. auf –0,7 mag am 31.. Im Fernrohr erkennt man seinen rasch zunehmenden Beleuchtungsgrad von 43% am 25. auf 74% am 31., wobei sein Scheibchendurchmesser von 7,3" auf 6,3" zurückgeht. Am 26. präsentiert sich Merkur in seiner Halbphase (Dichotomie).

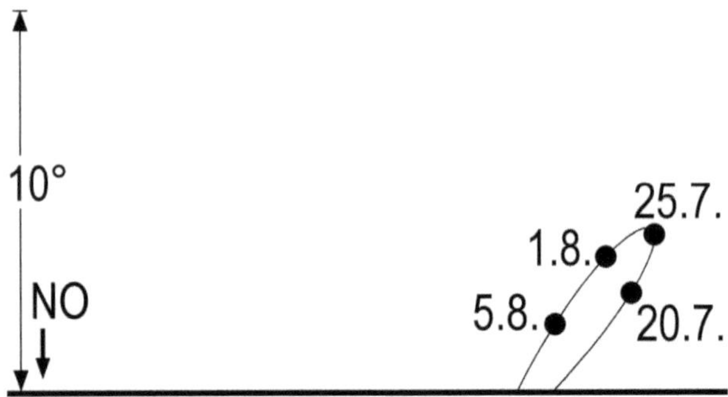

Position des Planeten Merkur 1 Stunde vor Sonnenaufgang

Venus, rechtläufig im Stier, baut ihre Morgensichtbarkeit kräftig aus. Sie geht am 1. um 2.34 Uhr MEZ (3.34 Uhr MESZ), am 15. um 2.01 Uhr MEZ (3.01 Uhr MESZ) und am 31. um 1.37 Uhr MEZ (2.37 Uhr MESZ) auf. Ihre Helligkeit erreicht am 8. ihren maximalen Wert mit −4,5 mag, was auch als „Größter Glanz" bezeichnet wird. Sie ist zu dieser Zeit bei klarem Himmel auch noch nach Sonnenaufgang am Himmel zu sehen.
Am 12. zieht Venus 58' nördlich an Aldebaran vorbei. Dies ist die zweitengste Konjunktion eines Planeten mit diesem Fixstern im 21. Jahrhundert. Nur die Konjunktion zwischen Venus und Aldebaran am 9.7.2012 war mit einem Winkelabstand von 55' etwas enger.
In den Morgenstunden des 17. passiert der Mond unseren inneren Nachbarplaneten (siehe Seite 112).

Mars, rechtläufig im Sternbild Fische, ist Planet am Morgenhimmel und beginnt langsam damit sein Erscheinen auf die erste Nachthälfte vorzuverlegen: er geht am 1. um 0.04 Uhr MEZ (1.04 Uhr MESZ), am 15. um 23.23 Uhr MEZ (0.23 Uhr MESZ) und am 31. um 22.36 Uhr MEZ (23.36 Uhr MESZ) auf. Seine Helligkeit steigt von −0,5 mag auf −1,2 mag an, was ihn zu einem auffälligen Objekt macht und sein Scheibchen wächst von 11,4" auf 14,5". Er ist jetzt schon durchaus ein lohnendes Objekt für Fernrohrbeobachter, die ihn am besten in der Morgendämmerung ins Beobachtungsprogramm nehmen sollten, da er dann seine größte Höhe erreicht. Man bemerkt immer noch, dass Mars im Fernrohr eine Phase zeigt, wie der Mond 4 Tage nach Vollmond.
In der Nacht vom 11. zum 12. steht der aufgehende Mond in der Nähe des roten Planeten (siehe Seite 112).

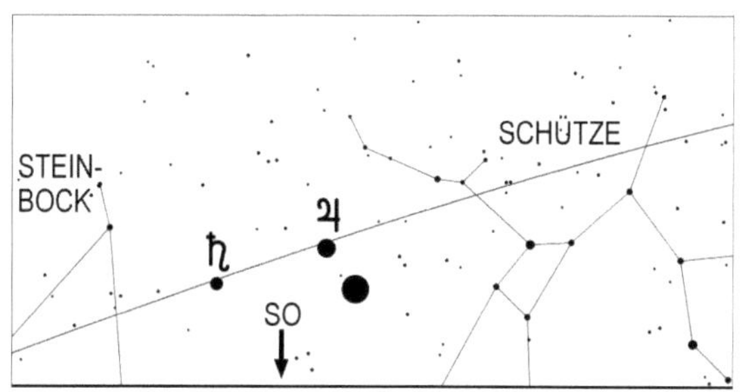

Mond, Jupiter und Saturn am Abend des 5.7.2020 um 22 Uhr MEZ

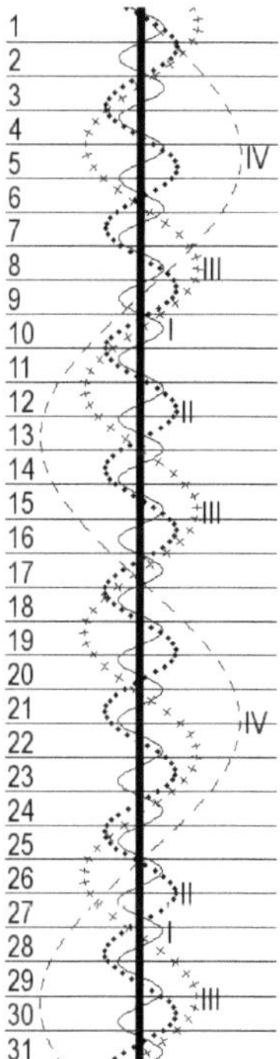

Stellung der 4
hellen Jupiter-
monde im Juli
2020

Jupiter, rückläufig im Schütze, erreicht am 14. seine
Oppositionsstellung zur Sonne, was Sichtbarkeit während
der ganzen Nacht bedeutet. Er geht am 1.7. um 21.15 Uhr
MEZ (22.15 Uhr MESZ) auf und am Oppositionstag um
20.18 Uhr MEZ (21.18 Uhr MESZ). Sein Scheibchendurchmesser beträgt am Oppositionstag 47,6" und seine Helligkeit
–2,8 mag, was ihn bis zum Erscheinen der Venus zum
hellsten sternförmigen Gestirn am Nachthimmel macht.
Selbstverständlich ist er jetzt auch für Fernrohrbeobachter
ein lohnenswertes Objekt, doch dürfte es wegen seiner
geringen maximalen Höhe von 18° über dem Horizont häufig
Probleme mit der Luftunruhe geben.
Am Abend des 5.7. zieht der noch fast volle Mond 2,7°
südlich an Jupiter vorbei.

Saturn erreicht am 20. seine Oppositionsstellung und kann
wie Jupiter, der nur wenige Grad westlich steht, die ganze
Nacht über beobachtet werden. Er geht am 1. um 21.33 Uhr
MEZ (22.33 Uhr MESZ) und am 15. um 20.34 Uhr MEZ
(21.34 Uhr MESZ) auf. Seine Helligkeit beträgt am Oppositionstag 0,1 mag und sein Scheibchendurchmesser 18,5".
Im Fernrohr kann sehr deutlich sein weit geöffneter Ring
(Öffnungswinkel: 21,7°) gesehen werden. Leider erreicht
Saturn nur eine maximale Höhe von 19° über dem Horizont,
was das Erkennen von Details durch die Luftunruhe oft
erschwert.

103

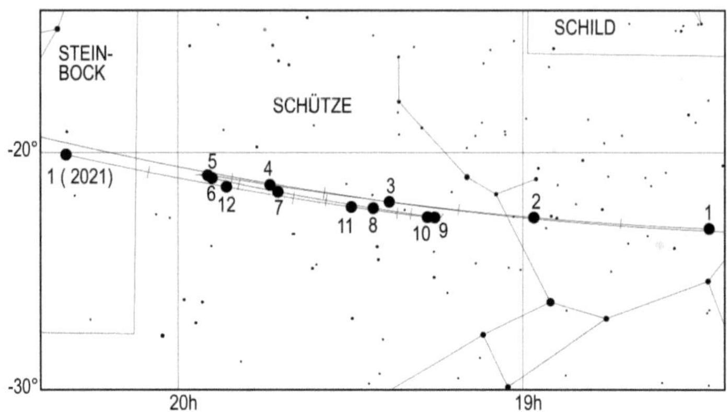

Lauf des Planeten Jupiter im Jahr 2020. Die Zahl gibt die Position
zum 1. des entsprechenden Monats an, also 4 die Position am 1.4.

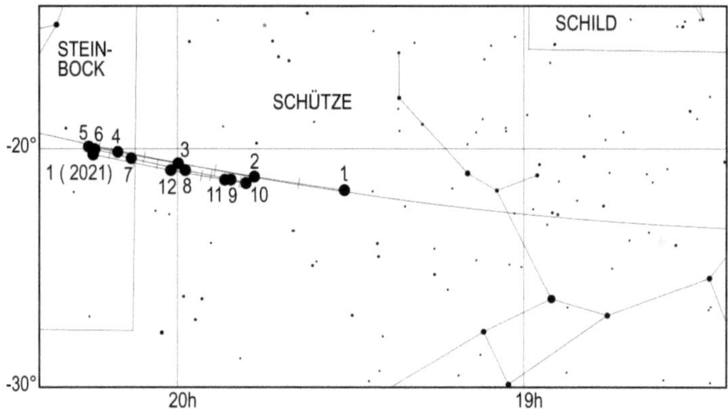

Lauf des Planeten Saturn im Jahr 2020. Die Zahl gibt die Position
zum 1. des entsprechenden Monats an, also 4 die Position am 1.4.

Uranus, rechtläufig im Sternbild Widder, erscheint am 1. um 1.02 Uhr MEZ (2.02 Uhr
MESZ), am 15. um 0.07 Uhr MEZ (1.07 Uhr MESZ) und am 31. um 23.01 Uhr MEZ
(0.01 Uhr MESZ) über dem Horizont. Kurz vor Einbruch der Morgendämmerung
kann der 5,8 mag helle Planet mit einem Fernglas aufgesucht werden (Aufsuchkarte,
Seite 147).

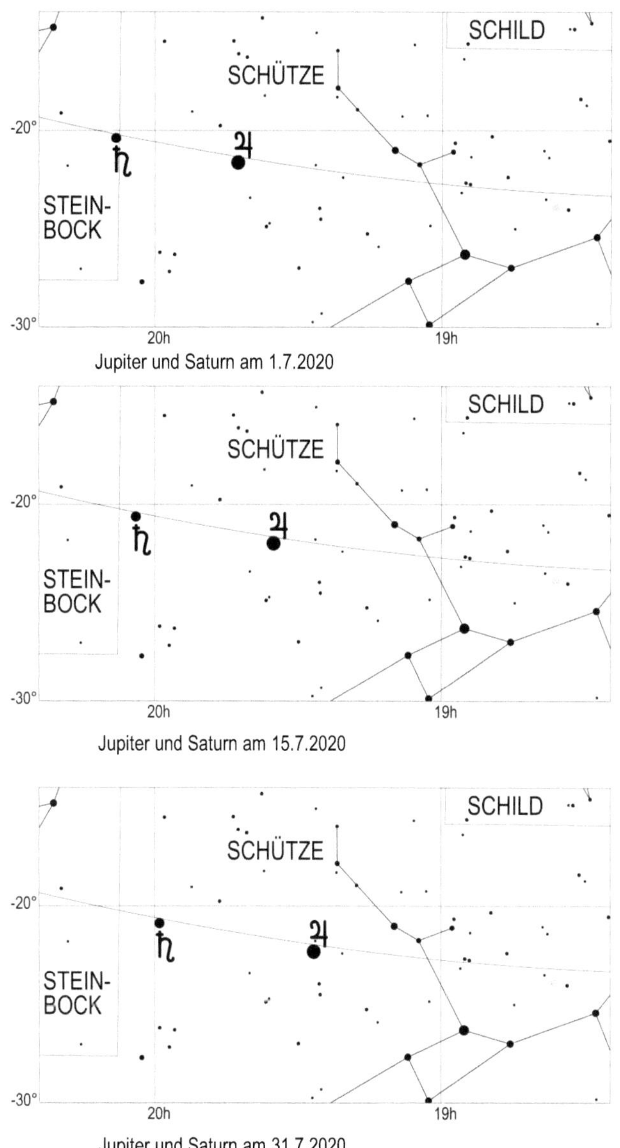

Jupiter und Saturn am 1.7.2020

Jupiter und Saturn am 15.7.2020

Jupiter und Saturn am 31.7.2020

Neptun, rückläufig im Wassermann, geht am Monatsletzten bereits um 21.31 Uhr (22.31 Uhr MESZ) auf. Der lichtschwache Planet, dessen Helligkeit im Laufe des

Monats von 7,9 mag auf 7,8 mag ansteigt, kann am besten kurz vor Einbruch der Morgendämmerung aufgesucht werden (Aufsuchkarte, Seite 132), wo er zum Monatsende schon seinen höchsten Stand erreicht.

Klein- und Zwergplaneten

Ceres, wird am 13. stationär und setzt zu ihrer Oppositionsschleife im Sternbild Wassermann an. Sie erscheint am 1. um 0.27 Uhr MEZ (1.27 Uhr MESZ), am 15. um 23.36 Uhr MEZ (0.36 Uhr MESZ) und am 31. um 22.39 Uhr MEZ (23.39 Uhr MESZ) auf. Der Kleinplanet, dessen Helligkeit von 8,6 mag auf 8,0 mag ansteigt, kann am besten zu Beginn der Morgendämmerung mit einem Fernrohr aufgesucht werden. Am Monatsende erfolgt zu dieser Zeit bereits ihre Kulmination (Aufsuchkarte, Seite 120).

Pallas durchwandert rückläufig die Sternbilder Fuchs, Pfeil und Herkules und erreicht am 13. ihre Opposition zur Sonne. Sie steht die ganze Nacht über dem Horizont und kann am besten zur Mitternachtszeit mit einem Fernrohr aufgesucht werden. Leider ist sie mit 9,6 mag ein ziemlich lichtschwaches Objekt.

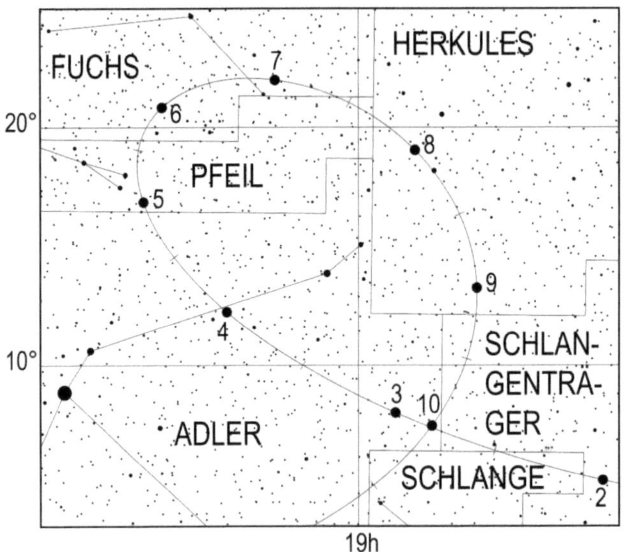

Lauf des Kleinplaneten Pallas von Februar 2020 bis Oktober 2020. Die Zahl gibt die Position zum 1. des entsprechenden Monats an, also 5 die Position am 1.5.

Juno, rechtläufig in der Jungfrau, geht am 1. um 0.55 Uhr MEZ (1.55 Uhr MESZ), am 15. um 0.04 Uhr MEZ (1.04 Uhr MESZ) und am 31. um 23.03 Uhr MEZ (0.03 Uhr MESZ) unter. Wegen ihrer geringen Helligkeit, die von 11,1 mag auf 11,3 mag abnimmt, sollte zu ihrer Suche ein Fernrohr von mindestens 15 cm Objektivöffnung verwendet werden (Aufsuchkarte, Seite 67).

Vesta steht am 5. in Konjunktion zur Sonne, wobei es zu einer Bedeckung von Vesta durch die Sonne kommt. Sie kann im Juli nicht beobachtet werden.

Pluto erreicht am 15. seine Opposition. Da seine Helligkeit nur 14,3 mag beträgt, ist zur Beobachtung ein Fernrohr von mindestens 30 cm Durchmesser nötig. Er befindet sich im Ostteil des Sternbildes Schütze, nicht weit von Jupiter entfernt.
Pluto kann mit geeigneten Geräten zwischen April und Oktober aufgesucht werden.

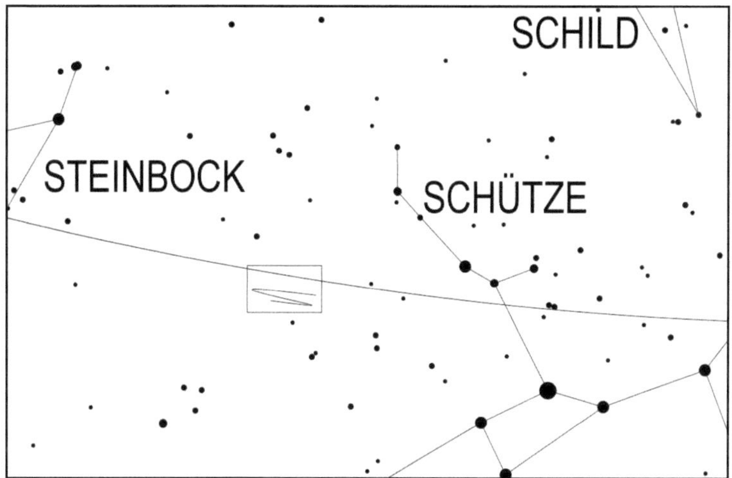

Übersichtskarte zum Aufsuchen des Zwergplaneten Pluto. Die nächste Sternkarte zeigt vergrößert den rechteckigen Ausschnitt

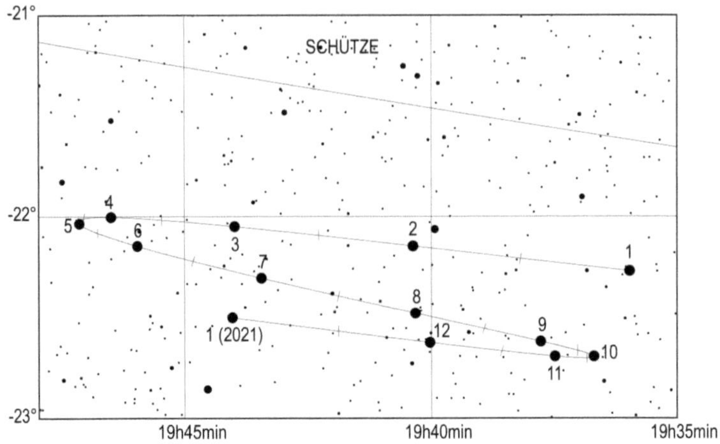

Lauf des Zwergplaneten Pluto im Jahr 2020. Die Zahl gibt die Position zum 1. des entsprechenden Monats an, also 4 die Position am 1.4.

Periodische Sternschnuppenströme

Am 28.7. um 14 Uhr erreicht der Meteorstrom der Südlichen Delta-Aquariden mit bis zu 3 Meteoren pro Stunde sein Maximum. Nur 2 Tage zuvor, am 26.7. um 7 Uhr erreichten die Nördlichen Delta-Aquariden mit einer Rate von 1 Meteor pro Stunde ihr Maximum. Zusammen liefern beide Schwärme zwischen den 26.7. und 28.7. etwa bis zu 4 Meteore pro Stunde.
Die Nördlichen Delta-Aquariden sind vom 15.7. bis 25.8. aktiv, die Südlichen Delta-Aquariden vom 8.7. bis 19.8..
Der Mond geht an den Maximatagen der Delta-Aquariden um Mitternacht unter und stört nicht bei der Beobachtung, welche wegen geringer Höhe des Radianten in den Abendstunden, erst in der 2. Nachthälfte sinnvoll ist. Ab dem 17.7. tauchen die ersten Perseiden auf.

Sonnenuntergang und Dämmerung

	Astr. Anf.	Naut. Anf.	Bürg. Anf.	Auf- gang	Kulm.	Unter- gang	Bürg. Ende	Naut. Ende	Astr. Ende	Zeitgl.
1.7.2020	----	2:31	3:35	4:19	12:28	20:36	21:21	22:24	----	3m51s
2.7.2020	----	2:32	3:36	4:20	12:28	20:36	21:20	22:23	----	4m02s
3.7.2020	----	2:33	3:37	4:20	12:28	20:35	21:20	22:23	----	4m13s
4.7.2020	----	2:34	3:38	4:21	12:29	20:35	21:19	22:22	----	4m24s
5.7.2020	----	2:35	3:39	4:22	12:29	20:35	21:19	22:21	----	4m35s
6.7.2020	----	2:37	3:40	4:23	12:29	20:34	21:18	22:20	----	4m45s
7.7.2020	----	2:38	3:41	4:24	12:29	20:33	21:17	22:19	----	4m54s
8.7.2020	----	2:40	3:42	4:25	12:29	20:33	21:16	22:17	----	5m04s
9.7.2020	----	2:41	3:43	4:25	12:29	20:32	21:16	22:16	----	5m13s

	Astr. Anf.	Naut. Anf.	Bürg. Anf.	Auf-gang	Kulm.	Unter-gang	Bürg. Ende	Naut. Ende	Astr. Ende	Zeitgl.
10.7.2020	----	2:43	3:44	4:26	12:30	20:31	21:15	22:15	----	5m21s
11.7.2020	----	2:44	3:45	4:27	12:30	20:31	21:14	22:13	----	5m29s
12.7.2020	0:43	2:46	3:46	4:28	12:30	20:30	21:13	22:12	0:16	5m37s
13.7.2020	0:55	2:48	3:48	4:30	12:30	20:29	21:12	22:11	23:58	5m44s
14.7.2020	1:03	2:49	3:49	4:31	12:30	20:28	21:11	22:09	23:52	5m51s
15.7.2020	1:09	2:51	3:50	4:32	12:30	20:27	21:09	22:08	23:46	5m57s
16.7.2020	1:15	2:53	3:51	4:33	12:30	20:26	21:08	22:06	23:41	6m03s
17.7.2020	1:20	2:55	3:53	4:34	12:30	20:25	21:07	22:04	23:36	6m08s
18.7.2020	1:25	2:57	3:54	4:35	12:30	20:24	21:06	22:03	23:32	6m13s
19.7.2020	1:30	2:59	3:55	4:36	12:30	20:23	21:05	22:01	23:27	6m18s
20.7.2020	1:34	3:00	3:57	4:38	12:30	20:22	21:03	21:59	23:23	6m21s
21.7.2020	1:39	3:02	3:58	4:39	12:31	20:21	21:02	21:57	23:19	6m24s
22.7.2020	1:43	3:04	4:00	4:40	12:31	20:20	21:00	21:55	23:15	6m27s
23.7.2020	1:47	3:06	4:01	4:41	12:31	20:18	20:59	21:53	23:11	6m29s
24.7.2020	1:50	3:08	4:03	4:43	12:31	20:17	20:57	21:52	23:08	6m31s
25.7.2020	1:54	3:10	4:04	4:44	12:31	20:16	20:56	21:50	23:04	6m31s
26.7.2020	1:58	3:12	4:06	4:45	12:31	20:14	20:54	21:48	23:00	6m32s
27.7.2020	2:01	3:14	4:07	4:47	12:31	20:13	20:53	21:46	22:57	6m31s
28.7.2020	2:05	3:16	4:09	4:48	12:31	20:12	20:51	21:44	22:53	6m30s
29.7.2020	2:08	3:18	4:10	4:50	12:31	20:10	20:49	21:41	22:50	6m28s
30.7.2020	2:12	3:20	4:12	4:51	12:30	20:09	20:48	21:39	22:46	6m26s
31.7.2020	2:15	3:23	4:13	4:52	12:30	20:07	20:46	21:37	22:43	6m23s

Mondlauf

	Rektaszension	Deklination	Elong.	Phase	mag	Auf-gang	Kulm.	Unter-gang
1.7.2020	14h50m12,6s	-13°25'52"	124,7°	0,78	-11,3	16:34	21:24	1:38
2.7.2020	15h46m20,8s	-18°06'09"	138,0°	0,87	-11,7	17:54	22:20	2:05
3.7.2020	16h44m47,0s	-21°44'56"	151,2°	0,94	-12,0	19:10	23:18	2:39
4.7.2020	17h44m59,2s	-24°05'51"	164,2°	0,98	-12,3	20:17		3:23
5.7.2020	18h45m43,2s	-24°59'12"	176,8°	1 ○	-12,6	21:12	0:17	4:16
6.7.2020	19h45m23,0s	-24°24'33"	170,3°	0,99	-12,5	21:55	1:14	5:19
7.7.2020	20h42m33,1s	-22°30'29"	158,1°	0,96	-12,1	22:27	2:08	6:28
8.7.2020	21h36m24,7s	-19°31'31"	146,1°	0,92	-11,8	22:53	2:59	7:39
9.7.2020	22h26m50,8s	-15°44'09"	134,5°	0,85	-11,4	23:15	3:46	8:48
10.7.2020	23h14m16,7s	-11°23'50"	123,2°	0,77	-11,1	23:33	4:30	9:57
11.7.2020	23h59m26,6s	-6°43'41"	112,1°	0,69	-10,7	23:50	5:13	11:03
12.7.2020	0h43m13,2s	-1°54'25"	101,1°	0,6	-10,4		5:53	12:09
13.7.2020	1h26m31,6s	2°54'53"	90,2°	0,5 ◖	-10,0	0:07	6:34	13:14
14.7.2020	2h10m16,8s	7°35'51"	79,3°	0,41	-9,5	0:24	7:15	14:20
15.7.2020	2h55m21,7s	11°59'42"	68,3°	0,31	-9,1	0:43	7:59	15:28
16.7.2020	3h42m33,8s	15°56'25"	57,2°	0,23	-8,5	1:06	8:44	16:36
17.7.2020	4h32m29,9s	19°14'09"	45,8°	0,15	-7,8	1:34	9:33	17:44
18.7.2020	5h25m26,6s	21°39'27"	34,1°	0,09	-7,0	2:09	10:26	18:49
19.7.2020	6h21m10,7s	22°58'33"	22,1°	0,04	-6,1	2:55	11:21	19:48
20.7.2020	7h18m54,1s	23°00'04"	9,9°	0,01 ●	-4,9	3:53	12:18	20:37

	Rektaszension	Deklination	Elong.	Phase	mag	Auf- gang	Kulm.	Unter- gang
21.7.2020	8h17m23,1s	21°38'10"	4,0°	0	-4,3	5:02	13:16	21:17
22.7.2020	9h15m20,2s	18°54'50"	16,3°	0,02	-5,6	6:18	14:12	21:49
23.7.2020	10h11m49,5s	14°59'51"	29,3°	0,06	-6,8	7:39	15:05	22:15
24.7.2020	11h06m30,7s	10°08'48"	42,6°	0,13	-7,8	9:00	15:57	22:37
25.7.2020	11h59m37,8s	4°40'20"	55,9°	0,22	-8,6	10:21	16:48	22:59
26.7.2020	12h51m49,8s	-1°06'02"	69,3°	0,32	-9,3	11:42	17:37	23:20
27.7.2020	13h43m58,4s	-6°51'03"	82,5°	0,44 ◗	-9,9	13:01	18:28	23:42
28.7.2020	14h36m57,2s	-12°15'59"	95,7°	0,55	-10,4	14:21	19:20	
29.7.2020	15h31m31,2s	-17°02'37"	108,8°	0,66	-10,8	15:41	20:14	0:07
30.7.2020	16h28m04,1s	-20°53'34"	121,7°	0,76	-11,2	16:56	21:09	0:38
31.7.2020	17h26m26,3s	-23°33'39"	134,4°	0,85	-11,5	18:05	22:07	1:18

Finsternisse

Am Morgen des 5. Juli ereignet sich eine Halbschattenmondfinsternis mit einer
Größe von 0,38. Sie kann in Mitteleuropa nicht beobachtet werden, da der Eintritt in
den Halbschatten, der sowieso unbeobachtbar ist, zu einer Zeit stattfindet, zu der der
Mond schon unter dem Horizont verschwunden ist, bzw. im Begriff ist unter diesen
zu verschwinden. Allerdings ist diese Finsternis wegen ihrer geringen Größe sowieso
praktisch kaum beobachtbar. Sie nimmt folgenden Verlauf (alle Zeiten in MEZ):

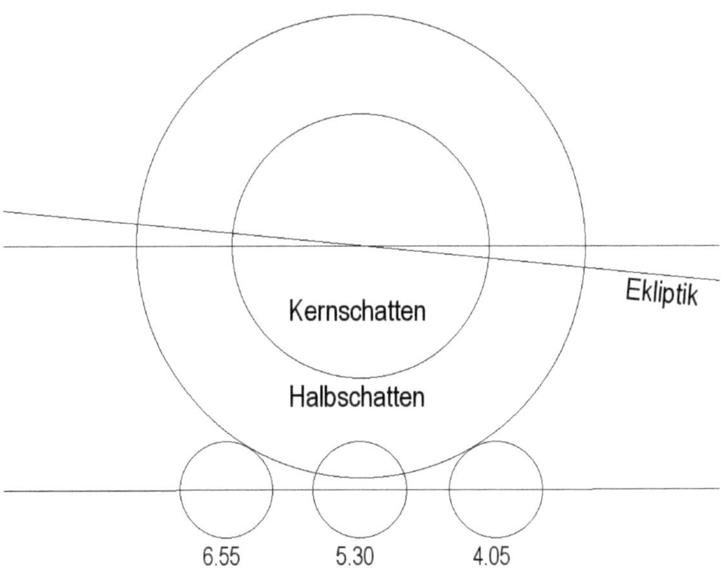

Monduntergang für verschiedene Orte im deutschsprachigen Raum am 5.7.2020
(alle Zeiten in MEZ)

110

Bern	Berlin	Dresden	Frankfurt	Hamburg	Hannover
4:37	3:44	3:51	4:17	3:51	3:59

Köln	Leipzig	München	Nürnberg	Stuttgart	Wien
4:19	3:55	4:15	4:10	4:22	3:55

Jupitermond-Ereignisse

Datum	Uhrzeit (MEZ)	Mond	Erscheinung	Phase
1.7.2020	00:19:57	Kallisto	Verfinsterung	Anfang
1.7.2020	01:54:36	Io	Verfinsterung	Anfang
1.7.2020	23:10:43	Io	Schattenvorübergang	Anfang
1.7.2020	23:29:12	Io	Durchgang	Anfang
2.7.2020	01:27:29	Io	Schattenvorübergang	Ende
2.7.2020	01:46:07	Io	Durchgang	Ende
2.7.2020	22:35:11	Europa	Schattenvorübergang	Anfang
2.7.2020	22:56:03	Io	Bedeckung	Ende
2.7.2020	23:08:16	Europa	Durchgang	Anfang
3.7.2020	01:21:41	Europa	Schattenvorübergang	Ende
3.7.2020	01:55:30	Europa	Durchgang	Ende
3.7.2020	03:32:18	Ganymed	Schattenvorübergang	Anfang
8.7.2020	03:48:31	Io	Verfinsterung	Anfang
9.7.2020	01:05:18	Io	Schattenvorübergang	Anfang
9.7.2020	01:13:15	Io	Durchgang	Anfang
9.7.2020	03:22:07	Io	Schattenvorübergang	Ende
9.7.2020	03:30:08	Io	Durchgang	Ende
9.7.2020	22:17:01	Io	Verfinsterung	Anfang
10.7.2020	00:39:37	Io	Bedeckung	Ende
10.7.2020	01:09:19	Europa	Schattenvorübergang	Anfang
10.7.2020	01:21:46	Europa	Durchgang	Anfang
10.7.2020	03:56:09	Europa	Schattenvorübergang	Ende
10.7.2020	21:50:44	Io	Schattenvorübergang	Ende
10.7.2020	21:56:04	Io	Durchgang	Ende
11.7.2020	22:59:17	Europa	Bedeckung	Ende
13.7.2020	21:35:47	Ganymed	Verfinsterung	Anfang
14.7.2020	00:58:45	Ganymed	Bedeckung	Ende
16.7.2020	02:57:15	Io	Durchgang	Anfang
16.7.2020	03:00:00	Io	Schattenvorübergang	Anfang
17.7.2020	00:07:05	Io	Bedeckung	Anfang
17.7.2020	02:27:14	Io	Verfinsterung	Ende
17.7.2020	03:35:09	Europa	Durchgang	Anfang
17.7.2020	21:23:12	Io	Durchgang	Anfang
17.7.2020	21:28:37	Io	Schattenvorübergang	Anfang
17.7.2020	22:27:17	Kallisto	Verfinsterung	Ende
17.7.2020	23:40:02	Io	Durchgang	Ende
17.7.2020	23:45:30	Io	Schattenvorübergang	Ende
18.7.2020	20:55:50	Io	Verfinsterung	Ende
18.7.2020	22:24:39	Europa	Bedeckung	Anfang

Datum	Uhrzeit (MEZ)	Mond	Erscheinung	Phase
19.7.2020	01:28:52	Europa	Verfinsterung	Ende
21.7.2020	00:54:12	Ganymed	Bedeckung	Anfang
24.7.2020	01:50:49	Io	Bedeckung	Anfang
24.7.2020	23:07:25	Io	Durchgang	Anfang
24.7.2020	23:23:27	Io	Schattenvorübergang	Anfang
25.7.2020	01:24:13	Io	Durchgang	Ende
25.7.2020	01:40:22	Io	Schattenvorübergang	Ende
25.7.2020	22:50:12	Io	Verfinsterung	Ende
25.7.2020	22:53:31	Kallisto	Durchgang	Anfang
26.7.2020	00:40:28	Europa	Bedeckung	Anfang
26.7.2020	01:38:57	Kallisto	Schattenvorübergang	Anfang
27.7.2020	21:43:08	Europa	Durchgang	Ende
27.7.2020	22:23:20	Europa	Schattenvorübergang	Ende
31.7.2020	21:06:15	Ganymed	Durchgang	Ende
31.7.2020	22:52:06	Ganymed	Schattenvorübergang	Ende

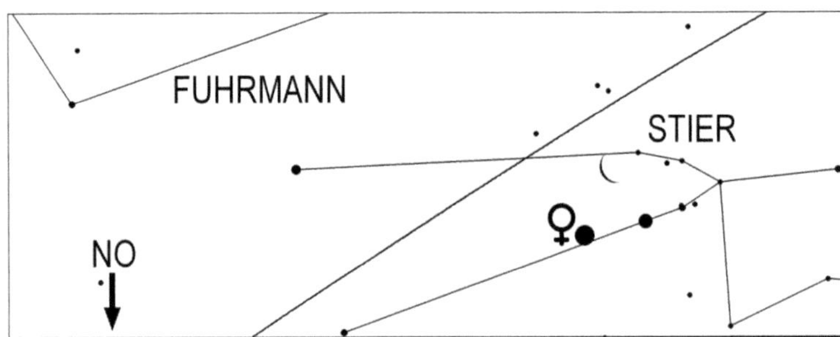

Mond und Venus im Sternbild Stier am Morgen des 17.7.2020 um 2.30 Uhr MEZ (3.30 Uhr MESZ)

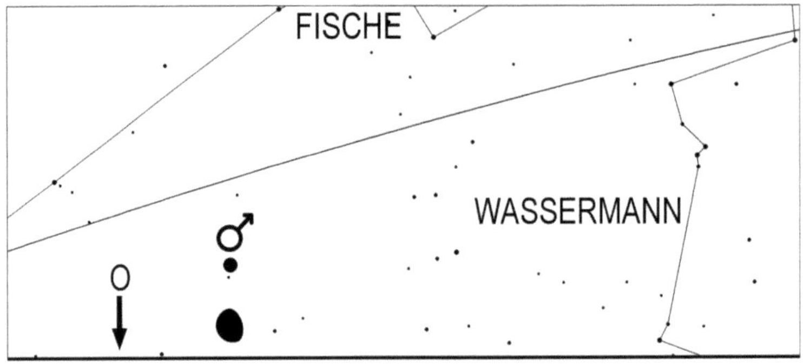

Mond und Mars über dem Osthorizont am 12.7.2020 um 0 Uhr MEZ (1 Uhr MESZ)

August

Sternenhimmel

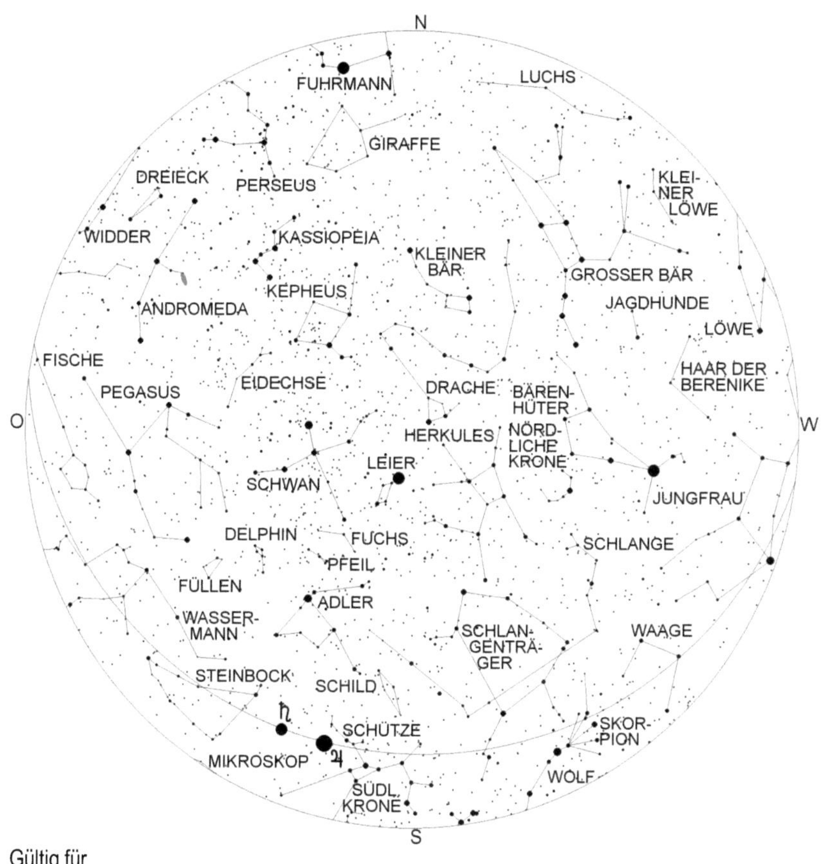

Gültig für

1.5. 4 Uhr	15.5. 3 Uhr
1.6. 2 Uhr	15.6. 1 Uhr
1.7. 0 Uhr	15.7. 23 Uhr
1.8. 22 Uhr	15.8. 21 Uhr

113

Tief im Süden ist jetzt das Sternbild Schütze, in dem sich zur Zeit die Planeten
Jupiter und Saturn aufhalten, zu sehen. Für Fernrohrbeobachter ist dieses Sternbild
sehr interessant, denn es gibt hier zahlreiche Nebel, wie den Lagunennebel und
helle Sternhaufen. Im Westen verschwinden gerade die Jungfrau und der Löwe.
Höher im Westen erkennt man Arktur im Bärenhüter und die Nördliche Krone.
Über den Skorpion und Schütze sind die ausgedehnten Sternbilder Schlange und
Schlangenträger sowie der Adler mit seinem hellen Hauptstern Atair zu finden. Hoch
im Süden sieht man die Leier mit Wega und den Schwan mit seinem Hauptstern
Deneb. In beiden Sternbildern gibt es bemerkenswerte Doppelsterne: Albireo im
Schwan, der das südliche Ende des kreuzförmigen Sternbildes bildet, ist ein schon
im Feldstecher trennbarer Doppelstern mit schönen orange-blau Kontrast. Der Stern
Epsilon (ε) Lyrae, der sich nordöstlich von Wega befindet, kann bei guten
Sichtbedingungen schon freiäugig getrennt werden. In einem Fernrohr ab ca. 6 cm-
Durchmesser erkennt man, dass beide Komponenten wiederum Doppelsterne sind.
Auch der Stern Beta (β) Lyrae ist ein schon mit einem Fernglas auflösbarer Doppelstern.
Im Südosten ist das lichtschwache Sternbild Steinbock aufgegangen. Auch Teile der
ebenfalls lichtschwachen Tierkreissternbilder Wassermann und Fische sind bereits
zu sehen.
Höher über dem Horizont erkennt man die Sternbilder Andromeda und Pegasus,
zwei typische Herbststernbilder. Das bekannte Herbstviereck, gebildet aus den
südwestlichsten Stern der Andromeda und drei Sternen des Pegasus erinnert jetzt
an ein himmlisches Vorfahrtstraßenschild.

Astronomische Ereignisse

Datum	Uhrzeit	Ereignis	Elongation
1.8.2020	09:56:22	Mond 43,5° südlich Pallas	133,2°
1.8.2020	11:43:50	Mond 1,8° nördlich Nunki	152,8°
1.8.2020	12:32:43	Merkur im aufsteigenden Knoten	
1.8.2020	16:26:33	Venus in größter Südbreite	
2.8.2020	01:05:23	Mond 2,4° südlich Jupiter	159,8°
2.8.2020	06:40:56	Merkur 6,6° südlich Pollux	15,7°
2.8.2020	07:31:54	Mond 1,6° südlich Pluto	162,8°
2.8.2020	13:37:22	Mond 2,8° südlich Saturn	166,1°
2.8.2020	23:51:09	Mond 8,6° südlich Beta Capricorni	170,9°
3.8.2020	06:17:01	Vesta 14' nördlich Merkur	14,9°
3.8.2020	09:59:14	Mars im Perihel	
3.8.2020	16:58:55	Vollmond	
4.8.2020	14:19:14	Mond 2,2° südlich Delta Capricorni	168,5°
6.8.2020	04:37:13	Merkur im Perihel	
6.8.2020	08:30:10	Mond 10° nördlich Ceres	148,9°
6.8.2020	15:36:33	Mond 4,9° südlich Neptun	144,1°
7.8.2020	10:05:03	Mond in größter Südbreite	

Datum	Uhrzeit	Ereignis	Elongation
9.8.2020	00:59:02	Merkur 56" südlich M44	9,4°
9.8.2020	10:18:51	Mond 1,2° südlich Mars	115,1°
10.8.2020	09:19:23	Mond 15,5° südlich Hamal	100,1°
10.8.2020	20:54:03	Mond 4,5° südlich Uranus	98,0°
11.8.2020	17:44:52	Letztes Viertel	
11.8.2020	18:39:57	Venus 2,5° südlich Eta Geminorum	45,8°
12.8.2020	13:38:21	Mond 7,2° südlich der Plejaden	80,0°
13.8.2020	01:20:38	Venus in größter westlicher Elongation	45,80°
13.8.2020	12:49:21	Mond 3,5° nördlich Aldebaran	70,0°
13.8.2020	18:01:32	Venus 2,45° südlich Mü Geminorum	45,8°
14.8.2020	11:20:54	Mond 6,3° südlich Elnath	59,1°
14.8.2020	20:23:09	Mond im aufsteigenden Knoten	
15.8.2020	06:50:56	Mond 56' nördlich Eta Geminorum	49,1°
15.8.2020	11:27:25	Mond 1,1° nördlich Mü Geminorum	47,2°
15.8.2020	15:11:58	Mond 3,4° nördlich Venus	45,3°
15.8.2020	17:45:30	Uranus stationär, dann rückläufig	
15.8.2020	17:52:16	Mond 6,95° nördlich Alhena	44,0°
15.8.2020	20:01:14	Mond 1,85° südlich Epsilon Geminorum	42,9°
16.8.2020	11:00:00	Merkur in größter Nordbreite	
16.8.2020	17:23:52	Mond 8,9° südlich Kastor	31,9°
16.8.2020	21:04:24	Mond 5,4° südlich Pollux	30,0°
17.8.2020	06:57:52	Venus 3,7° nördlich Alhena	45,7°
17.8.2020	10:01:06	Mond 1,6° nördlich Vesta	22,4°
17.8.2020	16:07:35	Merkur in oberer Konjunktion zur Sonne	1,8°
17.8.2020	19:40:47	Mond 1,1° nördlich M44	17,8°
18.8.2020	18:48:25	Venus 5° südlich Epsilon Geminorum	45,7°
19.8.2020	01:22:15	Juno 11,7° nördlich Spika	54,0°
19.8.2020	03:41:46	Neumond	4,35°
19.8.2020	03:48:57	Mond 2,1° nördlich Merkur	2,3°
19.8.2020	05:57:43	Mond 3,7° nördlich Regulus	3,5°
19.8.2020	22:05:22	Merkur 1,4° nördlich Regulus	2,8°
21.8.2020	05:35:36	Mond in größter Nordbreite	
21.8.2020	06:55:12	Ceres im Aphel	
21.8.2020	12:14:42	Mond in Erdnähe	
22.8.2020	02:01:26	Mond 1,6° nördlich Porrima	40,5°
22.8.2020	22:21:58	Mond 6,1° nördlich Spika	52,1°
23.8.2020	00:02:55	Mond 6,4° südlich Juno	51,4°
24.8.2020	10:12:42	Mond 2,55° nördlich Zuben-el-dschenubi	72,1°
25.8.2020	18:57:46	Erstes Viertel	
25.8.2020	19:58:43	Mond bedeckt Akrab (Beta Scorpii), siehe Seite 201	90,5°
26.8.2020	05:50:14	Mond 5,7° nördlich Antares	95,8°
27.8.2020	12:52:32	Mond im absteigenden Knoten	
28.8.2020	10:50:59	Mond 38,65° südlich Pallas	118,6°

Datum	Uhrzeit	Ereignis	Elongation
28.8.2020	13:08:02	Ceresopposition	
28.8.2020	17:01:31	Mond 1,25° nördlich Nunki	126,5°
28.8.2020	23:34:34	Vesta 7' südlich M44	28,5°
29.8.2020	03:41:32	Mond 2° südlich Jupiter	131,5°
29.8.2020	11:20:17	Mond 1,6° südlich Pluto	135,8°
29.8.2020	16:26:35	Mond 3° südlich Saturn	138,2°
30.8.2020	07:10:40	Mond 8,2° südlich Beta Capricorni	145,5°
30.8.2020	09:11:23	Venus 12,3° südlich Kastor	44,9°
31.8.2020	20:51:41	Mond 2,6° südlich Delta Capricorni	163,4°

Planeten

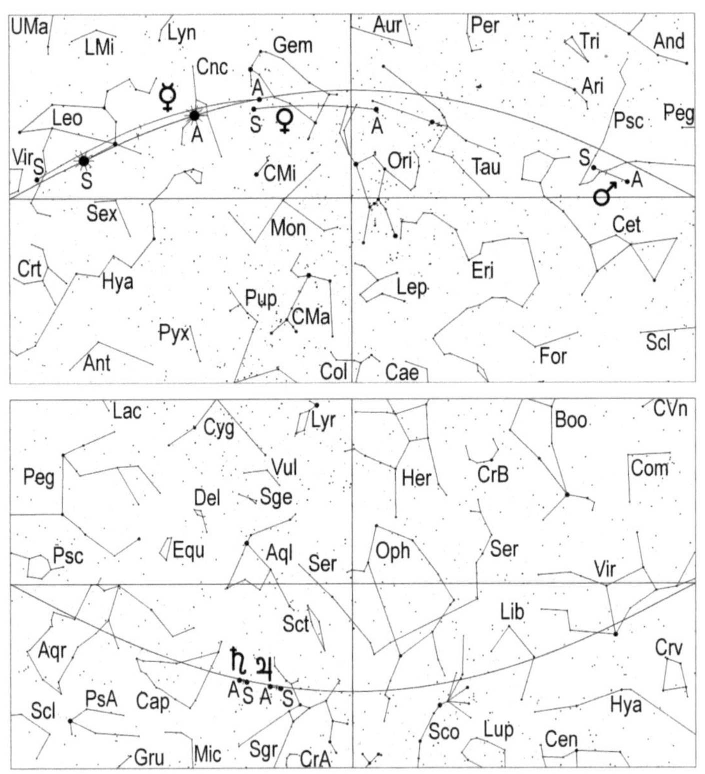

116

Merkur kann bei guter Horizontsicht bis zum 6. tief im Nordosten in der Morgendämmerung beobachtet werden. Er erscheint am 1. um 3.26 Uhr MEZ (4.26 Uhr
MESZ) und am 6. um 3.50 Uhr MEZ (4.50 Uhr MESZ) über dem Horizont und kann
ca. 20 Minuten später in der Morgendämmerung erblickt werden. Seine Helligkeit
steigt von –0,8 mag am 1. auf –1,2 mag am 6. an, während sein Scheibchendurchmesser von 6,1" auf 5,6" abnimmt.
Sein Beleuchtungsgrad nimmt von 79% am 1. auf 95% am 6. zu, sodass er an
diesen Tag im Fernrohr wie der Mond 3 Tage nach Vollmond aussieht.
Nach dem 6. ist der flinke Planet, der bereits am 17. in oberer Konjunktion zur Sonne
steht, nicht mehr beobachtbar.

Venus ist strahlender Morgenstern und geht am 1. um 1.37 Uhr MEZ (2.37 Uhr
MESZ), am 15. um 1.31 Uhr MEZ (2.31 Uhr MESZ) und am 31. um 1.41 Uhr MEZ
(2.41 Uhr MESZ) auf. Sie wandert vom Stier durch die nördlichen Gebiete des
Orions in die Zwillinge, wobei sie Eta Geminorum am 11. 2,5° südlich, Mü
Geminorum am 13. 2,45° südlich, Alhena am 17. 3,7° nördlich, Epsilon Geminorum
am 18. 5° südlich und Kastor am 30. 12,3° südlich passiert. Sie erreicht am 13. ihre
größte westliche Elongation mit 45,8°. Am Morgen des 15. steht der Mond in der
Nähe des Morgensterns (siehe Seite 124).
Ihre Helligkeit nimmt im Laufe des Monats von –4,4 mag auf –4,2 mag ab.
Im Fernrohr erkennt man, dass Venus kleiner wird und zunimmt: das Venusscheibchen hat am 1. einen Durchmesser von 27,2" und ist zu 39% beleuchtet, am 15. hat
es einen Durchmesser von 19,7" und ist zu 52% beleuchtet und am 31. beträgt der
Durchmesser des zu 64% beleuchteten Planetenscheibchen 19,7". Die Halbphase
(Dichotomie) wird am 12. erreicht.

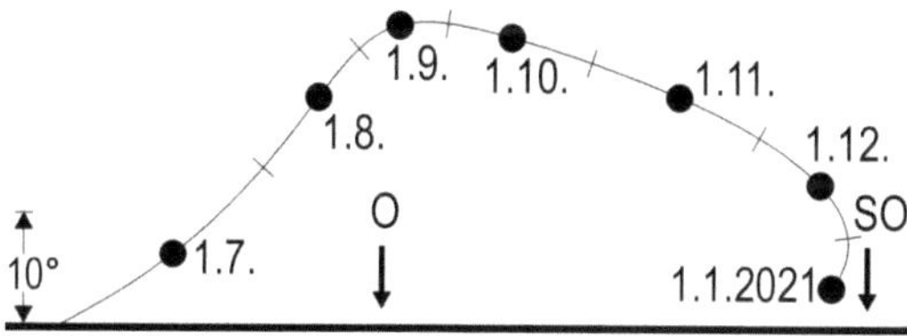

Position des Planeten Venus am Morgenhimmel, 1 Stunde vor Sonnenaufgang.

Mars, der seine rechtläufige Bewegung in den Fischen immer mehr verlangsamt und
sich daran macht, die erste Nachthälfte zu erobern, wird zu einem immer auffallenderen Objekt am Morgenhimmel. Am 1. geht der –1,1 mag helle rote Planet um
22.33 Uhr MEZ (23.33 Uhr MESZ) auf. Zur Monatsmitte erscheint der –1,4 mag helle
Mars um 21.50 Uhr MEZ (22.50 Uhr MESZ) über dem Horizont und am 31. steigt der
schon –1,8 mag helle Himmelskörper schon um 20.55 Uhr MEZ (21.55 Uhr MESZ)
über die Horizontlinie.
Für Fernrohrbeobachter ist Marsbeobachtung jetzt lohnend, denn sein
Scheibchendurchmesser wächst im Laufe des Monats von 14,6" auf 18,7". Die beste
Beobachtungszeit ist die beginnende Morgendämmerung, weil dann Mars kurz vor
seiner Kulmination steht und eine Höhe von bis zu 46° über dem Horizont hat, was
weniger Probleme mit der Luftunruhe beim Erkennen von Details bedeutet. Am 31.

117

erreicht der rote Planet seine Kulmination zum Beginn der astronomischen Dämmerung um 3.37 Uhr MEZ (4.37 Uhr MESZ).
Mars erscheint im Fernrohr nicht kreisrund, sondern wie der Mond 3,5 Tage nach Vollmond.

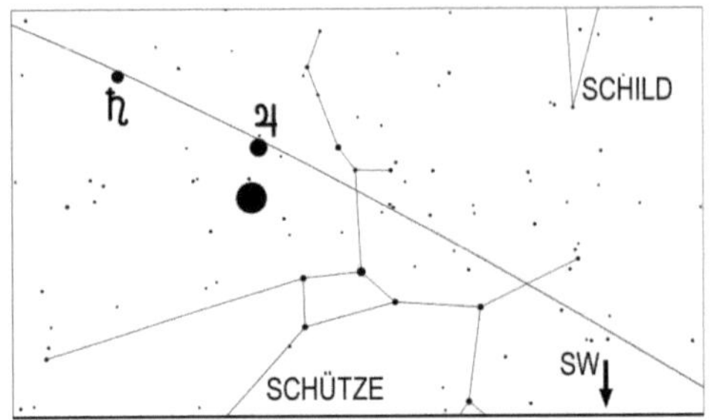

Mond, Jupiter und Saturn am 2.8.2018 um 1 Uhr MEZ

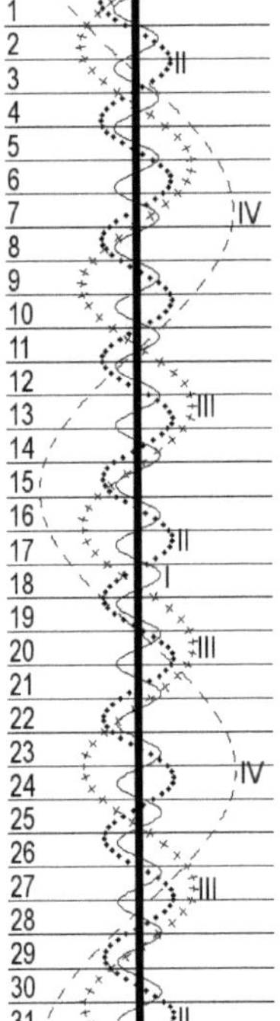

Stellung der 4 hellen Jupitermonde im August 2020

Jupiter, rückläufig im Schützen, zieht sich langsam aus der 2. Nachthälfte zurück und geht am 1. um 3.18 Uhr MEZ (4.18 Uhr MESZ), am 15. um 2.15 Uhr MEZ (3.15 Uhr MESZ) und am 31. um 1.07 Uhr MEZ (2.07 Uhr MESZ) unter. Am Abendhimmel ist Jupiter in südsüdöstlicher Richtung zu sehen. Seine Helligkeit geht von –2,7 mag auf –2,6 mag zurück und sein Scheibchendurchmesser schrumpft von 47,1" auf 44,3". Er ist für Fernrohrbeobachter nach wie vor interessant, obwohl die Luftunruhe wegen seiner geringen maximalen Höhe von 17° das Erkennen von Details erschwert.
Am 2. zieht der Mond in den Morgenstunden 2,4° südlich an Jupiter vorbei.

Saturn, ebenfalls rückläufig im Schützen und nur wenige Grad östlich von Jupiter, geht am 1. um 3.59 Uhr MEZ (4.59 Uhr MESZ), am 15. um 2.59 Uhr MEZ (3.59 Uhr MESZ) und am Monatsletzten um 1.52 Uhr MEZ (2.52 Uhr MESZ) unter. Seine Helligkeit geht leicht von 0,2 mag auf 0,3 mag zurück. Im Fernrohr kann gut sein weit geöffneter Ring beobachtet werden, während Detailbeobachtungen des Ringplaneten durch seine geringe maximale Höhe von 19° bedingt durch die Luftunruhe erschwert werden.

Uranus, setzt am 15. im Sternbild Widder zu seiner Oppositionsschleife an und geht am 1. um 22.57 Uhr MEZ (23.57 Uhr MESZ), am 15. um 22.03 Uhr MEZ (23.03 Uhr MESZ) und am 31. bereits um 21.00 Uhr MEZ (22.00 Uhr MESZ) auf. Er kann am besten, unmittelbar vor Beginn der

118

Morgendämmerung, mit einem Fernglas oder Fernrohr (Aufsuchkarte, Seite 147) aufgesucht werden.

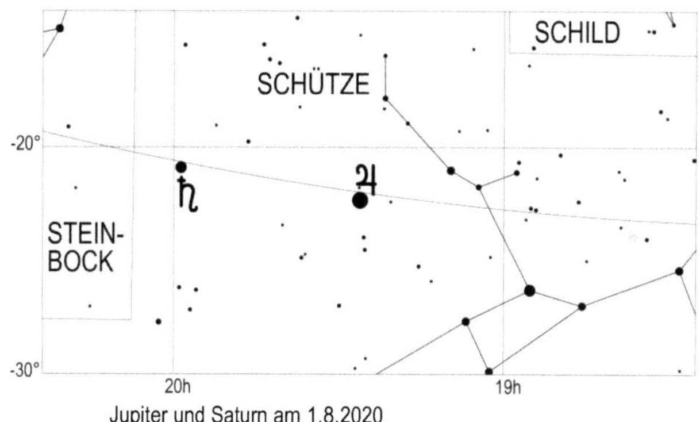
Jupiter und Saturn am 1.8.2020

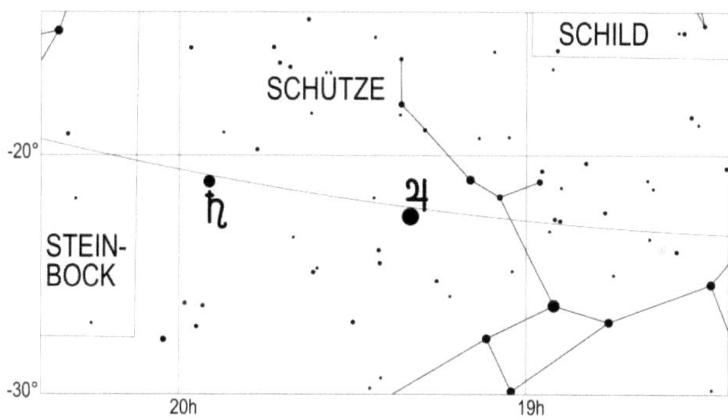
Jupiter und Saturn am 15.8.2020

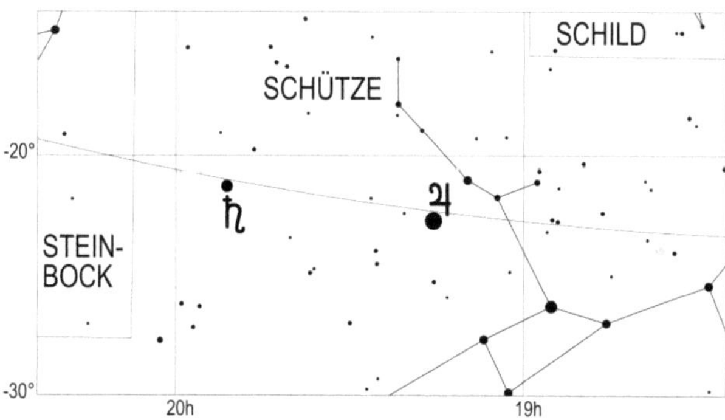
Jupiter und Saturn am 31.8.2020

Neptun, rückläufig im Sternbild Wassermann, verlagert seinen Aufgang im Laufe des Monats von 21.27 Uhr MEZ (22.27 Uhr MESZ) am 1., auf 20.31 Uhr MEZ (21.31 Uhr MESZ) am 15. und auf 19.28 Uhr MEZ (20.28 Uhr MESZ) am Monatsletzten. Er erreicht seine Kulmination am Monatsersten um 3.11 Uhr (4.11 Uhr MESZ) und am Monatsletzten um 1.10 Uhr MEZ (2.10 Uhr MESZ). Der ohne optische Hilfsmittel nicht beobachtbare Planet hat eine Helligkeit von 7,8 mag und kann am leichtesten zur Kulminationszeit beobachtet werden (Aufsuchkarte, Seite 132).

Klein- und Zwergplaneten

Ceres, rückläufig im Wassermann, geht am 1. um 22.35 Uhr MEZ (23.35 Uhr MESZ), am 15. um 21.43 Uhr MEZ (22.43 Uhr MESZ) und am 31. um 20.37 Uhr MEZ (21.37 Uhr MESZ) auf und steht am 28. in Opposition zur Sonne. Ihre Helligkeit steigt von 8,0 mag auf 7,7 mag an. Sie kann am besten kurz nach Mitternacht mit einem Feldstecher aufgesucht werden.

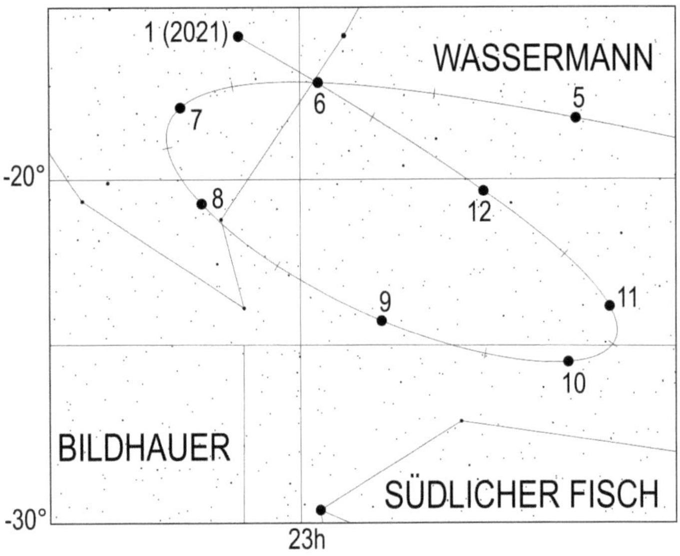

Lauf des Kleinplaneten Ceres von Mai 2020 bis Januar 2021. Die Zahl gibt die Position zum 1. des entsprechenden Monats an, also 8 die Position am 1.8.

Pallas, rückläufig im Herkules, reduziert ihre Helligkeit von 9,7 mag auf 9,9 mag, sodass zu ihrer Suche der Einsatz eines nicht zu kleinen Fernrohres (Objektivdurchmesser über 8 cm) sinnvoll ist. Sie versinkt am 15. um 4.59 Uhr MEZ (5.59 Uhr MESZ) und am 31. um 3.36 Uhr MEZ (4.36 Uhr MESZ) unter dem

120

Horizont. Am besten gelingen Beobachtungen zur Kulmination, die am 1. um 22.32 Uhr MEZ (23.32 Uhr MESZ), am 15. um 21.30 Uhr MEZ (22.30 Uhr MESZ) und am 31. um 20.24 Uhr MEZ (21.24 Uhr MESZ) erfolgt (Aufsuchkarte, Seite 106).

Juno wird im August unbeobachtbar. Der Kleinplanet, dessen Helligkeit im Laufe des Monats von 11,3 mag auf 11,5 mag zurückgeht, versinkt am 1. um 22.59 Uhr MEZ (23.59 Uhr MESZ), am 15. um 22.11 Uhr MEZ (23.11 Uhr MESZ) und am 31. um 21.17 Uhr MEZ (22.17 Uhr MESZ) unter dem Horizont. In den ersten Tagen des Monats kann das lichtschwache Objekt vielleicht noch mit einem Fernrohr ab 15 cm Objektivöffnung zum Ende der Abenddämmerung aufgesucht werden, doch dürfte dies spätestens in der 2. Monatshälfte nicht mehr möglich sein (Aufsuchkarte, Seite 67).

Vesta kann bei guter Horizontsicht mit einem Fernrohr in den letzten Tagen des Monats aufgefunden werden. Am 25. geht der 8,4 mag helle Kleinplanet um 2.57 Uhr MEZ (3.57 Uhr MESZ) auf, etwa eine halbe bis eine Stunde später kann es möglich sein, Vesta zu finden. Sie befindet sich in der Nähe des Sternhaufens M44 (auch als Krippe oder Praesepe bekannt), den sie am 28. in 7' südlichem Abstand passiert. Am 31. geht Vesta um 2.47 Uhr MEZ (3.47 Uhr MESZ) auf (Aufsuchkarte, Seite 133).

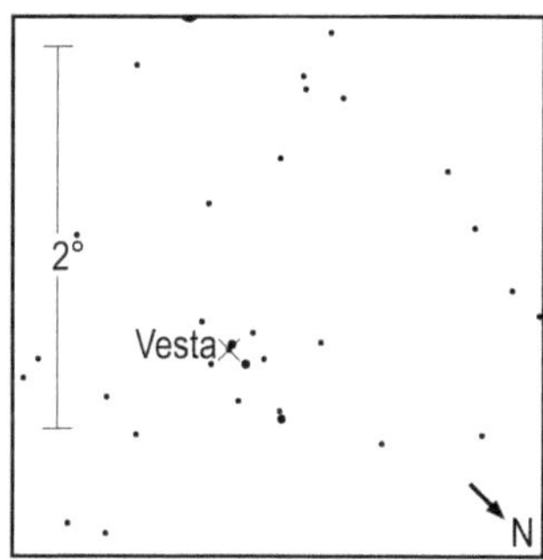

Anblick von Vesta (der mit einem Kreuz markierte Stern) im Sternhaufen M44 am 29.8.2020 um 4 Uhr MEZ (5 Uhr MESZ) im umkehrenden Fernrohr

Periodische Sternschnuppenströme

Am 12.8. um 20 Uhr erreichen die Perseiden mit bis zu 60 schnellen Meteoren pro Stunde ihr Maximum. Zu dieser Zeit herrscht noch Dämmerung, doch können ab den späten Abendstunden dieses Tages bis zu 54 Perseiden-Meteore pro Stunde beobachtet werden. Leider beeinträchtigt in diesem Jahr der abnehmende Mond, der sich zum Zeitpunkt der maximalen Aktivität im Sternbild Stier aufhält, die Beobachtung.

Vom 3.8. bis zum 31.8. kann man die Kappa-Cygniden beobachten, welche am 18.8. um 1 Uhr ihr Maximum mit ca. 1 Meteor pro Stunde erreichen. Da am 19.8. Neumond ist, stört dieser nicht bei der Beobachtung.
Ab dem 25.8. ist der schwache Meteorstrom der Alpha-Aurigiden beobachtbar.

Sonnenuntergang und Dämmerung

	Astr. Anf.	Naut. Anf.	Bürg. Anf.	Auf-gang	Kulm.	Unter-gang	Bürg. Ende	Naut. Ende	Astr. Ende	Zeitgl.
1.8.2020	2:18	3:25	4:15	4:54	12:30	20:06	20:44	21:35	22:39	6m20s
2.8.2020	2:21	3:27	4:17	4:55	12:30	20:04	20:42	21:33	22:36	6m16s
3.8.2020	2:24	3:29	4:18	4:57	12:30	20:03	20:41	21:31	22:33	6m11s
4.8.2020	2:28	3:31	4:20	4:58	12:30	20:01	20:39	21:28	22:29	6m05s
5.8.2020	2:31	3:33	4:21	5:00	12:30	19:59	20:37	21:26	22:26	5m59s
6.8.2020	2:34	3:35	4:23	5:01	12:30	19:58	20:35	21:24	22:23	5m53s
7.8.2020	2:37	3:37	4:25	5:02	12:30	19:56	20:33	21:22	22:20	5m46s
8.8.2020	2:40	3:39	4:26	5:04	12:30	19:54	20:31	21:19	22:17	5m38s
9.8.2020	2:43	3:41	4:28	5:05	12:29	19:53	20:29	21:17	22:14	5m30s
10.8.2020	2:45	3:43	4:30	5:07	12:29	19:51	20:27	21:15	22:10	5m21s
11.8.2020	2:48	3:45	4:31	5:08	12:29	19:49	20:25	21:12	22:07	5m11s
12.8.2020	2:51	3:47	4:33	5:10	12:29	19:47	20:23	21:10	22:04	5m01s
13.8.2020	2:54	3:49	4:35	5:11	12:29	19:46	20:21	21:07	22:01	4m51s
14.8.2020	2:57	3:51	4:36	5:13	12:29	19:44	20:19	21:05	21:58	4m40s
15.8.2020	2:59	3:53	4:38	5:14	12:28	19:42	20:17	21:03	21:55	4m28s
16.8.2020	3:02	3:55	4:40	5:16	12:28	19:40	20:15	21:00	21:52	4m16s
17.8.2020	3:05	3:57	4:41	5:17	12:28	19:38	20:13	20:58	21:49	4m04s
18.8.2020	3:07	3:59	4:43	5:19	12:28	19:36	20:11	20:55	21:47	3m50s
19.8.2020	3:10	4:00	4:45	5:20	12:28	19:34	20:09	20:53	21:44	3m37s
20.8.2020	3:12	4:02	4:46	5:22	12:27	19:32	20:07	20:51	21:41	3m23s
21.8.2020	3:15	4:04	4:48	5:23	12:27	19:30	20:05	20:48	21:38	3m08s
22.8.2020	3:17	4:06	4:50	5:25	12:27	19:28	20:03	20:46	21:35	2m53s
23.8.2020	3:20	4:08	4:51	5:26	12:27	19:26	20:01	20:43	21:32	2m38s
24.8.2020	3:22	4:10	4:53	5:28	12:26	19:24	19:58	20:41	21:29	2m22s
25.8.2020	3:24	4:12	4:55	5:29	12:26	19:22	19:56	20:38	21:26	2m05s
26.8.2020	3:27	4:14	4:56	5:31	12:26	19:20	19:54	20:36	21:23	1m49s
27.8.2020	3:29	4:15	4:58	5:32	12:25	19:18	19:52	20:34	21:20	1m31s
28.8.2020	3:31	4:17	4:59	5:34	12:25	19:16	19:50	20:31	21:17	1m14s
29.8.2020	3:34	4:19	5:01	5:35	12:25	19:14	19:48	20:29	21:15	0m56s
30.8.2020	3:36	4:21	5:03	5:37	12:25	19:12	19:45	20:26	21:12	0m37s
31.8.2020	3:38	4:23	5:04	5:38	12:24	19:09	19:43	20:24	21:09	0m19s

Mondlauf

	Rektaszension	Deklination	Elong.	Phase	mag	Auf-gang	Kulm.	Unter-gang
1.8.2020	18h25m49,6s	-24°52'07"	147,0°	0,92	-11,9	19:04	23:03	2:06
2.8.2020	19h24m56,4s	-24°45'14"	159,3°	0,97	-12,2	19:51	23:58	3:05
3.8.2020	20h22m23,7s	-23°17'14"	171,0°	0,99 ○	-12,5	20:26		4:11
4.8.2020	21h17m10,2s	-20°39'09"	174,9°	1	-12,5	20:55	0:51	5:22

	Rektaszension	Deklination	Elong.	Phase	mag	Auf-gang	Kulm.	Unter-gang
5.8.2020	22h08m49,9s	-17°05'50"	164,2°	0,98	-12,2	21:18	1:39	6:32
6.8.2020	22h57m30,8s	-12°52'56"	152,9°	0,95	-11,9	21:38	2:25	7:41
7.8.2020	23h43m44,5s	-8°14'52"	141,7°	0,89	-11,6	21:55	3:08	8:49
8.8.2020	0h28m15,6s	-3°24'00"	130,7°	0,83	-11,3	22:11	3:49	9:55
9.8.2020	1h11m54,4s	1°29'10"	119,8°	0,75	-11,0	22:28	4:30	11:00
10.8.2020	1h55m33,3s	6°15'29"	109,0°	0,66	-10,6	22:46	5:10	12:06
11.8.2020	2h40m03,9s	10°46'10"	98,1°	0,57 ☽	-10,3	23:07	5:52	13:13
12.8.2020	3h26m15,1s	14°51'55"	87,1°	0,47	-9,9	23:32	6:37	14:19
13.8.2020	4h14m48,9s	18°22'15"	76,0°	0,38	-9,5		7:24	15:28
14.8.2020	5h06m13,7s	21°05'06"	64,6°	0,29	-8,9	0:04	8:14	16:33
15.8.2020	6h00m34,3s	22°47'21"	52,9°	0,2	-8,3	0:44	9:07	17:35
16.8.2020	6h57m24,3s	23°16'32"	40,8°	0,12	-7,6	1:36	10:04	18:27
17.8.2020	7h55m46,1s	22°23'40"	28,4°	0,06	-6,7	2:40	11:01	19:12
18.8.2020	8h54m25,7s	20°06'14"	15,8°	0,02	-5,6	3:55	11:59	19:47
19.8.2020	9h52m15,9s	16°29'55"	4,7°	0 ●	-4,4	5:16	12:54	20:16
20.8.2020	10h48m37,5s	11°48'06"	12,5°	0,01	-5,3	6:39	13:48	20:40
21.8.2020	11h43m25,7s	6°19'39"	25,8°	0,05	-6,5	8:03	14:41	21:02
22.8.2020	12h37m05,0s	0°26'14"	39,4°	0,11	-7,6	9:26	15:32	21:24
23.8.2020	13h30m17,8s	-5°30'02"	53,0°	0,2	-8,5	10:48	16:24	21:46
24.8.2020	14h23m52,4s	-11°07'59"	66,5°	0,3	-9,2	12:10	17:16	22:10
25.8.2020	15h18m31,3s	-16°08'08"	79,7°	0,41 ☽	-9,7	13:31	18:10	22:40
26.8.2020	16h14m40,2s	-20°13'11"	92,7°	0,52	-10,2	14:48	19:05	23:17
27.8.2020	17h12m17,2s	-23°08'49"	105,4°	0,63	-10,7	15:59	20:02	
28.8.2020	18h10m47,5s	-24°45'08"	117,9°	0,73	-11,0	17:00	20:58	0:02
29.8.2020	19h09m08,9s	-24°58'11"	130,1°	0,82	-11,4	17:49	21:52	0:57
30.8.2020	20h06m10,6s	-23°50'44"	142,0°	0,89	-11,7	18:27	22:45	2:00
31.8.2020	21h00m54,9s	-21°31'33"	153,7°	0,95	-12,0	18:58	23:34	3:08

Jupitermond-Ereignisse

Datum	Uhrzeit (MEZ)	Mond	Erscheinung	Phase
1.8.2020	00:52:06	Io	Durchgang	Anfang
1.8.2020	01:18:24	Io	Schattenvorübergang	Anfang
1.8.2020	22:01:11	Io	Bedeckung	Anfang
2.8.2020	00:44:44	Io	Verfinsterung	Ende
2.8.2020	21:35:09	Io	Durchgang	Ende
2.8.2020	22:04:08	Io	Schattenvorübergang	Ende
3.8.2020	21:11:07	Europa	Durchgang	Anfang
3.8.2020	22:10:32	Europa	Schattenvorübergang	Anfang
3.8.2020	23:58:14	Europa	Durchgang	Ende
4.8.2020	00:58:37	Europa	Schattenvorübergang	Ende
7.8.2020	21:07:09	Ganymed	Durchgang	Anfang
7.8.2020	23:30:53	Ganymed	Schattenvorübergang	Anfang
8.8.2020	00:27:26	Ganymed	Durchgang	Ende
8.8.2020	23:46:12	Io	Bedeckung	Anfang
9.8.2020	21:03:55	Io	Durchgang	Anfang

Datum	Uhrzeit (MEZ)	Mond	Erscheinung	Phase
9.8.2020	21:42:14	Io	Schattenvorübergang	Anfang
9.8.2020	23:20:38	Io	Durchgang	Ende
9.8.2020	23:59:13	Io	Schattenvorübergang	Ende
10.8.2020	21:08:03	Io	Verfinsterung	Ende
10.8.2020	23:27:36	Europa	Durchgang	Anfang
11.8.2020	00:45:41	Europa	Schattenvorübergang	Anfang
11.8.2020	23:55:47	Kallisto	Schattenvorübergang	Ende
12.8.2020	22:39:16	Europa	Verfinsterung	Ende
15.8.2020	00:30:54	Ganymed	Durchgang	Anfang
16.8.2020	22:50:18	Io	Durchgang	Anfang
16.8.2020	23:37:23	Io	Schattenvorübergang	Anfang
17.8.2020	01:06:59	Io	Durchgang	Ende
17.8.2020	19:58:41	Io	Bedeckung	Anfang
17.8.2020	23:02:53	Io	Verfinsterung	Ende
18.8.2020	20:23:08	Io	Schattenvorübergang	Ende
18.8.2020	20:57:28	Ganymed	Verfinsterung	Ende
19.8.2020	20:44:32	Europa	Bedeckung	Anfang
19.8.2020	22:40:49	Kallisto	Bedeckung	Anfang
24.8.2020	00:37:40	Io	Durchgang	Anfang
24.8.2020	21:45:50	Io	Bedeckung	Anfang
25.8.2020	20:01:22	Io	Schattenvorübergang	Anfang
25.8.2020	21:07:19	Ganymed	Bedeckung	Ende
25.8.2020	21:21:17	Io	Durchgang	Ende
25.8.2020	21:33:20	Ganymed	Verfinsterung	Anfang
25.8.2020	22:18:23	Io	Schattenvorübergang	Ende
26.8.2020	23:06:52	Europa	Bedeckung	Anfang
28.8.2020	20:04:26	Europa	Durchgang	Ende
28.8.2020	22:04:06	Europa	Schattenvorübergang	Ende
31.8.2020	23:34:06	Io	Bedeckung	Anfang

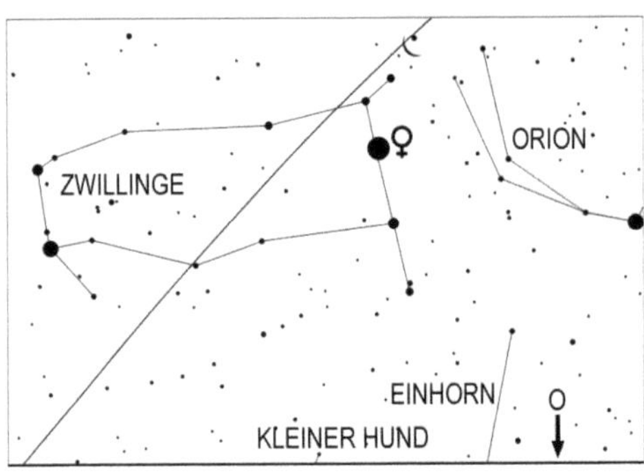

Mond und Venus am Morgen des 15.8.2020 um 3.30 Uhr MEZ (4.30 Uhr MESZ)

September

Sternenhimmel

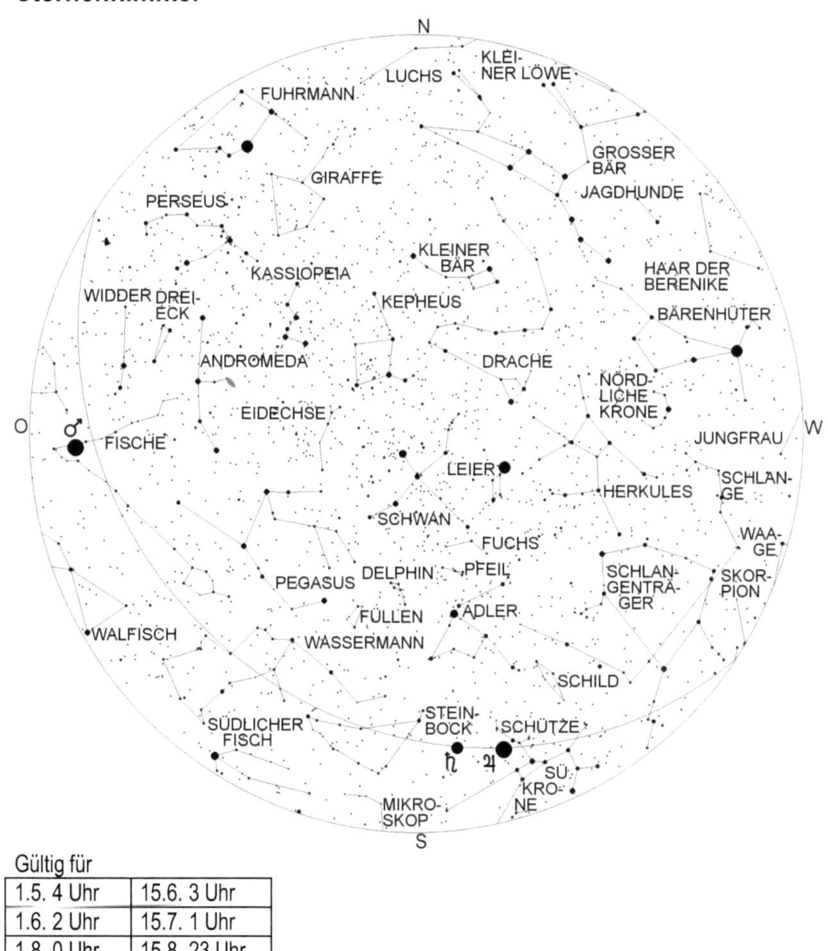

Gültig für

1.5. 4 Uhr	15.6. 3 Uhr
1.6. 2 Uhr	15.7. 1 Uhr
1.8. 0 Uhr	15.8. 23 Uhr
1.9. 22 Uhr	15.9. 21 Uhr

Die Sternbilder Waage, Skorpion und Jungfrau sind fast vollständig verschwunden
und der Schlangenträger steht zusammen mit der Schlange über dem
Südwesthorizont. Im Südsüdwesten befindet sich das Sternbild Schütze, in dem sich
in diesem Jahr die Planeten Jupiter und Saturn befinden. Das Sternbild Steinbock,
welches nur aus lichtschwächeren Sternen besteht, steht kurz vor der Kulmination.

Hoch am Himmel erblickt man den Schwan, durch den die Milchstraße verläuft, welche im Feldstecher ein wahres Sternenmeer zeigt. Der südlichste helle Stern des Schwans, Albireo, ist einer der schönsten Doppelsterne des Himmels. Er kann schon in einem Feldstecher aufgelöst werden. Albireo besteht aus einem orangerotem, 3,1 mag hellen Stern, der von einem 5,1 mag hellen, blauen Stern in 34" Abstand begleitet wird. Es ist bis heute nicht zweifelsfrei geklärt, ob beide Sterne einander umkreisen oder nur zufällig in der gleichen Richtung stehen.

Im Südosten und Osten erblickt man die nur aus lichtschwachen Sternen bestehenden Sternbilder Wassermann und Fische. Letzteres setzt sich nur aus Sternen mit einer maximalen Helligkeit von 4 mag zusammen, während der Wassermann über einige Sterne 3. Größe verfügt.

Allerdings erblickt man in diesem Jahr einen hellen orangeroten Stern über dem Osthorizont. Es ist der Planet Mars, der im nächsten Monat seine Opposition zur Sonne erreichen wird.

Höher im Osten erblickt man den Pegasus und das Sternbild Andromeda. In diesem Sternbild gibt es neben den schon mit bloßem Auge als schwaches Nebelfleckchen sichtbaren Andromedanebel den Doppelstern Alamak, der schon in kleinen Fernrohren aufgelöst werden kann und aus einem orangefarbenen Hauptstern mit blauem Begleiter besteht.

Zwischen dem Horizont und der Andromeda sind das Tierkreissternbild Widder und das Dreieck zu sehen. Tief im Nordosten bemerkt man, dass der Fuhrmann und der Perseus wieder höher steigen – erste Vorboten des Winters.

Astronomische Ereignisse

Datum	Uhrzeit	Ereignis	Elongation
1.9.2020	18:16:31	Venus 8,7° südlich Pollux	44,7°
2.9.2020	00:54:42	Pallas stationär, dann rechtläufig	
2.9.2020	05:27:47	Mond 11° nördlich Ceres	163,6°
2.9.2020	06:22:13	Vollmond	
2.9.2020	20:48:37	Mond 5,1° südlich Neptun	170,9°
3.9.2020	13:14:28	Mond in größter Südbreite	
6.9.2020	06:47:53	Mond 25' südlich Mars	135,4°
6.9.2020	07:28:42	Mond in Erdferne	
6.9.2020	15:36:18	Mond 15,6° südlich Hamal	125,9°
7.9.2020	05:23:47	Mond 3,8° südlich Uranus	124,5°
8.9.2020	19:19:36	Merkur im absteigenden Knoten	
8.9.2020	19:30:00	Mond 7,3° südlich der Plejaden	106,2°
9.9.2020	18:47:47	Mars stationär, dann rückläufig	
9.9.2020	19:17:58	Mond 3,35° nördlich Aldebaran	97,1°
10.9.2020	10:25:52	Letztes Viertel	
10.9.2020	18:55:33	Mond 6,5° südlich Elnath	85,6°
11.9.2020	00:05:51	Mond im aufsteigenden Knoten	
11.9.2020	17:01:45	Mond 48' nördlich Eta Geminorum	75,4°
11.9.2020	19:44:30	Mond 50' nördlich Mü Geminorum	73,9°

Datum	Uhrzeit	Ereignis	Elongation
11.9.2020	21:26:00	Neptunopposition	
12.9.2020	00:59:45	Mond 7,25° nördlich Alhena	70,4°
12.9.2020	03:48:59	Mond 1,3° südlich Epsilon Geminorum	69,6°
13.9.2020	00:54:07	Jupiter stationär, dann rechtläufig	
13.9.2020	00:55:43	Mond 8,7° südlich Kastor	59,4°
13.9.2020	05:32:28	Mond 4,8° südlich Pollux	57,0°
13.9.2020	14:01:09	Merkur 3,7° südlich Porrima	19,4°
13.9.2020	18:09:18	Venus 2,3° südlich M44	43,2°
14.9.2020	03:42:13	Mond 1,6° nördlich M44	44,2°
14.9.2020	04:33:46	Mond 3,9° nördlich Venus	43,2°
14.9.2020	17:55:26	Mond 1,4° nördlich Vesta	37,6°
15.9.2020	18:20:39	Mond 3,3° nördlich Regulus	23,2°
17.9.2020	11:13:14	Mond in größter Nordbreite	
17.9.2020	12:00:20	Neumond	5°
18.9.2020	10:16:27	Mond 1,7° nördlich Porrima	14,0°
18.9.2020	14:56:41	Mond in Erdnähe	
18.9.2020	23:32:31	Mond 5,5° nördlich Merkur	21,4°
19.9.2020	04:15:09	Merkur im Aphel	
19.9.2020	05:12:27	Mond 6,5° nördlich Spika	24,7°
19.9.2020	22:34:04	Mond 5,2° südlich Juno	33,3°
20.9.2020	20:00:12	Mond 1,8° nördlich Zuben-el-dschenubi	47,0°
22.9.2020	02:37:33	Mond 10' nördlich Akrab	64,0°
22.9.2020	10:04:10	Merkur 18' nördlich Spika	24,3°
22.9.2020	10:53:04	Mond 5,4° nördlich Antares	68,6°
22.9.2020	14:30:32	Herbstanfang	
23.9.2020	10:29:10	Vesta 2,2° nördlich Venus	41,8°
23.9.2020	13:32:39	Mond im absteigenden Knoten	
24.9.2020	02:55:04	Erstes Viertel	
24.9.2020	18:47:31	Mond 34° südlich Pallas	98,2°
25.9.2020	00:30:24	Mond 1,1° nördlich Nunki	101,1°
25.9.2020	07:42:51	Mond 2° südlich Jupiter	104,8°
25.9.2020	15:47:10	Mond 2,2° südlich Pluto	108,8°
25.9.2020	22:18:14	Mond 3,15° südlich Saturn	112,0°
26.9.2020	11:05:18	Mond 8,5° südlich Beta Capricorni	118,2°
26.9.2020	23:27:41	Venus im aufsteigenden Knoten	
28.9.2020	04:34:12	Mond 2,3° südlich Delta Capricorni	138,2°
29.9.2020	00:50:59	Mond 10,1° nördlich Ceres	141,0°
29.9.2020	03:49:31	Saturn stationär, dann rechtläufig	
30.9.2020	03:55:32	Mond 4,7° südlich Neptun	160,0°
30.9.2020	14:16:20	Mond in größter Südbreite	

Planeten

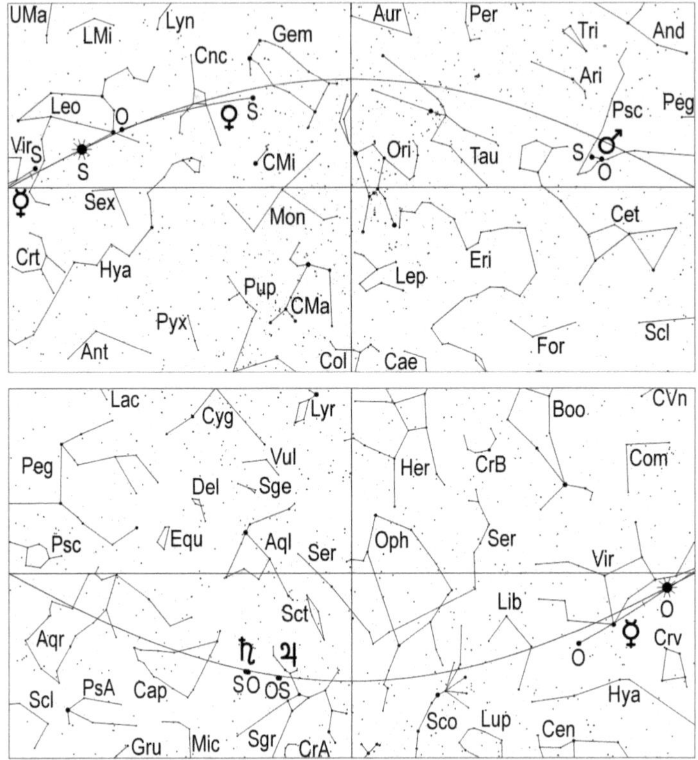

Merkur kann im September zumindest in den nördlichen gemäßigten Breiten nicht beobachtet werden.

Venus ist weiterhin Morgenstern und wandert von den Zwillingen durch den Krebs in den Löwen, wobei sie am 1. Pollux 8,7° südlich und am 13. den bekannten Sternhaufen M44 – auch als Krippe oder Praesepe bekannt – in 2,3° südlichem Abstand passiert. Ihr Aufgang erfolgt am 1. um 1.42 Uhr MEZ (2.42 Uhr MESZ), am 15. um 2.04 Uhr MEZ (3.04 Uhr MESZ) und am 30. um 2.36 Uhr MEZ (3.36 Uhr MESZ). Im Laufe des Monats geht ihre Helligkeit leicht von –4,2 mag auf –4,1 mag zurück. Fernrohrbeobachter bemerken, dass das Venusscheibchen kleiner und rundlicher wird: am 1. hat es einen Durchmesser von 19,5" und ist zu 65% beleuchtet, am 30. misst es 15,7" und ist zu 81% illuminiert.

Mars, im Sternbild Fische, wird am 9. stationär und setzt zu seiner Oppositionsschleife an. Er wird im Laufe des Monats zum Planeten der ganzen Nacht, denn sein Aufgang verschiebt sich von 20.51 Uhr MEZ (21.51 Uhr MESZ) am 1. auf 19.56 Uhr MEZ (20.56 Uhr MESZ) am 15. und auf 18.49 Uhr MEZ (19.49 Uhr MESZ) am 30.. Seine Helligkeit steigt im Laufe des Monats von –1,8 mag auf –2,5 mag und sein Winkeldurchmesser von 18,9" auf 22,4". Zu Monatsbeginn erscheint der rote Planet im Fernrohr noch wie der Mond 3 Tage nach Vollmond, zum Monatsende erscheint er kreisrund.

Er ist jetzt ein sehr interessantes Objekt für Fernrohrbeobachter. Die hierfür beste Beobachtungszeit ist die Zeit der Kulmination, die am 1. um 3.30 Uhr MEZ (4.30 Uhr MESZ), am 15. um 2.36 Uhr MEZ (3.36 Uhr MESZ) und am 30. um 1.26 Uhr MEZ (2.26 Uhr MESZ) erfolgt, wobei er eine Höhe von 46° über dem Horizont erreicht.

Am 6. zieht der Mond 25' südlich am roten Planeten vorbei. Obwohl die exakte Konjunktion erst nach Sonnenaufgang um 06.48 Uhr MEZ erreicht wird, stehen beide Himmelskörper schon vor Beginn der Morgendämmerung eng beieinander.

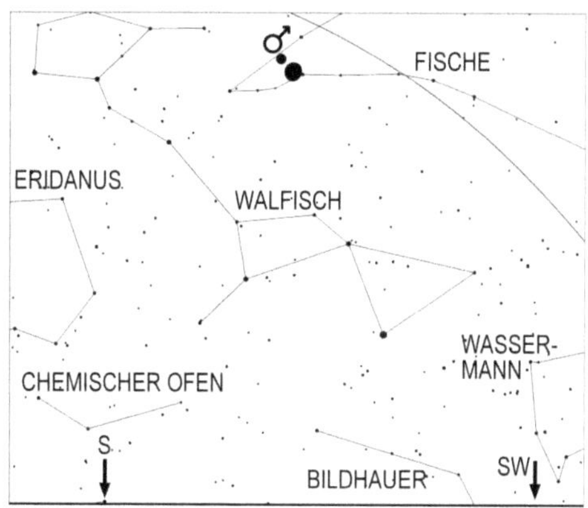

Mond und Mars am 6.9.2020 um 4 Uhr MEZ (5 Uhr MESZ)

Stellung der 4 hellen Jupitermonde im September 2020

Jupiter, beendet am 13. seine Oppositionsschleife im Sternbild Schütze und wird zum Objekt der ersten Nachthälfte. Er versinkt am 1. um 1.03 Uhr MEZ (2.03 Uhr MESZ), am 15. um 0.07 Uhr MEZ (1.07 Uhr MESZ) und am 30. um 23.07 Uhr MEZ (0.07 Uhr MESZ) unter dem Horizont. Seine Helligkeit sinkt im Laufe des Monats von –2,6 mag auf –2,4 mag, womit ihn Mars am Monatsende an Helligkeit übertrifft. Sein Scheibchendurchmesser geht von 44,2" auf 40,5" zurück.

Saturn, im Sternbild Schütze, beendet am 29. seine Oppositionsschleife. Er zieht sich aus der zweiten Nachthälfte zurück und geht am Monatsersten um 1.48 Uhr MEZ (2.48 Uhr MESZ), zur Monatsmitte um 0.50 Uhr MEZ (1.50 Uhr MESZ) und am

Monatsletzten um 23.46 Uhr (0.46 Uhr MESZ) unter. Seine Helligkeit sinkt von 0,3 mag auf 0,5 mag.

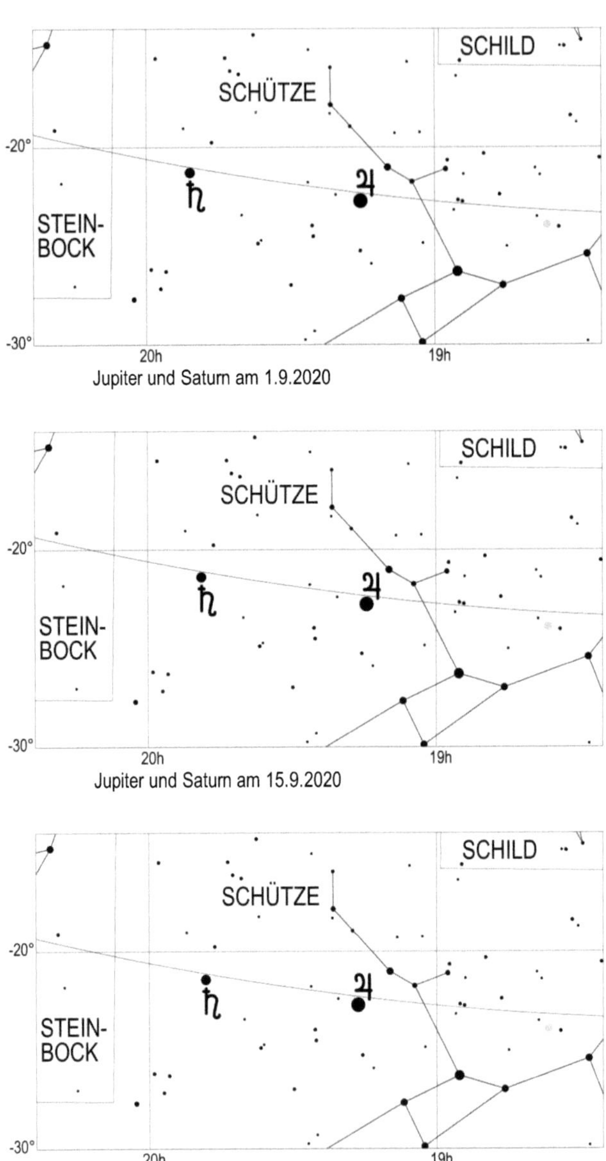

Jupiter und Saturn am 1.9.2020

Jupiter und Saturn am 15.9.2020

Jupiter und Saturn am 30.9.2020

Uranus, rückläufig im Sternbild Widder, verlagert seinen Aufgang in die frühen Abendstunden. Er geht am 1. um 20.56 Uhr MEZ (21.56 Uhr MESZ), am 15. um 20 Uhr MEZ (21 Uhr MESZ) und am 30. um 19 Uhr MEZ (20 Uhr MESZ) auf und erreicht seine höchste Position am 1. um 4.14 Uhr MEZ (5.14Uhr MESZ), am 15. um 3.18 Uhr MEZ (4.18 Uhr MESZ) und am 30. um 2.18 Uhr MEZ (3.18Uhr MESZ). Der 5,7 mag helle Uranus kann jetzt gut mit einem Fernglas oder Fernrohr aufgesucht werden, vielleicht ist sogar bei klarem Himmel eine freiäugige Beobachtung möglich (Aufsuchkarte, Seite 147).

Neptun steht am 11. in Opposition zur Sonne. Der 7,8 mag helle Planet kann am besten um Mitternacht beobachtet werden, wofür mindestens ein Fernglas nötig ist. Zum Aufsuchen und zur Identifikation ist die folgende Sternkarte zu verwenden. Er erscheint im Feldstecher als Stern und zeigt sich in größeren Fernrohren als ein kleines, bläuliches Scheibchen mit 2,3" Durchmesser.

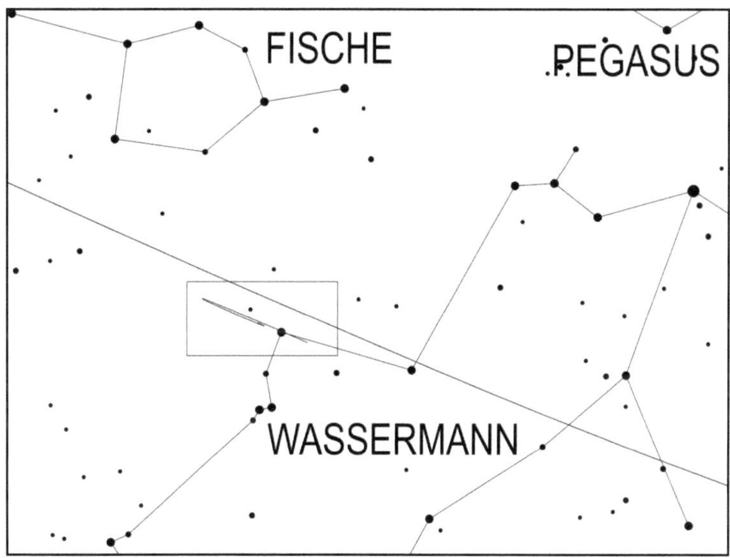

Übersichtskarte zum Aufsuchen des Planeten Neptun. Die nächste Sternkarte zeigt vergrößert den rechteckigen Ausschnitt

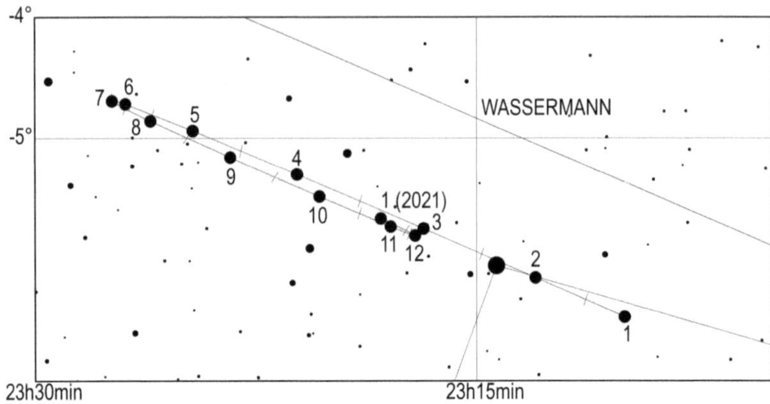

Lauf des Planeten Neptun im Jahr 2020. Die Zahl gibt die Position
zum 1. des entsprechenden Monats an, also 4 die Position am 1.4.

Klein- und Zwergplaneten

Ceres, wandert rückläufig vom Wassermann in die nördlichsten Gebiete des
Sternbildes Südlicher Fisch und kann am besten zur Kulminationszeit, wobei sie eine
Höhe von nur 15° bis 16° über dem Horizont erreicht, mit einem lichtstarkem
Feldstecher oder einem Fernrohr aufgesucht werden. Diese erreicht der Kleinplanet,
dessen Helligkeit von 7,7 mag auf 8,2 mag zurückgeht, zu Monatsbeginn um
Mitternacht (1 Uhr MESZ), zur Monatsmitte um 23.23 Uhr MEZ (0.23 Uhr MESZ) und
am Monatsende um 22.14 Uhr MEZ (23.14 Uhr MESZ).
Ceres versinkt am 1. um 4.28 Uhr MEZ (5.28 Uhr MESZ), am 15. um 3.16 Uhr MEZ
(4.16 Uhr MESZ) und am 30. um 2 Uhr MEZ (3 Uhr MESZ) unter dem Horizont
(Aufsuchkarte, Seite 120).

Pallas, beendet am 2. ihre Opoositionsschleife und wandert im Laufe des Monats
von den Herkules in den Schlangenträger. Der Kleinplanet, dessen Helligkeit von 10
mag auf 10,3 mag zurückgeht, kann am besten kurz nach Ende der Abenddämmerung mit einem Fernrohr ab 8 cm Objektivöffnung aufgefunden werden.
Pallas versinkt am 1. um 3.31 Uhr MEZ (4.31 Uhr MESZ), am 15. um 2.23 Uhr MEZ
(3.23 Uhr MESZ) und am 30. um 1.16 Uhr MEZ (2.16 Uhr MESZ) unter dem Horizont
(Aufsuchkarte, Seite 106).

Juno kann im September nicht beobachtet werden.

Vesta kann zu Beginn der Morgendämmerung mit einem Fernrohr im Nordosten
aufgesucht werden. Der Kleinplanet, dessen Helligkeit im Laufe des Monats leicht
von 8,4 mag auf 8,3 mag ansteigt, wandert vom Krebs in den Löwen und geht am 1.
um 2.44 Uhr MEZ (3.44 Uhr MESZ), am 15. um 2.23 Uhr MEZ (3.23 Uhr MESZ) und

am 30. um 1.58 Uhr MEZ (2.58 Uhr MESZ) auf. Am 23. zieht die helle Venus 2,2°
südlich an Vesta vorbei, was eine gute Gelegenheit zur Beobachtung liefert.

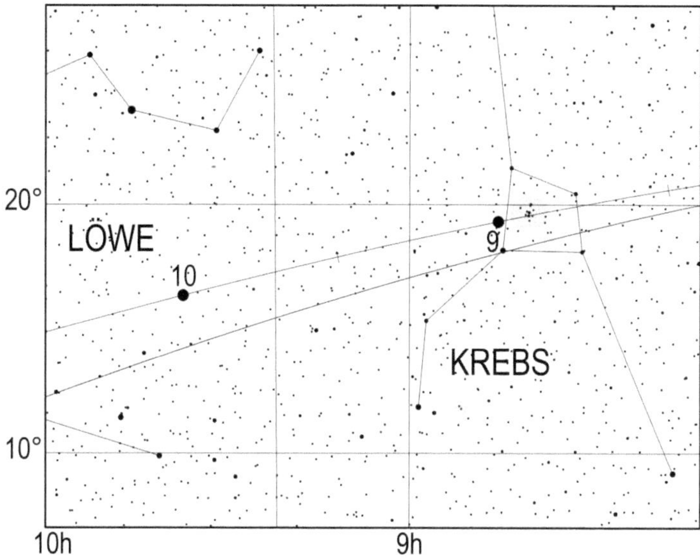

Lauf des Kleinplaneten Vesta vom August 2020 bis zum Oktober 2020. Die Zahl gibt die
Position zum 1. des entsprechenden Monats an, also 10 die Position am 1.10.

Periodische Sternschnuppenströme

Bis zum 5.9. sind die Alpha-Aurigiden aktiv, welche am 1.9. um 1 Uhr ihr Maximum
mit 1 Meteor in 3 Stunden erreichen. Sie sind recht schnelle Sternschnuppen.
Zwischen dem 5.9. und dem 23.9. sind die Epsilon-Perseiden beobachtbar. Dieser
Strom erreicht am 9. um 7 Uhr sein Maximum mit bis zu 3 Sternschnuppen pro
Stunde.
Während des ganzen Monats kann man die Pisciden beobachten, welche am 14. ihr
Maximum mit bis zu 4 Meteorcn pro Stunde erreichen. Der abnehmende Mond stört
zum Zeitpunkt ihres Maximums nicht, da er schon stark abgenommen hat und erst in
den frühen Morgenstunden aufgeht.
Ab dem 16.9. tauchen die ersten Nord-Tauriden auf, denen am 25.9. die ersten Süd-
Tauriden folgen. Am 29.9. erscheinen außerdem die ersten Delta-Aurigiden.

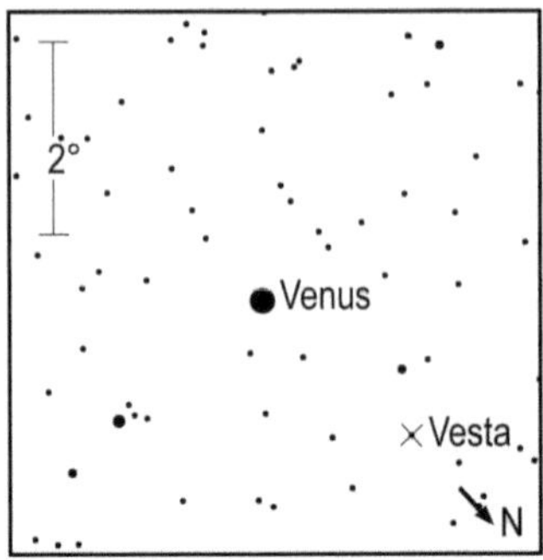

Anblick der Konjunktion zwischen Venus und Vesta (der mit einem Kreuz markierte Stern) am 23.9.2020 um 4 Uhr MEZ (5 Uhr MESZ) im umkehrenden Fernrohr

Sonnenuntergang und Dämmerung

	Astr. Anf.	Naut. Anf.	Bürg. Anf.	Auf-gang	Kulm.	Unter-gang	Bürg. Ende	Naut. Ende	Astr. Ende	Zeitgl.
1.9.2020	3:40	4:25	5:06	5:40	12:24	19:07	19:41	20:21	21:06	0m00s
2.9.2020	3:42	4:26	5:08	5:41	12:24	19:05	19:39	20:19	21:03	-0m19s
3.9.2020	3:44	4:28	5:09	5:43	12:23	19:03	19:37	20:17	21:00	-0m38s
4.9.2020	3:47	4:30	5:11	5:44	12:23	19:01	19:34	20:14	20:58	-0m58s
5.9.2020	3:49	4:32	5:12	5:46	12:23	18:59	19:32	20:12	20:55	-1m18s
6.9.2020	3:51	4:33	5:14	5:47	12:22	18:56	19:30	20:09	20:52	-1m38s
7.9.2020	3:53	4:35	5:16	5:49	12:22	18:54	19:28	20:07	20:49	-1m59s
8.9.2020	3:55	4:37	5:17	5:50	12:22	18:52	19:25	20:05	20:47	-2m19s
9.9.2020	3:57	4:39	5:19	5:52	12:21	18:50	19:23	20:02	20:44	-2m40s
10.9.2020	3:59	4:40	5:20	5:53	12:21	18:48	19:21	20:00	20:41	-3m01s
11.9.2020	4:00	4:42	5:22	5:55	12:20	18:45	19:18	19:57	20:39	-3m22s
12.9.2020	4:02	4:44	5:23	5:56	12:20	18:43	19:16	19:55	20:36	-3m43s
13.9.2020	4:04	4:45	5:25	5:57	12:20	18:41	19:14	19:53	20:33	-4m05s
14.9.2020	4:06	4:47	5:27	5:59	12:19	18:39	19:12	19:50	20:31	-4m26s
15.9.2020	4:08	4:49	5:28	6:00	12:19	18:37	19:09	19:48	20:28	-4m47s
16.9.2020	4:10	4:51	5:30	6:02	12:19	18:34	19:07	19:46	20:26	-5m09s
17.9.2020	4:12	4:52	5:31	6:03	12:18	18:32	19:05	19:43	20:23	-5m30s
18.9.2020	4:13	4:54	5:33	6:05	12:18	18:30	19:03	19:41	20:21	-5m51s
19.9.2020	4:15	4:56	5:34	6:06	12:18	18:28	19:00	19:39	20:18	-6m13s
20.9.2020	4:17	4:57	5:36	6:08	12:17	18:26	18:58	19:36	20:16	-6m34s
21.9.2020	4:19	4:59	5:37	6:09	12:17	18:23	18:56	19:34	20:13	-6m55s
22.9.2020	4:21	5:00	5:39	6:11	12:17	18:21	18:53	19:32	20:11	-7m16s
23.9.2020	4:22	5:02	5:40	6:12	12:16	18:19	18:51	19:29	20:08	-7m37s
24.9.2020	4:24	5:04	5:42	6:14	12:16	18:17	18:49	19:27	20:06	-7m58s
25.9.2020	4:26	5:05	5:43	6:15	12:16	18:15	18:47	19:25	20:04	-8m19s
26.9.2020	4:28	5:07	5:45	6:17	12:15	18:12	18:45	19:23	20:01	-8m40s
27.9.2020	4:29	5:09	5:46	6:18	12:15	18:10	18:42	19:20	19:59	-9m00s

	Astr. Anf.	Naut. Anf.	Bürg. Anf.	Auf- gang	Kulm.	Unter- gang	Bürg. Ende	Naut. Ende	Astr. Ende	Zeitgl.
28.9.2020	4:31	5:10	5:48	6:20	12:14	18:08	18:40	19:18	19:57	-9m21s
29.9.2020	4:33	5:12	5:49	6:21	12:14	18:06	18:38	19:16	19:54	-9m41s
30.9.2020	4:34	5:13	5:51	6:23	12:14	18:04	18:36	19:14	19:52	-10m01s

Mondlauf

	Rektaszension	Deklination	Elong.	Phase	mag	Auf- gang	Kulm.	Unter- gang
1.9.2020	21h52m52,3s	-18°13'25"	164,9°	0,98	-12,3	19:22		4:18
2.9.2020	22h42m02,6s	-14°10'41"	174,4°	1 ○	-12,5	19:43	0:20	5:28
3.9.2020	23h28m49,2s	-9°37'30"	170,3°	0,99	-12,4	20:00	1:04	6:36
4.9.2020	0h13m49,1s	-4°46'48"	160,0°	0,97	-12,1	20:16	1:46	7:43
5.9.2020	0h57m46,7s	0°09'54"	149,2°	0,93	-11,8	20:33	2:26	8:49
6.9.2020	1h41m28,8s	5°02'24"	138,4°	0,87	-11,5	20:50	3:07	9:54
7.9.2020	2h25m42,8s	9°41'05"	127,7°	0,81	-11,2	21:10	3:48	11:00
8.9.2020	3h11m13,7s	13°56'31"	116,9°	0,73	-10,9	21:32	4:31	12:07
9.9.2020	3h58m42,1s	17°38'41"	106,0°	0,64	-10,6	22:00	5:16	13:14
10.9.2020	4h48m38,2s	20°36'41"	94,9°	0,54 ◑	-10,2	22:36	6:05	14:19
11.9.2020	5h41m15,5s	22°38'47"	83,6°	0,45	-9,8	23:22	6:56	15:22
12.9.2020	6h36m23,0s	23°33'18"	71,9°	0,35	-9,3		7:50	16:17
13.9.2020	7h33m22,6s	23°10'30"	59,9°	0,25	-8,8	0:19	8:46	17:04
14.9.2020	8h31m16,3s	21°24'59"	47,4°	0,16	-8,1	1:29	9:42	17:43
15.9.2020	9h29m03,5s	18°17'47"	34,6°	0,09	-7,2	2:46	10:38	18:14
16.9.2020	10h25m59,8s	13°57'22"	21,4°	0,03	-6,2	4:09	11:33	18:40
17.9.2020	11h21m48,8s	8°39'01"	8,6°	0,01 ●	-4,9	5:34	12:27	19:04
18.9.2020	12h16m42,8s	2°43'13"	8,6°	0,01	-4,9	6:59	13:20	19:25
19.9.2020	13h11m14,4s	-3°26'29"	21,7°	0,04	-6,2	8:25	14:13	19:47
20.9.2020	14h06m05,4s	-9°25'39"	35,5°	0,09	-7,3	9:51	15:07	20:11
21.9.2020	15h01m54,3s	-14°50'50"	49,2°	0,17	-8,2	11:15	16:03	20:40
22.9.2020	15h59m03,7s	-19°21'19"	62,7°	0,27	-9,0	12:37	16:59	21:15
23.9.2020	16h57m29,5s	-22°40'42"	75,8°	0,38	-9,6	13:52	17:57	21:58
24.9.2020	17h56m36,1s	-24°38'17"	88,5°	0,49 ◐	-10,1	14:57	18:54	22:50
25.9.2020	18h55m22,1s	-25°10'20"	100,8°	0,59	-10,5	15:50	19:49	23:52
26.9.2020	19h52m39,0s	-24°20'01"	112,8°	0,69	-10,9	16:31	20:42	
27.9.2020	20h47m32,6s	-22°16'15"	124,5°	0,78	-11,2	17:03	21:31	0:59
28.9.2020	21h39m36,5s	-19°11'24"	136,0°	0,86	-11,5	17:28	22:18	2:08
29.9.2020	22h28m52,7s	-15°19'06"	147,2°	0,92	-11,8	17:49	23:02	3:18
30.9.2020	23h15m45,0s	-10°52'44"	158,2°	0,96	-12,1	18:07		4:25

Jupitermond-Ereignisse

Datum	Uhrzeit (MEZ)	Mond	Erscheinung	Phase
1.9. 2020	20:53:23	Io	Durchgang	Anfang
1.9. 2020	21:21:14	Ganymed	Bedeckung	Anfang
1.9. 2020	21:56:39	Io	Schattenvorübergang	Anfang
1.9. 2020	23:10:01	Io	Durchgang	Ende
2.9. 2020	21:21:44	Io	Verfinsterung	Ende
4.9. 2020	19:40:44	Europa	Durchgang	Anfang
4.9. 2020	21:50:41	Europa	Schattenvorübergang	Anfang
4.9. 2020	22:28:16	Europa	Durchgang	Ende
6.9. 2020	19:50:00	Europa	Verfinsterung	Ende
8.9. 2020	22:43:17	Io	Durchgang	Anfang
9.9. 2020	19:51:07	Io	Bedeckung	Anfang
9.9. 2020	23:16:57	Io	Verfinsterung	Ende
10.9. 2020	19:27:35	Io	Durchgang	Ende
10.9. 2020	20:37:54	Io	Schattenvorübergang	Ende
11.9. 2020	22:06:49	Europa	Durchgang	Anfang
12.9. 2020	19:32:10	Ganymed	Schattenvorübergang	Anfang
12.9. 2020	22:58:36	Ganymed	Schattenvorübergang	Ende
13.9. 2020	20:42:53	Kallisto	Durchgang	Anfang
13.9. 2020	22:27:07	Europa	Verfinsterung	Ende
16.9. 2020	21:42:05	Io	Bedeckung	Anfang
17.9. 2020	19:02:20	Io	Durchgang	Anfang
17.9. 2020	20:16:13	Io	Schattenvorübergang	Anfang
17.9. 2020	21:18:55	Io	Durchgang	Ende
17.9. 2020	22:33:16	Io	Schattenvorübergang	Ende
18.9. 2020	19:41:04	Io	Verfinsterung	Ende
19.9. 2020	21:52:00	Ganymed	Durchgang	Ende
20.9. 2020	19:42:33	Europa	Bedeckung	Anfang
22.9. 2020	18:43:36	Kallisto	Verfinsterung	Anfang
22.9. 2020	19:12:21	Europa	Schattenvorübergang	Ende
24.9. 2020	20:54:51	Io	Durchgang	Anfang
24.9. 2020	22:11:36	Io	Schattenvorübergang	Anfang
25.9. 2020	21:36:28	Io	Verfinsterung	Ende
26.9. 2020	18:57:26	Io	Schattenvorübergang	Ende
26.9. 2020	22:21:58	Ganymed	Durchgang	Anfang
27.9. 2020	22:14:46	Europa	Bedeckung	Anfang
29.9. 2020	18:58:25	Europa	Schattenvorübergang	Anfang
29.9. 2020	19:10:59	Europa	Durchgang	Ende
29.9. 2020	21:49:30	Europa	Schattenvorübergang	Ende
30.9. 2020	21:03:46	Ganymed	Verfinsterung	Ende

Oktober

Sternenhimmel

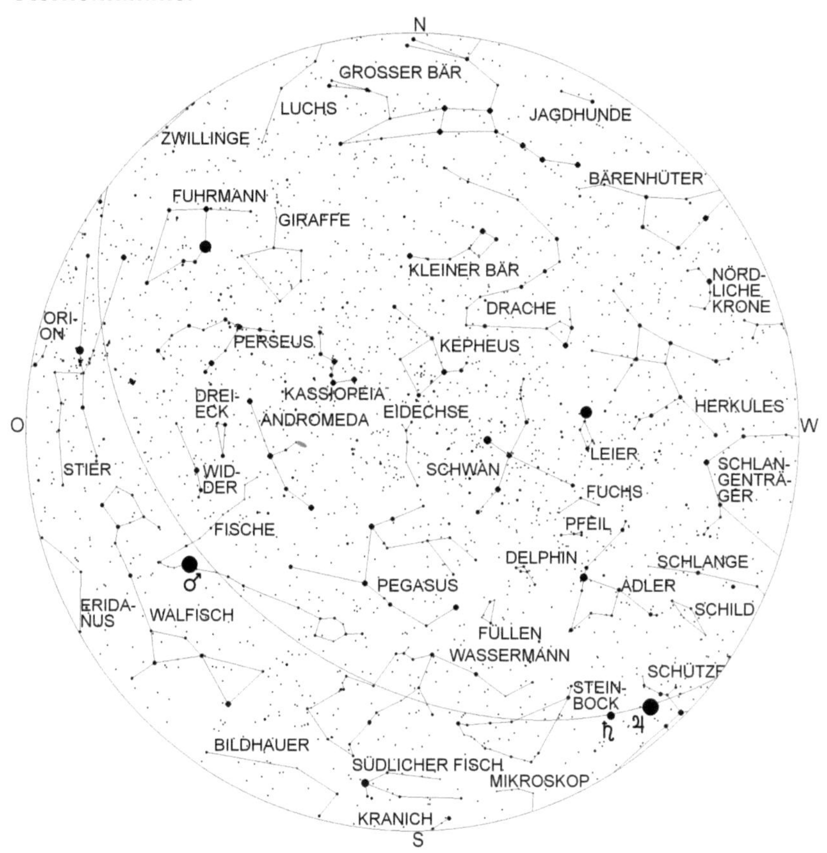

Gültig für

1.7. 4 Uhr	15.7. 3 Uhr
1.8. 2 Uhr	15.8. 1 Uhr
1.9. 0 Uhr	15.9. 23 Uhr
1.10. 22 Uhr	15.10. 21 Uhr
1.11. 20 Uhr	15.11. 19 Uhr
1.12. 18 Uhr	15.12. 17 Uhr

Der südliche Teil des Himmels wird von den Sternbildern Wassermann, Steinbock, Fische, Walfisch, Südlicher Fisch, Bildhauer und Mikroskop eingenommen, in denen es nur einen Stern erster Größe, Fomalhaut im Südlichen Fisch gibt, sowie zwei Sterne zweiter Größe, Menkar und Deneb Kaitos im Walfisch. Allerdings findet man in diesem Jahr in den Fischen einen rötlichen Stern, der alle anderen an Helligkeit übertrifft und zwar den Planeten Mars, der in diesem Monat seine größte Helligkeit erreicht.

Über diesen Sternbildern erkennt man den Pegasus und die Andromeda, von der ein Stern, Sirrah, zusammen mit 3 Sternen des Pegasus das Herbstviereck bilden. Bei klarem Himmel kann man schon mit bloßem Auge den Andromedanebel, der auch als M31 bekannt ist, sehen. Man findet ihn leicht, wenn man den mittleren hellen Stern der Andromeda, Mirach, als Ausgangspunkt nimmt und der dort in nördliche Richtung abzweigenden Sternenkette folgt. Westlich des 2. und letzten Sterns dieser Kette sieht man ein kleines Nebelfleckchen mit einer Helligkeit von 3,5 mag – den Andromedanebel. Er ist mit einer Entfernung von 2,5 Millionen Lichtjahren das weiteste Objekt, welches man mit bloßem Auge sehen kann und ist eine der am nächsten gelegenen Galaxien.

Mit einem Durchmesser von 140000 Lichtjahren ist der Andromedanebel bedeutend größer als unser Milchstraßensystem. Wenn man den Andromedanebel mit einem Fernrohr, dass über einen sogenannten Sucher verfügt, aufsucht, wird man feststellen, dass er im Sucher auch nicht viel kleiner erscheint als bei starker Vergrößerung. Schuld daran ist der Umstand, dass derartige Nebel nicht wie der Mond und Planeten scharf umgrenzte Objekte mit hoher Leuchtdichte sind, sondern Objekte geringer Leuchtdichte mit unscharfer Umgrenzung. Eine starke Vergrößerung bewirkt bei derartigen Objekten, dass die Helligkeit über einen größeren Bereich des Gesichtsfeldes verteilt wird, was das Erkennen desselben erschweren bis unmöglich machen kann.

In der Andromeda befindet sich auch ein schöner Doppelstern, Alamak. Er besteht aus einem 2,3 mag hellem orangerotem Stern mit einem blauem 4,8 mag hellem Begleiter in 9,6" Abstand. Schon ein Fernrohr mit 5 cm Öffnung zeigt diesen Doppelstern mit seinem schönen Farbkontrast getrennt. Der Begleiter kann mit einem großen Fernrohr ebenfalls in 2 Sterne aufgelöst werden. Der hellere dieser Sterne ist wiederum ein Doppelstern, was aber nur spektroskopisch nachweisbar ist. Insgesamt ist Alamak also ein vierfaches Sternsystem.

Östlich der Andromeda findet man das Dreieck und den Widder, zwei kleine aber relativ markante Sternbilder. Im Dreieck befindet sich eine weitere Nachbargalaxie unserer Milchstraße, welche die Bezeichnung M33 trägt. M33 hat eine Helligkeit von 5,5 mag, was sie eigentlich zu einem leichten Beobachtungsobjekt machen müsste. Trotzdem ist diese Galaxie nicht leicht aufzufinden, weil sie über eine geringe Flächenhelligkeit verfügt. Bei Verwendung hoher Vergrößerung kann man M33 deshalb leicht übersehen, auch wenn ein großes Fernrohr eingesetzt wird. Im Gebiet zwischen Pegasus, Schwan und Adler, der schon deutlich im Südwesten steht, erblickt man die kleinen Sternbilder Füllen, Delphin, Pfeil und Fuchs, von denen nur Pfeil und Delphin über hellere Sterne verfügen.

Im Delphin befindet sich ein schöner Doppelstern, Gamma (γ) Delphini, der schon in Fernrohren mit 5 cm Objektivöffnung getrennt werden kann. Er besteht aus einem

4,3 mag hellem orangerotem und einem 5,1 mag hellem, weißgelben Stern in 9"
Abstand. Beide Sterne umkreisen einander in 3249 Jahren. Die Entfernung von
Gamma Delphini zur Erde beträgt 101 Lichtjahre.
Im Südwesten versinken gerade der Schütze mit den Planeten Jupiter und Saturn,
die Schlange und der Schlangenträger unter dem Horizont. Auch Arktur im
Bärenhüter ist schon untergegangen, während sich die Nördliche Krone noch über
dem Horizont hält.
Im Osten kommen schon die ersten Wintersternbilder über den Horizont. So ist der
Stier schon komplett aufgegangen und auch der Fuhrmann ist vollständig zu sehen.
Bald werden auch die Zwillinge und der Orion über dem Horizont erscheinen.

Herbststernbilder

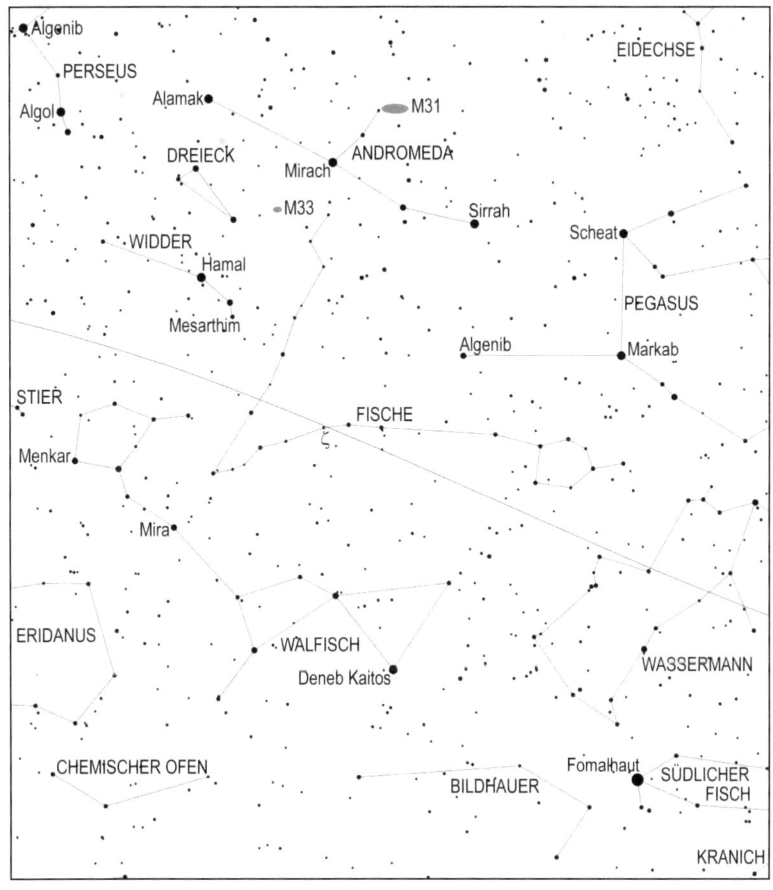

139

Astronomische Ereignisse

Datum	Uhrzeit	Ereignis	Elongation
1.10.2020	16:48:41	Merkur in größter östlicher Elongation	25,8°
1.10.2020	22:05:26	Vollmond	
3.10.2020	00:53:03	Venus 5,4' südlich Regulus	40,1°
3.10.2020	05:32:59	Mond 1,15° südlich Mars	165,1°
3.10.2020	18:10:49	Mond in Erdferne	
3.10.2020	21:02:48	Mond 15,5° südlich Hamal	150,9°
4.10.2020	06:31:00	Pluto stationär, dann rechtläufig	
4.10.2020	10:52:24	Mond 3,75° südlich Uranus	151,9°
6.10.2020	02:46:04	Mond 6,7° südlich der Plejaden	132,6°
6.10.2020	15:23:04	Mars in Erdnähe, 0,41492 AE	
7.10.2020	02:01:28	Mond 4° nördlich Aldebaran	123,6°
7.10.2020	19:20:00	Juno 12° nördlich Merkur	22,2°
8.10.2020	01:15:25	Mond 5,9° südlich Elnath	111,3°
8.10.2020	01:29:48	Mond im aufsteigenden Knoten	
8.10.2020	22:47:43	Mond 1,2° nördlich Eta Geminorum	102,1°
9.10.2020	02:38:16	Mond 1,5° nördlich Mü Geminorum	100,3°
9.10.2020	10:14:38	Merkur in größter Südbreite	
9.10.2020	10:57:36	Mond 7,6° nördlich Alhena	96,8°
9.10.2020	13:36:17	Mond 1,2° südlich Epsilon Geminorum	95,9°
10.10.2020	01:39:38	Letztes Viertel	
10.10.2020	11:21:04	Mond 8,3° südlich Kastor	85,2°
10.10.2020	15:40:02	Mond 4,9° südlich Pollux	83,1°
11.10.2020	15:00:21	Mond 1,5° nördlich M44	70,9°
12.10.2020	22:02:51	Mond 1,5° nördlich Vesta	53,7°
13.10.2020	02:21:34	Mond 3,9° nördlich Regulus	49,4°
13.10.2020	23:02:52	Pallas 31,6° nördlich Nunki	81,8°
14.10.2020	00:13:24	Mond 3,65° nördlich Venus	38,0°
14.10.2020	00:25:35	Marsopposition	
14.10.2020	05:30:59	Merkur stationär, dann rückläufig	
14.10.2020	09:14:07	Juno 12° nördlich Merkur	18,3°
14.10.2020	17:33:01	Mond in größter Nordbreite	
15.10.2020	22:21:17	Mond 1,8° nördlich Porrima	11,9°
16.10.2020	17:59:41	Mond 5,9° nördlich Spika	2,5°
16.10.2020	20:31:12	Neumond	4,3°
17.10.2020	00:46:55	Mond in Erdnähe	
17.10.2020	20:35:34	Mond 5,8° nördlich Merkur	14,8°
17.10.2020	23:23:20	Mond 5,8° südlich Juno	16,2°
18.10.2020	04:15:15	Mond 2,2° nördlich Zuben-el-dschenubi	19,1°
19.10.2020	10:11:05	Mond 3,9' südlich Akrab	36,3°
19.10.2020	21:45:58	Mond 4,9° nördlich Antares	42,9°
20.10.2020	12:39:59	Vesta 2,3° nördlich Regulus	57,0°

Datum	Uhrzeit	Ereignis	Elongation
20.10.2020	16:53:41	Mond im absteigenden Knoten	
22.10.2020	05:58:36	Mond 1,2° nördlich Nunki	73,5°
22.10.2020	08:05:27	Mond 29,3° südlich Pallas	74,5°
22.10.2020	18:23:04	Mond 2,9° südlich Jupiter	79,9°
23.10.2020	00:18:27	Mond 2,1° südlich Pluto	82,6°
23.10.2020	05:01:25	Mond 3° südlich Saturn	85,3°
23.10.2020	11:05:46	Ceres stationär, dann rechtläufig	
23.10.2020	14:23:08	Erstes Viertel	
23.10.2020	17:27:52	Mond 9,1° südlich Beta Capricorni	91,5°
25.10.2020	08:46:21	Mond 2,6° südlich Delta Capricorni	110,6°
25.10.2020	19:23:11	Merkur in unterer Konjunktion zur Sonne	-55'
26.10.2020	03:29:19	Mond 8,4° nördlich Ceres	114,9°
27.10.2020	07:46:33	Mond 4,8° südlich Neptun	132,5°
27.10.2020	16:00:15	Mond in größter Südbreite	
28.10.2020	11:48:32	Merkur im aufsteigenden Knoten	
29.10.2020	06:47:20	Juno 8,1° nördlich Zuben-el-dschenubi	9,5°
29.10.2020	16:04:00	Mond 3,9° südlich Mars	157,9°
30.10.2020	20:01:49	Mond in Erdferne	
31.10.2020	00:12:14	Venus im Perihel	
31.10.2020	05:37:43	Mond 15,1° südlich Hamal	169,6°
31.10.2020	13:26:01	Mond 4,05° südlich Uranus	176,3°
31.10.2020	15:49:22	Vollmond	
31.10.2020	16:52:18	Uranusopposition	

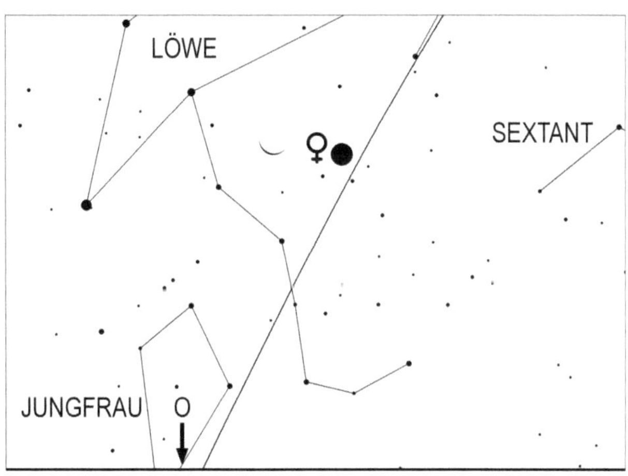

Mond und Venus am Morgen des 14.10.2020 um 5 Uhr MEZ (6 Uhr MESZ)

141

Planeten

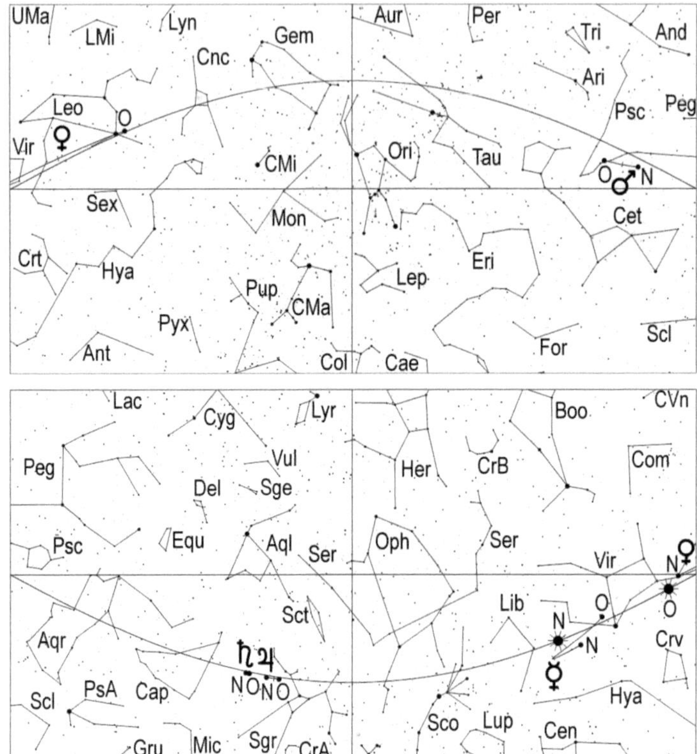

Merkur erreicht am 1. seine größte östliche Elongation mit 25,8°. Er kann aber in Mitteleuropa nicht freiäugig beobachtet werden, da es, wenn er an diesen Tag um 18.31 Uhr MEZ (19.31 Uhr MESZ) unter dem Horizont verschwindet, noch helle Dämmerung ist, weil die Sonne erst um 18.02 Uhr MEZ (19.02 Uhr MESZ) untergeht.
Am 14. wird der flinke Planet rückläufig und strebt der Sonne entgegen, mit der er am 25. in unterer Konjunktion steht.

Venus ist weiterhin Morgenstern und wandert durch die Sternbilder Löwe und Jungfrau. Hierbei passiert sie am 3. den hellsten Stern dieses Sternbildes, Regulus, in nur 5,4' südlichem Abstand.
Ihr Aufgang erfolgt am 1. um 2.39 Uhr MEZ (3.39 Uhr MESZ), am 15. um 3.14 Uhr MEZ (4.14 Uhr MESZ) und am 31. um 3.57 Uhr MEZ.(4.57 Uhr MESZ). Ihre Helligkeit geht leicht von –4,1 mag auf –4,0 mag und ihr Scheibchendurchmesser

142

von 15,6" auf 13,2" zurück. Dafür nimmt der beleuchtete Anteil des Venusscheib-
chens von 81% auf 91% zu. Am Morgen des 14. zieht der Mond 3,65° nördlich an
Venus vorbei (siehe Seite 141).

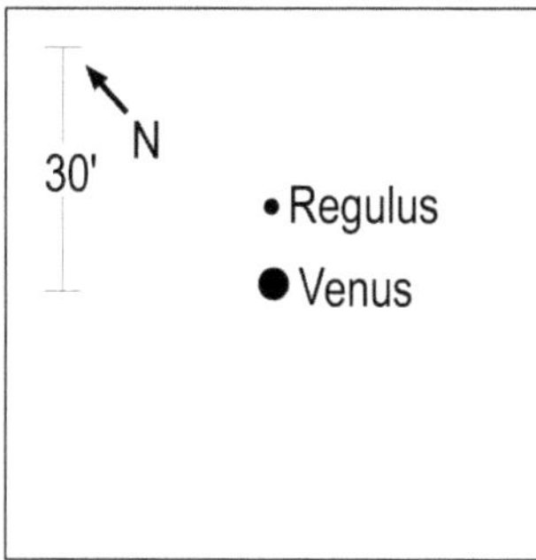

Anblick der Konjunktion zwischen Venus und Regulus
am 3.10.2020 um 4 Uhr MEZ (5 Uhr MESZ)

Mars steht am 14. in Opposition zur Sonne und ist somit in diesem Monat optimal zu
beobachten. Er durchläuft rückläufig das Sternbild Fische und ist während der
ganzen Nacht zu sehen. Seine Helligkeit beträgt am Oppositionstag –2,6 mag.
Wegen seiner Bahnexzentrizität erreicht er schon am 6. seine geringste Entfernung
zur Erde mit 62,07 Millionen Kilometern (0,41492 AE). Sein Scheibchendurchmesser
beträgt an diesem Tag 22,56".
Für Fernrohrbeobachter in nördlichen gemäßigten Breiten ist diese Opposition eine
der besten überhaupt: zwar erreichte der rote Planet bei seiner letzten Opposition
2018 eine geringere Distanz zur Erde, allerdings steht er diesmal mit einer Höhe von
bis zu 46° bedeutend höher über dem Horizont, was weniger Probleme mit der Luftunruhe beim Erkennen von Details bedeutet.
Bis zum Monatsende geht seine Helligkeit auf –2,2 mag zurück und sein Scheibchendurchmesser schrumpft auf 20,2".Am 31. versinkt Mars schon vor Ende der
astronomischen Dämmerung um 5.15 Uhr MEZ (6.15 Uhr MESZ) unter dem
Horizont.
Am 3.10. zieht der Mond 1,15° südlich am roten Planeten vorbei.

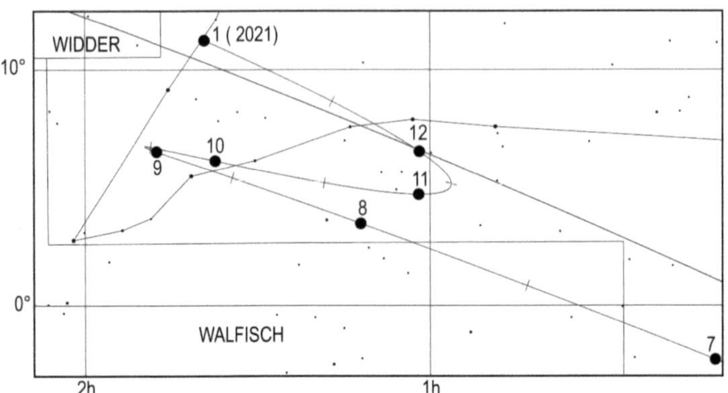

Lauf des Planeten Mars während der Oppositionsperiode im Jahr 2020. Die Zahl gibt die Position zum 1. des entsprechenden Monats an, also 9 die Position am 1.9.

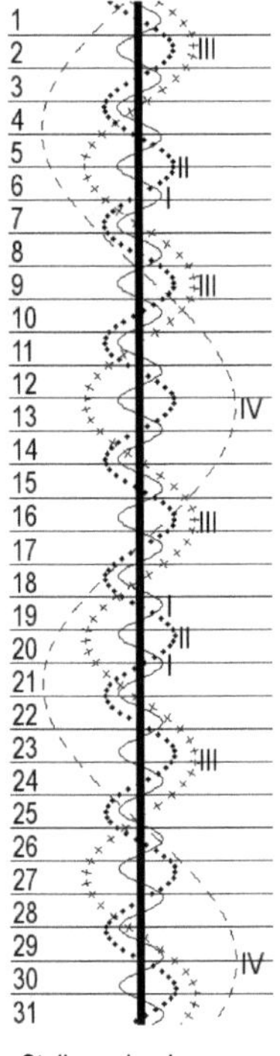

Stellung der 4 hellen Jupiter- monde im Oktober 2020

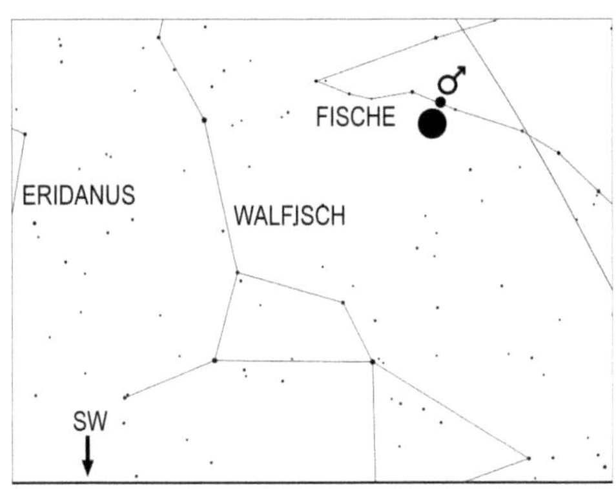

Mond und Mars am 3.10.2018 um 5 Uhr MEZ (6 Uhr MESZ)

Jupiter, rechtläufig im Schütze, wird zum Planeten der frühen Abendstunden. Er versinkt am 1. um 23.03 Uhr MEZ (0.03 Uhr MESZ), am 15. um 22.13 Uhr MEZ (23.13 Uhr MESZ) und am 31. um 21.21 Uhr MEZ (22.21 Uhr MESZ) unter dem Horizont. Seine Helligkeit sinkt von –2,4 mag auf –2,2 mag und sein Scheibchendurchmesser von 40,4" auf 36,9". Am Abend des 22. steht der Mond 2,9° südlich des Riesenplaneten (siehe Seite 151).

Saturn, ebenfalls rechtläufig im Sternbild Schütze, geht zu Monatsbeginn um 23.42 Uhr MEZ (0.42 Uhr MESZ), zur Monatsmitte um 22.48 Uhr MEZ (23.48 Uhr MESZ) und am

144

Monatsende um 21.49 Uhr MEZ (22.49 Uhr MESZ) unter. Seine Helligkeit geht von 0,5 mag auf 0,6 mag zurück und sein Scheibchendurchmesser schrumpft von 17,2" auf 16,4"

Uranus erreicht am 31.10. im Sternbild Widder seine Opposition zur Sonne. Der 5,7 mag helle Planet, der am 1. um 18.56 Uhr MEZ (19.56 Uhr MESZ) und am 15. um 18.00 Uhr MEZ (19.00 Uhr MESZ) aufgeht, kann am besten um Mitternacht beobachtet werden. Ein einfaches Fernglas genügt zur Beobachtung, vielleicht ist er sogar mit bloßem Auge als schwacher Stern erkennbar.
Zum Aufsuchen und zur Identifikation ist die Sternkarte auf Seite 147 zu verwenden. Er erscheint im Feldstecher als Stern und zeigt sich in größeren Fernrohren als ein kleines, grünliches, strukturloses Scheibchen mit 3,7" Durchmesser.

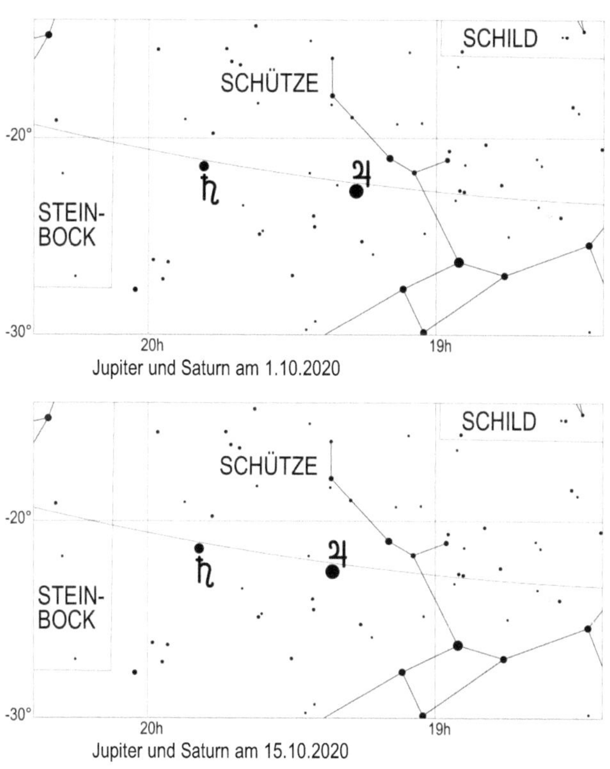

Jupiter und Saturn am 1.10.2020

Jupiter und Saturn am 15.10.2020

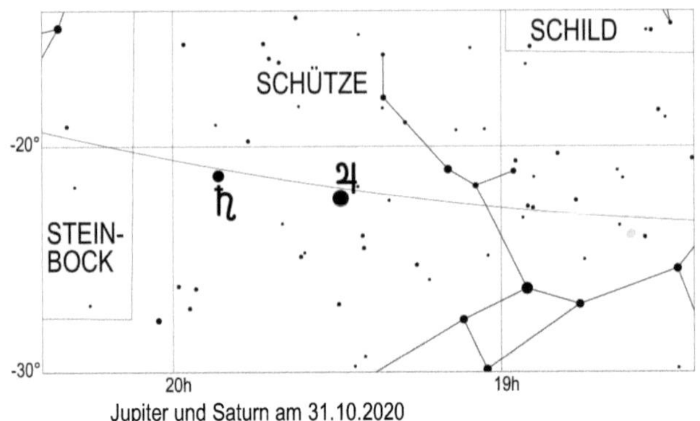

Jupiter und Saturn am 31.10.2020

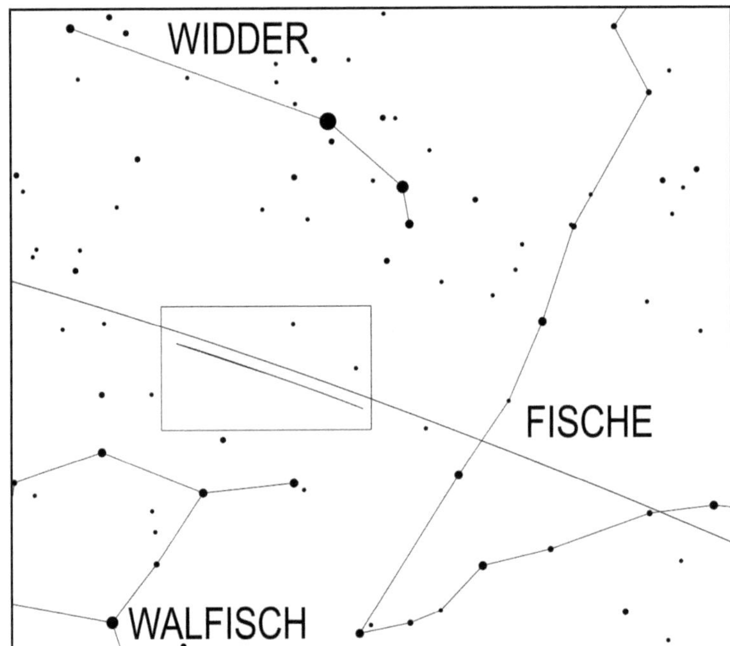

Übersichtskarte zum Aufsuchen des Planeten Uranus. Die nächste Sternkarte zeigt vergrößert den rechteckigen Ausschnitt

146

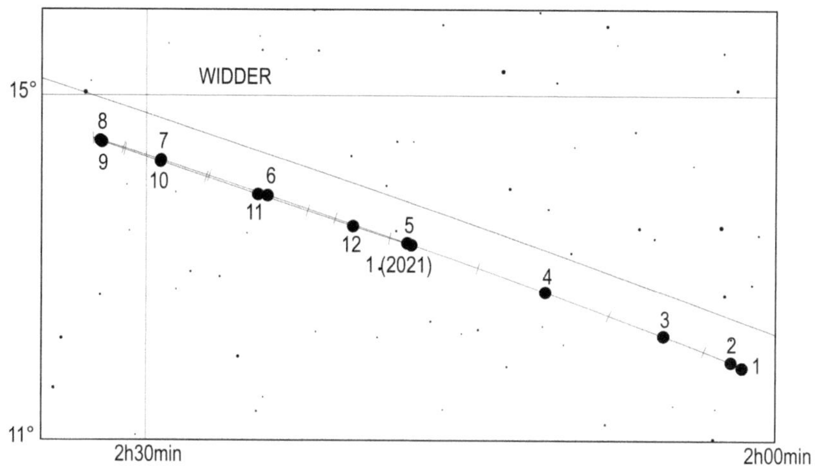

Lauf des Planeten Uranus im Jahr 2020. Die Zahl gibt die Position zum 1. des entsprechenden Monats an, also 4 die Position am 1.4.

Neptun im Sternbild Wassermann, kann mit Hilfe eines Fernglases oder Fernrohr (Aufsuchkarte, Seite 132) abends beobachtet werden.

Zu Monatsbeginn erreicht er seinen höchsten Stand um 23.01 Uhr MEZ (0.01 Uhr MESZ) und geht um 4.42 Uhr MEZ (5.42 Uhr MESZ) unter. Zur Monatsmitte erfolgt dies um 22.05 Uhr (23.05 Uhr MESZ) bzw. um 3.45 Uhr (4.45 Uhr MESZ) und am Monatsende um 21.01 Uhr MEZ (22.01 Uhr MESZ) bzw. 2.40 Uhr MEZ (3.40 Uhr MESZ).

Klein- und Zwergplaneten

Ceres wandert vom Südlichen Fisch in den Wassermann und beendet am 23. ihre Oppositionsschleife. Ceres, deren Helligkeit von 8,2 mag auf 8,7 mag zurückgeht, kann am besten zu ihrer Kulminination mit einem Fernrohr aufgesucht werden, wobei sie eine Höhe von 15° - 17° erreicht. Diese erfolgt am 1. um 22.09 Uhr MEZ (23.09 Uhr MESZ), am 15. um 21.10 Uhr MEZ (22.10 Uhr MESZ) und am 31. um 20.06 Uhr MEZ (21.06 Uhr MESZ). Ihr Untergang verfrüht sich von 2 Uhr MEZ (3 Uhr MESZ) am 1., auf 1.03 Uhr MEZ (2.03 Uhr MESZ) am 15. und auf 0.07 Uhr MEZ (1.07 Uhr MESZ) am 31. (Aufsuchkarte, Seite 120).

Pallas durchwandert die Sternbilder Adler und Schlange und geht am 1. um 1.11 Uhr MEZ (2.11 Uhr MESZ), am 15. um 0.14 Uhr MEZ (1.14 Uhr MESZ) und am 31. um 23.10 Uhr MEZ (0.10 Uhr MESZ) unter. Ihre Helligkeit geht von 10,3 mag auf 10,5 mag zurück. Sie kann am besten zum Ende der Abenddämmerung aufgesucht

147

werden, wofür ein größeres Fernrohr - ab 10 cm Objektivdurchmesser - eingesetzt
werden sollte (Aufsuchkarten, Seite 106 und Seite 173).

Juno ist in diesem Monat nicht zu sehen.

Vesta, rechtläufig im Löwen, geht am 1. um 1.56 Uhr MEZ (2.56 Uhr MESZ), am 15.
um 1.32 Uhr MEZ (2.32 Uhr MESZ) und am 31. um 1.02 Uhr MEZ (2.02 Uhr MESZ)
auf. Ihre Helligkeit steigt von 8,3 mag auf 8,2 mag. Sie kann mit einem Fernrohr kurz
vor Beginn der Morgendämmerung aufgesucht werden (Aufsuchkarten, Seite 133
und Seite 173).
Am 20. passiert sie Regulus in 2,3° nördlichem Abstand.

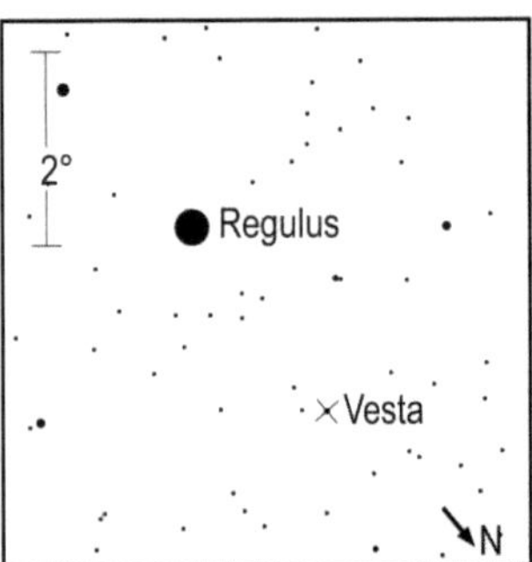

Anblick der Konjunktion zwischen Vesta und Regulus (der mit einem Kreuz markierte
Stern) am 20.10.2020 um 5 Uhr MEZ (6 Uhr MESZ) im umkehrenden Fernrohr

Pluto, im Ostteil des Schützen, beendet am 4. seine Oppositionsschleife, weshalb er
in diesem Monat erwähnt wird. Er ist mit einer Helligkeit von 14,3 mag nur in
Fernrohren mit mindestens 30 cm Durchmesser sichtbar (Aufsuchkarte, Seite 108).

Periodische Sternschnuppenströme

Vom 2.10. bis zum 16.10. kann man die Draconiden beobachten, die ihr Maximum
am 8.10. um 14 Uhr erreichen. Ihre maximale Rate beträgt etwa 11 Meteore pro
Stunde, doch gab es in der Vergangenheit, wie 1933, Ausbrüche mit bis zu 10000
Meteoren pro Stunde. Die Draconiden sind die ganze Nacht über zu sehen, doch
stört 2020 der abnehmende Mond ab den späten Abendstunden.
Die Delta-Aurigiden erreichen am 4.10. ihr Maximum mit bis zu 1,5 Meteoren pro
Stunde. Der Strom ist bis zum 18. aktiv.
Zwischen dem 2.10. und dem 7.11. treten die Orioniden auf, welche am 21. um 22
Uhr ihr Maximum mit bis zu 10 Meteoren pro Stunde erreichen.
Die Orioniden gehören zu den sehr schnellen Meteoren.
Ein weiterer, allerdings schwacher Meteorstrom sind die Epsilon Geminiden, die
zwischen den 14.10. und 27.10. auftreten und ihr Maximum am 19.10. um 7 Uhr mit

148

bis zu 1,6 Meteoren pro Stunde erreichen.
Ferner können während des ganzen Monats Meteore der Nord- und der Süd-
Tauriden beobachtet werden.

Sonnenuntergang und Dämmerung

	Astr. Anf.	Naut. Anf.	Bürg. Anf.	Auf- gang	Kulm.	Unter- gang	Bürg. Ende	Naut. Ende	Astr. Ende	Zeitgl.
1.10.2020	4:36	5:15	5:52	6:24	12:14	18:02	18:34	19:11	19:50	-10m20s
2.10.2020	4:38	5:16	5:54	6:26	12:13	17:59	18:31	19:09	19:47	-10m39s
3.10.2020	4:39	5:18	5:55	6:27	12:13	17:57	18:29	19:07	19:45	-10m58s
4.10.2020	4:41	5:20	5:57	6:29	12:13	17:55	18:27	19:05	19:43	-11m17s
5.10.2020	4:43	5:21	5:58	6:30	12:12	17:53	18:25	19:03	19:41	-11m35s
6.10.2020	4:44	5:23	6:00	6:32	12:12	17:51	18:23	19:00	19:39	-11m53s
7.10.2020	4:46	5:24	6:01	6:34	12:12	17:49	18:21	18:58	19:36	-12m11s
8.10.2020	4:48	5:26	6:03	6:35	12:11	17:47	18:19	18:56	19:34	-12m28s
9.10.2020	4:49	5:27	6:04	6:37	12:11	17:45	18:17	18:54	19:32	-12m45s
10.10.2020	4:51	5:29	6:06	6:38	12:11	17:43	18:15	18:52	19:30	-13m01s
11.10.2020	4:52	5:30	6:08	6:40	12:11	17:41	18:13	18:50	19:28	-13m16s
12.10.2020	4:54	5:32	6:09	6:41	12:10	17:39	18:11	18:48	19:26	-13m32s
13.10.2020	4:56	5:34	6:11	6:43	12:10	17:36	18:09	18:46	19:24	-13m46s
14.10.2020	4:57	5:35	6:12	6:45	12:10	17:34	18:07	18:44	19:22	-14m00s
15.10.2020	4:59	5:37	6:14	6:46	12:10	17:32	18:05	18:42	19:20	-14m14s
16.10.2020	5:00	5:38	6:15	6:48	12:09	17:30	18:03	18:40	19:18	-14m27s
17.10.2020	5:02	5:40	6:17	6:50	12:09	17:28	18:01	18:38	19:16	-14m39s
18.10.2020	5:04	5:41	6:18	6:51	12:09	17:26	17:59	18:36	19:14	-14m51s
19.10.2020	5:05	5:43	6:20	6:53	12:09	17:24	17:57	18:34	19:12	-15m02s
20.10.2020	5:07	5:44	6:21	6:54	12:09	17:22	17:55	18:32	19:10	-15m13s
21.10.2020	5:08	5:46	6:23	6:56	12:09	17:20	17:53	18:31	19:08	-15m23s
22.10.2020	5:10	5:47	6:24	6:58	12:08	17:19	17:52	18:29	19:06	-15m32s
23.10.2020	5:11	5:49	6:26	6:59	12:08	17:17	17:50	18:27	19:05	-15m41s
24.10.2020	5:13	5:50	6:28	7:01	12:08	17:15	17:48	18:25	19:03	-15m48s
25.10.2020	5:14	5:52	6:29	7:03	12:08	17:13	17:46	18:23	19:01	-15m56s
26.10.2020	5:16	5:53	6:31	7:04	12:08	17:11	17:44	18:22	18:59	-16m02s
27.10.2020	5:17	5:55	6:32	7:06	12:08	17:09	17:43	18:20	18:58	-16m08s
28.10.2020	5:19	5:56	6:34	7:08	12:08	17:07	17:41	18:18	18:56	-16m13s
29.10.2020	5:20	5:58	6:35	7:09	12:08	17:05	17:39	18:17	18:54	-16m18s
30.10.2020	5:22	5:59	6:37	7:11	12:08	17:04	17:38	18:15	18:53	-16m21s
31.10.2020	5:23	6:01	6:38	7:13	12:08	17:02	17:36	18:14	18:51	-16m24s

Mondlauf

	Rektaszension	Deklination	Elong.	Phase	mag	Auf- gang	Kulm.	Unter- gang
1.10.2020	0h00m50,1s	-6°04'45"	168,7°	0,99 ○	-12,3	18:23		5:33
2.10.2020	0h44m50,6s	-1°06'35"	175,1°	1	-12,5	18:39	0:25	6:39
3.10.2020	1h28m31,4s	3°51'06"	167,4°	0,99	-12,3	18:56	1:05	7:45
4.10.2020	2h12m36,9s	8°38'09"	157,1°	0,96	-12,0	19:14	1:46	8:50

	Rektaszension	Deklination	Elong.	Phase	mag	Auf-gang	Kulm.	Unter-gang
5.10.2020	2h57m48,8s	13°04'22"	146,4°	0,92	-11,8	19:35	2:29	9:57
6.10.2020	3h44m43,7s	16°59'18"	135,6°	0,86	-11,5	20:00	3:13	11:04
7.10.2020	4h33m48,7s	20°12'05"	124,7°	0,78	-11,2	20:32	3:59	12:09
8.10.2020	5h25m16,2s	22°31'36"	113,7°	0,7	-10,9	21:13	4:48	13:13
9.10.2020	6h18m58,2s	23°47'08"	102,4°	0,61	-10,5	22:05	5:40	14:10
10.10.2020	7h14m24,5s	23°49'44"	90,8°	0,51 ☽	-10,1	23:07	6:34	14:59
11.10.2020	8h10m48,0s	22°33'47"	78,9°	0,4	-9,7		7:29	15:40
12.10.2020	9h07m18,2s	19°58'25"	66,5°	0,3	-9,1	0:19	8:24	16:13
13.10.2020	10h03m17,0s	16°08'29"	53,7°	0,2	-8,5	1:39	9:18	16:40
14.10.2020	10h58m29,3s	11°14'27"	40,5°	0,12	-7,7	3:01	10:11	17:04
15.10.2020	11h53m05,2s	5°32'08"	26,8°	0,05	-6,7	4:25	11:04	17:26
16.10.2020	12h47m35,5s	-0°38'04"	13,1°	0,01 ●	-5,4	5:52	11:57	17:47
17.10.2020	13h42m42,1s	-6°52'17"	4,7°	0	-4,5	7:19	12:51	18:10
18.10.2020	14h39m06,1s	-12°44'43"	16,7°	0,02	-5,7	8:46	13:47	18:36
19.10.2020	15h37m13,9s	-17°49'59"	30,5°	0,07	-6,9	10:13	14:46	19:09
20.10.2020	16h37m02,9s	-21°46'07"	44,2°	0,14	-7,9	11:36	15:45	19:50
21.10.2020	17h37m52,3s	-24°17'36"	57,5°	0,23	-8,7	12:48	16:45	20:40
22.10.2020	18h38m29,2s	-25°17'45"	70,3°	0,33	-9,3	13:47	17:43	21:41
23.10.2020	19h37m29,9s	-24°49'04"	82,8°	0,44 ☽	-9,8	14:33	18:38	22:48
24.10.2020	20h33m48,2s	-23°01'25"	94,8°	0,54	-10,3	15:08	19:29	23:58
25.10.2020	21h26m51,9s	-20°08'40"	106,4°	0,64	-10,6	15:35	20:17	
26.10.2020	22h16m44,0s	-16°25'37"	117,8°	0,73	-11,0	15:56	21:01	1:08
27.10.2020	23h03m52,6s	-12°06'06"	128,9°	0,81	-11,3	16:14	21:43	2:16
28.10.2020	23h49m00,0s	-7°22'22"	139,9°	0,88	-11,6	16:31	22:24	3:24
29.10.2020	0h32m53,6s	-2°25'20"	150,7°	0,94	-11,9	16:47	23:04	4:29
30.10.2020	1h16m22,1s	2°34'50"	161,4°	0,97	-12,2	17:03	23:45	5:36
31.10.2020	2h00m12,3s	7°28'11"	171,8°	1 ○	-12,4	17:20		6:41

Jupitermond-Ereignisse

Datum	Uhrzeit (MEZ)	Mond	Erscheinung	Phase
2.10.2020	19:56:03	Io	Bedeckung	Anfang
3.10.2020	18:35:45	Io	Schattenvorübergang	Anfang
3.10.2020	19:33:33	Io	Durchgang	Ende
3.10.2020	20:52:48	Io	Schattenvorübergang	Ende
6.10.2020	18:57:05	Europa	Durchgang	Anfang
6.10.2020	21:35:22	Europa	Schattenvorübergang	Anfang
6.10.2020	21:45:49	Europa	Durchgang	Ende
7.10.2020	19:40:46	Ganymed	Bedeckung	Ende
7.10.2020	21:35:57	Ganymed	Verfinsterung	Anfang
8.10.2020	19:36:07	Europa	Verfinsterung	Ende
10.10.2020	19:11:54	Io	Durchgang	Anfang
10.10.2020	20:31:07	Io	Schattenvorübergang	Anfang
10.10.2020	21:28:28	Io	Durchgang	Ende
11.10.2020	19:56:24	Io	Verfinsterung	Ende
14.10.2020	20:19:33	Ganymed	Bedeckung	Anfang

Datum	Uhrzeit (MEZ)	Mond	Erscheinung	Phase
17.10.2020	20:13:02	Kallisto	Schattenvorübergang	Anfang
17.10.2020	21:07:48	Io	Durchgang	Anfang
18.10.2020	18:15:42	Io	Bedeckung	Anfang
18.10.2020	19:05:46	Ganymed	Schattenvorübergang	Ende
19.10.2020	17:53:30	Io	Durchgang	Ende
19.10.2020	19:12:18	Io	Schattenvorübergang	Ende
22.10.2020	19:23:14	Europa	Bedeckung	Anfang
24.10.2020	19:01:10	Europa	Schattenvorübergang	Ende
25.10.2020	17:49:01	Ganymed	Durchgang	Ende
25.10.2020	18:59:32	Kallisto	Bedeckung	Anfang
25.10.2020	19:36:20	Ganymed	Schattenvorübergang	Anfang
25.10.2020	20:12:42	Io	Bedeckung	Anfang
26.10.2020	17:33:56	Io	Durchgang	Anfang
26.10.2020	18:50:32	Io	Schattenvorübergang	Anfang
26.10.2020	19:50:31	Io	Durchgang	Ende
27.10.2020	18:16:26	Io	Verfinsterung	Ende
31.10.2020	18:46:26	Europa	Schattenvorübergang	Anfang
31.10.2020	19:05:13	Europa	Durchgang	Ende

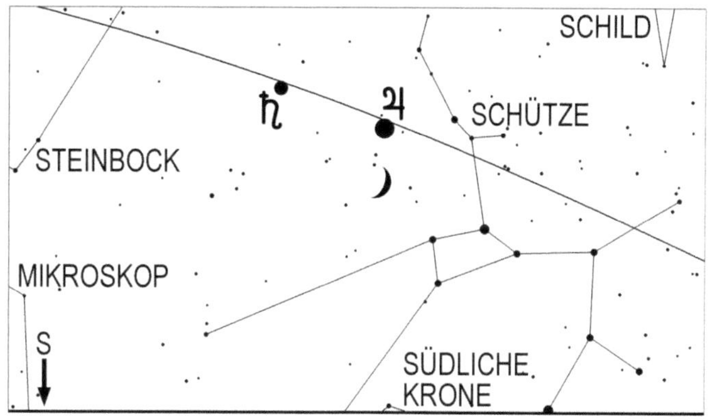

Mond, Jupiter und Saturn am Abend des 22.10.2020 um 19 Uhr MEZ (20 Uhr MESZ)

November

Sternenhimmel

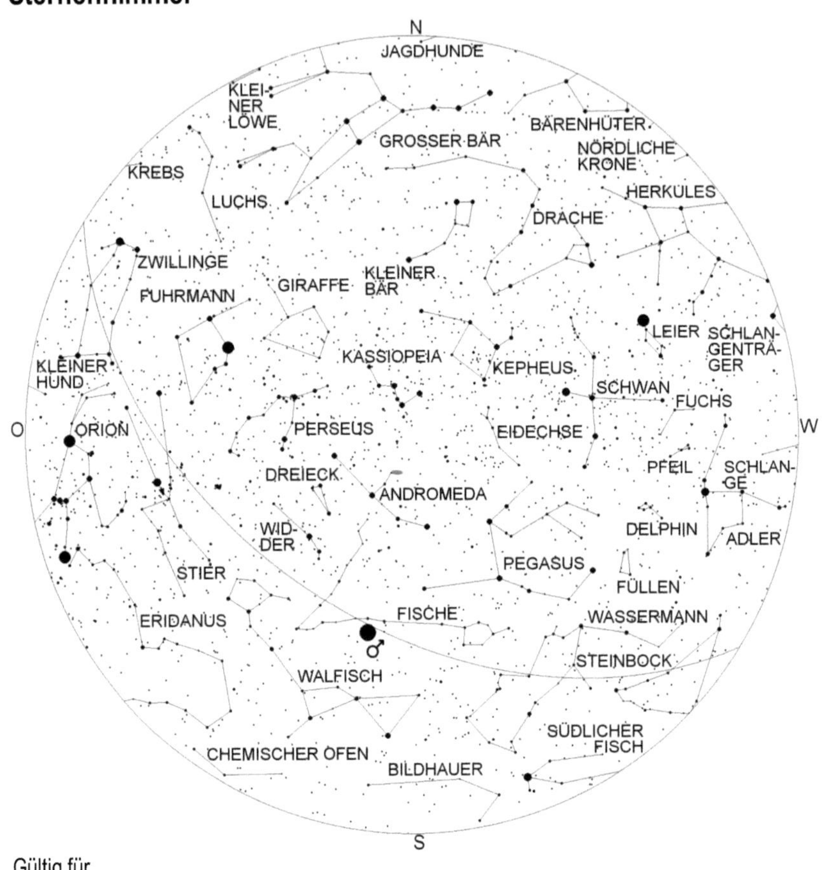

Gültig für

1.8. 4 Uhr	15.8. 3 Uhr
1.9. 2 Uhr	15.9. 1 Uhr
1.10. 0 Uhr	15.10. 23 Uhr
1.11. 22 Uhr	15.11. 21 Uhr
1.12. 20 Uhr	15.12. 19 Uhr
1.1. 18 Uhr	15.1. 17 Uhr

Noch immer wird der südliche Teil des Himmels von den überwiegend aus lichtschwachen Sternen bestehenden Konstellationen Steinbock, Wassermann, Fische, Südlicher Fisch, Bildhauer und Walfisch beherrscht, zu dem sich jetzt auch Teile des Eridanus gesellen. Über diesen findet man den Pegasus und die Andromeda. Der Andromedanebel kann jetzt sehr gut beobachtet werden. Er ist bei klarem Himmel schon freiäugig sichtbar, aber auf jedem Fall in einem Fernglas zu sehen. Auch der schon im kleinen Fernrohr trennbare Doppelstern Alamak, der sich am nordöstlichsten Ende der Sternfigur der Andromeda befindet, kann jetzt bestens beobachtet werden. Südlich der Andromeda findet man das Dreieck und den Widder. Im Widder gibt es auch einen Doppelstern, der schon mit kleinen Fernrohren aufgelöst werden kann und zwar Gamma (γ) Arietis. Er besteht aus zwei gleich hellen weißen Sternen.

Südwestlich des Widders befindet sich das ausgedehnte lichtschwache Tierkreissternbild der Fische, in dem sich zur Zeit unser äußerer Nachbarplanet, Mars, aufhält, der zur Zeit wesentlich heller ist als die hellsten Fixsterne.

Im Westen sieht man, dass der Adler schon kurz vor dem Untergang steht. Schlange und Schlangenträger sind schon fast vollständig untergegangen und auch der Herkules ist nur noch teilweise zu sehen. Tief im Norden erreicht jetzt der Große Wagen, der von den hellsten Sternen des Großen Bären gebildet wird, seinen niedrigsten Stand.

Im Osten bemerkt man, dass bereits einige der Wintersternbilder über dem Horizont erschienen sind. Stier und Zwillinge sind schon vollständig zu sehen. Der Orion ist schon zum größten Teil aufgegangen. Kleiner Hund und Krebs werden bald über dem Horizont erscheinen.

Astronomische Ereignisse im November

Datum	Uhrzeit	Ereignis	Elongation
2.11.2020	03:53:23	Merkur im Perihel	
2.11.2020	09:53:43	Mond 6,7° südlich der Plejaden	158,7°
3.11.2020	09:20:42	Merkur stationär, dann rechtläufig	
3.11.2020	09:39:00	Mond 4,05° nördlich Aldebaran	150,1°
4.11.2020	03:40:07	Mond im aufsteigenden Knoten	
4.11.2020	09:16:54	Mond 5,8° südlich Elnath	138,7°
5.11.2020	06:48:10	Mond 1,6° nördlich Eta Geminorum	129,0°
5.11.2020	10:37:54	Mond 1,5° nördlich Mü Geminorum	127,3°
5.11.2020	16:00:01	Mond 7,5° nördlich Alhena	123,7°
5.11.2020	18:10:11	Mond 1,15° südlich Epsilon Geminorum	122,8°
6.11.2020	01:37:22	Venus 1,2° südlich Porrima	33,2°
6.11.2020	16:49:30	Mond 8,4° südlich Kastor	112,9°
6.11.2020	20:31:37	Mond 4,6° südlich Pollux	110,9°
7.11.2020	20:23:57	Mond 1,8° nördlich M44	97,9°
8.11.2020	09:54:32	Juno in Konjunktion zur Sonne	8,4°
8.11.2020	14:46:15	Letztes Viertel	

Datum	Uhrzeit	Ereignis	Elongation
9.11.2020	12:58:35	Mond 3,8° nördlich Regulus	77,4°
10.11.2020	00:06:44	Mond 1,2° nördlich Vesta	71,2°
10.11.2020	18:29:37	Merkur in größter westlicher Elongation	19,1°
11.11.2020	00:54:07	Mond in größter Nordbreite	
12.11.2020	08:12:25	Mond 1,7° nördlich Porrima	39,5°
12.11.2020	10:00:00	Merkur in größter Nordbreite	
12.11.2020	22:24:51	Mond 2,4° nördlich Venus	31,7°
13.11.2020	02:50:01	Mond 6,5° nördlich Spika	27,1°
13.11.2020	17:18:44	Jupiter 42' nördlich Pluto	61,1°
13.11.2020	22:02:08	Mond 59' nördlich Merkur	18,7°
14.11.2020	12:43:18	Mond in Erdnähe	
14.11.2020	17:23:17	Mond 1,6° nördlich Zuben-el-dschenubi	7,2°
15.11.2020	01:04:43	Mond 6,6° südlich Juno	4,0°
15.11.2020	06:07:23	Neumond	2,4°
15.11.2020	14:38:27	Venus 4,1° nördlich Spika	29,4°
15.11.2020	20:24:32	Mars stationär, dann rechtläufig	
15.11.2020	22:44:40	Mond 7,95' südlich Akrab	9,8°
16.11.2020	01:38:55	Pallas im Aphel	
16.11.2020	06:28:23	Mond 5,1° nördlich Antares	14,3°
16.11.2020	08:36:58	Ceres in größter Südbreite	
17.11.2020	01:06:34	Mond im absteigenden Knoten	
18.11.2020	15:11:41	Mond 28' nördlich Nunki	46,1°
19.11.2020	04:25:39	Mond 26,1° südlich Pallas	53,2°
19.11.2020	07:36:22	Mond 2,3° südlich Pluto	54,9°
19.11.2020	08:53:44	Mond 3,1° südlich Jupiter	55,5°
19.11.2020	15:36:32	Mond 3,8° südlich Saturn	59,1°
20.11.2020	02:23:47	Mond 8,8° südlich Beta Capricorni	64,6°
21.11.2020	11:31:17	Venus in größter Nordbreite	
21.11.2020	15:05:39	Mond 3,2° südlich Delta Capricorni	82,9°
22.11.2020	03:33:47	Merkur 1,1° nördlich Zuben-el-dschenubi	14,9°
22.11.2020	05:45:12	Erstes Viertel	
22.11.2020	12:37:32	Mond 5,9° nördlich Ceres	91,3°
23.11.2020	11:53:00	Mond 5,4° südlich Neptun	104,1°
23.11.2020	20:33:43	Mond in größter Südbreite	
25.11.2020	20:38:52	Mond 5,6° südlich Mars	130,0°
27.11.2020	01:58:44	Mond in Erdferne	
27.11.2020	10:34:55	Mond 15,5° südlich Hamal	147,1°
27.11.2020	16:44:05	Mond 4,25° südlich Uranus	149,9°
28.11.2020	15:15:33	Pallas 23,1° nördlich Pluto	46,4°
28.11.2020	21:02:55	Juno 8,2° nördlich Merkur	11,8°
29.11.2020	10:01:20	Neptun stationär, dann rechtläufig	
29.11.2020	14:24:38	Mond 7° südlich der Plejaden	170,6°
30.11.2020	08:32:11	Halbschattenmondfinsternis, Eintritt Halbschatten	

154

Datum	Uhrzeit	Ereignis	Elongation
30.11.2020	10:29:53	Vollmond	
30.11.2020	10:43:34	Halbschattenmondfinsternis, Mitte der Finsternis, Größe: 0,85	
30.11.2020	12:54:56	Halbschattenmondfinsternis, Austritt Halbschatten	
30.11.2020	14:09:19	Mond 3,8° nördlich Aldebaran	175,8°

Planeten

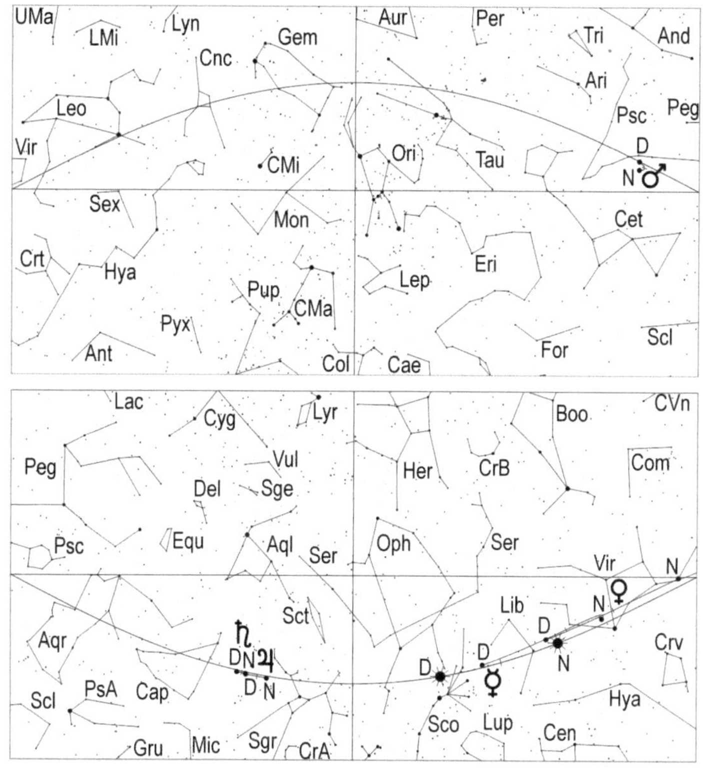

Merkur bietet im November die beste Morgensichtbarkeit des Jahres. Der flinke Planet kann erstmals am 2. in der Morgendämmerung tief im Südwesten erspäht werden. Er geht an diesem Tag um 5.54 Uhr MEZ auf und ist 1,1 mag hell.

Am nächsten Tag beendet er seine rückläufige Bewegung nordöstlich von Spika und wandert rechtläufig durch das Sternbild Jungfrau.

Sein Aufgang verfrüht sich bis zum 8. auf 5.36 Uhr MEZ, wobei seine Helligkeit auf

–0,3 mag anwächst. Zwei Tage später erreicht er mit 19,1° seine größte westliche Elongation zur Sonne. Er ist an diesem Tag –0,5 mag hell und geht um 5.38 Uhr MEZ auf. In den folgenden Tagen erscheint Merkur immer später über dem Horizont, wobei seine Helligkeit auf –0,7 mag ansteigt: er steigt am 15. um 5.50 Uhr MEZ, am 20. um 6.11 Uhr MEZ und am 25. um 6.35 Uhr MEZ über dem Horizont. Am 22. passiert Merkur Zuben-el-dschenubi in 1,1° nördlichem Abstand, wobei dieser nur mit einem Fernglas in der Morgendämmerung erkannt werden kann. Die letzte Möglichkeit, Merkur in der Morgendämmerung zu erblicken, dürfte sich am 27. bieten. Er geht an diesem Tag um 6.45 Uhr MEZ auf.

Im Fernrohr zeigt sich Merkur zu Beginn der Morgendämmerung am 2. als schmale Sichel mit 8,8" Durchmesser, die in den folgenden Tagen rasch zunimmt, wobei der Scheibchendurchmesser schrumpft. Am 8. ist die Halbphase (Dichotomie) bei einem Scheibchendurchmesser von 7,2" erreicht. Der Scheibchendurchmesser nimmt von 6,1" am 15., auf 5,6" am 20. und auf 5,1" am 27. ab, während der beleuchtete Anteil Merkurs von 83% am 15., auf 94% am 20. und auf 99% am 27. anwächst, womit er am Ende der Morgensichtbarkeit eine Phase erreicht, wie der Mond 2 Tage nach Vollmond.

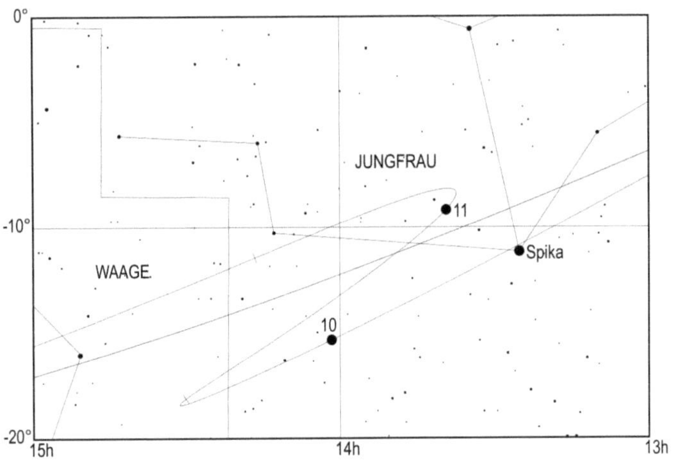

Lauf des Planeten Merkur von September bis November 2020. Die Zahl gibt die Position zum 1. des entsprechenden Monats an, also 11 die Position am 1.11.

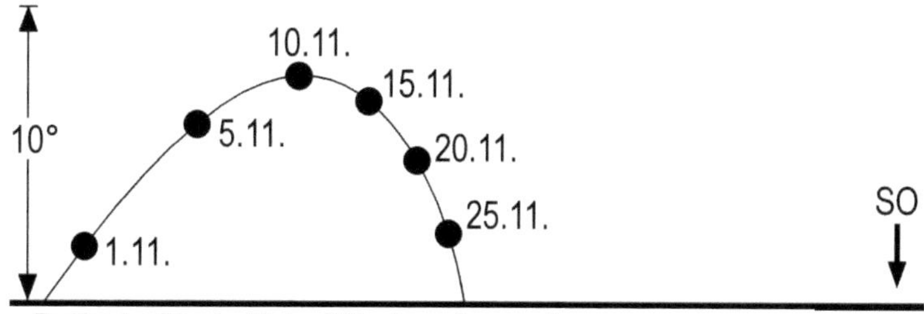

Position des Planeten Merkur 1 Stunde vor Sonnenaufgang

Venus durchwandert im November rechtläufig das Sternbild Jungfrau. Der –4,0 mag helle Nachbarplanet geht am 1. um 4 Uhr MEZ, am 15. um 4.39 Uhr MEZ und am 30. um 5.24 Uhr MEZ auf.

Am 6. zieht sie 1,2° südlich an Porrima und am 15. 4,1° nördlich an Spika vorbei. Ihr Scheibchendurchmesser nimmt von 13,1" auf 11,7" ab, während ihr Beleuchtungsgrad von 92% auf 97% zunimmt.

In den Morgenstunden des 13. befindet sich der Mond zwischen Merkur und Venus, nachdem er in den späten Abendstunden des Vortags 2,4° nördlich an Venus vorbeizog.

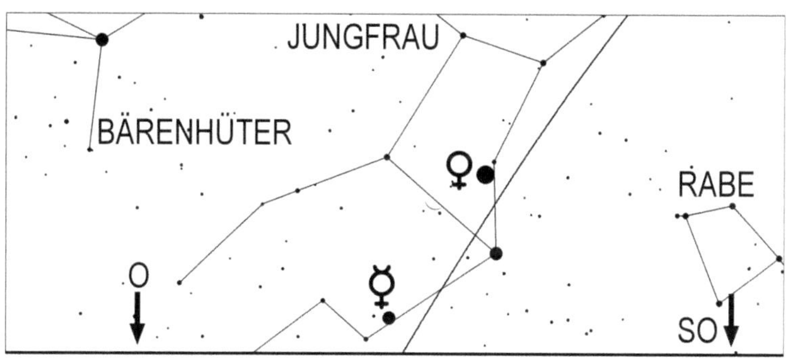

Merkur, Venus und abnehmender Mond am 13.11.2020 um 6 Uhr MEZ

Mars, der im Vormonat im Sternbild Fische in Opposition zur Sonne stand, beendet am 15. seine Oppositionsschleife und bewegt sich dann wieder rechtläufig über den Himmel.

Der rote Planet zieht sich vom Morgenhimmel zurück, denn sein Untergang verfrüht sich von 5.10 Uhr MEZ am 1., auf 4.11 Uhr MEZ am 15. und auf 3.24 Uhr MEZ am 30. Seine Helligkeit geht im Laufe des Monats von –2,1 mag auf –1,2 mag zurück, auch schrumpft sein Scheibchendurchmesser von 20,1" auf 14,8". Für Fernrohrbeobachtungen sind die späten Abendstunden die beste Zeit, weil er dann seine größte Höhe mit 45° über dem Horizont erreicht.

157

Im Fernrohr erscheint Mars zu Monatsbeginn noch kreisrund, zu Monatsende wie der Mond 3 Tage vor Vollmond. Am Abend des 25. steht der Mond 5,6° südlich von Mars (siehe Seite 164)

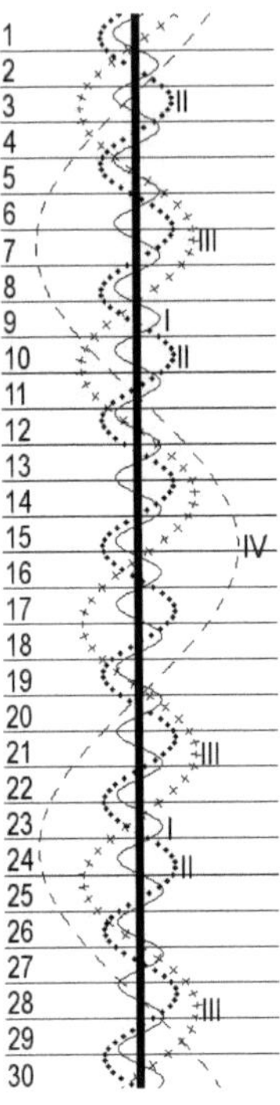

Stellung der 4 hellen Jupitermonde im November 2020

Jupiter, rechtläufig im Schützen, ist Planet des frühen Abendhimmels. Er nähert sich im Laufe des Monats immer mehr den Planeten Saturn und ist nach Einbruch der Dunkelheit im Südwesten zu finden. Sein Untergang erfolgt am 1. um 21.18 Uhr MEZ, am 15. um 20.34 Uhr MEZ und am 30. um 19.50 Uhr MEZ.
Seine Helligkeit nimmt von –2,2 mag auf –2,0 mag ab und sein Scheibchen schrumpft von 36,9" auf 34,4"

Saturn, ebenfalls rechtläufig im Sternbild Schütze, geht ebenfalls immer früher unter. Sein Abstand zu Jupiter schrumpft im Laufe des Monats zusehends. Der Ringplanet versinkt am Monatsersten um 21.45 Uhr MEZ, zur Monatsmitte um 20.55 Uhr MEZ und am Monatsletzten um 20.02 Uhr MEZ unter dem Horizont. Seine Helligkeit beträgt 0,6 mag und der Öffnungswinkel des Saturnrings 22°. Am 19. passiert der Mond Jupiter und Saturn (siehe Seite 164)

Uranus, der am letzten Tag des Vormonats in Opposition zur Sonne stand, kann mit einem Fernglas oder Fernrohr (Aufsuchkarte, Seite 147) am besten in den späten Abendstunden im Sternbild Widder aufgesucht werden. Er erreicht seinen höchsten Stand am 15. um 23.06 Uhr MEZ und am 30. um 22.05 Uhr MEZ und versinkt am 15. um 6.20 Uhr MEZ und am 30. um 5.18 Uhr MEZ unter dem Horizont.

Neptun kann mit einem Fernglas oder Fernrohr im Sternbild Wassermann beobachtet werden (Aufsuchkarte, Seite 132). Er kulminiert am 1. um 20.57 Uhr MEZ, am 15. um 20.01 Uhr MEZ und am 30. um 19.02 Uhr MEZ und geht am 1. um 2.36 Uhr MEZ, am 15. um 1.41 Uhr MEZ und am 30. um 0.41 Uhr MEZ unter.

158

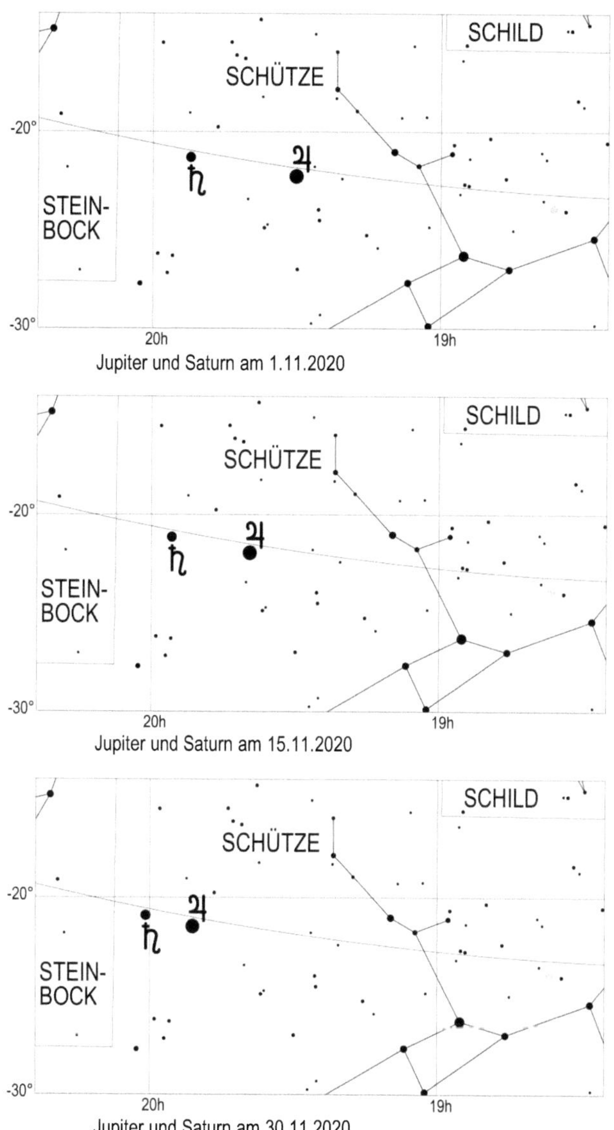

Jupiter und Saturn am 1.11.2020

Jupiter und Saturn am 15.11.2020

Jupiter und Saturn am 30.11.2020

Klein- und Zwergplaneten

Ceres, wieder rechtläufig im Sternbild Wassermann, kann nach Ende der Abenddämmerung mit einem Fernrohr aufgesucht werden (Aufsuchkarte, Seite 120). Ihre Kulmination, bei der sie eine Höhe von 17° bis 20° über dem Horizont erreicht, erfolgt am 1. um 20.03 Uhr MEZ, am 15. um 19.12 Uhr MEZ und am 30. um 18.20 Uhr MEZ. Sie geht am 1. um 0.04 Uhr MEZ, am 15. um 23.19 Uhr MEZ und am 30. um 22.40 Uhr MEZ unter. Im Laufe des Monats geht ihre Helligkeit von 8,7 mag auf 9,0 mag zurück.

Pallas durchwandert das Sternbild Adler und geht am 1. um 23.07 Uhr MEZ, am 15. um 22.19 Uhr MEZ und am 30. um 21.32 Uhr MEZ unter. Der Kleinplanet, dessen Helligkeit von 10,5 mag auf 10,6 mag zurückgeht, kann mit einem Fernrohr ab 10 cm Öffnung am besten zum Ende der Dämmerung aufgesucht werden (Aufsuchkarte, Seite 160).

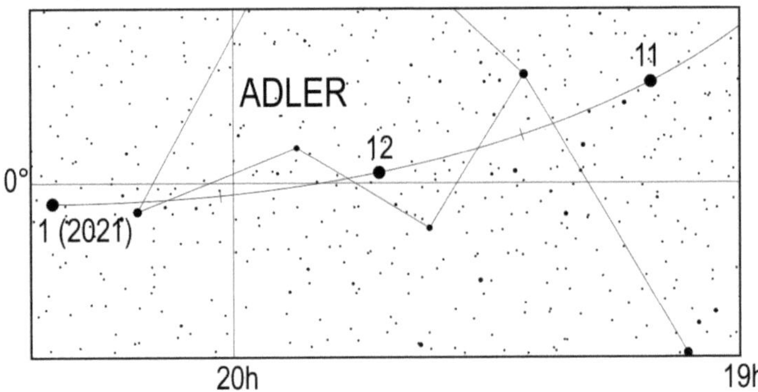

Lauf des Kleinplaneten Pallas zum Jahresende 2020. Die Zahl gibt die Position zum 1. des entsprechenden Monats an, also 12 die Position am 1.12.

Juno erreicht am 8. ihre Konjunktion zur Sonne und kann nicht beobachtet werden.

Vesta, rechtläufig im Löwen, geht am 1. um 1 Uhr MEZ, am 15. um 0.31 Uhr MEZ und am 30. um 23.53 Uhr MEZ. Der Kleinplanet, dessen Helligkeit von 8,2 mag auf 7,9 mag ansteigt, kann vor Beginn der Morgendämmerung mit einem lichtstarken Fernglas oder einem Fernrohr aufgesucht werden (Aufsuchkarte, Seite 173).

Periodische Sternschnuppenströme

Vom 10.11. bis zum 23.11. treten die Leoniden auf, die am 17. um 12 Uhr ihr Maximum mit etwa 8 Meteoren pro Stunde erreichen. Die Meteore der Leoniden gehören zu den langsameren ihrer Sorte. In der Vergangenheit sorgten die Leoniden gelegentlich für Meteorschauer mit bis zu 10000 Sternschnuppen pro Stunde.

Der Mond stört in diesem Jahr nicht bei der Beobachtung der Leoniden.
Am 6.11. um 7 Uhr erreichen zeitgleich die Nord-Tauriden und die Süd-Tauriden ihr Maximum mit 4 Sternschnuppen pro Stunde. Beide Meteorströme bringen eher langsamere Sternschnuppen hervor und sind noch bis zum 29.12. bzw. 19.12. aktiv.
Am Tag des Maximums geht der abnehmende Mond (2 Tage vor dem letzten Viertel) um 21 Uhr MEZ auf und stört beträchtlich, da er sich im Nachbarsternbild Zwillinge aufhält.
Zwischen dem 15.11. und dem 25.11. treten die Alpha-Monocerotiden auf, welche am 21. ihr Maximum mit etwa 1 Meteor pro Stunde erreichen.
Ferner treten zwischen den 1.11. und dem 23.11. noch die Iota-Aurigiden auf, die am 15. ihr Maximum mit bis zu 4 Meteoren pro Stunde erreichen. Die Iota-Aurigiden sind mittelschnelle Sternschnuppen.

Sonnenuntergang und Dämmerung

	Astr. Anf.	Naut. Anf.	Bürg. Anf.	Auf-gang	Kulm.	Unter-gang	Bürg. Ende	Naut. Ende	Astr. Ende	Zeitgl.
1.11.2020	5:25	6:02	6:40	7:14	12:08	17:00	17:34	18:12	18:50	-16m26s
2.11.2020	5:26	6:03	6:42	7:16	12:08	16:59	17:33	18:11	18:48	-16m27s
3.11.2020	5:28	6:05	6:43	7:18	12:08	16:57	17:31	18:09	18:47	-16m28s
4.11.2020	5:29	6:06	6:45	7:19	12:08	16:55	17:30	18:08	18:45	-16m27s
5.11.2020	5:31	6:08	6:46	7:21	12:08	16:54	17:28	18:06	18:44	-16m26s
6.11.2020	5:32	6:09	6:48	7:23	12:08	16:52	17:27	18:05	18:43	-16m24s
7.11.2020	5:33	6:11	6:49	7:25	12:08	16:50	17:25	18:04	18:41	-16m21s
8.11.2020	5:35	6:12	6:51	7:26	12:08	16:49	17:24	18:03	18:40	-16m17s
9.11.2020	5:36	6:14	6:53	7:28	12:08	16:47	17:23	18:01	18:39	-16m13s
10.11.2020	5:38	6:15	6:54	7:29	12:08	16:46	17:21	18:00	18:38	-16m07s
11.11.2020	5:39	6:16	6:56	7:31	12:08	16:45	17:20	17:59	18:37	-16m01s
12.11.2020	5:40	6:18	6:57	7:33	12:08	16:43	17:19	17:58	18:35	-15m54s
13.11.2020	5:42	6:19	6:59	7:34	12:08	16:42	17:18	17:57	18:34	-15m45s
14.11.2020	5:43	6:21	7:00	7:36	12:09	16:41	17:16	17:56	18:33	-15m37s
15.11.2020	5:44	6:22	7:02	7:38	12:09	16:39	17:15	17:55	18:32	-15m27s
16.11.2020	5:46	6:24	7:03	7:39	12:09	16:38	17:14	17:54	18:31	-15m16s
17.11.2020	5:47	6:25	7:05	7:41	12:09	16:37	17:13	17:53	18:30	-15m04s
18.11.2020	5:48	6:26	7:06	7:42	12:09	16:36	17:12	17:52	18:29	-14m52s
19.11.2020	5:50	6:28	7:08	7:44	12:10	16:35	17:11	17:51	18:29	-14m39s
20.11.2020	5:51	6:29	7:09	7:46	12:10	16:33	17:10	17:50	18:28	-14m25s
21.11.2020	5:52	6:30	7:11	7:47	12:10	16:32	17:09	17:49	18:27	-14m10s
22.11.2020	5:54	6:32	7:12	7:49	12:10	16:31	17:08	17:48	18:26	-13m55s
23.11.2020	5:55	6:33	7:13	7:50	12:11	16:30	17:07	17:48	18:26	-13m38s
24.11.2020	5:56	6:34	7:15	7:52	12:11	16:30	17:07	17:47	18:25	-13m21s
25.11.2020	5:57	6:36	7:16	7:53	12:11	16:29	17:06	17:46	18:24	-13m04s
26.11.2020	5:58	6:37	7:18	7:54	12:11	16:28	17:05	17:46	18:24	-12m45s
27.11.2020	6:00	6:38	7:19	7:56	12:12	16:27	17:05	17:45	18:23	-12m26s
28.11.2020	6:01	6:39	7:20	7:57	12:12	16:26	17:04	17:45	18:23	-12m06s
29.11.2020	6:02	6:40	7:22	7:59	12:13	16:26	17:03	17:44	18:23	-11m45s
30.11.2020	6:03	6:42	7:23	8:00	12:13	16:25	17:03	17:44	18:22	-11m24s

Mondlauf

	Rektaszension	Deklination	Elong.	Phase	mag	Auf-gang	Kulm.	Unter-gang
1.11.2020	2h45m07,8s	12°04'24"	175,1°	1	-12,5	17:40	0:27	7:48
2.11.2020	3h31m45,4s	16°12'30"	165,3°	0,98	-12,3	18:03	1:11	8:55
3.11.2020	4h20m31,8s	19°40'55"	154,5°	0,95	-12,0	18:33	1:57	10:02
4.11.2020	5h11m37,2s	22°17'52"	143,5°	0,9	-11,7	19:10	2:45	11:07
5.11.2020	6h04m50,5s	23°52'23"	132,4°	0,84	-11,4	19:57	3:36	12:06
6.11.2020	6h59m38,1s	24°15'39"	121,0°	0,76	-11,1	20:55	4:28	12:57
7.11.2020	7h55m10,7s	23°22'33"	109,4°	0,67	-10,8	22:02	5:22	13:40
8.11.2020	8h50m37,1s	21°12'35"	97,5°	0,57 ☽	-10,4	23:17	6:15	14:14
9.11.2020	9h45m20,0s	17°50'04"	85,2°	0,46	-10,0		7:07	14:42
10.11.2020	10h39m06,6s	13°23'38"	72,6°	0,35	-9,5	0:35	7:59	15:06
11.11.2020	11h32m09,7s	8°05'37"	59,5°	0,25	-8,9	1:56	8:50	15:28
12.11.2020	12h25m03,9s	2°11'45"	46,0°	0,15	-8,1	3:19	9:41	15:48
13.11.2020	13h18m36,9s	-3°58'35"	32,2°	0,08	-7,1	4:43	10:34	16:09
14.11.2020	14h13m40,3s	-10°02'40"	18,2°	0,02	-5,9	6:10	11:28	16:33
15.11.2020	15h10m56,1s	-15°35'03"	4,5°	0 ●	-4,5	7:39	12:26	17:02
16.11.2020	16h10m40,3s	-20°10'02"	10,6°	0,01	-5,1	9:06	13:26	17:39
17.11.2020	17h12m25,8s	-23°25'26"	24,3°	0,04	-6,4	10:26	14:28	18:25
18.11.2020	18h14m57,7s	-25°07'10"	37,8°	0,1	-7,5	11:35	15:29	19:24
19.11.2020	19h16m31,7s	-25°12'22"	50,8°	0,18	-8,3	12:28	16:28	20:30
20.11.2020	20h15m30,5s	-23°48'56"	63,4°	0,28	-9,0	13:09	17:22	21:42
21.11.2020	21h10m55,5s	-21°11'54"	75,5°	0,38	-9,5	13:39	18:12	22:54
22.11.2020	22h02m35,2s	-17°38'32"	87,2°	0,48 ☽	-10,0	14:03	18:59	
23.11.2020	22h50m54,6s	-13°25'01"	98,6°	0,57	-10,4	14:22	19:42	0:05
24.11.2020	23h36m39,3s	-8°45'03"	109,7°	0,67	-10,7	14:39	20:23	1:13
25.11.2020	0h20m43,4s	-3°49'58"	120,7°	0,76	-11,1	14:54	21:04	2:19
26.11.2020	1h04m02,5s	1°10'26"	131,5°	0,83	-11,4	15:10	21:44	3:25
27.11.2020	1h47m30,2s	6°06'59"	142,3°	0,9	-11,7	15:27	22:25	4:31
28.11.2020	2h31m56,6s	10°50'08"	153,1°	0,95	-12,0	15:45	23:08	5:38
29.11.2020	3h18m05,5s	15°09'22"	164,0°	0,98	-12,3	16:07	23:53	6:45
30.11.2020	4h06m30,0s	18°52'55"	174,9°	1 ○	-12,5	16:34		7:53

Finsternisse

In den Vormittagsstunden des 30.11. ereignet sich eine Halbschattenmondfinsternis mit einer Größe von 0,84. Halbschattenmondfinsternisse sind eher unauffällige Ereignisse. Der Ein- und Austritt in den Halbschatten ist unbeobachtbar, aber zum Zeitpunkt der größten Phase bemerkt man, dass der Teil des Mondes, der den Kernschatten am nächsten steht, etwas dunkler erscheint.
Dieser Effekt tritt auf kurz belichteten Fotografien besser hervor als bei visueller Beobachtung. Die Finsternis nimmt folgenden Verlauf (alle Zeiten in MEZ)

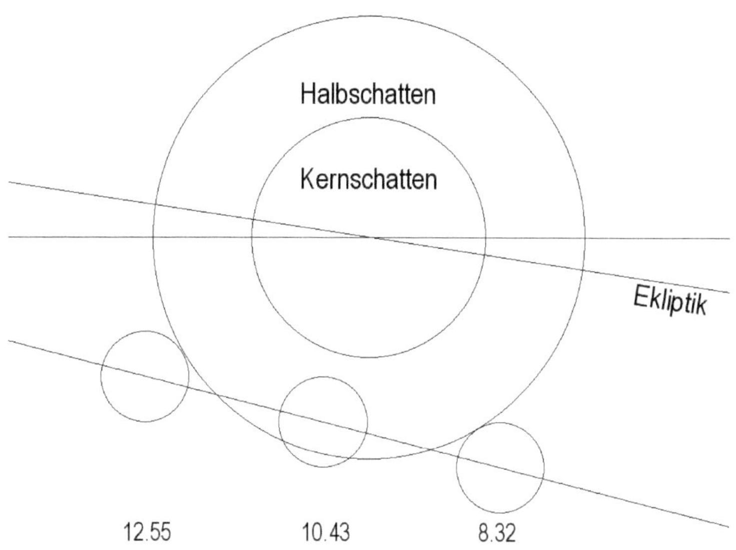

Da der Mond am 30. schon um 7.53 Uhr MEZ untergeht, ist dieses Ereignis nicht in Mitteleuropa zu sehen. Sie kann am besten auf dem amerikanischen Kontinent beobachtet werden.

Jupitermond-Ereignisse

Datum	Uhrzeit (MEZ)	Mond	Erscheinung	Phase
1.11.2020	18:35:44	Ganymed	Durchgang	Anfang
2.11.2020	19:31:44	Io	Durchgang	Anfang
3.11.2020	18:57:24	Kallisto	Schattenvorübergang	Ende
3.11.2020	20:12:03	Io	Verfinsterung	Ende
4.11.2020	17:31:34	Io	Schattenvorübergang	Ende
7.11.2020	18:58:41	Europa	Durchgang	Anfang
9.11.2020	19:19:42	Europa	Verfinsterung	Ende
10.11.2020	18:39:00	Io	Bedeckung	Anfang
11.11.2020	17:09:40	Io	Schattenvorübergang	Anfang
11.11.2020	18:16:34	Io	Durchgang	Ende
11.11.2020	18:33:09	Kallisto	Bedeckung	Ende
11.11.2020	19:26:42	Io	Schattenvorübergang	Ende
12.11.2020	17:40:12	Ganymed	Verfinsterung	Anfang
18.11.2020	17:59:15	Io	Durchgang	Anfang
18.11.2020	19:04:45	Io	Schattenvorübergang	Anfang
19.11.2020	17:19:15	Ganymed	Bedeckung	Anfang
19.11.2020	18:32:10	Io	Verfinsterung	Ende
25.11.2020	18:52:06	Europa	Schattenvorübergang	Ende
26.11.2020	17:08:56	Io	Bedeckung	Anfang

Datum	Uhrzeit (MEZ)	Mond	Erscheinung	Phase
27.11.2020	17:45:34	Io	Schattenvorübergang	Ende

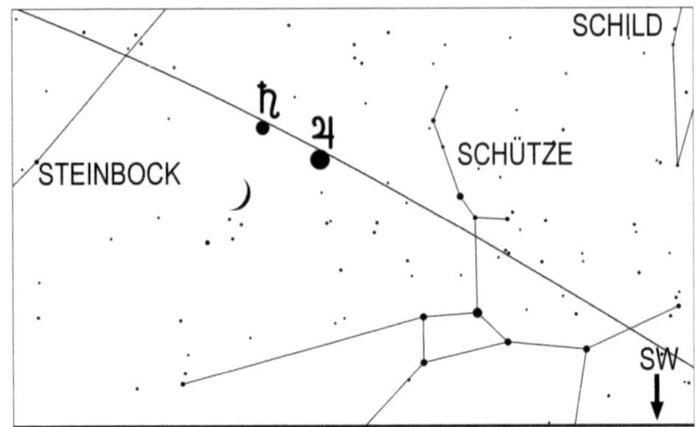

Mond, Jupiter und Saturn am Abend des 19.11.2020 um 18 Uhr MEZ

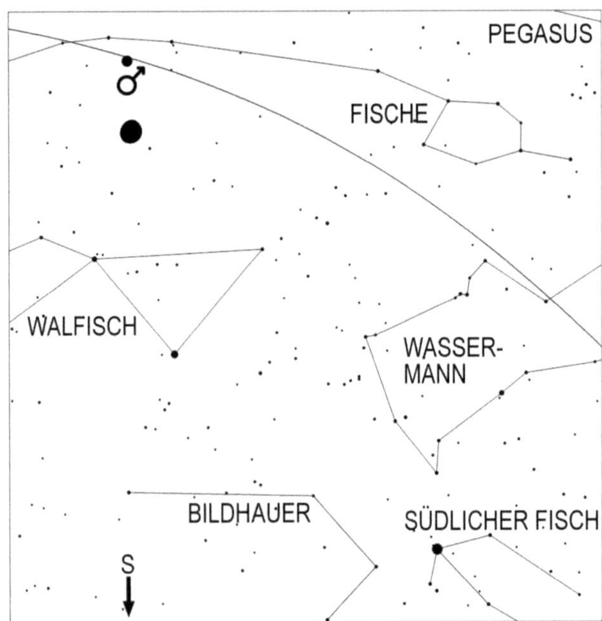

Mond und Mars am Abend des 25.11.2020 um 21 Uhr MEZ

164

Dezember

Sternenhimmel

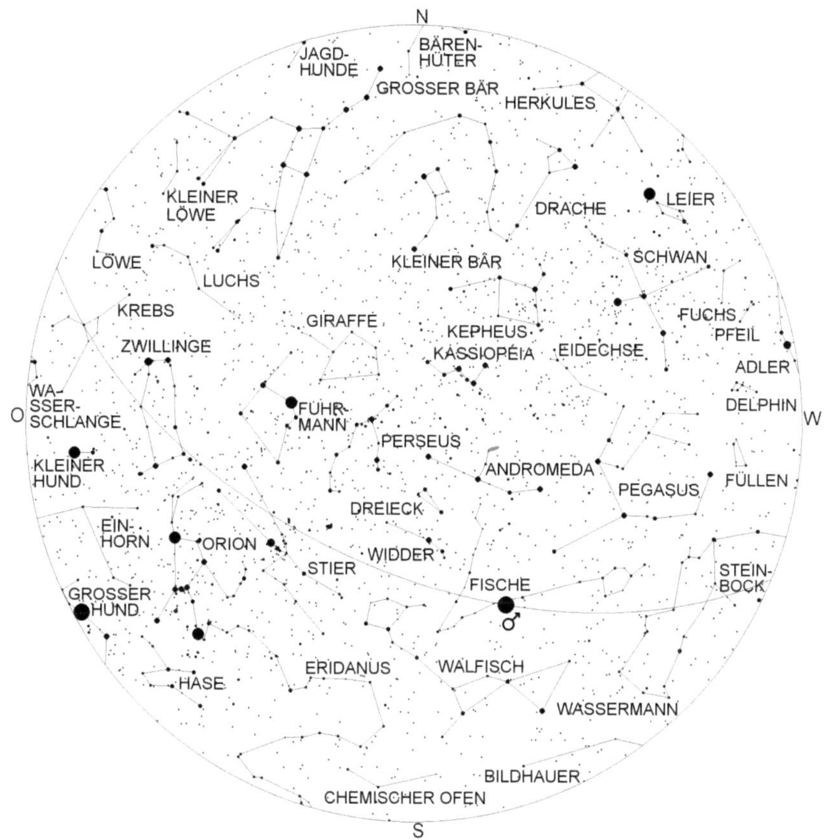

Gültig für

1.9. 4 Uhr	15.9. 3 Uhr
1.10. 2 Uhr	15.10. 1 Uhr
1.11. 0 Uhr	15.11. 23 Uhr
1.12. 22 Uhr	15.12. 21 Uhr
1.1. 20 Uhr	15.1. 19 Uhr

Der südliche und südwestliche Teil des Himmels wird von den lichtschwachen Herbststernbildern dominiert, von denen nur der Walfisch über zwei Sterne zweiter Größe verfügt. Allerdings leuchtet in diesem Jahr ein unübersehbar heller, orangeroter Stern in den Fischen: es ist der Planet Mars, der im Oktober in Opposition zur Sonne stand. Im Südsüdosten erblickt man das Sternbild Eridanus, welches von allen Sternbildern die größte Ausdehnung in Nord-Süd-Richtung hat. Die nördlichsten Gebiete dieses Sternbildes, welches den Fluss Eridanus darstellen soll, in dem nach der griechischen Mythologie, Phaeton, der Sohn des Sonnengottes Helios gestürzt sein soll, nachdem er den Sonnenwagen seines Vaters lenken durfte, befinden sich nördlich des Himmelsäquators bei einer Deklination von 1°, während die südlichsten Regionen bei −58° liegen und erst bei 32° nördlicher Breite, das ist die Breite Nordafrikas, über den Horizont erscheinen.
Der Pegasus steht schon in südwestlicher Richtung. Von den Sommersternbildern sind nur noch der Schwan, die Leier, sowie die Kleinsternbilder Pfeil und Delphin vollständig zu sehen. Der Adler ist fast vollständig untergegangen, sein Hauptstern Atair, die südlichste Spitze des Sommerdreiecks ist im Horizontdunst verschwunden. Im Osten sind inzwischen die meisten Wintersternbilder aufgegangen. Orion, Stier, Zwillinge, Krebs, Hase und Kleiner Hund sind vollständig über dem Horizont erschienen. Sirius im Großen Hund geht gerade auf und dürfte wegen seiner großen Helligkeit bald sichtbar sein.

Astronomische Ereignisse

Datum	Uhrzeit	Ereignis	Elongation
1.12.2020	08:46:04	Mond im aufsteigenden Knoten	
1.12.2020	13:50:40	Mond 6° südlich Elnath	164,8°
2.12.2020	04:30:00	Mars im aufsteigenden Knoten	
2.12.2020	12:11:51	Mond 1,3° nördlich Eta Geminorum	156,8°
2.12.2020	14:56:58	Mond 1,4° nördlich Mü Geminorum	155,2°
2.12.2020	20:30:51	Mond 7,8° nördlich Alhena	151,0°
2.12.2020	23:38:51	Mond 41' südlich Epsilon Geminorum	150,9°
3.12.2020	16:24:43	Venus 1,1° nördlich Zuben-el-dschenubi	26,6°
3.12.2020	21:12:05	Mond 8° südlich Kastor	140,3°
4.12.2020	02:47:34	Mond 4,2° südlich Pollux	138,2°
4.12.2020	04:49:06	Merkur 51' südlich Akrab	8,8°
5.12.2020	02:05:27	Mond 2,3° nördlich M44	125,7°
5.12.2020	18:35:46	Merkur im absteigenden Knoten	
6.12.2020	17:52:19	Mond 3,9° nördlich Regulus	104,8°
7.12.2020	21:12:30	Merkur 4,4° nördlich Antares	6,8°
7.12.2020	22:27:52	Mond 1,7' südlich Vesta	90,9°
8.12.2020	01:36:46	Letztes Viertel	
8.12.2020	07:40:07	Mond in größter Nordbreite	
9.12.2020	17:41:05	Mond 1,7° nördlich Porrima	67,4°
10.12.2020	14:11:32	Mond 6° nördlich Spika	54,8°

Datum	Uhrzeit	Ereignis	Elongation
12.12.2020	01:42:01	Mond 2,2° nördlich Zuben-el-dschenubi	35,1°
12.12.2020	21:53:04	Mond 13' nördlich Venus	24,9°
13.12.2020	02:19:33	Mond 7,8° südlich Juno	22,4°
13.12.2020	08:27:31	Mond 16' südlich Akrab	18,3°
13.12.2020	19:28:42	Mond 4,9° nördlich Antares	12,5°
14.12.2020	11:19:11	Mond bedeckt Merkur, siehe Seite 216	3,3°
14.12.2020	12:02:39	Mond im absteigenden Knoten	
14.12.2020	17:14:39	Totale Sonnenfinsternis, maximale Dauer: 2m10s, in Mitteleuropa nicht sichtbar	
14.12.2020	17:16:46	Neumond	18'
16.12.2020	01:54:56	Mond 59' nördlich Nunki	18,4°
16.12.2020	03:30:58	Merkur im Aphel	
16.12.2020	10:48:37	Juno 8,1° nördlich Venus	24,0°
16.12.2020	21:04:59	Mond 2,35° südlich Pluto	28,4°
17.12.2020	03:46:49	Mond 24,5° südlich Pallas	32,4°
17.12.2020	04:54:28	Mond 3,4° südlich Jupiter	33,0°
17.12.2020	05:35:29	Mond 3,6° südlich Saturn	33,4°
17.12.2020	10:38:41	Mond 9,3° südlich Beta Capricorni	36,0°
18.12.2020	11:37:39	Venus 10' nördlich Akrab	23,5°
19.12.2020	01:35:27	Mond 2,7° südlich Delta Capricorni	56,1°
20.12.2020	04:25:42	Merkur in oberer Konjunktion zur Sonne	-1,45°
20.12.2020	08:38:00	Mond 4,3° nördlich Ceres	70,0°
20.12.2020	22:14:48	Mond 5,1° südlich Neptun	77,7°
21.12.2020	03:55:18	Mond in größter Südbreite	
21.12.2020	11:02:08	Winteranfang	
21.12.2020	14:32:43	Jupiter 6,3' südlich Saturn	30,3°
22.12.2020	00:41:25	Erstes Viertel	
23.12.2020	02:00:31	Venus 5,65° nördlich Antares	22,3°
23.12.2020	19:27:27	Mond 6,2° südlich Mars	109,4°
23.12.2020	22:30:00	Pallas 20,8° nördlich Saturn	28,2°
24.12.2020	12:19:47	Juno 8,5° nördlich Akrab	29,6°
24.12.2020	16:57:38	Mond 15,5° südlich Hamal	119,1°
24.12.2020	17:48:48	Mond in Erdferne	
25.12.2020	00:48:54	Mond 3,8° südlich Uranus	122,6°
26.12.2020	22:47:08	Mond 6,5° südlich der Plejaden	143,5°
27.12.2020	01:13:19	Pallas 20,8° nördlich Jupiter	26,0°
27.12.2020	21:36:22	Mond 4,2° nördlich Aldebaran	153,1°
28.12.2020	16:02:07	Mond im aufsteigenden Knoten	
28.12.2020	20:17:26	Mond 5,7° südlich Elnath	164,2°
29.12.2020	00:33:54	Merkur 1,45° nördlich Nunki	5,5°
29.12.2020	17:25:56	Mond 1,4° nördlich Eta Geminorum	174,5°
29.12.2020	21:12:42	Mond 1,7° nördlich Mü Geminorum	176,2°
30.12.2020	04:28:22	Vollmond	

Datum	Uhrzeit	Ereignis	Elongation
30.12.2020	05:26:14	Mond 7,9° nördlich Alhena	173,5°
30.12.2020	08:05:47	Mond 59' südlich Epsilon Geminorum	177,4°
31.12.2020	05:41:37	Mond 8° südlich Kastor	165,3°
31.12.2020	10:05:42	Mond 4,6° südlich Pollux	165,0°
31.12.2020	19:28:00	Pallas 15,2° nördlich Beta Capricorni	24,2°

Planeten

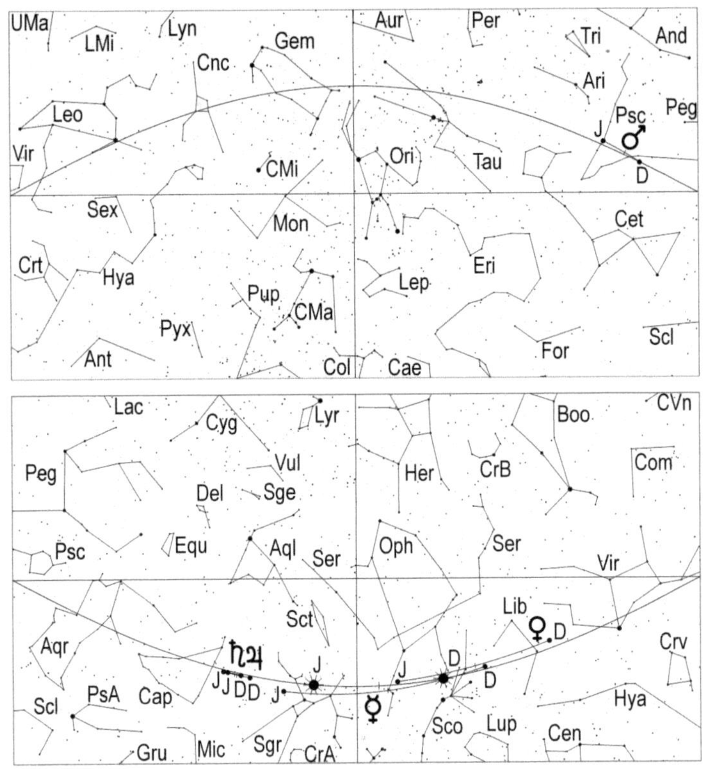

Merkur steht am 20. in oberer Konjunktion zur Sonne und ist in diesem Monat nicht zu sehen. Auch seine Bedeckung durch den Mond am 14. ist wegen zu geringer Elongation unbeobachtbar.

Venus wandert durch die Sternbilder Waage und Skorpion in den Schlangenträger und erscheint immer später über dem Horizont und zwar am 1. um 5.27 Uhr MEZ, am 15. um 6.08 Uhr MEZ und am 31. um 6.51 Uhr MEZ. Sie zieht am 12. 2,2° nördlich an Zuben-el-dschenubi, am 18. 10' nördlich an Akrab und am 23. 5,65° nördlich an Antares vorbei. Ihr Scheibchendurchmesser schrumpft ein wenig von 11,7" auf 10,7". Zum Jahresende erscheint das Venusscheibchen zu 99% beleuchtet.
Am Morgen des 13. steht der Mond in der Nähe von Venus (siehe Seite 176).

Mars, wieder rechtläufig in den Fischen, versinkt am 1. um 3.21 Uhr MEZ, am 15. um 2.48 Uhr MEZ und am 31. um 2.21 Uhr MEZ. Seine Helligkeit geht im Laufe des Monats von –1,1 mag auf –0,3 mag zurück und sein Scheibchen schrumpft von 14,6" auf 10,5", was ihn für Fernrohrbeobachter unattraktiver werden lässt. Diese werden feststellen, dass er nicht kreisrund erscheint, sondern wie der Mond 3 bis 4 Tage vor Vollmond. Die beste Zeit für Fernrohrbeobachtungen sind die frühen Abendstunden, weil er dann seine größte Höhe über dem Horizont erreicht.

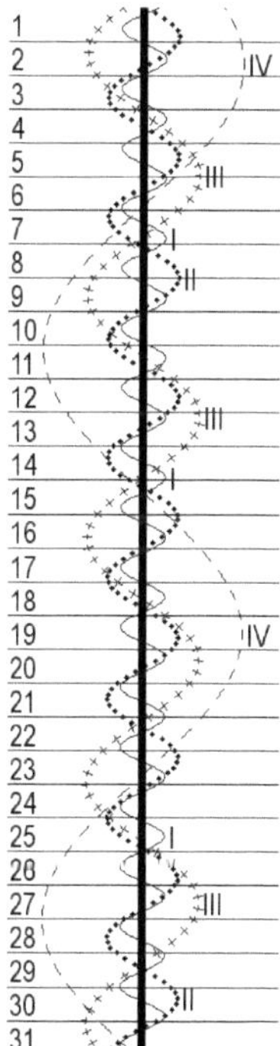

Stellung der 4 hellen Jupitermonde im Dezember 2020

Jupiter, der vom Schützen in den Steinbock wechselt, ist Planet des frühen Abendhimmels. Er geht am 1. um 19.47 Uhr MEZ, am 15. um 19.07 Uhr MEZ und am 31. um 18.23 Uhr MEZ unter. Seine Helligkeit beträgt –2,0 mag und sein Scheibchen misst am 1. 34,3" und am 31. 32,9".
Am 21. passiert Jupiter Saturn in nur 6,3' südlichem Abstand. Ein derartiges Ereignis, welches auch als „Große Konjunktion" bezeichnet wird, tritt nur ca. alle 20 Jahre ein und fand zuletzt am 28. Mai 2000 statt und wird sich erst wieder am 31. Oktober 2040 wiederholen.
Ungewöhnlich an dieser Großen Konjunktion ist auch der enge Winkelabstand von 6,3'. Keine der Konjunktionen zwischen Jupiter und Saturn der letzten 200 Jahre hatte einen derart geringen Winkelabstand. Die nächste ähnlich enge Konjunktion zwischen Jupiter und Saturn tritt erst am 15.3.2080 ein.
Wenn die Oppositionszeitpunkte von Jupiter und Saturn zeitlich sehr nahe beieinander liegen, kommt es vor, dass sich beide Planeten während ihrer Oppositionsschleife innerhalb eines Jahres dreimal begegnen. Man spricht dann von einer „Größten Konjunktion". Dieses Ereignis fand zuletzt 1940/41 und 1981 statt und wird sich erst 2238/39 wiederholen.
Einigen Theorien zu Folge war der „Stern von Bethlehem" eine derartige Größte Konjunktion in den Jahren 6/7 v. Chr., doch standen seinerzeit beide Planeten nicht so eng zusammen, wie sie dies bei ihrer Konjunktion am 21.12. werden.

169

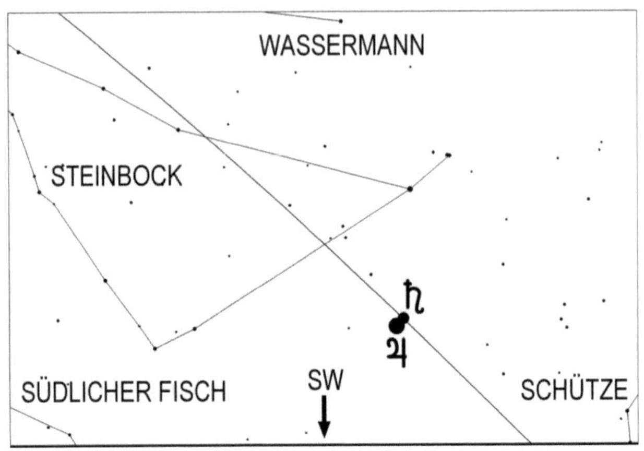

Anblick der Konjunktion zwischen Jupiter und Saturm
am 21.12.2020 um 18.00 Uhr MEZ

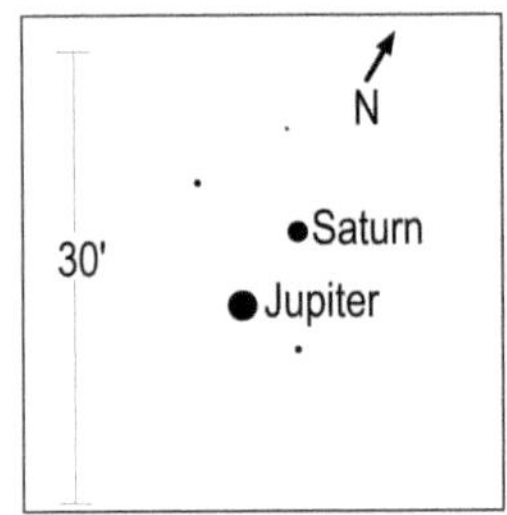

Detailansicht der Konjunktion zwischen Jupiter
und Saturn am 21.12.2020 um 18 Uhr MEZ

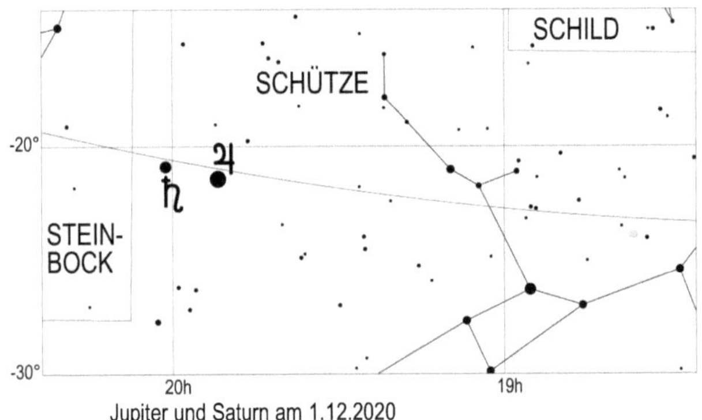

Jupiter und Saturn am 1.12.2020

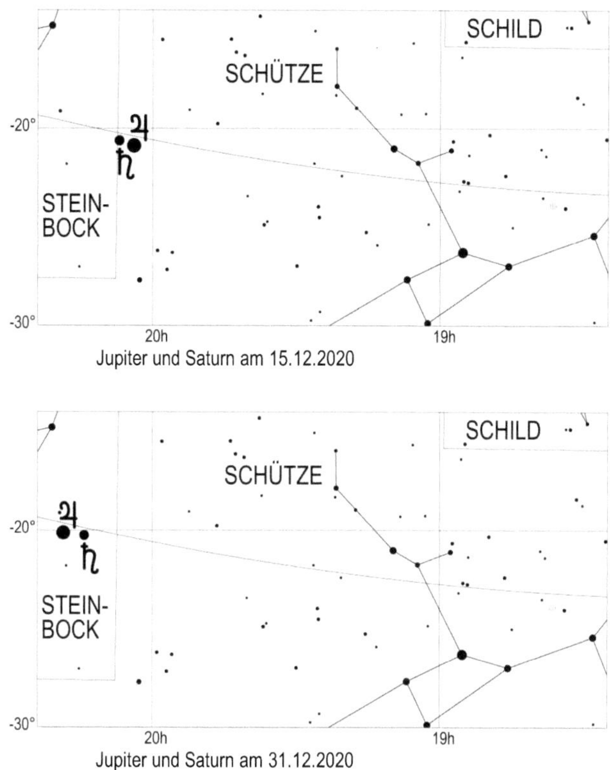

Jupiter und Saturn am 15.12.2020

Jupiter und Saturn am 31.12.2020

Saturn, der ebenfalls vom Schützen in den Steinbock wechselt, zeigt eine ähnliche Sichtbarkeit wie Jupiter, ist aber mit einer Helligkeit von 0,6 mag 11-mal lichtschwächer. Auf seine seltene Konjunktion mit Jupiter wurde schon unter „Jupiter" hingewiesen. Saturn versinkt am 1. um 19.59 Uhr MEZ, am 15. um 19.11 Uhr MEZ und am 31. um 18.17 Uhr MEZ unter dem Horizont.
Am 17. hält sich der Mond in der Nähe von Jupiter und Saturn auf (siehe Seite 176)

Uranus, rückläufig im Sternbild Widder, kann während der ersten Nachthälfte mit einem Fernglas oder Fernrohr (Aufsuchkarte, Seite 147) beobachtet werden. Er kulminiert am 1. um 22.00 Uhr MEZ, am 15. um 21.04 Uhr MEZ und am 31. um 20.00 Uhr MEZ und geht am 1. um 5.14 Uhr MEZ, am 15. um 4.17 Uhr MEZ und an Silvester um 3.12 Uhr MEZ unter.

Neptun im Wassermann geht am 1. um 0.37 Uhr, MEZ am 15. um 23.39 Uhr MEZ und am 31. um 22.37 Uhr MEZ unter. Seine Kulmination erreicht er am 1, um 18.58

171

Uhr MEZ, am 15. um 18.03 Uhr MEZ und am letzten Tag des Jahres um 17.01 Uhr MEZ. Er ist somit am besten gegen Ende der Abenddämmerung aufzusuchen (Aufsuchkarte, Seite 132).

Klein- und Zwergplaneten

Ceres kann zum Ende der Abenddämmerung mit einem Fernrohr im südlichen Wassermann aufgesucht werden (Aufsuchkarte, Seite 120). Der Kleinplanet, dessen Helligkeit von 9,0 mag auf 9,2 mag zurückgeht, versinkt am 1. um 22.38 Uhr MEZ, am 15. um 22.06 Uhr MEZ und am 31. um 21.33 Uhr MEZ unter dem Horizont.

Pallas, rechtläufig im Adler, tritt am 1. um 21.29 Uhr MEZ, am 15. um 20.47 Uhr MEZ und am 31. um 20.03 Uhr MEZ von der Himmelsbühne ab. Der Kleinplanet, dessen Helligkeit von 10,6 mag auf 10,5 mag ansteigt, kann zum Ende der Abenddämmerung mit einem Fernrohr ab 10 –15 cm Objektivöffnung aufgestöbert werden (Aufsuchkarte, Seite 160).

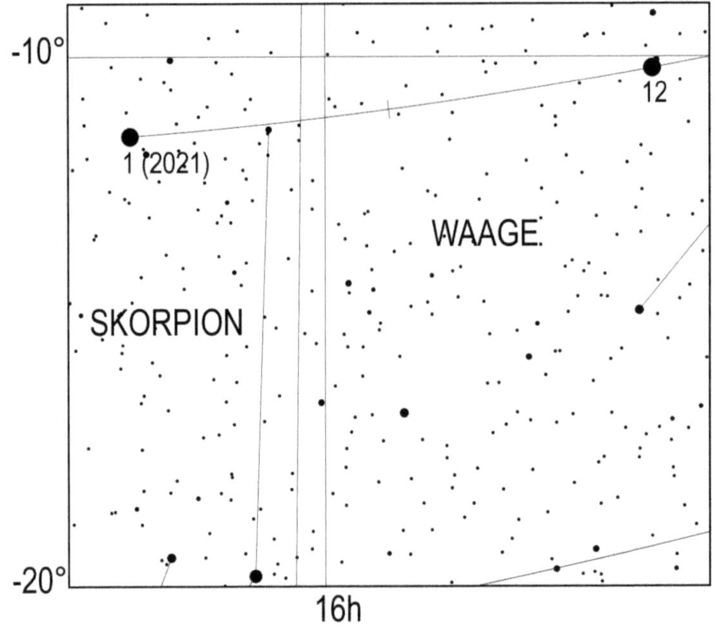

Lauf des Kleinplaneten Juno zum Jahresende 2020. Die Zahl gibt die Position zum 1. des entsprechenden Monats an, also 12 die Position am 1.12.

Juno, deren Helligkeit im Laufe des Monats von 11,4 mag auf 11,5 mag zurückgeht, ist zumindest in der ersten Monatshälfte unbeobachtbar. Besitzer größerer Fernrohre

172

(ab 15 cm Objektivdurchmesser) können versuchen, den lichtschwachen Kleinplanet
in den nördlichen Gebieten des Skorpions kurz vor Einbruch der Morgendämmerung
zu erspähen. Sie geht am 20. um 5.19 Uhr MEZ und am 31. um 4.51 Uhr MEZ auf.

Vesta, rechtläufig im Löwen, kulminiert am 1. um 6.48 Uhr MEZ, am 15. um 6.07 Uhr
MEZ und am letzten Tag des Jahres um 5.17 Uhr MEZ. Der Kleinplanet, dessen
Helligkeit von 7,9 mag auf 7,4 mag anwächst, geht am 1. um 23.50 Uhr MEZ, am 15.
um 23.13 Uhr MEZ und am 31. um 22.23 Uhr MEZ auf. Sie wird zu einem
Feldstecherobjekt für die frühen Morgenstunden.

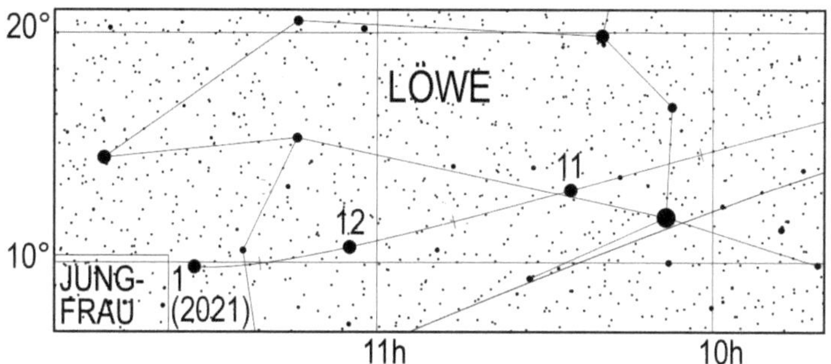

Lauf des Kleinplaneten Vesta zum Jahresende 2020. Die Zahl gibt die
Position zum 1. des entsprechenden Monats an, also 12 die Position am 1.12.

Periodische Sternschnuppenströme

Zwischen dem 7.12. und dem 17.12. treten die Geminiden auf, welche am 13.12. um
23 Uhr ihr Maximum mit bis zu 35 mittelschnellen Meteoren pro Stunde erreichen.
Da am 14. Neumond ist, gibt es keine Störungen durch den Mond.
Vom 17.12. bis zum 26.12. sind die Ursae Minoriden aktiv, welche am 22. um 17 Uhr
ihr scharfes Maximum mit bis zu 5 Meteoren pro Stunde erreichen. Der zunehmende
Mond im 1. Viertel geht am Tag des Maximums gegen Mitternacht unter.
Ferner können vom 12.12. bis zum 15.1. noch die Coma-Bereniciden beobachtet
werden, welche am 25. ihr Maximum erreichen, wobei bis zu 2 Meteore pro Stunde
zu erwarten sind.

Sonnenuntergang und Dämmerung

	Astr. Anf.	Naut. Anf.	Bürg. Anf.	Auf-gang	Kulm.	Unter-gang	Bürg. Ende	Naut. Ende	Astr. Ende	Zeitgl.
1.12.2020	6:04	6:43	7:24	8:01	12:13	16:25	17:02	17:43	18:22	-11m02s
2.12.2020	6:05	6:44	7:25	8:02	12:14	16:24	17:02	17:43	18:21	-10m39s
3.12.2020	6:06	6:45	7:26	8:04	12:14	16:24	17:02	17:43	18:21	-10m16s
4.12.2020	6:07	6:46	7:28	8:05	12:14	16:23	17:01	17:42	18:21	-9m52s
5.12.2020	6:08	6:47	7:29	8:06	12:15	16:23	17:01	17:42	18:21	-9m27s
6.12.2020	6:09	6:48	7:30	8:07	12:15	16:23	17:01	17:42	18:21	-9m02s
7.12.2020	6:10	6:49	7:31	8:08	12:16	16:22	17:01	17:42	18:21	-8m37s
8.12.2020	6:11	6:50	7:32	8:10	12:16	16:22	17:00	17:42	18:21	-8m11s
9.12.2020	6:12	6:51	7:33	8:11	12:17	16:22	17:00	17:42	18:21	-7m44s
10.12.2020	6:13	6:52	7:34	8:12	12:17	16:22	17:00	17:42	18:21	-7m17s
11.12.2020	6:14	6:53	7:35	8:13	12:18	16:22	17:00	17:42	18:21	-6m49s
12.12.2020	6:14	6:54	7:36	8:13	12:18	16:22	17:00	17:42	18:21	-6m22s
13.12.2020	6:15	6:55	7:36	8:14	12:18	16:22	17:00	17:42	18:21	-5m53s
14.12.2020	6:16	6:55	7:37	8:15	12:19	16:22	17:01	17:42	18:21	-5m25s
15.12.2020	6:17	6:56	7:38	8:16	12:19	16:22	17:01	17:43	18:22	-4m56s
16.12.2020	6:17	6:57	7:39	8:17	12:20	16:22	17:01	17:43	18:22	-4m27s
17.12.2020	6:18	6:58	7:40	8:18	12:20	16:23	17:01	17:43	18:22	-3m57s
18.12.2020	6:19	6:58	7:40	8:18	12:21	16:23	17:02	17:44	18:23	-3m28s
19.12.2020	6:19	6:59	7:41	8:19	12:21	16:23	17:02	17:44	18:23	-2m58s
20.12.2020	6:20	6:59	7:41	8:19	12:22	16:24	17:03	17:44	18:23	-2m28s
21.12.2020	6:20	7:00	7:42	8:20	12:22	16:24	17:03	17:45	18:24	-1m59s
22.12.2020	6:21	7:00	7:42	8:20	12:23	16:25	17:04	17:45	18:24	-1m29s
23.12.2020	6:21	7:01	7:43	8:21	12:23	16:25	17:04	17:46	18:25	-0m59s
24.12.2020	6:22	7:01	7:43	8:21	12:24	16:26	17:05	17:47	18:26	-0m29s
25.12.2020	6:22	7:02	7:44	8:22	12:24	16:27	17:06	17:47	18:26	0m00s
26.12.2020	6:22	7:02	7:44	8:22	12:25	16:27	17:06	17:48	18:27	0m29s
27.12.2020	6:23	7:02	7:44	8:22	12:25	16:28	17:07	17:49	18:28	0m59s
28.12.2020	6:23	7:03	7:44	8:22	12:26	16:29	17:08	17:49	18:28	1m28s
29.12.2020	6:23	7:03	7:44	8:22	12:26	16:30	17:09	17:50	18:29	1m57s
30.12.2020	6:23	7:03	7:45	8:22	12:27	16:31	17:09	17:51	18:30	2m26s
31.12.2020	6:23	7:03	7:45	8:22	12:27	16:32	17:10	17:52	18:31	2m55s

Mondlauf

	Rektaszension	Deklination	Elong.	Phase	mag	Auf-gang	Kulm.	Unter-gang
1.12.2020	4h57m26,0s	21°48'10"	173,8°	1	-12,5	17:10	0:41	8:59
2.12.2020	5h50m45,1s	23°42'41"	162,5°	0,98	-12,2	17:54	1:32	10:01
3.12.2020	6h45m51,0s	24°26'11"	151,1°	0,94	-12,0	18:49	2:25	10:55
4.12.2020	7h41m45,8s	23°52'31"	139,5°	0,88	-11,7	19:53	3:18	11:41
5.12.2020	8h37m26,2s	22°01'08"	127,7°	0,81	-11,4	21:05	4:11	12:17
6.12.2020	9h32m03,3s	18°57'00"	115,7°	0,72	-11,0	22:20	5:03	12:47
7.12.2020	10h25m16,0s	14°49'33"	103,4°	0,62	-10,7	23:38	5:54	13:11
8.12.2020	11h17m13,7s	9°51'05"	90,9°	0,51 ☾	-10,2		6:43	13:32
9.12.2020	12h08m30,6s	4°15'53"	78,0°	0,4	-9,7	0:57	7:32	13:52

	Rektaszension	Deklination	Elong.	Phase	mag	Auf-gang	Kulm.	Unter-gang
10.12.2020	12h59m57,7s	-1°39'57"	64,8°	0,29	-9,1	2:17	8:22	14:11
11.12.2020	13h52m33,9s	-7°38'04"	51,3°	0,19	-8,4	3:41	9:13	14:33
12.12.2020	14h47m15,7s	-13°17'22"	37,6°	0,1	-7,5	5:05	10:08	14:58
13.12.2020	15h44m43,2s	-18°14'24"	23,7°	0,04	-6,4	6:32	11:05	15:30
14.12.2020	16h45m01,7s	-22°05'27"	9,9°	0,01 ●	-5,1	7:56	12:06	16:10
15.12.2020	17h47m24,6s	-24°30'36"	3,9°	0	-4,4	9:12	13:08	17:03
16.12.2020	18h50m15,1s	-25°18'45"	17,3°	0,02	-5,8	10:14	14:10	18:07
17.12.2020	19h51m34,7s	-24°30'52"	30,4°	0,07	-6,9	11:02	15:08	19:19
18.12.2020	20h49m47,0s	-22°18'43"	43,1°	0,13	-7,8	11:38	16:02	20:34
19.12.2020	21h44m05,8s	-19°00'10"	55,3°	0,21	-8,5	12:05	16:52	21:47
20.12.2020	22h34m34,6s	-14°54'05"	67,1°	0,3	-9,1	12:27	17:37	22:58
21.12.2020	23h21m50,7s	-10°17'05"	78,5°	0,4	-9,6	12:45		
22.12.2020	0h06m47,8s	-5°22'39"	89,7°	0,5 ☽	-10,1	13:01	19:01	0:06
23.12.2020	0h50m25,3s	-0°21'30"	100,6°	0,59	-10,4	13:17	19:41	1:13
24.12.2020	1h33m42,2s	4°37'10"	111,5°	0,68	-10,8	13:33	20:22	2:18
25.12.2020	2h17m35,0s	9°24'42"	122,3°	0,77	-11,1	13:50	21:04	3:25
26.12.2020	3h02m55,7s	13°51'47"	133,1°	0,84	-11,4	14:11	21:48	4:31
27.12.2020	3h50m28,1s	17°47'42"	144,0°	0,9	-11,7	14:36	22:35	5:40
28.12.2020	4h40m41,3s	21°00'10"	155,1°	0,95	-12,0	15:08	23:25	6:47
29.12.2020	5h33m40,8s	23°15'59"	166,4°	0,99	-12,4	15:49		7:51
30.12.2020	6h29m00,8s	24°22'43"	177,4°	1 ○	-12,7	16:41	0:18	8:49
31.12.2020	7h25m44,4s	24°11'24"	170,1°	0,99	-12,5	17:44	1:12	9:39

Finsternisse

Am 14. Dezember kann in Chile und Argentinien eine totale Sonnenfinsternis mit einer maximalen Länge von 2m10s beobachtet werden. Sie ist in weiten Teilen Südamerikas und den nördlichen Gebieten der Antarktis als partielle Sonnenfinsternis sichtbar. In Europa kann sie nicht beobachtet werden.

Jupitermond-Ereignisse

Datum	Uhrzeit (MEZ)	Mond	Erscheinung	Phase
4.12.2020	17:23:26	Io	Schattenvorübergang	Anfang
4.12.2020	18:46:17	Io	Durchgang	Ende
5.12.2020	16:52:03	Io	Verfinsterung	Ende
6.12.2020	18:24:22	Kallisto	Durchgang	Anfang
15.12.2020	18:05:13	Kallisto	Verfinsterung	Ende
18.12.2020	17:17:50	Ganymed	Verfinsterung	Ende
18.12.2020	17:21:26	Europa	Bedeckung	Anfang
19.12.2020	17:43:15	Io	Bedeckung	Anfang
20.12.2020	17:18:34	Io	Durchgang	Ende
20.12.2020	17:58:45	Io	Schattenvorübergang	Ende
27.12.2020	17:03:05	Io	Durchgang	Anfang

Datum	Uhrzeit (MEZ)	Mond	Erscheinung	Phase
27.12.2020	17:35:28	Europa	Durchgang	Ende
27.12.2020	17:36:18	Io	Schattenvorübergang	Anfang
28.12.2020	17:07:07	Io	Verfinsterung	Ende

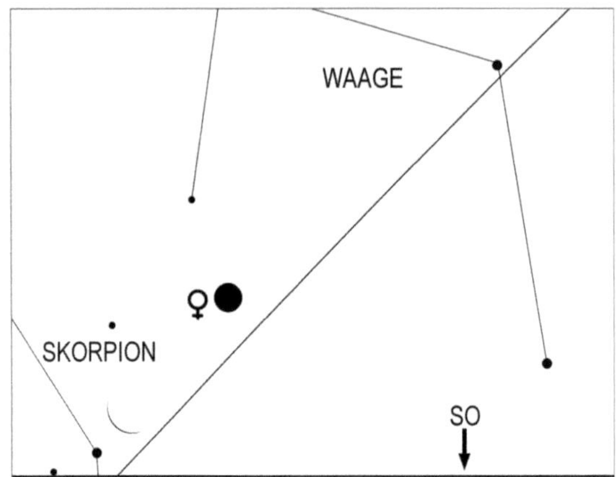

Mond und Venus am Morgen des 13.12.2020 um 6.45 Uhr MEZ

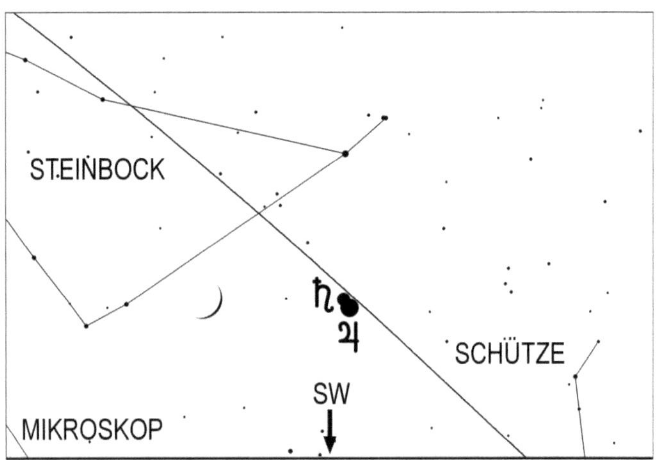

Mond, Jupiter und Saturn am Abend des 17.12.2020 um 18 Uhr MEZ

Anhang

Liste der Sternbedeckungen durch den Mond

Datum	Stern	Vorgang	Berlin	Bern	Dresden	Frankfurt	Hamburg	Hannover	Köln	Leipzig	München	Nürnberg	Stuttgart	Wien
2.1.	SAO 128784 7,1 mag	Eintritt	16:08 80°	15:52 81°	16:07 82°	15:58 78°	16:05 76°	16:03 77°	15:57 76°	16:05 81°	16:00 84°	16:01 82°	15:57 81°	16:09 90°
2.1.	SAO 128784 7,1 mag	Austritt	17:23 217°	17:08 216°	17:21 214°	17:14 219°	17:21 223°	17:19 222°	17:14 223°	17:20 217°	17:14 212°	17:16 215°	17:13 216°	17:19 205°
3.1.	SAO 109783 6,9 mag	Eintritt	19:19 40°	19:05 45°	19:17 44°	19:11 40°	19:16 34°	19:15 36°	19:10 36°	19:16 42°	19:12 48°	19:13 45°	19:09 44°	19:18 54°
3.1.	SAO 109783 6,9 mag	Austritt	20:33 258°	20:27 249°	20:35 253°	20:28 256°	20:28 264°	20:28 261°	20:25 260°	20:33 256°	20:33 247°	20:32 252°	20:29 252°	20:39 243°
4.1.	SAO 110264 7,1 mag	Eintritt	17:37 124°	17:23 128°	17:40 131°	17:25 120°	17:29 114°	17:28 116°	17:22 114°	17:35 126°	17:39 142°	17:33 130°	17:27 126°	-
4.1.	SAO 110264 7,1 mag	Austritt	18:10 175°	17:50 169°	18:03 167°	18:03 178°	18:14 186°	18:10 183°	18:06 184°	18:06 173°	17:48 155°	17:59 168°	17:57 171°	-
4.1.	SAO 110332 6,9 mag	Eintritt	21:51 79°	21:48 92°	21:53 84°	21:47 83°	21:46 73°	21:47 77°	21:44 79°	21:51 82°	21:54 92°	21:51 87°	21:49 88°	22:00 96°
4.1.	SAO 110332 6,9 mag	Austritt	23:02 231°	22:56 213°	23:03 225°	22:59 224°	22:59 235°	22:59 231°	22:57 228°	23:02 227°	23:00 216°	23:00 221°	22:59 219°	23:04 214°
6.1.	SAO 93524 6,5 mag	Eintritt	19:48 351°	19:24 6°	19:40 2°	19:38 352°	-	-	-	19:42 356°	19:28 10°	19:34 3°	19:31 2°	19:31 19°
6.1.	SAO 93524 6,5 mag	Austritt	20:09 320°	20:05 302°	20:15 309°	20:02 317°	-	-	-	20:10 314°	20:15 298°	20:11 306°	20:07 307°	20:26 291°
7.1.	Del3 Tau 4,2 mag	Eintritt	16:38 136°	16:31 143°	16:39 142°	16:32 134°	16:36 127°	16:35 129°	16:31 129°	16:37 137°	16:38 152°	16:35 142°	16:33 139°	-
7.1.	Del3 Tau 4,2 mag	Austritt	17:04 185°	16:49 177°	16:58 178°	16:59 187°	17:09 194°	17:06 191°	17:03 192°	17:01 183°	16:47 168°	16:55 179°	16:54 181°	-
7.1.	SAO 93942 6,7 mag	Eintritt	17:16 93°	17:05 97°	17:15 96°	17:10 92°	17:16 89°	17:14 90°	17:11 89°	17:14 94°	17:09 99°	17:11 96°	17:08 95°	17:13 105°
7.1.	SAO 93942 6,7 mag	Austritt	18:16 226°	18:01 222°	18:13 222°	18:09 226°	18:17 231°	18:14 229°	18:10 230°	18:13 224°	18:05 219°	18:08 222°	18:06 223°	18:07 213°
9.1.	SAO 77358 6,3 mag	Eintritt	2:16 57°	2:13 78°	2:17 61°	2:12 68°	2:12 56°	2:12 60°	2:10 66°	2:15 61°	2:16 72°	2:15 68°	2:14 71°	2:21 68°
9.1.	SAO 77358 6,3 mag	Austritt	3:11 299°	3:20 278°	3:14 295°	3:15 288°	3:08 299°	3:10 295°	3:12 289°	3:13 294°	3:19 285°	3:17 288°	3:17 285°	3:21 289°
9.1.	SAO 78182 7,2 mag	Eintritt	15:47 92°	-	15:46 94°	15:46 92°	15:50 89°	15:49 90°	15:48 90°	15:46 93°	15:43 97°	15:45 95°	15:45 94°	15:42 101°
9.1.	SAO 78182 7,2 mag	Austritt	16:38 251°	-	16:35 249°	16:36 251°	16:40 255°	16:39 254°	16:37 254°	16:36 250°	16:32 246°	16:34 248°	16:34 249°	16:30 242°

177

Datum	Stern	Vorgang	Berlin	Bern	Dresden	Frankfurt	Hamburg	Hannover	Köln	Leipzig	München	Nürnberg	Stuttgart	Wien
9.1.	Mu Gem 3,2 mag	Eintritt	18:05 56°	17:55 61°	18:02 59°	18:01 56°	18:07 50°	18:05 53°	18:03 53°	18:03 57°	17:56 63°	17:59 60°	17:58 59°	17:57 68°
9.1.	Mu Gem 3,2 mag	Austritt	18:59 286°	18:49 279°	18:58 282°	18:54 285°	18:58 292°	18:57 289°	18:54 289°	18:57 284°	18:53 277°	18:54 281°	18:52 281°	18:56 273°
9.1.	SAO 78352 7,5 mag	Eintritt	19:08 89°	18:58 96°	19:06 93°	19:02 90°	19:08 84°	19:06 86°	19:03 87°	19:06 91°	19:01 97°	19:03 94°	19:01 93°	19:05 102°
9.1.	SAO 78352 7,5 mag	Austritt	20:12 253°	19:58 245°	20:10 249°	20:05 252°	20:12 259°	20:10 256°	20:05 255°	20:10 251°	20:03 244°	20:05 248°	20:03 248°	20:07 239°
9.1.	SAO 78445 6,8 mag	Eintritt	21:30 105°	21:20 118°	21:30 110°	21:22 109°	21:26 100°	21:25 103°	21:20 105°	21:28 108°	21:26 118°	21:26 113°	21:23 114°	21:35 122°
9.1.	SAO 78445 6,8 mag	Austritt	22:39 244°	22:20 227°	22:37 239°	22:29 238°	22:36 249°	22:34 245°	22:28 242°	22:36 240°	22:28 229°	22:31 234°	22:27 233°	22:35 227°
10.1.	SAO 78561 7,6 mag	Eintritt	1:21 85°	1:18 105°	1:22 89°	1:16 94°	1:16 83°	1:16 87°	1:13 92°	1:20 89°	1:22 99°	1:20 95°	1:18 98°	1:28 96°
10.1.	SAO 78561 7,6 mag	Austritt	2:30 281°	2:30 260°	2:33 277°	2:29 271°	2:26 281°	2:27 278°	2:26 272°	2:31 277°	2:34 267°	2:32 270°	2:31 267°	2:39 271°
11.1.	SAO 79558 6,9 mag	Eintritt	0:28 100°	0:22 120°	0:29 105°	0:22 109°	0:23 97°	0:23 101°	0:19 106°	0:27 104°	0:28 115°	0:26 111°	0:23 113°	0:35 113°
11.1.	SAO 79558 6,9 mag	Austritt	1:41 275°	1:33 253°	1:43 271°	1:36 265°	1:36 276°	1:36 272°	1:33 267°	1:41 271°	1:41 260°	1:39 264°	1:37 261°	1:48 264°
11.1.	SAO 79615 7,7 mag	Eintritt	2:34 120°	2:41 144°	2:37 124°	2:34 131°	2:28 120°	2:30 123°	2:30 130°	2:35 124°	2:41 135°	2:38 131°	2:37 136°	2:45 130°
11.1.	SAO 79615 7,7 mag	Austritt	3:37 261°	3:33 238°	3:39 258°	3:34 250°	3:33 261°	3:34 257°	3:31 251°	3:38 257°	3:39 247°	3:37 250°	3:35 246°	3:44 253°
11.1.	SAO 79628 7,1 mag	Eintritt	3:03 88°	3:03 108°	3:05 91°	3:00 98°	2:58 88°	2:59 91°	2:57 97°	3:03 92°	3:06 101°	3:04 98°	3:02 102°	3:11 96°
11.1.	SAO 79628 7,1 mag	Austritt	4:07 294°	4:12 275°	4:10 291°	4:08 284°	4:03 293°	4:05 290°	4:05 284°	4:08 291°	4:13 282°	4:11 285°	4:11 281°	4:16 288°
11.1.	SAO 79641 6,3 mag	Eintritt	3:41 26°	3:25 63°	3:38 35°	3:28 49°	3:36 28°	3:32 36°	3:26 48°	3:36 37°	3:32 53°	3:32 48°	3:28 54°	3:40 45°
11.1.	SAO 79641 6,3 mag	Austritt	3:57 357°	4:18 321°	4:04 348°	4:09 334°	3:54 354°	4:00 346°	4:06 334°	4:04 346°	4:15 331°	4:11 335°	4:13 330°	4:14 340°
12.1.	SAO 80354 6,6 mag	Eintritt	1:21 89°	1:13 110°	1:21 94°	1:14 99°	1:16 88°	1:16 92°	1:11 97°	1:19 94°	1:19 104°	1:18 100°	1:15 103°	1:26 101°
12.1.	SAO 80354 6,6 mag	Austritt	2:31 301°	2:29 280°	2:33 297°	2:28 290°	2:25 301°	2:27 297°	2:25 291°	2:31 296°	2:34 287°	2:32 290°	2:30 286°	2:40 291°

Datum	Stern	Vorgang	Berlin	Bern	Dresden	Frankfurt	Hamburg	Hannover	Köln	Leipzig	München	Nürnberg	Stuttgart	Wien
12.1.	SAO 80405 7,6 mag	Eintritt	3:50 120°	3:56 141°	3:53 123°	3:50 131°	3:45 121°	3:47 124°	3:47 130°	3:51 124°	3:57 133°	3:54 130°	3:54 134°	4:00 127°
12.1.	SAO 80405 7,6 mag	Austritt	4:53 275°	4:54 256°	4:56 273°	4:52 265°	4:49 274°	4:51 271°	4:50 265°	4:54 272°	4:57 264°	4:55 266°	4:54 262°	5:02 270°
12.1.	SAO 98198 7,9 mag	Eintritt	7:27 156°	7:47 183°	7:30 159°	7:36 168°	7:26 158°	7:29 161°	7:35 168°	7:30 160°	7:39 169°	7:36 166°	7:39 171°	7:36 162°
12.1.	SAO 98198 7,9 mag	Austritt	8:01 236°	8:00 211°	8:02 234°	8:01 225°	7:59 235°	8:00 232°	8:00 225°	8:02 233°	8:03 224°	8:03 227°	8:02 222°	8:05 231°
12.1.	SAO 98600 7,5 mag	Eintritt	19:50 145°	19:50 162°	19:50 151°	19:49 149°	19:49 139°	19:49 142°	19:48 144°	19:49 149°	19:51 162°	19:50 155°	19:49 155°	19:55 171°
12.1.	SAO 98600 7,5 mag	Austritt	20:28 235°	20:14 216°	20:24 228°	20:23 230°	20:31 241°	20:29 238°	20:26 235°	20:25 231°	20:16 216°	20:20 224°	20:19 223°	20:12 208°
12.1.	SAO 98684 7,7 mag	Eintritt	23:28 115°	23:22 134°	23:28 120°	23:23 123°	23:25 112°	23:24 115°	23:21 120°	23:26 119°	23:26 130°	23:25 125°	23:23 128°	23:31 130°
13.1.	SAO 98684 7,7 mag	Austritt	0:36 277°	0:23 256°	0:36 273°	0:28 268°	0:33 280°	0:32 276°	0:27 271°	0:34 273°	0:30 262°	0:31 266°	0:28 263°	0:37 264°
13.1.	SAO 99210 7,8 mag	Eintritt	23:59 138°	24:00 163°	0:00 143°	23:57 148°	23:56 134°	23:56 139°	23:55 144°	23:59 142°	0:01 156°	23:59 150°	23:58 153°	0:05 154°
14.1.	SAO 99210 7,8 mag	Austritt	1:00 265°	0:41 238°	0:58 260°	0:50 253°	0:57 267°	0:55 263°	0:50 256°	0:57 260°	0:50 246°	0:52 252°	0:48 248°	0:57 250°
14.1.	SAO 99321 6,8 mag	Eintritt	7:38 70°	7:40 86°	7:40 72°	7:37 79°	7:34 72°	7:35 74°	7:35 80°	7:39 73°	7:42 79°	7:40 78°	7:39 81°	7:46 74°
14.1.	SAO 99321 6,8 mag	Austritt	8:20 340°	8:32 326°	8:23 338°	8:25 332°	8:18 338°	8:20 336°	8:23 331°	8:22 337°	8:29 332°	8:27 333°	8:28 330°	8:29 336°
17.1.	SAO 139322 7,1 mag	Eintritt	3:35 194°	-	-	-	3:33 197°	-	-	-	-	-	-	-
17.1.	SAO 139322 7,1 mag	Austritt	3:53 226°	-	-	-	3:48 222°	-	-	-	-	-	-	-
19.1.	SAO 159050 7,4 mag	Eintritt	-	-	-	-	-	-	-	-	-	-	-	2:23 101°
19.1.	SAO 159050 7,4 mag	Austritt	3:23 320°	-	3:23 316°	-	-	-	-	3:22 315°	3:21 305°	3:22 308°	-	3:23 310°
20.1.	SAO 159709 7,7 mag	Eintritt	4:41 60°	4:25 87°	4:38 65°	4:31 76°	4:40 62°	4:37 67°	4:31 75°	4:37 66°	4:30 78°	4:32 75°	4:29 79°	4:35 71°
20.1.	SAO 159709 7,7 mag	Austritt	5:22 344°	5:23 319°	5:23 340°	5:23 330°	5:21 342°	5:22 338°	5:22 330°	5:23 339°	5:24 328°	5:23 331°	5:23 326°	5:25 336°

Datum	Stern	Vorgang	Berlin	Bern	Dresden	Frankfurt	Hamburg	Hannover	Köln	Leipzig	München	Nürnberg	Stuttgart	Wien
20.1.	SAO 159731 7,5 mag	Eintritt	6:01 169°	-	6:03 174°	-	6:01 172°	6:03 178°	-	6:03 176°	-	6:10 191°	-	6:08 179°
20.1.	SAO 159731 7,5 mag	Austritt	6:41 236°	-	6:38 232°	-	6:36 233°	6:32 228°	-	6:36 230°	-	6:25 215°	-	6:38 228°
20.1.	SAO 159767 7,7 mag	Eintritt	7:20 114°	7:13 130°	7:20 116°	7:14 123°	7:16 116°	7:16 118°	7:13 123°	7:19 117°	7:18 123°	7:17 121°	7:15 124°	7:24 117°
20.1.	SAO 159767 7,7 mag	Austritt	8:36 287°	8:27 275°	8:36 286°	8:29 281°	8:31 286°	8:30 285°	8:26 280°	8:34 285°	8:34 281°	8:33 282°	8:30 280°	8:42 285°
21.1.	SAO 185024 6,3 mag	Eintritt	6:32 40°	6:08 70°	6:28 46°	6:16 59°	6:28 44°	6:24 49°	6:16 59°	6:26 48°	6:16 60°	6:18 57°	6:14 62°	6:25 51°
21.1.	SAO 185024 6,3 mag	Austritt	6:59 354°	7:03 327°	7:01 349°	7:02 337°	6:59 350°	7:00 346°	7:01 337°	7:01 348°	7:04 336°	7:03 339°	7:02 334°	7:05 345°
28.1.	SAO 146729 6,5 mag	Eintritt	16:12 26°	-	16:10 29°	16:05 24°	16:11 18°	16:09 21°	16:05 20°	16:10 27°	16:05 33°	16:06 29°	16:04 28°	16:10 40°
28.1.	SAO 146729 6,5 mag	Austritt	17:16 274°	-	17:18 269°	17:11 274°	17:09 281°	17:10 278°	17:07 279°	17:16 272°	17:18 264°	17:16 268°	17:13 269°	17:25 258°
1.2.	SAO 110565 6,3 mag	Eintritt	18:26 43°	18:11 51°	18:24 48°	18:17 44°	18:23 37°	18:21 40°	18:16 40°	18:23 46°	18:18 53°	18:19 49°	18:16 48°	18:25 58°
1.2.	SAO 110565 6,3 mag	Austritt	19:41 261°	19:34 250°	19:43 257°	19:35 258°	19:36 267°	19:36 264°	19:32 262°	19:41 258°	19:40 249°	19:39 254°	19:37 253°	19:47 246°
2.2.	SAO 93373 7,4 mag	Eintritt	19:06 54°	18:52 63°	19:05 59°	18:57 56°	19:03 48°	19:01 51°	18:56 52°	19:03 57°	18:59 65°	19:00 60°	18:56 60°	19:07 69°
2.2.	SAO 93373 7,4 mag	Austritt	20:24 258°	20:15 245°	20:25 254°	20:18 254°	20:19 264°	20:19 260°	20:15 258°	20:23 255°	20:22 246°	20:21 250°	20:19 249°	20:29 243°
3.2.	SAO 93777 6,1 mag	Eintritt	18:57 93°	18:46 103°	18:58 98°	18:49 95°	18:52 87°	18:51 90°	18:46 91°	18:56 95°	18:54 105°	18:53 100°	18:49 100°	19:05 111°
3.2.	SAO 93777 6,1 mag	Austritt	20:10 226°	19:53 212°	20:09 221°	20:01 222°	20:07 232°	20:06 228°	20:00 226°	20:08 223°	20:01 212°	20:03 218°	19:59 217°	20:07 208°
3.2.	SAO 93781 7,6 mag	Eintritt	19:39 128°	-	19:45 138°	19:34 134°	19:30 118°	19:31 123°	19:27 126°	19:40 133°		19:46 147°	19:44 148°	-
3.2.	SAO 93781 7,6 mag	Austritt	20:22 193°	-	20:16 183°	20:09 184°	20:22 202°	20:19 196°	20:11 192°	20:17 187°	-	20:04 173°	19:59 170°	-
4.2.	SAO 93849 7,8 mag	Eintritt	1:08 26°	1:04 52°	1:07 32°	1:04 40°	1:06 25°	1:05 30°	1:03 39°	1:07 32°	1:06 45°	1:06 41°	1:05 45°	1:08 40°
4.2.	SAO 93849 7,8 mag	Austritt	1:42 316°	1:57 290°	1:46 310°	1:50 301°	1:40 316°	1:44 311°	1:49 303°	1:46 310°	1:54 297°	1:51 301°	1:53 297°	1:52 303°

Datum	Stern	Vorgang	Berlin	Bern	Dresden	Frankfurt	Hamburg	Hannover	Köln	Leipzig	München	Nürnberg	Stuttgart	Wien
4.2.	106 Tau 5,3 mag	Eintritt	22:53 141°	-	23:01 151°	-	22:46 136°	22:50 143°	22:56 157°	22:58 150°	-	-	-	-
4.2.	106 Tau 5,3 mag	Austritt	23:31 204°	-	23:28 194°	-	23:28 208°	23:26 201°	23:15 186°	23:26 195°	-	-	-	-
5.2.	SAO 77012 7,8 mag	Eintritt	0:19 120°	0:36 152°	0:23 125°	0:24 132°	0:15 118°	0:18 123°	0:20 130°	0:22 125°	0:32 139°	0:27 133°	0:29 138°	0:32 134°
5.2.	SAO 77012 7,8 mag	Austritt	1:13 230°	1:03 199°	1:13 226°	1:09 217°	1:10 231°	1:10 227°	1:07 219°	1:12 225°	1:11 212°	1:11 217°	1:09 212°	1:15 218°
5.2.	SAO 77858 6,3 mag	Eintritt	20:43 62°	20:28 77°	20:42 67°	20:34 68°	20:40 57°	20:38 61°	20:32 64°	20:40 66°	20:36 75°	20:36 71°	20:33 72°	20:44 77°
5.2.	SAO 77858 6,3 mag	Austritt	21:55 285°	21:48 267°	21:57 281°	21:49 278°	21:49 289°	21:49 285°	21:46 281°	21:54 281°	21:55 271°	21:53 275°	21:51 273°	22:03 271°
5.2.	SAO 77891 7,9 mag	Eintritt	21:29 84°	21:20 101°	21:30 89°	21:22 91°	21:25 80°	21:24 84°	21:19 87°	21:28 88°	21:27 98°	21:26 93°	21:23 95°	21:35 98°
5.2.	SAO 77891 7,9 mag	Austritt	22:46 267°	22:37 248°	22:47 263°	22:40 259°	22:40 270°	22:41 266°	22:37 261°	22:45 263°	22:44 253°	22:44 257°	22:41 255°	22:52 255°
6.2.	SAO 78045 6,0 mag	Eintritt	0:59 132°	-	1:03 137°	1:05 148°	0:54 132°	0:58 137°	1:01 146°	1:02 138°	1:13 154°	1:08 148°	1:11 154°	1:13 146°
6.2.	SAO 78045 6,0 mag	Austritt	1:47 230°	-	1:48 226°	1:42 215°	1:44 230°	1:44 226°	1:40 217°	1:46 225°	1:44 210°	1:44 216°	1:41 209°	1:50 218°
6.2.	Eta Gem 3,7 mag	Eintritt	3:19 49°	3:21 69°	3:20 52°	3:19 60°	3:17 50°	3:18 53°	3:18 60°	3:20 53°	3:22 62°	3:20 59°	3:20 63°	3:23 56°
6.2.	Eta Gem 3,7 mag	Austritt	3:59 316°	4:12 297°	4:02 313°	4:06 305°	3:58 315°	4:01 312°	4:05 305°	4:02 312°	4:08 304°	4:06 306°	4:08 303°	4:06 309°
6.2.	SAO 78182 7,2 mag	Eintritt	4:17 129°	4:33 152°	4:19 132°	4:24 140°	4:16 130°	4:19 133°	4:23 140°	4:19 132°	4:27 142°	4:24 139°	4:27 143°	-
6.2.	SAO 78182 7,2 mag	Austritt	4:58 235°	5:00 214°	4:59 233°	4:59 225°	4:57 234°	4:58 232°	4:59 225°	4:59 232°	5:00 224°	5:00 226°	5:00 222°	-
6.2.	SAO 78912 7,5 mag	Eintritt	18:39 53°	18:24 63°	18:35 57°	18:31 55°	18:40 46°	18:37 49°	18:32 51°	18:35 55°	18:28 64°	18:31 59°	18:28 59°	18:31 68°
6.2.	SAO 78912 7,5 mag	Austritt	19:36 299°	19:26 286°	19:36 294°	19:29 295°	19:31 305°	19:31 301°	19:27 299°	19:34 296°	19:32 286°	19:32 291°	19:29 290°	19:39 283°
6.2.	44 Gem 5,9 mag	Eintritt	22:29 121°	22:32 147°	22:31 127°	22:26 131°	22:23 118°	22:24 122°	22:22 128°	22:29 126°	22:34 140°	22:31 134°	22:29 137°	22:41 138°
6.2.	44 Gem 5,9 mag	Austritt	23:34 246°	23:18 219°	23:34 241°	23:25 235°	23:30 248°	23:29 244°	23:23 237°	23:32 242°	23:28 228°	23:29 233°	23:25 229°	23:37 232°

Datum	Stern	Vorgang	Berlin	Bern	Dresden	Frankfurt	Hamburg	Hannover	Köln	Leipzig	München	Nürnberg	Stuttgart	Wien
6.2.	SAO 79070 6,5 mag	Eintritt	23:29 100°	23:28 121°	23:31 104°	23:25 110°	23:23 98°	23:24 102°	23:21 108°	23:29 104°	23:32 115°	23:29 111°	23:27 114°	23:38 112°
7.2.	SAO 79070 6,5 mag	Austritt	0:40 272°	0:36 250°	0:42 268°	0:36 261°	0:35 272°	0:36 269°	0:34 263°	0:40 268°	0:42 258°	0:40 261°	0:38 258°	0:48 262°
7.2.	Mu2 Cnc 5,4 mag	Eintritt	22:36 115°	22:33 137°	22:37 120°	22:31 124°	22:31 112°	22:31 116°	22:28 121°	22:35 119°	22:38 131°	22:35 126°	22:33 129°	22:45 129°
7.2.	Mu2 Cnc 5,4 mag	Austritt	23:47 266°	23:34 243°	23:47 262°	23:39 255°	23:42 267°	23:41 263°	23:37 257°	23:45 262°	23:43 250°	23:43 254°	23:39 251°	23:52 254°
8.2.	SAO 80063 7,5 mag	Eintritt	3:02 89°	3:06 107°	3:04 92°	3:02 99°	2:58 91°	3:00 93°	3:00 99°	3:03 93°	3:07 100°	3:05 98°	3:05 101°	3:10 95°
8.2.	SAO 80063 7,5 mag	Austritt	4:00 300°	4:08 284°	4:02 298°	4:03 291°	3:57 299°	3:59 296°	4:01 291°	4:02 297°	4:07 291°	4:05 293°	4:05 289°	4:08 296°
8.2.	SAO 80099 7,9 mag	Eintritt	4:22 116°	4:33 132°	4:25 118°	4:26 125°	4:20 118°	4:22 120°	4:25 125°	4:24 119°	4:30 126°	4:28 124°	4:29 127°	4:30 121°
8.2.	SAO 80099 7,9 mag	Austritt	5:16 272°	5:22 258°	5:18 270°	5:19 265°	5:14 271°	5:16 269°	5:17 264°	5:17 270°	5:21 264°	5:20 266°	5:20 263°	5:21 268°
8.2.	SAO 80112 5,9 mag	Eintritt	4:48 147°	5:06 172°	4:51 150°	4:55 159°	4:46 149°	4:49 152°	4:54 159°	4:51 151°	4:59 160°	4:56 157°	4:59 162°	4:56 153°
8.2.	SAO 80112 5,9 mag	Austritt	5:27 241°	5:27 218°	5:28 238°	5:27 230°	5:25 239°	5:26 236°	5:26 230°	5:27 237°	5:29 229°	5:28 232°	5:28 227°	5:31 235°
9.2.	SAO 98534 7,7 mag	Eintritt	5:00 71°	5:04 87°	5:02 73°	5:00 80°	4:57 73°	4:58 75°	4:58 81°	5:01 74°	5:05 81°	5:03 79°	5:02 82°	5:07 75°
9.2.	SAO 98534 7,7 mag	Austritt	5:44 328°	5:56 314°	5:47 326°	5:49 320°	5:42 326°	5:45 324°	5:48 320°	5:46 325°	5:53 320°	5:50 321°	5:52 318°	5:52 324°
9.2.	SAO 98554 7,2 mag	Eintritt	5:52 126°	6:03 139°	5:54 127°	5:57 133°	5:50 127°	5:52 129°	5:55 133°	5:54 128°	6:00 133°	5:58 132°	5:59 134°	5:59 129°
9.2.	SAO 98554 7,2 mag	Austritt	6:42 271°	6:49 260°	6:44 270°	6:45 266°	6:41 270°	6:42 269°	6:44 265°	6:43 269°	6:48 265°	6:46 266°	6:47 264°	6:47 268°
9.2.	SAO 98892 7,6 mag	Eintritt	18:04 75°	-	18:01 80°	18:01 78°	18:06 69°	18:05 73°	18:03 74°	18:02 78°	17:58 86°	18:00 82°	17:59 82°	17:56 90°
9.2.	SAO 98892 7,6 mag	Austritt	18:50 310°	18:47 298°	18:50 305°	18:48 306°	18:50 316°	18:50 312°	18:49 310°	18:50 307°	18:48 298°	18:48 302°	18:48 302°	18:48 295°
9.2.	SAO 98897 7,8 mag	Eintritt	18:23 107°	18:19 117°	18:21 111°	18:21 110°	18:24 102°	18:23 104°	18:22 106°	18:22 109°	18:19 117°	18:20 113°	18:20 114°	18:19 121°
9.2.	SAO 98897 7,8 mag	Austritt	19:17 280°	19:09 267°	19:15 275°	19:13 275°	19:17 284°	19:16 281°	19:14 279°	19:15 277°	19:11 268°	19:12 272°	19:12 271°	19:11 265°

Datum	Stern	Vorgang	Berlin	Bern	Dresden	Frankfurt	Hamburg	Hannover	Köln	Leipzig	München	Nürnberg	Stuttgart	Wien
9.2.	SAO 98960 7,2 mag	Eintritt	21:12 133°	21:10 155°	21:12 139°	21:08 141°	21:09 129°	21:09 133°	21:07 138°	21:11 137°	21:12 150°	21:11 144°	21:09 147°	21:16 150°
9.2.	SAO 98960 7,2 mag	Austritt	22:10 262°	21:52 238°	22:08 257°	22:01 252°	22:08 265°	22:06 261°	22:01 256°	22:07 257°	22:00 244°	22:02 250°	21:59 247°	22:05 245°
10.2.	SAO 99149 7,6 mag	Eintritt	7:33 80°	7:41 90°	7:35 82°	7:37 85°	7:32 81°	7:34 82°	7:35 85°	7:35 82°	7:39 86°	7:37 85°	7:38 87°	-
10.2.	SAO 99149 7,6 mag	Austritt	8:16 322°	8:28 313°	8:19 320°	8:22 318°	8:16 322°	8:18 321°	8:21 318°	8:19 320°	8:24 316°	8:22 318°	8:24 316°	-
10.2.	SAO 99455 7,3 mag	Eintritt	21:35 115°	21:30 133°	21:34 119°	21:31 122°	21:34 111°	21:33 115°	21:31 119°	21:34 118°	21:32 129°	21:32 125°	21:31 127°	21:35 129°
10.2.	SAO 99455 7,3 mag	Austritt	22:37 289°	22:26 269°	22:36 284°	22:31 280°	22:35 292°	22:34 288°	22:31 283°	22:35 285°	22:31 274°	22:32 278°	22:30 276°	22:36 276°
13.2.	SAO 139229 7,5 mag	Eintritt	6:23 154°	6:32 170°	6:26 156°	6:25 163°	6:19 156°	6:21 158°	6:23 163°	6:25 157°	6:31 162°	6:28 161°	6:28 164°	6:34 157°
13.2.	SAO 139229 7,5 mag	Austritt	7:16 261°	7:15 248°	7:18 259°	7:13 254°	7:11 260°	7:12 258°	7:10 254°	7:16 259°	7:19 254°	7:17 255°	7:15 253°	7:24 257°
14.2.	SAO 139669 6,6 mag	Eintritt	2:08 169°	-	2:10 175°	2:15 193°	2:06 171°	2:08 177°	2:14 192°	2:10 176°	2:23 203°	2:16 190°	-	2:16 183°
14.2.	SAO 139669 6,6 mag	Austritt	2:52 250°	-	2:50 245°	2:34 226°	2:48 248°	2:45 242°	2:33 227°	2:47 243°	2:32 218°	2:39 230°	-	2:49 239°
14.2.	94 Vir 6,6 mag	Eintritt	5:36 137°	5:38 153°	5:38 138°	5:34 145°	5:31 139°	5:32 141°	5:32 146°	5:36 139°	5:40 145°	5:37 144°	5:36 147°	5:45 140°
14.2.	94 Vir 6,6 mag	Austritt	6:43 279°	6:40 266°	6:45 277°	6:39 272°	6:38 277°	6:38 276°	6:36 271°	6:43 277°	6:45 272°	6:43 273°	6:41 271°	6:52 276°
15.2.	SAO 158900 7,9 mag	Eintritt	2:37 103°	2:29 124°	2:36 106°	2:31 114°	2:35 104°	2:34 107°	2:31 114°	2:35 107°	2:33 116°	2:33 113°	2:31 117°	2:37 110°
15.2.	SAO 158900 7,9 mag	Austritt	3:43 312°	3:37 293°	3:44 310°	3:39 301°	3:41 310°	3:40 308°	3:37 301°	3:43 309°	3:42 301°	3:41 303°	3:39 299°	3:47 307°
19.2.	SAO 187173 7,9 mag	Eintritt	5:25 49°	-	5:22 52°	-	-	-	-	5:21 53°	5:13 62°	5:15 59°	5:12 63°	5:19 55°
19.2.	SAO 187173 7,9 mag	Austritt	6:12 325°	6:07 307°	6:12 322°	6:09 315°	-	-	-	6:12 321°	6:10 314°	6:10 316°	6:09 313°	6:14 319°
25.2.	30 Psc 4,7 mag	Eintritt	17:35 124°	-	17:43 137°	17:38 133°	17:27 114°	17:30 119°	17:30 123°	17:39 131°	-	-	-	-
25.2.	30 Psc 4,7 mag	Austritt	18:06 180°	-	18:00 166°	18:00 169°	18:09 190°	18:07 184°	18:04 179°	18:03 172°	-	-	-	-

Datum	Stern	Vorgang	Berlin	Bern	Dresden	Frankfurt	Hamburg	Hannover	Köln	Leipzig	München	Nürnberg	Stuttgart	Wien
29.2.	SAO 93276 5,8 mag	Eintritt	21:53 52°	21:55 72°	21:54 57°	21:53 62°	21:52 50°	21:52 54°	21:51 60°	21:54 57°	21:56 67°	21:54 63°	21:54 66°	21:57 65°
29.2.	SAO 93276 5,8 mag	Austritt	22:51 276°	22:59 256°	22:53 272°	22:55 266°	22:49 277°	22:51 274°	22:53 268°	22:53 272°	22:57 262°	22:56 265°	22:57 262°	22:57 265°
1.3.	SAO 93615 7,5 mag	Eintritt	18:19 65°	18:07 77°	18:19 69°	18:11 69°	18:15 59°	18:14 63°	18:09 65°	18:17 68°	18:15 77°	18:14 72°	18:11 73°	18:23 80°
1.3.	SAO 93615 7,5 mag	Austritt	19:38 257°	19:31 240°	19:39 252°	19:33 250°	19:33 261°	19:33 257°	19:30 253°	19:37 253°	19:37 243°	19:36 247°	19:33 246°	19:43 242°
1.3.	SAO 93662 6,9 mag	Eintritt	21:48 125°	-	21:53 132°	21:56 142°	21:43 122°	21:47 128°	21:51 137°	21:52 132°	22:11 160°	22:00 145°	22:05 155°	22:07 149°
1.3.	SAO 93662 6,9 mag	Austritt	22:32 209°	-	22:31 203°	22:25 192°	22:30 211°	22:29 206°	22:25 196°	22:30 203°	22:19 175°	22:26 190°	22:20 180°	22:28 187°
3.3.	SAO 77313 6,7 mag	Eintritt	19:38 60°	19:25 77°	19:38 65°	19:29 67°	19:34 56°	19:33 60°	19:27 64°	19:36 64°	19:33 74°	19:32 70°	19:29 72°	19:41 75°
3.3.	SAO 77313 6,7 mag	Austritt	20:50 286°	20:47 266°	20:53 281°	20:47 277°	20:44 289°	20:46 285°	20:43 280°	20:51 282°	20:53 271°	20:51 275°	20:49 273°	21:00 272°
3.3.	SAO 77358 6,3 mag	Eintritt	21:28 135°	-	21:34 142°	21:34 152°	21:21 131°	21:25 137°	21:28 147°	21:31 141°	21:52 172°	21:39 155°	21:44 165°	21:49 158°
3.3.	SAO 77358 6,3 mag	Austritt	22:16 219°	-	22:15 212°	22:05 201°	22:13 220°	22:11 215°	22:04 205°	22:14 212°	21:59 181°	22:07 198°	21:59 188°	22:13 197°
4.3.	SAO 78545 6,8 mag	Eintritt	21:12 54°	20:59 76°	21:12 59°	21:03 64°	21:08 51°	21:06 56°	21:01 62°	21:10 59°	21:07 71°	21:07 66°	21:03 69°	21:15 68°
4.3.	SAO 78545 6,8 mag	Austritt	22:11 310°	22:16 287°	22:15 305°	22:11 299°	22:05 312°	22:08 307°	22:08 300°	22:13 305°	22:19 294°	22:16 298°	22:15 294°	22:23 298°
4.3.	SAO 78561 7,6 mag	Eintritt	21:51 145°	-	21:57 152°	22:00 166°	21:45 142°	21:49 148°	21:53 161°	21:55 152°	-	22:06 169°	-	22:15 170°
4.3.	SAO 78561 7,6 mag	Austritt	22:36 221°	-	22:35 214°	22:21 199°	22:32 223°	22:30 217°	22:21 204°	22:33 214°	-	22:24 197°	-	22:32 198°
5.3.	SAO 78696 6,8 mag	Eintritt	1:09 84°	1:16 102°	1:11 87°	1:11 94°	1:06 85°	1:08 88°	1:09 93°	1:10 87°	1:15 95°	1:13 93°	1:13 96°	1:16 90°
5.3.	SAO 78696 6,8 mag	Austritt	2:05 287°	2:14 271°	2:08 285°	2:10 279°	2:04 286°	2:06 284°	2:08 279°	2:07 284°	2:12 278°	2:11 280°	2:12 277°	2:12 282°
5.3.	SAO 79489 6,4 mag	Eintritt	19:21 25°	18:55 52°	19:15 35°	19:06 38°	19:28 9°	19:17 24°	19:08 32°	19:15 33°	19:03 49°	19:07 43°	19:02 45°	19:10 51°
5.3.	SAO 79489 6,4 mag	Austritt	19:49 342°	19:54 312°	19:55 331°	19:50 327°	19:35 357°	19:44 341°	19:45 332°	19:52 333°	19:59 317°	19:55 323°	19:54 320°	20:07 317°

Datum	Stern	Vorgang	Berlin	Bern	Dresden	Frankfurt	Hamburg	Hannover	Köln	Leipzig	München	Nürnberg	Stuttgart	Wien
5.3.	SAO 79558 6,9 mag	Eintritt	21:48 138°	22:08 181°	21:52 144°	21:50 152°	21:42 136°	21:44 141°	21:45 149°	21:50 144°	22:00 161°	21:55 154°	21:55 160°	22:04 154°
5.3.	SAO 79558 6,9 mag	Austritt	22:45 240°	22:19 197°	22:45 235°	22:35 226°	22:40 241°	22:39 237°	22:33 228°	22:43 235°	22:37 219°	22:38 225°	22:33 219°	22:47 226°
5.3.	SAO 79615 7,7 mag	Eintritt	23:58 157°	-	0:04 163°	-	23:54 158°	23:59 164°	0:12 187°	0:03 165°	-	0:16 185°	-	0:16 174°
6.3.	SAO 79615 7,7 mag	Austritt	0:35 226°	-	0:35 220°	-	0:31 224°	0:29 218°	0:17 196°	0:33 219°	-	0:25 200°	-	0:37 211°
6.3.	SAO 79628 7,1 mag	Eintritt	0:14 116°	0:23 137°	0:17 119°	0:16 127°	0:10 117°	0:12 120°	0:13 127°	0:16 120°	0:22 129°	0:19 126°	0:19 130°	0:24 123°
6.3.	SAO 79628 7,1 mag	Austritt	1:15 267°	1:17 248°	1:18 265°	1:15 257°	1:12 266°	1:13 264°	1:13 257°	1:16 264°	1:20 256°	1:18 258°	1:17 255°	1:23 262°
6.3.	SAO 79641 6,3 mag	Eintritt	0:31 72°	0:31 92°	0:33 75°	0:29 83°	0:27 72°	0:27 76°	0:26 82°	0:31 76°	0:34 84°	0:32 82°	0:31 85°	0:38 79°
6.3.	SAO 79641 6,3 mag	Austritt	1:25 312°	1:35 294°	1:28 309°	1:29 302°	1:22 311°	1:25 308°	1:27 302°	1:27 309°	1:34 301°	1:31 303°	1:32 300°	1:34 306°
6.3.	SAO 80354 6,6 mag	Eintritt	22:53 101°	22:51 122°	22:55 105°	22:49 112°	22:48 101°	22:48 104°	22:46 110°	22:53 105°	22:55 115°	22:53 112°	22:51 115°	23:02 110°
7.3.	SAO 80354 6,6 mag	Austritt	0:02 293°	0:03 273°	0:05 290°	0:01 282°	23:58 292°	23:59 289°	23:58 283°	0:03 289°	0:07 280°	0:04 283°	0:03 279°	0:12 286°
7.3.	SAO 80405 7,6 mag	Eintritt	1:17 126°	1:27 145°	1:20 128°	1:20 136°	1:14 127°	1:16 130°	1:17 136°	1:19 129°	1:26 137°	1:23 135°	1:23 139°	1:27 131°
7.3.	SAO 80405 7,6 mag	Austritt	2:15 270°	2:18 252°	2:18 268°	2:16 261°	2:12 269°	2:14 266°	2:13 260°	2:17 267°	2:20 260°	2:18 262°	2:18 259°	2:23 266°
7.3.	SAO 98198 7,9 mag	Eintritt	4:45 168°	-	4:48 172°	4:57 185°	4:45 170°	4:48 174°	4:56 186°	4:49 173°	5:01 190°	4:56 182°	-	-
7.3.	SAO 98198 7,9 mag	Austritt	5:08 223°	-	5:08 219°	5:06 207°	5:07 221°	5:07 218°	5:05 206°	5:08 219°	5:05 201°	5:07 209°	-	-
7.3.	SAO 98684 7,7 mag	Eintritt	20:42 117°	20:38 138°	20:43 122°	20:37 126°	20:39 114°	20:38 118°	20:35 123°	20:41 121°	20:42 133°	20:40 128°	20:38 131°	20:48 131°
7.3.	SAO 98684 7,7 mag	Austritt	21:52 280°	21:40 257°	21:52 275°	21:44 269°	21:48 281°	21:47 277°	21:42 271°	21:50 275°	21:48 264°	21:48 268°	21:44 265°	21:56 268°
8.3.	SAO 99210 7,8 mag	Eintritt	20:17 120°	20:12 140°	20:17 125°	20:13 129°	20:15 117°	20:14 121°	20:12 126°	20:16 124°	20:15 136°	20:15 131°	20:13 133°	20:19 134°
8.3.	SAO 99210 7,8 mag	Austritt	21:22 283°	21:09 261°	21:21 278°	21:15 273°	21:19 285°	21:18 281°	21:14 275°	21:20 278°	21:16 267°	21:17 272°	21:14 268°	21:22 270°

Datum	Stern	Vorgang	Berlin	Bern	Dresden	Frankfurt	Hamburg	Hannover	Köln	Leipzig	München	Nürnberg	Stuttgart	Wien
10.3.	SAO 119101 7,9 mag	Eintritt	6:19 134°	6:29 142°	6:21 135°	6:23 138°	6:16 134°	6:19 136°	6:21 138°	6:21 136°	6:27 139°	6:24 138°	6:25 140°	6:26 138°
10.3.	SAO 119101 7,9 mag	Austritt	7:08 274°	7:16 267°	7:10 272°	7:11 271°	7:06 274°	7:08 273°	7:10 271°	7:10 273°	7:14 269°	7:12 270°	7:13 269°	-
10.3.	SAO 119447 7,8 mag	Eintritt	20:13 159°	-	20:15 166°	20:16 173°	20:12 155°	20:13 161°	20:14 168°	20:14 165°	20:22 189°	20:17 177°	20:19 183°	20:21 184°
10.3.	SAO 119447 7,8 mag	Austritt	20:54 251°	-	20:51 244°	20:45 236°	20:55 254°	20:52 249°	20:47 240°	20:51 245°	20:38 221°	20:44 233°	20:40 226°	20:42 226°
12.3.	80 Vir 5,8 mag	Eintritt	0:05 79°	23:52 104°	0:03 84°	23:56 93°	0:02 80°	0:00 84°	23:55 92°	0:02 84°	23:57 95°	23:58 92°	23:55 96°	0:04 89°
12.3.	80 Vir 5,8 mag	Austritt	0:55 341°	0:56 318°	0:57 337°	0:55 328°	0:52 339°	0:53 336°	0:53 328°	0:56 336°	0:58 326°	0:57 329°	0:56 325°	1:02 333°
14.3.	Zet3 Lib 5,9 mag	Eintritt	1:53 142°	1:55 167°	1:54 145°	1:52 154°	1:52 144°	1:52 147°	1:51 155°	1:53 146°	1:54 156°	1:53 153°	1:53 158°	1:56 148°
14.3.	Zet3 Lib 5,9 mag	Austritt	2:55 269°	2:39 246°	2:55 266°	2:46 257°	2:51 267°	2:50 264°	2:44 257°	2:53 265°	2:49 257°	2:49 259°	2:45 255°	2:57 264°
14.3.	Zet4 Lib 5,6 mag	Eintritt	3:09 139°	3:08 160°	3:09 142°	3:06 150°	3:05 142°	3:06 144°	3:04 151°	3:08 143°	3:09 150°	3:08 148°	3:07 152°	3:13 143°
14.3.	Zet4 Lib 5,6 mag	Austritt	4:14 269°	4:01 252°	4:14 267°	4:06 260°	4:09 267°	4:08 265°	4:03 259°	4:12 266°	4:10 260°	4:10 262°	4:06 259°	4:19 266°
14.3.	SAO 159358 7,6 mag	Eintritt	4:30 154°	4:33 174°	4:31 156°	4:29 164°	4:26 156°	4:27 159°	4:27 165°	4:30 157°	4:34 164°	4:31 162°	4:31 166°	4:38 157°
14.3.	SAO 159358 7,6 mag	Austritt	5:24 251°	5:12 234°	5:25 249°	5:16 243°	5:18 249°	5:18 247°	5:13 242°	5:23 248°	5:21 242°	5:21 244°	5:17 241°	5:31 247°
16.3.	SAO 185397 7,9 mag	Eintritt	2:42 170°	-	2:45 176°	-	-	-	-	2:45 179°	-	-	-	2:50 186°
16.3.	SAO 185397 7,9 mag	Austritt	3:12 221°	-	3:08 215°	-	-	-	-	3:05 212°	-	-	-	3:02 206°
18.3.	SAO 188102 7,1 mag	Eintritt	5:43 138°	5:40 157°	5:43 140°	5:39 147°	5:41 139°	5:40 141°	5:38 147°	5:42 141°	5:42 148°	5:41 145°	5:40 149°	5:46 143°
18.3.	SAO 188102 7,1 mag	Austritt	6:35 220°	6:12 205°	6:33 218°	6:23 214°	6:31 220°	6:28 218°	6:21 214°	6:31 218°	6:24 212°	6:26 214°	6:21 211°	6:34 214°
21.3.	SAO 164803 7,8 mag	Eintritt	-	-	-	-	-	-	-	-	-	-	-	5:17 91°
21.3.	SAO 164803 7,8 mag	Austritt	6:31 244°	-	6:28 242°	-	-	-	-	6:27 242°	6:21 238°	6:23 240°	-	6:25 240°

Datum	Stern	Vorgang	Berlin	Bern	Dresden	Frankfurt	Hamburg	Hannover	Köln	Leipzig	München	Nürnberg	Stuttgart	Wien
25.3.	SAO 109795 7,9 mag	Eintritt	18:02 80°	18:08 99°	18:04 85°	18:03 87°	17:59 76°	18:01 80°	18:01 84°	18:03 84°	18:08 95°	18:06 90°	18:06 92°	18:10 96°
25.3.	SAO 109795 7,9 mag	Austritt	19:03 232°	19:03 212°	19:04 227°	19:03 224°	19:02 235°	19:03 232°	19:03 227°	19:04 228°	19:04 217°	19:04 221°	19:03 219°	19:04 217°
26.3.	SAO 110325 6,5 mag	Eintritt	19:57 17°	19:53 42°	19:56 23°	19:54 29°	19:58 13°	19:56 19°	19:54 26°	19:56 23°	19:54 36°	19:54 31°	19:54 35°	-
26.3.	SAO 110325 6,5 mag	Austritt	20:32 304°	20:46 278°	-	20:40 291°	20:30 307°	20:34 301°	20:38 293°	20:36 298°	-	20:41 289°	20:42 286°	-
29.3.	SAO 93915 7,9 mag	Eintritt	18:16 101°	18:19 124°	18:19 107°	18:14 110°	18:10 97°	18:11 101°	18:10 106°	18:17 106°	18:23 119°	18:19 113°	18:17 115°	18:29 119°
29.3.	SAO 93915 7,9 mag	Austritt	19:25 233°	19:14 209°	19:25 228°	19:19 223°	19:21 235°	19:21 231°	19:17 226°	19:24 228°	19:21 215°	19:22 221°	19:19 217°	19:27 217°
29.3.	SAO 93918 6,0 mag	Eintritt	18:26 76°	18:22 94°	18:27 80°	18:21 83°	18:21 72°	18:21 76°	18:18 80°	18:25 79°	18:27 90°	18:25 86°	18:23 88°	18:33 90°
29.3.	SAO 93918 6,0 mag	Austritt	19:40 260°	19:38 240°	19:42 255°	19:38 251°	19:36 262°	19:37 258°	19:35 253°	19:40 256°	19:42 245°	19:41 249°	19:39 246°	19:47 247°
29.3.	SAO 93940 7,9 mag	Eintritt	19:38 83°	19:41 103°	19:40 87°	19:37 92°	19:34 81°	19:35 84°	19:34 90°	19:39 87°	19:43 98°	19:40 93°	19:39 96°	19:47 95°
29.3.	SAO 93940 7,9 mag	Austritt	20:47 257°	20:48 236°	20:49 253°	20:47 247°	20:44 258°	20:45 254°	20:45 249°	20:48 253°	20:50 243°	20:49 246°	20:48 243°	20:53 246°
29.3.	Eps Tau 3,6 mag	Eintritt	20:31 84°	20:37 105°	20:33 89°	20:32 94°	20:28 83°	20:29 87°	20:29 92°	20:32 88°	20:37 99°	20:35 95°	20:35 98°	20:39 96°
29.3.	Eps Tau 3,6 mag	Austritt	21:36 258°	21:39 238°	21:38 254°	21:37 248°	21:34 258°	21:35 255°	21:35 249°	21:37 254°	21:40 244°	21:39 248°	21:38 244°	21:41 248°
29.3.	SAO 93998 7,8 mag	Eintritt	22:41 81°	22:49 100°	22:42 84°	22:44 91°	22:39 81°	22:41 84°	22:43 90°	22:42 85°	22:47 93°	22:45 90°	22:46 94°	22:46 89°
29.3.	SAO 93998 7,8 mag	Austritt	23:36 264°	23:43 247°	23:38 262°	23:40 255°	23:36 264°	23:37 261°	23:40 256°	23:38 261°	23:41 253°	23:40 256°	23:41 253°	-
30.3.	SAO 77092 7,4 mag	Eintritt	19:28 22°	19:10 51°	19:25 31°	19:16 37°	19:26 17°	19:22 25°	19:15 34°	19:24 30°	19:18 45°	19:19 40°	19:15 43°	19:26 43°
30.3.	SAO 77092 7,4 mag	Austritt	20:03 326°	20:17 296°	20:10 318°	20:09 310°	19:56 329°	20:02 322°	20:05 312°	20:08 318°	20:17 303°	20:13 308°	20:14 304°	20:20 307°
30.3.	114 Tau 4,8 mag	Eintritt	24:00 11°	23:54 45°	23:58 20°	23:54 33°	23:58 14°	23:56 22°	23:54 33°	23:57 21°	23:55 36°	23:55 32°	23:55 37°	23:57 28°
31.3.	114 Tau 4,8 mag	Austritt	0:12 345°	0:34 312°	0:18 337°	0:26 324°	0:13 341°	0:18 334°	0:25 324°	0:18 335°	0:28 321°	0:25 325°	0:29 320°	0:23 329°

Datum	Stern	Vorgang	Berlin	Bern	Dresden	Frankfurt	Hamburg	Hannover	Köln	Leipzig	München	Nürnberg	Stuttgart	Wien
31.3.	4 Gem 6,7 mag	Eintritt	17:10 74°	-	17:10 79°	-	-	-	-	-	-	-	-	17:13 89°
31.3.	4 Gem 6,7 mag	Austritt	18:29 276°	-	18:30 271°	-	-	-	-	-	-	-	-	18:35 262°
31.3.	6 Gem 6,3 mag	Eintritt	18:14 103°	18:11 122°	18:16 108°	18:09 110°	18:08 99°	18:09 103°	18:05 107°	18:14 107°	18:16 118°	18:14 113°	18:11 115°	18:24 118°
31.3.	6 Gem 6,3 mag	Austritt	19:30 253°	19:18 230°	19:31 248°	19:23 243°	19:25 255°	19:25 251°	19:20 245°	19:29 248°	19:27 237°	19:26 241°	19:23 238°	19:35 239°
31.3.	SAO 78094 7,7 mag	Eintritt	18:24 24°	18:00 50°	18:19 33°	18:09 37°	18:24 15°	18:18 24°	18:09 32°	18:18 31°	18:09 47°	18:11 41°	18:06 43°	18:17 46°
31.3.	SAO 78094 7,7 mag	Austritt	18:59 331°	19:08 301°	19:06 322°	19:02 315°	18:49 338°	18:55 328°	18:57 319°	19:03 323°	19:12 307°	19:07 313°	19:06 309°	19:18 310°
2.4.	58 Gem 6,0 mag	Eintritt	1:10 47°	1:12 67°	1:11 50°	1:10 59°	1:08 49°	1:09 52°	1:09 59°	1:10 52°	1:12 60°	1:11 57°	1:11 61°	1:13 54°
2.4.	58 Gem 6,0 mag	Austritt	1:43 331°	1:58 313°	1:46 328°	1:51 320°	1:43 329°	1:46 326°	1:50 320°	1:46 327°	1:53 320°	1:51 322°	1:53 318°	1:50 325°
3.4.	SAO 98468 6,9 mag	Eintritt	22:55 100°	22:57 119°	22:57 103°	22:53 110°	22:50 101°	22:51 104°	22:50 110°	22:55 103°	22:59 111°	22:57 109°	22:56 113°	23:04 106°
3.4.	SAO 98468 6,9 mag	Austritt	23:59 302°	0:05 285°	0:02 300°	0:01 293°	23:55 301°	23:57 298°	23:58 293°	0:01 299°	0:06 293°	0:03 294°	0:03 291°	0:09 298°
4.4.	SAO 98534 7,7 mag	Eintritt	2:01 122°	2:12 135°	2:03 123°	2:05 129°	1:59 123°	2:01 125°	2:04 129°	2:03 124°	2:09 129°	2:07 128°	2:08 130°	2:08 125°
4.4.	SAO 98534 7,7 mag	Austritt	2:54 277°	3:01 266°	2:56 275°	2:57 271°	2:52 276°	2:54 274°	2:56 271°	2:55 275°	3:00 270°	2:58 272°	2:59 269°	2:59 274°
4.4.	SAO 98552 7,1 mag	Eintritt	2:40 91°	2:48 102°	2:42 93°	2:43 97°	2:38 92°	2:40 94°	2:42 98°	2:41 93°	2:46 98°	2:44 96°	2:45 99°	2:46 94°
4.4.	SAO 98552 7,1 mag	Austritt	3:29 306°	3:40 296°	3:31 305°	3:35 301°	3:29 305°	3:31 304°	3:34 301°	3:31 304°	3:37 300°	3:35 302°	3:37 300°	3:35 303°
4.4.	SAO 98944 6,3 mag	Eintritt	17:46 82°	-	17:44 87°	-	-	-	-	17:43 86°	17:38 97°	17:40 92°	-	17:43 97°
4.4.	SAO 98944 6,3 mag	Austritt	18:46 315°	-	18:47 309°	-	-	-	-	18:45 310°	18:45 299°	18:44 303°	-	18:50 301°
5.4.	SAO 99455 7,3 mag	Eintritt	19:49 121°	19:45 143°	19:49 125°	19:44 131°	19:46 119°	19:45 123°	19:43 129°	19:48 125°	19:48 136°	19:47 132°	19:45 135°	19:52 133°
5.4.	SAO 99455 7,3 mag	Austritt	20:56 291°	20:46 268°	20:57 287°	20:50 280°	20:52 291°	20:52 287°	20:48 281°	20:55 287°	20:53 276°	20:53 280°	20:50 276°	21:00 281°

Datum	Stern	Vorgang	Berlin	Bern	Dresden	Frankfurt	Hamburg	Hannover	Köln	Leipzig	München	Nürnberg	Stuttgart	Wien
8.4.	SAO 139229 7,5 mag	Eintritt	2:57 99°	2:58 111°	2:59 100°	2:55 106°	2:52 101°	2:53 102°	2:52 106°	2:57 101°	3:01 106°	2:59 104°	2:57 107°	3:06 102°
8.4.	SAO 139229 7,5 mag	Austritt	3:56 316°	4:02 307°	3:59 315°	3:58 311°	3:53 315°	3:54 314°	3:55 311°	3:58 314°	4:03 311°	4:00 312°	4:00 310°	4:06 313°
8.4.	SAO 139669 6,6 mag	Eintritt	21:20 108°	21:14 130°	21:19 112°	21:16 119°	21:19 107°	21:18 111°	21:15 118°	21:18 112°	21:16 122°	21:16 119°	21:15 122°	21:19 118°
8.4.	SAO 139669 6,6 mag	Austritt	22:21 310°	22:14 288°	22:21 306°	22:16 299°	22:18 309°	22:18 306°	22:16 299°	22:20 306°	22:18 296°	22:18 299°	22:16 295°	22:22 302°
9.4.	94 Vir 6,6 mag	Eintritt	0:44 79°	0:32 100°	0:44 81°	0:35 91°	0:39 81°	0:38 84°	0:33 92°	0:42 83°	0:39 91°	0:39 89°	0:35 93°	0:48 84°
9.4.	94 Vir 6,6 mag	Austritt	1:36 340°	1:38 322°	1:38 338°	1:36 330°	1:32 338°	1:34 335°	1:33 329°	1:37 337°	1:41 330°	1:39 332°	1:38 328°	1:45 337°
9.4.	95 Vir 5,5 mag	Eintritt	1:16 148°	1:20 168°	1:18 150°	1:15 159°	1:12 150°	1:13 153°	1:13 159°	1:17 151°	1:20 158°	1:18 156°	1:18 161°	1:24 151°
9.4.	95 Vir 5,5 mag	Austritt	2:16 270°	2:08 253°	2:18 269°	2:10 261°	2:11 268°	2:11 266°	2:07 260°	2:16 268°	2:16 262°	2:14 263°	2:11 259°	2:24 268°
9.4.	SAO 139785 7,3 mag	Eintritt	4:18 117°	4:21 125°	4:21 118°	4:17 121°	4:14 118°	4:15 119°	4:15 122°	4:19 119°	4:23 122°	4:21 121°	4:20 123°	4:27 120°
9.4.	SAO 139785 7,3 mag	Austritt	5:20 290°	5:25 284°	5:23 289°	5:21 287°	5:16 290°	5:18 289°	5:18 288°	5:21 289°	5:26 285°	5:24 287°	5:23 286°	5:29 286°
13.4.	SAO 186152 6,9 mag	Eintritt	1:26 110°	1:19 128°	1:25 112°	1:22 119°	1:25 111°	1:24 114°	1:21 119°	1:25 113°	1:22 120°	1:22 118°	1:21 121°	1:25 114°
13.4.	SAO 186152 6,9 mag	Austritt	2:35 272°	2:21 257°	2:34 271°	2:27 264°	2:33 271°	2:31 269°	2:26 264°	2:33 270°	2:28 264°	2:29 266°	2:26 263°	2:35 269°
13.4.	7 Sgr 5,5 mag	Eintritt	1:33 113°	1:27 131°	1:32 116°	1:29 123°	1:32 115°	1:31 117°	1:29 123°	1:32 117°	1:29 124°	1:30 122°	1:28 125°	1:32 118°
13.4.	7 Sgr 5,5 mag	Austritt	2:42 268°	2:27 253°	2:41 267°	2:33 261°	2:39 267°	2:37 265°	2:32 260°	2:40 266°	2:35 260°	2:36 262°	2:32 259°	2:42 265°
13.4.	SAO 186207 7,3 mag	Eintritt	2:06 109°	1:57 125°	2:05 111°	2:00 118°	2:04 111°	2:03 113°	2:00 118°	2:04 112°	2:01 118°	2:02 116°	2:00 120°	2:05 113°
13.4.	SAO 186207 7,3 mag	Austritt	3:18 271°	3:04 258°	3:17 270°	3:09 264°	3:14 270°	3:13 268°	3:07 264°	3:15 269°	3:11 264°	3:12 266°	3:08 263°	3:19 268°
13.4.	9 Sgr 5,9 mag	Eintritt	2:07 120°	2:00 138°	2:06 122°	2:02 130°	2:05 122°	2:04 124°	2:01 130°	2:05 123°	2:03 130°	2:03 128°	2:02 132°	2:07 125°
13.4.	9 Sgr 5,9 mag	Austritt	3:15 260°	2:59 246°	3:14 258°	3:05 253°	3:11 259°	3:09 257°	3:03 252°	3:12 258°	3:07 252°	3:08 254°	3:04 251°	3:16 256°

Datum	Stern	Vorgang	Berlin	Bern	Dresden	Frankfurt	Hamburg	Hannover	Köln	Leipzig	München	Nürnberg	Stuttgart	Wien
13.4.	SAO 186220 7,2 mag	Eintritt	2:24 121°	2:17 137°	2:24 123°	2:19 129°	2:22 122°	2:21 124°	2:18 130°	2:22 123°	2:20 130°	2:21 128°	2:19 131°	2:25 125°
13.4.	SAO 186220 7,2 mag	Austritt	3:33 259°	3:17 246°	3:32 257°	3:23 252°	3:29 257°	3:27 256°	3:21 252°	3:30 256°	3:26 252°	3:26 253°	3:23 250°	3:34 255°
13.4.	SAO 186247 6,8 mag	Eintritt	2:46 117°	2:38 131°	2:46 118°	2:41 124°	2:44 118°	2:43 120°	2:40 125°	2:45 119°	2:42 125°	2:43 123°	2:40 126°	2:48 120°
13.4.	SAO 186247 6,8 mag	Austritt	3:58 261°	3:44 250°	3:58 260°	3:49 256°	3:53 261°	3:52 259°	3:47 256°	3:56 260°	3:52 255°	3:52 257°	3:48 254°	4:01 258°
14.4.	SAO 187599 5,7 mag	Eintritt	2:23 138°	2:24 163°	2:23 140°	2:21 149°	-	-	-	2:22 141°	2:22 150°	2:22 147°	2:22 152°	2:23 143°
14.4.	SAO 187599 5,7 mag	Austritt	3:15 230°	2:51 208°	3:13 228°	3:02 220°	-	-	-	3:11 227°	3:03 219°	3:05 222°	3:00 218°	3:12 225°
14.4.	SAO 187660 7,3 mag	Eintritt	3:53 85°	3:39 96°	3:52 87°	3:44 91°	3:50 86°	3:48 87°	3:43 91°	3:50 87°	3:46 91°	3:47 90°	3:43 92°	3:53 89°
14.4.	SAO 187660 7,3 mag	Austritt	5:10 276°	4:59 269°	5:11 274°	5:02 273°	5:06 276°	5:05 275°	5:00 273°	5:09 274°	5:06 271°	5:06 272°	5:02 271°	5:15 272°
14.4.	SAO 187718 6,2 mag	Eintritt	5:23 81°	5:11 87°	5:23 82°	5:14 83°	5:18 80°	5:17 81°	5:12 83°	5:21 82°	5:18 85°	5:18 84°	5:15 85°	-
14.4.	SAO 187718 6,2 mag	Austritt	6:42 272°	6:34 269°	6:43 271°	6:35 272°	6:36 275°	6:36 274°	6:32 273°	6:41 272°	6:41 269°	6:39 270°	6:36 270°	-
19.4.	SAO 165638 7,8 mag	Eintritt	5:09 76°	4:56 83°	5:07 77°	5:02 79°	5:09 75°	5:07 76°	5:03 78°	5:06 77°	5:00 81°	5:02 79°	5:00 80°	5:03 80°
19.4.	SAO 165638 7,8 mag	Austritt	6:19 238°	6:03 234°	6:17 236°	6:11 237°	6:18 239°	6:16 239°	6:11 238°	6:16 237°	6:09 234°	6:11 236°	6:08 236°	6:14 233°
26.4.	SAO 76939 6,3 mag	Eintritt	18:45 59°	18:43 80°	18:46 63°	18:42 69°	18:41 57°	18:41 61°	18:39 67°	18:44 63°	18:46 74°	18:44 70°	18:43 73°	18:50 70°
26.4.	SAO 76939 6,3 mag	Austritt	19:45 290°	19:53 269°	19:48 286°	19:48 279°	19:42 290°	19:44 287°	19:46 281°	19:47 286°	19:53 276°	19:50 279°	19:51 276°	19:54 280°
27.4.	140 Tau 6,9 mag	Eintritt	19:38 91°	19:44 112°	19:41 95°	19:39 102°	19:34 91°	19:36 95°	19:36 101°	19:39 95°	19:44 105°	19:41 102°	19:41 105°	19:47 100°
27.4.	140 Tau 6,9 mag	Austritt	20:43 271°	20:48 251°	20:46 267°	20:45 261°	20:40 270°	20:42 267°	20:43 261°	20:45 267°	20:49 258°	20:47 261°	20:47 258°	20:50 263°
27.4.	SAO 77996 7,3 mag	Eintritt	23:01 128°	23:18 150°	23:04 131°	23:09 139°	23:01 129°	23:04 132°	23:08 139°	23:04 132°	23:11 140°	23:09 137°	23:12 142°	-
27.4.	SAO 77996 7,3 mag	Austritt	23:43 235°	23:45 214°	23:44 232°	23:45 225°	23:43 234°	23:44 231°	23:45 225°	23:44 232°	23:45 223°	23:45 226°	23:45 222°	-

Datum	Stern	Vorgang	Berlin	Bern	Dresden	Frankfurt	Hamburg	Hannover	Köln	Leipzig	München	Nürnberg	Stuttgart	Wien
28.4.	SAO 78963 7,0 mag	Eintritt	21:37 61°	21:39 81°	21:39 64°	21:36 72°	21:34 62°	21:35 65°	21:34 72°	21:38 65°	21:40 73°	21:39 71°	21:38 75°	21:43 68°
28.4.	SAO 78963 7,0 mag	Austritt	22:25 315°	22:37 296°	22:28 312°	22:31 304°	22:23 313°	22:26 310°	22:30 304°	22:28 311°	22:35 303°	22:32 306°	22:34 302°	22:33 309°
29.4.	SAO 79810 7,7 mag	Eintritt	20:45 81°	20:46 101°	20:47 84°	20:43 91°	20:40 81°	20:41 85°	20:40 91°	20:45 84°	20:48 93°	20:46 90°	20:45 94°	20:53 88°
29.4.	SAO 79810 7,7 mag	Austritt	21:45 307°	21:54 289°	21:48 304°	21:49 297°	21:42 305°	21:44 303°	21:46 297°	21:47 303°	21:54 296°	21:51 298°	21:51 295°	21:55 301°
30.4.	SAO 79903 6,9 mag	Eintritt	0:09 100°	0:19 112°	0:11 101°	0:14 107°	0:08 101°	0:10 103°	0:13 107°	0:11 102°	0:16 107°	0:14 106°	0:16 108°	0:15 103°
30.4.	SAO 79903 6,9 mag	Austritt	1:01 285°	1:11 274°	1:03 283°	1:06 279°	1:01 284°	1:03 282°	1:06 279°	1:03 283°	1:08 278°	1:06 280°	1:08 277°	1:05 281°
30.4.	SAO 80491 6,8 mag	Eintritt	21:28 193°	-	-	-	-	-	-	-	-	-	-	-
30.4.	SAO 80491 6,8 mag	Austritt	21:36 206°	-	-	-	-	-	-	-	-	-	-	-
1.5.	SAO 98792 7,8 mag	Eintritt	20:11 121°	20:14 143°	20:14 124°	20:09 132°	20:06 122°	20:07 125°	20:06 132°	20:12 125°	20:16 134°	20:13 131°	20:12 135°	20:21 128°
1.5.	SAO 98792 7,8 mag	Austritt	21:22 287°	21:20 267°	21:24 285°	21:19 277°	21:17 286°	21:18 283°	21:16 276°	21:22 284°	21:25 276°	21:23 278°	21:21 274°	21:31 282°
2.5.	SAO 98892 7,6 mag	Eintritt	1:30 96°	1:39 106°	1:32 97°	1:34 101°	1:28 97°	1:30 98°	1:32 101°	1:32 98°	1:37 102°	1:35 100°	1:36 102°	1:36 99°
2.5.	SAO 98892 7,6 mag	Austritt	2:20 306°	2:31 297°	2:23 304°	2:26 301°	2:20 305°	2:22 304°	2:25 301°	2:23 304°	2:28 300°	2:26 302°	2:28 300°	2:26 302°
2.5.	SAO 98897 7,8 mag	Eintritt	1:54 119°	2:05 129°	1:57 121°	1:59 124°	1:53 120°	1:55 121°	1:58 124°	1:56 121°	2:02 125°	2:00 124°	2:01 125°	-
2.5.	SAO 98897 7,8 mag	Austritt	2:45 281°	2:54 273°	2:46 280°	2:49 277°	2:44 281°	2:46 280°	2:49 277°	2:46 279°	-	2:49 277°	2:51 276°	-
2.5.	SAO 99321 6,8 mag	Eintritt	23:10 129°	23:18 145°	23:13 130°	23:12 138°	23:06 131°	23:08 133°	23:09 138°	23:12 131°	23:18 137°	23:15 136°	23:15 139°	23:20 132°
3.5.	SAO 99321 6,8 mag	Austritt	0:12 285°	0:16 272°	0:14 284°	0:13 278°	0:08 284°	0:10 282°	0:10 277°	0:13 283°	0:18 278°	0:15 280°	0:15 277°	0:20 283°
3.5.	Nu Vir 4,2 mag	Eintritt	23:00 38°	22:41 76°	22:58 47°	22:44 65°	22:50 48°	22:48 54°	22:41 66°	22:54 51°	22:50 65°	22:49 61°	22:45 68°	23:03 51°
3.5.	Nu Vir 4,2 mag	Austritt	23:09 23°	23:31 347°	23:17 14°	23:22 357°	23:10 13°	23:15 7°	23:20 356°	23:17 11°	23:28 358°	23:24 1°	23:26 355°	23:26 11°

Datum	Stern	Vorgang	Berlin	Bern	Dresden	Frankfurt	Hamburg	Hannover	Köln	Leipzig	München	Nürnberg	Stuttgart	Wien
7.5.	SAO 158677 6,2 mag	Eintritt	1:07 124°	1:07 136°	1:09 126°	1:04 131°	1:02 126°	1:03 127°	1:02 132°	1:07 126°	1:10 131°	1:08 130°	1:07 132°	1:16 127°
7.5.	SAO 158677 6,2 mag	Austritt	2:14 286°	2:14 277°	2:16 285°	2:12 282°	2:09 286°	2:10 284°	2:09 281°	2:15 285°	2:18 281°	2:15 282°	2:14 281°	2:23 284°
7.5.	Zet1 Lib 5,9 mag	Eintritt	21:29 155°	21:41 196°	21:30 159°	21:31 171°	21:28 156°	21:29 161°	21:30 171°	21:29 160°	21:33 174°	21:31 169°	21:33 176°	21:32 164°
7.5.	Zet1 Lib 5,9 mag	Austritt	22:19 257°	21:52 217°	22:17 253°	22:07 241°	22:16 254°	22:13 251°	22:06 241°	22:15 252°	22:07 239°	22:10 243°	22:04 236°	22:17 249°
7.5.	Zet3 Lib 5,9 mag	Eintritt	22:24 77°	22:10 99°	22:23 80°	22:15 89°	22:21 79°	22:19 82°	22:14 89°	22:21 81°	22:16 90°	22:17 88°	22:14 92°	22:23 83°
7.5.	Zet3 Lib 5,9 mag	Austritt	23:16 334°	23:14 315°	23:17 332°	23:14 323°	23:14 332°	23:14 329°	23:13 322°	23:16 331°	23:17 323°	23:16 325°	23:15 321°	23:21 330°
7.5.	Zet4 Lib 5,6 mag	Eintritt	23:38 73°	23:24 93°	23:37 76°	23:28 85°	23:33 76°	23:31 79°	23:26 85°	23:35 77°	23:31 85°	23:31 83°	23:27 87°	23:40 78°
8.5.	Zet4 Lib 5,6 mag	Austritt	0:30 336°	0:29 319°	0:32 334°	0:28 326°	0:27 334°	0:27 331°	0:26 325°	0:30 333°	0:32 326°	0:31 328°	0:30 325°	0:37 333°
8.5.	SAO 159358 7,6 mag	Eintritt	0:45 87°	0:36 101°	0:46 88°	0:38 95°	0:40 89°	0:39 91°	0:35 96°	0:43 89°	0:42 95°	0:41 93°	0:38 96°	0:50 90°
8.5.	SAO 159358 7,6 mag	Austritt	1:49 319°	1:47 308°	1:51 317°	1:46 313°	1:44 317°	1:45 316°	1:43 312°	1:49 317°	1:51 312°	1:49 314°	1:48 311°	1:57 316°
8.5.	SAO 159409 7,8 mag	Eintritt	2:51 121°	2:51 129°	2:54 122°	2:49 125°	2:46 122°	2:47 123°	2:46 125°	2:52 123°	2:55 126°	2:52 125°	2:51 126°	3:01 125°
8.5.	SAO 159409 7,8 mag	Austritt	3:57 275°	3:58 270°	3:59 274°	3:55 273°	3:52 276°	3:53 275°	3:52 274°	3:57 274°	4:01 271°	3:58 272°	3:57 272°	4:05 270°
12.5.	51 Sgr 5,7 mag	Eintritt	1:06 143°	-	1:06 146°	-	-	-	-	1:06 147°	1:07 158°	1:06 154°	1:07 161°	1:07 150°
12.5.	51 Sgr 5,7 mag	Austritt	1:49 217°	-	1:46 214°	-	-	-	-	1:45 213°	1:34 203°	1:37 207°	1:31 201°	1:44 211°
13.5.	SAO 189502 7,1 mag	Eintritt	4:23 25°	4:06 32°	4:22 27°	4:13 27°	4:21 23°	4:18 24°	4:12 26°	4:20 26°	4:14 31°	4:16 29°	4:12 29°	4:22 33°
13.5.	SAO 189502 7,1 mag	Austritt	5:14 308°	5:04 303°	5:15 305°	5:05 308°	5:06 312°	5:06 310°	5:02 310°	5:12 307°	5:12 302°	5:11 305°	5:07 305°	5:23 298°
14.5.	SAO 190356 7,5 mag	Eintritt	2:25 123°	2:18 138°	2:24 125°	2:20 130°	2:24 123°	2:23 125°	2:20 130°	2:23 125°	2:20 132°	2:21 129°	2:19 132°	2:23 129°
14.5.	SAO 190356 7,5 mag	Austritt	3:16 210°	2:54 198°	3:13 209°	3:04 206°	3:14 211°	3:11 209°	3:04 206°	3:12 209°	3:03 203°	3:06 205°	3:02 203°	3:10 205°

Datum	Stern	Vorgang	Berlin	Bern	Dresden	Frankfurt	Hamburg	Hannover	Köln	Leipzig	München	Nürnberg	Stuttgart	Wien
19.5.	SAO 109783 6,9 mag	Eintritt	3:47 45°	-	3:44 46°	3:42 47°	3:49 43°	3:46 44°	-	3:44 46°	3:38 49°	3:41 47°	-	3:38 49°
19.5.	SAO 109783 6,9 mag	Austritt	4:45 264°	4:34 261°	4:43 263°	4:40 264°	4:46 266°	4:44 265°	4:41 265°	4:43 263°	4:37 261°	4:39 262°	4:37 262°	4:39 259°
24.5.	SAO 77556 7,8 mag	Eintritt	19:45 104°	19:57 123°	19:47 107°	19:50 114°	19:43 105°	19:46 108°	19:49 114°	19:47 108°	19:53 116°	19:51 113°	19:53 117°	19:52 111°
24.5.	SAO 77556 7,8 mag	Austritt	20:39 256°	20:44 238°	20:41 253°	20:42 246°	20:38 255°	20:40 252°	20:41 247°	20:41 252°	20:44 245°	20:43 247°	20:43 244°	20:43 250°
25.5.	SAO 78717 6,5 mag	Eintritt	20:57 91°	21:06 107°	20:59 93°	21:01 99°	20:55 92°	20:57 94°	20:59 99°	20:58 94°	21:03 100°	21:01 98°	21:03 101°	21:02 96°
25.5.	SAO 78717 6,5 mag	Austritt	21:50 280°	21:59 266°	21:52 278°	21:55 272°	21:50 279°	21:52 277°	21:54 272°	21:52 277°	21:57 272°	21:55 273°	21:57 271°	21:55 276°
25.5.	SAO 78771 7,0 mag	Eintritt	22:10 115°	-	-	22:16 123°	22:10 116°	22:12 118°	22:16 123°	22:12 118°	-	-	-	-
25.5.	SAO 78771 7,0 mag	Austritt	22:57 254°	-	-	23:01 248°	22:57 254°	22:59 252°	23:01 248°	-	-	-	-	-
26.5.	SAO 79607 6,2 mag	Eintritt	19:53 78°	19:56 97°	19:55 81°	19:53 88°	19:49 80°	19:50 82°	19:50 88°	19:53 82°	19:57 90°	19:55 87°	19:55 91°	20:00 84°
26.5.	SAO 79607 6,2 mag	Austritt	20:48 306°	20:59 289°	20:51 303°	20:53 296°	20:46 304°	20:49 302°	20:51 296°	20:51 302°	20:57 296°	20:54 298°	20:56 294°	20:56 301°
27.5.	SAO 80412 6,9 mag	Eintritt	23:25 86°	23:34 96°	23:27 87°	23:30 91°	23:25 87°	23:26 88°	23:29 92°	23:27 88°	23:32 92°	23:30 91°	23:31 93°	-
28.5.	SAO 80412 6,9 mag	Austritt	0:13 305°	0:24 295°	0:15 303°	0:19 300°	0:13 304°	0:15 303°	0:19 300°	0:15 303°	-	0:19 300°	0:21 298°	-
29.5.	SAO 99210 7,8 mag	Eintritt	23:36 134°	23:47 144°	23:39 135°	23:41 139°	23:34 135°	23:36 136°	23:39 140°	23:38 135°	23:45 140°	23:42 138°	23:43 141°	23:44 136°
30.5.	SAO 99210 7,8 mag	Austritt	0:27 273°	0:35 264°	0:29 272°	0:31 268°	0:26 273°	0:28 271°	0:30 268°	0:29 272°	0:34 268°	0:32 269°	0:33 267°	0:33 270°
30.5.	SAO 118859 6,8 mag	Eintritt	21:10 59°	21:01 84°	21:11 62°	21:01 74°	21:03 63°	21:03 67°	20:58 75°	21:08 64°	21:08 74°	21:06 72°	21:03 77°	21:17 65°
30.5.	SAO 118859 6,8 mag	Austritt	21:43 0°	21:57 338°	21:47 357°	21:49 346°	21:40 356°	21:43 353°	21:47 345°	21:46 355°	21:55 347°	21:51 349°	21:53 344°	21:55 356°
1.6.	SAO 119392 7,3 mag	Eintritt	0:43 71°	0:48 82°	0:46 73°	0:44 77°	0:40 72°	0:42 74°	0:42 77°	0:44 73°	0:48 78°	0:46 76°	0:46 78°	0:50 75°
1.6.	SAO 119392 7,3 mag	Austritt	1:24 340°	1:36 331°	1:27 339°	1:29 336°	1:22 340°	1:24 339°	1:27 336°	1:27 339°	1:33 334°	1:31 336°	1:32 335°	1:33 335°

Datum	Stern	Vorgang	Berlin	Bern	Dresden	Frankfurt	Hamburg	Hannover	Köln	Leipzig	München	Nürnberg	Stuttgart	Wien
1.6.	SAO 139229 7,5 mag	Eintritt	21:43 155°	21:50 176°	21:45 157°	21:44 166°	21:39 158°	21:40 160°	21:41 167°	21:44 158°	21:49 166°	21:46 164°	21:47 168°	21:52 158°
1.6.	SAO 139229 7,5 mag	Austritt	22:40 267°	22:33 249°	22:42 265°	22:34 257°	22:34 264°	22:35 262°	22:31 256°	22:39 264°	22:41 258°	22:39 259°	22:36 255°	22:48 264°
2.6.	94 Vir 6,6 mag	Eintritt	20:28 105°	20:21 125°	20:28 108°	20:22 116°	20:24 107°	20:23 110°	20:20 117°	20:27 109°	20:26 117°	20:25 115°	20:23 118°	20:32 110°
2.6.	94 Vir 6,6 mag	Austritt	21:35 316°	21:32 299°	21:37 314°	21:32 306°	21:31 313°	21:32 311°	21:30 305°	21:35 313°	21:37 306°	21:35 308°	21:34 304°	21:43 313°
2.6.	95 Vir 5,5 mag	Eintritt	21:23 181°	-	21:26 185°	-	21:21 185°	21:24 191°	-	21:26 187°	-	21:37 207°	-	21:33 188°
2.6.	95 Vir 5,5 mag	Austritt	21:57 240°	-	21:57 236°	-	21:50 235°	21:47 229°	-	21:53 233°	-	21:42 215°	-	22:01 234°
3.6.	SAO 139785 7,3 mag	Eintritt	0:20 134°	0:24 143°	0:23 135°	0:20 139°	0:15 135°	0:17 136°	0:17 139°	0:21 135°	0:26 139°	0:23 138°	0:22 140°	0:30 136°
3.6.	SAO 139785 7,3 mag	Austritt	1:21 276°	1:24 269°	1:24 275°	1:21 272°	1:17 276°	1:18 275°	1:18 273°	1:22 275°	1:26 271°	1:24 272°	1:23 271°	1:30 272°
6.6.	9 Sgr 5,9 mag	Eintritt	21:28 80°	-	21:26 82°	-	-	-	-	21:25 83°	21:20 91°	21:22 88°	-	21:24 85°
6.6.	9 Sgr 5,9 mag	Austritt	22:29 303°	22:21 287°	22:29 301°	22:24 294°	-	-	-	22:28 300°	22:25 294°	22:26 296°	22:24 293°	22:29 299°
6.6.	SAO 186207 7,3 mag	Eintritt	21:32 67°	-	21:30 70°	-	-	-	-	21:29 71°	21:23 79°	21:25 77°	-	21:28 73°
6.6.	SAO 186207 7,3 mag	Austritt	22:27 315°	22:20 298°	22:26 313°	22:23 306°	-	-	-	22:26 312°	22:24 305°	22:24 307°	22:23 304°	22:27 311°
6.6.	SAO 186220 7,2 mag	Eintritt	21:44 79°	21:31 97°	21:42 82°	21:36 89°	-	-	-	21:41 83°	21:36 90°	21:37 88°	21:35 91°	21:40 84°
6.6.	SAO 186220 7,2 mag	Austritt	22:46 303°	22:37 288°	22:46 301°	22:41 294°	-	22:43 299°	22:40 294°	22:45 300°	22:42 294°	22:42 296°	22:40 293°	22:47 299°
6.6.	SAO 186247 6,8 mag	Eintritt	22:06 74°	21:52 92°	22:04 77°	21:57 84°	22:04 76°	22:02 78°	21:57 84°	22:03 77°	21:57 85°	21:59 82°	21:56 86°	22:03 79°
6.6.	SAO 186247 6,8 mag	Austritt	23:07 307°	22:59 293°	23:07 305°	23:02 299°	23:05 306°	23:04 304°	23:01 299°	23:06 305°	23:03 299°	23:04 300°	23:01 297°	23:09 303°
7.6.	SAO 187728 6,8 mag	Eintritt	23:33 121°	23:26 136°	23:33 123°	23:28 129°	23:31 122°	23:30 124°	23:28 129°	23:32 124°	23:29 130°	23:30 128°	23:28 131°	23:33 125°
8.6.	SAO 187728 6,8 mag	Austritt	0:37 243°	0:20 231°	0:36 241°	0:27 237°	0:33 242°	0:31 241°	0:25 237°	0:34 241°	0:29 236°	0:30 238°	0:26 236°	0:37 239°

Datum	Stern	Vorgang	Berlin	Bern	Dresden	Frankfurt	Hamburg	Hannover	Köln	Leipzig	München	Nürnberg	Stuttgart	Wien
8.6.	SAO 187895 7,9 mag	Eintritt	3:34 45°	3:26 49°	3:34 47°	3:28 45°	3:30 42°	3:30 43°	3:26 43°	3:33 46°	3:32 50°	3:31 48°	3:29 47°	3:38 53°
8.6.	SAO 187895 7,9 mag	Austritt	4:32 300°	4:31 297°	4:35 297°	4:28 301°	4:25 305°	4:27 304°	4:24 304°	4:32 299°	4:36 295°	4:33 297°	4:31 298°	4:43 290°
8.6.	SAO 188932 7,8 mag	Eintritt	23:36 94°	23:25 107°	23:34 96°	23:29 101°	-	23:33 97°	-	23:34 97°	23:29 102°	23:30 100°	23:28 103°	23:33 98°
9.6.	SAO 188932 7,8 mag	Austritt	0:47 257°	0:31 248°	0:45 256°	0:38 252°	0:44 257°	0:42 255°	0:37 253°	0:44 255°	0:39 251°	0:40 253°	0:36 251°	0:45 253°
9.6.	SAO 188948 7,5 mag	Eintritt	0:28 20°	0:05 39°	0:25 23°	0:14 30°	0:25 21°	0:22 24°	0:14 30°	0:24 23°	0:14 32°	0:17 29°	0:12 33°	0:23 27°
9.6.	SAO 188948 7,5 mag	Austritt	1:00 330°	0:54 314°	1:00 327°	0:56 321°	0:57 329°	0:56 327°	0:54 322°	0:59 326°	0:58 319°	0:58 322°	0:56 319°	1:04 322°
10.6.	Chi Cap 5,3 mag	Eintritt	2:46 66°	2:31 70°	2:45 67°	2:36 66°	2:42 64°	2:40 65°	2:35 65°	2:43 66°	2:39 69°	2:39 68°	2:36 68°	2:47 71°
10.6.	Chi Cap 5,3 mag	Austritt	4:04 260°	3:53 258°	4:05 258°	3:56 261°	3:59 263°	3:59 262°	3:54 263°	4:03 259°	4:01 256°	4:00 258°	3:57 259°	4:09 253°
11.6.	SAO 164756 6,6 mag	Eintritt	1:11 2°	0:47 20°	1:07 6°	0:58 11°	1:11 1°	1:06 5°	0:58 11°	1:06 6°	0:55 14°	0:59 11°	0:54 14°	1:01 12°
11.6.	SAO 164756 6,6 mag	Austritt	1:34 325°	1:28 310°	1:34 321°	1:30 318°	1:31 327°	1:31 324°	1:29 319°	1:33 322°	1:32 314°	1:32 317°	1:30 315°	1:37 315°
12.6.	Tau1 Aqr 5,7 mag	Eintritt	2:03 92°	1:50 98°	2:02 94°	1:56 94°	2:02 91°	2:00 92°	1:56 93°	2:01 93°	1:55 96°	1:57 95°	1:54 96°	2:00 97°
12.6.	Tau1 Aqr 5,7 mag	Austritt	3:12 223°	2:55 219°	3:09 221°	3:02 222°	3:10 225°	3:07 224°	3:02 224°	3:08 222°	3:02 219°	3:04 221°	3:00 221°	3:07 217°
12.6.	Tau2 Aqr 4,2 mag	Eintritt	3:37 33°	3:20 35°	3:35 34°	3:28 32°	3:36 29°	3:33 30°	3:28 30°	3:34 33°	3:27 36°	3:29 34°	3:26 34°	3:33 40°
12.6.	Tau2 Aqr 4,2 mag	Austritt	4:46 275°	4:31 274°	4:46 272°	4:36 277°	4:40 279°	4:39 278°	4:33 279°	4:43 274°	4:40 271°	4:40 273°	4:36 274°	4:49 265°
17.6.	SAO 110565 6,3 mag	Eintritt	2:25 58°	-	2:23 59°	-	2:28 56°	2:26 57°	-	2:23 58°	2:18 61°	2:21 60°	-	2:17 63°
17.6.	SAO 110565 6,3 mag	Austritt	3:23 254°	3:13 251°	3:20 252°	3:19 254°	3:25 256°	3:23 255°	3:20 255°	3:21 253°	3:15 250°	3:17 252°	3:16 252°	3:15 248°
18.6.	SAO 93373 7,4 mag	Eintritt	3:18 99°	3:12 103°	3:16 101°	3:15 99°	3:20 96°	3:18 97°	3:17 98°	3:16 100°	3:12 103°	3:14 101°	3:14 101°	3:12 106°
18.6.	SAO 93373 7,4 mag	Austritt	4:07 215°	3:57 212°	4:04 213°	4:03 216°	4:10 219°	4:07 218°	4:05 218°	4:05 215°	3:58 211°	4:01 213°	4:00 214°	3:57 208°

Datum	Stern	Vorgang	Berlin	Bern	Dresden	Frankfurt	Hamburg	Hannover	Köln	Leipzig	München	Nürnberg	Stuttgart	Wien
19.6.	Venus -4,3 mag	Eintritt	9:01 113°	8:49 121°	9:01 118°	8:52 113°	8:55 106°	8:54 107°	8:49 108°	8:59 114°	8:58 125°	8:56 119°	8:53 118°	9:11 136°
19.6.	Venus -4,3 mag	Austritt	9:57 206°	9:35 194°	9:53 199°	9:46 203°	9:56 213°	9:53 209°	9:48 209°	9:52 202°	9:41 191°	9:46 197°	9:43 198°	9:42 180°
21.6.	SAO 77710 7,0 mag	Eintritt	3:59 98°	-	3:57 100°	-	4:01 95°	-	-	-	-	-	-	-
21.6.	SAO 77710 7,0 mag	Austritt	4:47 242°	-	4:44 240°	-	4:50 246°	-	-	4:45 241°	-	-	-	4:38 234°
23.6.	SAO 80201 7,0 mag	Eintritt	21:46 147°	-	-	21:54 155°	21:47 148°	21:49 150°	21:54 155°	-	-	-	-	-
23.6.	SAO 80201 7,0 mag	Austritt	22:22 239°	-	-	22:25 232°	22:22 239°	22:23 237°	22:25 232°	-	-	-	-	-
24.6.	SAO 98523 7,7 mag	Eintritt	20:07 103°	20:15 116°	20:09 104°	20:09 110°	20:04 104°	20:06 106°	20:07 111°	20:08 105°	20:14 110°	20:11 109°	20:12 112°	20:14 106°
24.6.	SAO 98523 7,7 mag	Austritt	21:03 297°	21:12 286°	21:05 296°	21:07 291°	21:01 296°	21:03 295°	21:06 291°	21:05 295°	21:10 291°	21:08 292°	21:09 290°	21:10 295°
29.6.	SAO 139581 7,4 mag	Eintritt	21:08 155°	21:15 172°	21:11 156°	21:09 164°	21:04 157°	21:06 159°	21:07 165°	21:10 157°	21:15 163°	21:12 162°	21:12 165°	21:18 157°
29.6.	SAO 139581 7,4 mag	Austritt	22:04 262°	22:00 248°	22:06 261°	22:00 255°	21:58 260°	21:59 259°	21:56 254°	22:04 260°	22:06 255°	22:04 256°	22:02 253°	22:12 259°
29.6.	SAO 139618 6,5 mag	Eintritt	23:29 134°	23:36 141°	23:32 135°	23:30 137°	23:25 134°	23:27 135°	23:28 137°	23:30 135°	23:36 139°	23:33 137°	23:33 139°	23:39 138°
30.6.	SAO 139618 6,5 mag	Austritt	0:26 273°	0:32 267°	0:29 272°	0:28 271°	0:23 274°	0:25 273°	0:26 272°	0:28 272°	0:32 269°	0:30 270°	0:30 270°	0:34 268°
30.6.	SAO 158815 7,9 mag	Eintritt	23:19 65°	23:17 75°	23:21 66°	23:16 70°	23:14 65°	23:15 67°	23:12 70°	23:19 66°	23:21 71°	23:19 69°	23:17 71°	23:27 69°
1.7.	SAO 158815 7,9 mag	Austritt	0:04 339°	0:11 331°	0:07 337°	0:06 335°	23:59 340°	0:02 338°	0:02 336°	0:06 338°	0:12 333°	0:09 335°	0:09 334°	0:16 333°
1.7.	SAO 159409 7,8 mag	Eintritt	20:10 163°	-	20:12 166°	20:12 179°	20:08 166°	20:09 170°	20:11 180°	20:11 167°	20:16 179°	20:13 175°	20:15 183°	20:16 168°
1.7.	SAO 159409 7,8 mag	Austritt	20:58 246°	-	20:57 244°	20:45 232°	20:52 243°	20:50 240°	20:41 230°	20:55 242°	20:49 233°	20:50 235°	20:43 229°	21:01 242°
4.7.	SAO 187216 5,8 mag	Eintritt	23:41 89°	23:30 96°	23:41 90°	23:33 92°	23:36 88°	23:35 89°	23:31 91°	23:39 90°	23:37 93°	23:37 92°	23:33 93°	23:45 92°
5.7.	SAO 187216 5,8 mag	Austritt	0:57 271°	0:49 267°	0:58 270°	0:51 270°	0:52 273°	0:52 272°	0:48 271°	0:56 271°	0:56 268°	0:55 269°	0:52 269°	1:04 266°

Datum	Stern	Vorgang	Berlin	Bern	Dresden	Frankfurt	Hamburg	Hannover	Köln	Leipzig	München	Nürnberg	Stuttgart	Wien
5.7.	SAO 188473 7,9 mag	Eintritt	22:45 60°	22:29 71°	22:43 62°	22:35 65°	22:42 61°	22:40 62°	22:34 66°	22:42 62°	22:36 66°	22:37 65°	22:34 67°	22:44 64°
5.7.	SAO 188473 7,9 mag	Austritt	23:52 293°	23:41 286°	23:53 291°	23:45 290°	23:48 293°	23:47 292°	23:43 290°	23:51 291°	23:48 288°	23:48 289°	23:45 288°	23:56 288°
7.7.	SAO 189613 7,2 mag	Eintritt	0:45 70°	0:31 74°	0:44 71°	0:36 71°	0:41 68°	0:39 69°	0:34 70°	0:42 71°	0:38 73°	0:39 72°	0:35 72°	0:46 75°
7.7.	SAO 189613 7,2 mag	Austritt	2:03 261°	1:52 259°	2:03 260°	1:55 262°	1:57 264°	1:57 263°	1:52 264°	2:01 261°	1:59 258°	1:59 260°	1:55 260°	2:07 254°
7.7.	SAO 189680 7,2 mag	Eintritt	2:43 48°	2:34 50°	2:43 50°	2:37 47°	2:40 44°	2:39 45°	2:35 44°	2:42 48°	2:40 52°	2:40 50°	2:37 49°	2:46 57°
7.7.	SAO 189680 7,2 mag	Austritt	3:52 276°	3:48 273°	3:54 273°	3:47 277°	3:46 281°	3:47 280°	3:44 281°	3:52 275°	3:54 270°	3:52 273°	3:49 274°	4:00 265°
8.7.	Eps Cap 4,7 mag	Eintritt	0:39 66°	0:23 70°	0:37 67°	0:29 67°	0:36 64°	0:34 65°	0:28 66°	0:36 66°	0:30 69°	0:31 68°	0:28 68°	0:37 70°
8.7.	Eps Cap 4,7 mag	Austritt	1:56 257°	1:43 254°	1:56 255°	1:47 257°	1:52 259°	1:51 259°	1:45 259°	1:54 256°	1:50 253°	1:51 255°	1:47 256°	1:59 250°
8.7.	SAO 164528 7,3 mag	Eintritt	1:25 17°	1:07 22°	1:23 19°	1:15 17°	1:23 13°	1:21 14°	1:15 15°	1:22 18°	1:15 22°	1:17 20°	1:13 19°	1:21 25°
8.7.	SAO 164528 7,3 mag	Austritt	2:12 303°	2:00 300°	2:13 300°	2:02 305°	2:04 309°	2:04 307°	1:58 308°	2:10 302°	2:09 298°	2:08 301°	2:04 302°	2:20 292°
8.7.	SAO 164567 7,4 mag	Eintritt	3:47 338°	3:30 351°	3:38 353°	-	-	-	-	3:42 345°	3:31 359°	3:35 351°	3:36 347°	3:31 10°
8.7.	SAO 164567 7,4 mag	Austritt	3:50 334°	3:51 321°	4:01 319°	-	-	-	-	3:53 327°	4:03 312°	3:57 320°	3:51 325°	4:16 300°
12.7.	SAO 109883 7,0 mag	Eintritt	23:53 32°	-	23:50 34°	-	-	-	-	-	-	-	-	23:44 37°
13.7.	SAO 109883 7,0 mag	Austritt	0:43 278°	-	0:41 277°	-	0:45 280°	0:43 279°	-	0:41 277°	0:36 274°	0:38 276°	-	0:37 273°
13.7.	SAO 109952 7,7 mag	Eintritt	3:48 64°	3:32 64°	3:46 66°	3:39 62°	3:47 59°	3:44 60°	3:39 59°	3:45 64°	3:39 67°	3:40 65°	3:37 64°	3:45 72°
13.7.	SAO 109952 7,7 mag	Austritt	5:05 232°	4:49 231°	5:04 229°	4:56 234°	5:03 238°	5:01 236°	4:55 238°	5:02 232°	4:56 227°	4:58 230°	4:54 232°	5:02 221°
16.7.	SAO 93615 7,5 mag	Eintritt	3:00 86°	2:51 88°	2:58 88°	2:55 85°	3:01 83°	2:59 84°	2:57 83°	2:58 87°	2:53 90°	2:55 88°	2:53 87°	2:54 94°
16.7.	SAO 93615 7,5 mag	Austritt	3:59 228°	3:46 226°	3:56 226°	3:53 229°	4:00 232°	3:58 231°	3:55 232°	3:56 227°	3:49 224°	3:52 226°	3:50 227°	3:50 219°

Datum	Stern	Vorgang	Berlin	Bern	Dresden	Frankfurt	Hamburg	Hannover	Köln	Leipzig	München	Nürnberg	Stuttgart	Wien
17.7.	SAO 94031 7,8 mag	Eintritt	2:00 14°	-	1:57 17°	1:59 14°	2:05 8°	2:03 10°	2:02 11°	1:58 15°	1:52 20°	1:55 18°	1:56 17°	1:49 24°
17.7.	SAO 94031 7,8 mag	Austritt	2:28 312°	-	2:27 309°	2:26 312°	2:28 318°	2:27 316°	2:26 316°	2:27 311°	2:24 305°	2:25 308°	2:25 309°	2:25 300°
20.7.	SAO 79903 6,9 mag	Eintritt	19:22 122°	19:34 134°	19:24 123°	19:28 128°	-	-	-	19:24 124°	19:30 129°	19:28 128°	19:30 130°	-
20.7.	SAO 79903 6,9 mag	Austritt	20:08 261°	20:16 250°	20:10 260°	20:13 256°	-	-	-	20:10 259°	20:13 255°	20:12 256°	20:14 254°	-
22.7.	SAO 98892 7,6 mag	Eintritt	19:37 126°	19:48 137°	19:40 127°	19:42 132°	19:35 127°	19:38 128°	19:40 132°	19:39 128°	19:45 132°	19:43 131°	19:44 133°	19:45 129°
22.7.	SAO 98892 7,6 mag	Austritt	20:29 277°	20:37 268°	20:31 276°	20:33 272°	20:28 276°	20:30 275°	20:32 272°	20:31 276°	20:35 272°	20:34 273°	20:35 271°	20:34 274°
22.7.	SAO 98897 7,8 mag	Eintritt	20:08 151°	20:22 165°	20:11 153°	20:15 159°	20:07 153°	20:10 154°	20:14 159°	20:11 154°	20:18 159°	20:15 157°	20:17 160°	20:16 155°
22.7.	SAO 98897 7,8 mag	Austritt	20:48 250°	20:53 238°	20:49 249°	20:51 244°	20:47 250°	20:48 248°	20:50 244°	20:49 248°	20:53 243°	20:51 245°	20:52 243°	20:52 246°
28.7.	Zet1 Lib 5,9 mag	Eintritt	22:21 83°	22:21 90°	22:23 85°	22:19 86°	22:16 83°	22:17 84°	22:16 86°	22:21 85°	22:25 88°	22:23 87°	22:21 87°	22:29 88°
28.7.	Zet1 Lib 5,9 mag	Austritt	23:21 311°	23:27 306°	23:24 310°	23:22 310°	23:17 313°	23:19 312°	23:19 311°	23:23 310°	23:28 307°	23:25 309°	23:25 308°	23:31 305°
29.7.	SAO 184309 6,4 mag	Eintritt	19:08 80°	18:55 96°	19:08 82°	18:59 89°	19:04 82°	19:02 84°	-	19:06 83°	19:03 89°	19:03 88°	18:59 91°	19:11 84°
29.7.	SAO 184309 6,4 mag	Austritt	20:13 320°	20:09 308°	20:14 318°	20:09 313°	20:08 318°	20:09 317°	-	20:12 318°	20:14 313°	20:12 314°	20:10 312°	20:20 317°
31.7.	SAO 186699 6,4 mag	Eintritt	21:47 102°	21:38 109°	21:48 103°	21:40 105°	21:42 102°	21:42 103°	21:37 105°	21:46 103°	21:45 106°	21:44 105°	21:41 106°	21:53 106°
31.7.	SAO 186699 6,4 mag	Austritt	23:03 263°	22:56 259°	23:04 262°	22:57 262°	22:57 265°	22:58 264°	22:54 263°	23:02 262°	23:02 259°	23:01 261°	22:58 260°	23:09 258°
1.8.	SAO 187895 7,9 mag	Eintritt	19:23 57°	19:07 73°	19:21 59°	19:13 66°	-	19:19 60°	-	19:20 60°	19:13 66°	19:15 64°	19:12 68°	19:19 61°
1.8.	SAO 187895 7,9 mag	Austritt	20:21 308°	20:12 295°	20:20 306°	20:15 301°	-	20:18 305°	20:14 300°	20:19 305°	20:17 300°	20:17 302°	20:15 299°	20:22 304°
2.8.	Chi1 Sgr 5,0 mag	Eintritt	0:46 18°	0:38 24°	0:45 23°	0:42 17°	0:46 9°	0:45 12°	0:42 12°	0:44 20°	0:42 27°	0:42 23°	0:41 22°	0:45 33°
2.8.	Chi1 Sgr 5,0 mag	Austritt	1:19 323°	1:20 317°	1:24 318°	1:15 325°	1:09 333°	1:11 330°	1:09 331°	1:20 321°	1:26 314°	1:22 318°	1:20 320°	1:35 306°

Datum	Stern	Vorgang	Berlin	Bern	Dresden	Frankfurt	Hamburg	Hannover	Köln	Leipzig	München	Nürnberg	Stuttgart	Wien
2.8.	SAO 189085 7,7 mag	Eintritt	20:38 74°	20:24 85°	20:37 76°	20:30 80°	20:36 75°	20:34 77°	20:29 80°	20:35 76°	20:30 81°	20:31 79°	20:28 81°	20:36 78°
2.8.	SAO 189085 7,7 mag	Austritt	21:51 272°	21:38 265°	21:51 271°	21:43 269°	21:48 273°	21:46 272°	21:41 270°	21:49 271°	21:45 268°	21:45 269°	21:42 268°	21:52 269°
2.8.	SAO 189192 7,6 mag	Eintritt	23:40 109°	23:30 112°	23:41 110°	23:33 109°	23:35 106°	23:34 107°	23:30 107°	23:39 109°	23:38 113°	23:37 111°	23:33 111°	23:48 116°
3.8.	SAO 189192 7,6 mag	Austritt	0:46 224°	0:37 221°	0:46 221°	0:40 225°	0:42 228°	0:42 227°	0:38 227°	0:45 223°	0:43 219°	0:43 222°	0:40 222°	0:48 214°
3.8.	SAO 190163 7,9 mag	Eintritt	22:51 68°	22:36 72°	22:50 69°	22:42 69°	22:48 66°	22:46 67°	22:41 68°	22:49 68°	22:44 71°	22:45 70°	22:41 70°	22:51 72°
4.8.	SAO 190163 7,9 mag	Austritt	0:09 258°	23:57 256°	0:09 256°	0:01 258°	0:05 261°	0:04 260°	23:59 260°	0:07 257°	0:04 255°	0:04 256°	0:01 257°	0:13 251°
3.8.	Fi Cap 5,4 mag	Eintritt	23:24 47°	23:09 51°	23:23 48°	23:15 47°	23:21 45°	23:19 46°	23:14 46°	23:22 48°	23:17 51°	23:18 49°	23:14 49°	23:24 53°
4.8.	Fi Cap 5,4 mag	Austritt	0:36 276°	0:25 274°	0:36 274°	0:27 277°	0:30 280°	0:29 279°	0:24 280°	0:34 276°	0:33 273°	0:32 275°	0:28 275°	0:41 268°
4.8.	SAO 190214 6,7 mag	Eintritt	1:24 24°	1:14 26°	1:23 27°	1:18 22°	1:23 17°	1:21 19°	1:18 18°	1:22 25°	1:19 29°	1:20 26°	1:17 25°	1:24 35°
4.8.	SAO 190214 6,7 mag	Austritt	2:18 293°	2:14 290°	2:21 289°	2:12 295°	2:10 301°	2:11 298°	2:07 300°	2:18 292°	2:21 286°	2:18 290°	2:15 291°	2:29 279°
8.8.	SAO 128784 7,1 mag	Eintritt	1:18 139°	1:05 143°	-	1:05 132°	1:08 126°	1:07 128°	1:01 126°	1:16 141°	-	-	1:08 139°	-
8.8.	SAO 128784 7,1 mag	Austritt	1:31 159°	1:13 155°	-	1:27 167°	1:39 173°	1:35 171°	1:31 174°	1:27 157°	-	-	1:20 159°	-
10.8.	SAO 110268 7,8 mag	Eintritt	3:25 72°	3:08 74°	3:23 75°	3:15 70°	3:22 67°	3:20 68°	3:14 67°	3:22 73°	3:16 77°	3:17 74°	3:14 73°	3:25 84°
10.8.	SAO 110268 7,8 mag	Austritt	4:42 224°	4:26 220°	4:40 220°	4:33 225°	4:40 230°	4:38 228°	4:32 229°	4:39 222°	4:33 216°	4:35 220°	4:31 221°	4:38 209°
10.8.	SAO 93034 6,9 mag	Eintritt	23:35 77°	23:27 80°	23:33 78°	23:32 77°	23:37 75°	23:35 75°	23:33 76°	23:33 77°	23:28 80°	23:30 79°	23:29 79°	23:28 82°
11.8.	SAO 93034 6,9 mag	Austritt	0:35 233°	0:24 231°	0:32 231°	0:30 233°	0:37 236°	0:35 235°	0:32 235°	0:33 232°	0:26 229°	0:29 231°	0:27 232°	0:27 226°
12.8.	SAO 93449 7,3 mag	Eintritt	1:37 115°	1:26 117°	1:35 118°	1:31 113°	1:36 109°	1:34 111°	1:31 110°	1:35 115°	1:31 121°	1:31 117°	1:29 116°	1:36 129°
12.8.	SAO 93449 7,3 mag	Austritt	2:19 195°	2:05 193°	2:15 192°	2:13 197°	2:22 202°	2:19 200°	2:16 201°	2:16 194°	2:07 189°	2:11 193°	2:10 194°	2:05 179°

Datum	Stern	Vorgang	Berlin	Bern	Dresden	Frankfurt	Hamburg	Hannover	Köln	Leipzig	München	Nürnberg	Stuttgart	Wien
13.8.	SAO 93874 6,0 mag	Eintritt	2:54 109°	2:42 112°	2:53 112°	2:47 107°	2:53 103°	2:51 105°	2:47 104°	2:52 110°	2:47 115°	2:48 112°	2:46 110°	2:54 124°
13.8.	SAO 93874 6,0 mag	Austritt	3:45 207°	3:29 203°	3:41 204°	3:38 209°	3:47 214°	3:44 212°	3:40 213°	3:42 206°	3:32 200°	3:36 204°	3:35 205°	3:32 191°
15.8.	3 Gem 5,8 mag	Eintritt	3:46 101°	3:36 106°	3:44 104°	3:41 101°	3:46 96°	3:44 98°	3:41 97°	3:44 102°	3:39 108°	3:41 105°	3:39 104°	3:42 114°
15.8.	3 Gem 5,8 mag	Austritt	4:44 237°	4:31 231°	4:41 234°	4:38 237°	4:45 243°	4:43 241°	4:39 241°	4:41 236°	4:34 229°	4:37 233°	4:35 233°	4:35 223°
15.8.	4 Gem 6,7 mag	Eintritt	4:22 149°	-	4:27 163°	4:16 149°	4:17 137°	4:16 141°	4:13 141°	4:22 153°	-	-	4:22 164°	-
15.8.	4 Gem 6,7 mag	Austritt	4:44 190°	-	4:34 175°	4:37 189°	4:51 202°	4:46 198°	4:42 197°	4:39 185°	-	-	4:27 173°	-
15.8.	SAO 78094 7,7 mag	Eintritt	4:49 102°	4:38 109°	4:47 106°	4:42 102°	4:48 96°	4:46 99°	4:42 99°	4:46 104°	4:43 111°	4:43 107°	4:41 106°	4:48 117°
15.8.	SAO 78094 7,7 mag	Austritt	5:52 237°	5:35 228°	5:49 233°	5:43 236°	5:52 243°	5:49 240°	5:44 240°	5:48 235°	5:40 227°	5:43 231°	5:41 231°	5:43 221°
16.8.	SAO 78963 7,0 mag	Eintritt	1:10 68°	-	-	-	-	-	-	-	-	-	-	-
16.8.	SAO 78963 7,0 mag	Austritt	1:57 284°	-	-	-	-	-	-	-	-	-	-	-
17.8.	SAO 79948 7,2 mag	Eintritt	3:47 65°	3:41 71°	3:45 69°	3:45 66°	3:51 59°	3:49 62°	3:48 62°	3:46 67°	3:41 73°	3:43 69°	3:43 69°	3:39 77°
17.8.	SAO 79948 7,2 mag	Austritt	4:36 299°	4:30 291°	4:35 295°	4:33 298°	4:36 305°	4:35 302°	4:34 301°	4:35 297°	4:32 290°	4:33 294°	4:32 294°	4:33 285°
20.8.	SAO 118892 6,7 mag	Eintritt	18:32 139°	18:42 149°	18:35 140°	18:36 144°	-	18:32 141°	-	18:34 141°	18:40 145°	18:38 144°	18:39 146°	18:40 142°
20.8.	SAO 118892 6,7 mag	Austritt	19:23 272°	19:30 264°	19:25 271°	19:25 268°	-	19:22 271°	-	19:24 271°	19:29 267°	19:27 268°	19:27 267°	19:29 269°
23.8.	SAO 139785 7,3 mag	Eintritt	18:32 78°	18:29 90°	18:34 79°	18:28 85°	18:27 80°	18:27 81°	-	18:32 80°	18:34 85°	18:32 83°	18:30 86°	18:40 81°
23.8.	SAO 139785 7,3 mag	Austritt	19:25 334°	19:31 324°	19:28 332°	19:26 329°	19:21 333°	19:23 332°	-	19:27 332°	19:32 328°	19:29 329°	19:29 328°	19:36 330°
23.8.	Kap Vir 4,3 mag	Eintritt	18:58 144°	19:04 154°	19:01 145°	18:59 149°	18:54 145°	18:56 146°	18:56 150°	19:00 146°	19:05 150°	19:02 149°	19:02 151°	19:09 147°
23.8.	Kap Vir 4,3 mag	Austritt	19:56 265°	19:57 257°	19:58 264°	19:55 262°	19:51 265°	19:53 264°	19:52 262°	19:56 264°	20:00 260°	19:58 262°	19:57 260°	20:04 261°

Datum	Stern	Vorgang	Berlin	Bern	Dresden	Frankfurt	Hamburg	Hannover	Köln	Leipzig	München	Nürnberg	Stuttgart	Wien
25.8.	SAO 159655 7,1 mag	Eintritt	18:45 182°	-	18:49 186°	-	-	-	-	18:48 188°	-	-	-	19:01 195°
25.8.	SAO 159655 7,1 mag	Austritt	19:07 217°	-	19:06 213°	-	-	-	-	19:03 211°	-	-	-	19:06 203°
25.8.	Bet2 Sco 5,1 mag	Eintritt	19:29 118°	19:26 126°	19:31 119°	19:25 122°	19:23 118°	19:24 119°	19:22 122°	19:28 119°	19:31 123°	19:29 121°	19:27 123°	19:37 121°
25.8.	Bet2 Sco 5,1 mag	Austritt	20:39 275°	20:38 270°	20:41 274°	20:37 273°	20:34 276°	20:35 275°	20:33 274°	20:40 274°	20:42 271°	20:40 273°	20:39 272°	20:48 271°
25.8.	Bet1 Sco 2,9 mag	Eintritt	19:29 119°	19:26 127°	19:31 120°	19:25 123°	19:23 119°	19:24 120°	19:22 123°	19:29 120°	19:31 123°	19:29 122°	19:27 124°	19:38 122°
25.8.	Bet1 Sco 2,9 mag	Austritt	20:39 274°	20:38 269°	20:41 273°	20:36 272°	20:34 275°	20:35 274°	20:33 273°	20:39 274°	20:42 270°	20:40 272°	20:39 271°	20:48 270°
26.8.	SAO 184962 7,3 mag	Eintritt	19:58 168°	-	20:02 171°	19:59 178°	19:53 168°	19:55 171°	19:55 177°	19:59 171°	20:09 184°	20:03 178°	20:04 183°	20:14 181°
26.8.	SAO 184962 7,3 mag	Austritt	20:27 214°	-	20:27 211°	20:18 206°	20:23 215°	20:22 213°	20:16 208°	20:26 211°	20:19 199°	20:21 205°	20:16 201°	20:27 200°
28.8.	SAO 187562 6,4 mag	Eintritt	19:29 39°	19:10 52°	19:28 41°	19:18 45°	19:25 39°	19:23 41°	19:16 45°	19:26 41°	19:20 47°	19:21 45°	19:17 47°	19:29 44°
28.8.	SAO 187562 6,4 mag	Austritt	20:18 321°	20:12 312°	20:19 319°	20:12 317°	20:13 322°	20:13 321°	20:10 318°	20:17 320°	20:18 315°	20:16 317°	20:14 315°	20:26 315°
28.8.	SAO 187644 6,9 mag	Eintritt	21:47 116°	21:41 120°	21:49 118°	21:41 117°	21:41 114°	21:41 115°	21:38 115°	21:46 117°	21:48 121°	21:46 119°	21:43 118°	21:57 124°
28.8.	SAO 187644 6,9 mag	Austritt	22:51 232°	22:46 229°	22:52 229°	22:47 232°	22:47 236°	22:48 235°	22:45 235°	22:51 231°	22:51 227°	22:50 229°	22:48 230°	22:55 222°
30.8.	SAO 189861 7,9 mag	Eintritt	21:41 115°	21:29 119°	21:41 117°	21:32 115°	21:35 112°	21:35 113°	21:29 114°	21:39 116°	21:37 119°	21:36 117°	21:33 117°	21:47 123°
30.8.	SAO 189861 7,9 mag	Austritt	22:40 211°	22:28 209°	22:39 209°	22:33 212°	22:37 215°	22:36 214°	22:31 215°	22:38 211°	22:34 207°	22:35 209°	22:32 210°	22:39 201°
31.8.	SAO 164674 7,5 mag	Eintritt	22:10 28°	21:54 31°	22:09 30°	22:01 27°	22:08 24°	22:06 25°	22:01 25°	22:07 28°	22:02 32°	22:03 30°	22:00 29°	22:08 36°
31.8.	SAO 164674 7,5 mag	Austritt	23:11 287°	23:00 286°	23:12 285°	23:02 289°	23:04 293°	23:04 291°	22:59 292°	23:09 287°	23:08 283°	23:07 286°	23:03 287°	23:18 277°
1.9.	SAO 164756 6,6 mag	Eintritt	2:39 98°	2:41 106°	2:42 102°	2:37 98°	2:34 91°	2:35 93°	2:34 93°	2:40 100°	2:45 109°	2:42 103°	2:40 103°	2:52 117°
1.9.	SAO 164756 6,6 mag	Austritt	3:34 212°	3:32 201°	3:34 207°	3:34 210°	3:34 219°	3:34 216°	3:34 215°	3:34 210°	3:33 199°	3:34 205°	3:33 205°	3:31 192°

Datum	Stern	Vorgang	Berlin	Bern	Dresden	Frankfurt	Hamburg	Hannover	Köln	Leipzig	München	Nürnberg	Stuttgart	Wien
3.9.	SAO 146729 6,5 mag	Eintritt	1:16 348°	1:02 353°	1:12 355°	1:13 342°	-	-	-	1:13 350°	1:04 360°	1:08 354°	1:07 351°	1:05 10°
3.9.	SAO 146729 6,5 mag	Austritt	1:43 308°	1:37 301°	1:48 300°	1:33 314°	-	-	-	1:43 306°	1:48 294°	1:44 301°	1:39 304°	2:00 284°
3.9.	SAO 146799 7,3 mag	Eintritt	5:21 117°	-	5:27 127°	5:25 125°	5:15 108°	5:18 113°	5:19 117°	5:24 123°	-	5:32 136°	5:33 139°	-
3.9.	SAO 146799 7,3 mag	Austritt	5:57 188°	-	5:54 178°	5:54 178°	5:59 196°	5:58 190°	5:56 186°	5:55 182°	-	5:49 168°	5:48 165°	-
3.9.	SAO 128621 6,0 mag	Eintritt	21:46 63°	21:31 66°	21:43 64°	21:38 63°	21:45 61°	21:43 62°	21:38 62°	21:42 63°	21:36 66°	21:38 65°	21:35 65°	21:40 68°
3.9.	SAO 128621 6,0 mag	Austritt	22:59 240°	22:42 239°	22:56 238°	22:49 241°	22:57 243°	22:54 242°	22:49 243°	22:55 240°	22:49 237°	22:51 239°	22:48 240°	22:54 233°
4.9.	SAO 129029 7,7 mag	Eintritt	22:56 31°	22:40 33°	22:53 33°	22:48 30°	22:56 28°	22:54 28°	22:49 28°	22:53 32°	22:45 35°	22:48 33°	22:45 32°	22:48 39°
5.9.	SAO 129029 7,7 mag	Austritt	0:02 267°	23:46 266°	0:01 264°	23:52 269°	23:58 272°	23:56 271°	23:51 272°	23:59 266°	23:53 263°	23:54 265°	23:51 267°	0:01 257°
5.9.	SAO 109552 7,9 mag	Eintritt	0:21 14°	0:05 15°	0:18 17°	0:14 11°	0:23 7°	0:20 9°	0:15 7°	0:18 15°	0:10 19°	0:13 16°	0:10 14°	0:13 26°
5.9.	SAO 109552 7,9 mag	Austritt	1:19 280°	1:04 278°	1:19 276°	1:08 283°	1:12 288°	1:11 286°	1:05 288°	1:17 279°	1:14 274°	1:13 277°	1:09 279°	1:24 266°
5.9.	SAO 109577 7,8 mag	Eintritt	2:28 346°	2:10 354°	2:22 354°	2:23 342°	-	-	-	2:24 349°	2:13 0°	2:17 354°	2:16 351°	2:14 10°
5.9.	SAO 109577 7,8 mag	Austritt	2:55 307°	2:50 296°	3:00 298°	2:45 310°	-	-	-	2:55 303°	3:00 290°	2:56 297°	2:51 300°	3:12 281°
5.9.	26 Cet 6,2 mag	Eintritt	5:24 21°	5:15 35°	5:23 27°	5:19 25°	5:24 13°	5:22 18°	5:19 20°	5:22 25°	5:19 35°	5:20 30°	5:18 31°	5:22 39°
5.9.	26 Cet 6,2 mag	Austritt	6:17 282°	6:22 264°	6:21 276°	6:18 275°	6:12 289°	6:15 284°	6:15 280°	6:19 278°	6:24 266°	6:22 271°	6:21 270°	6:27 264°
5.9.	SAO 110004 7,7 mag	Eintritt	20:54 77°	20:45 82°	20:51 79°	20:50 79°	20:56 76°	20:54 77°	20:52 78°	20:52 78°	20:47 81°	20:49 80°	20:48 80°	20:47 82°
5.9.	SAO 110004 7,7 mag	Austritt	21:54 230°	21:42 227°	21:52 229°	21:49 230°	21:56 232°	21:53 232°	21:50 232°	21:52 230°	21:45 227°	21:48 229°	21:46 229°	21:46 225°
6.9.	SAO 110516 7,6 mag	Eintritt	23:42 34°	23:28 35°	23:39 36°	23:35 32°	23:44 30°	23:41 31°	23:37 30°	23:39 34°	23:31 37°	23:34 35°	23:32 34°	23:33 42°
7.9.	SAO 110516 7,6 mag	Austritt	0:46 267°	0:30 266°	0:44 264°	0:37 269°	0:43 273°	0:41 271°	0:36 273°	0:43 267°	0:37 263°	0:38 265°	0:35 267°	0:43 257°

Datum	Stern	Vorgang	Berlin	Bern	Dresden	Frankfurt	Hamburg	Hannover	Köln	Leipzig	München	Nürnberg	Stuttgart	Wien
7.9.	SAO 110537 6,5 mag	Eintritt	1:55 16°	1:38 18°	1:52 20°	1:47 14°	1:58 8°	1:54 10°	1:49 8°	1:52 17°	1:43 23°	1:46 19°	1:44 17°	1:46 30°
7.9.	SAO 110537 6,5 mag	Austritt	2:54 282°	2:40 277°	2:54 277°	2:43 283°	2:46 291°	2:46 288°	2:39 289°	2:51 280°	2:49 273°	2:48 277°	2:44 279°	2:59 266°
7.9.	SAO 93276 5,8 mag	Eintritt	21:44 146°	-	-	21:42 148°	21:43 138°	21:43 141°	21:42 142°	21:44 149°	-	-	-	-
7.9.	SAO 93276 5,8 mag	Austritt	21:56 168°	-	-	21:52 167°	22:02 177°	21:59 174°	21:57 173°	21:52 165°	-	-	-	-
8.9.	SAO 93650 6,0 mag	Eintritt	21:37 38°	-	21:34 39°	21:35 38°	21:40 35°	21:38 36°	-	21:35 38°	21:30 42°	21:33 40°	-	21:28 44°
8.9.	SAO 93650 6,0 mag	Austritt	22:23 282°	-	22:21 281°	22:20 283°	22:25 286°	22:23 285°	22:22 285°	22:22 282°	22:17 278°	22:19 280°	22:19 281°	22:17 275°
8.9.	SAO 93676 7,9 mag	Eintritt	22:59 3°	22:48 7°	22:54 6°	22:56 1°	23:05 353°	23:02 356°	23:00 355°	22:56 4°	22:48 10°	22:52 6°	22:52 5°	22:45 15°
8.9.	SAO 93676 7,9 mag	Austritt	23:23 314°	23:15 310°	23:22 310°	23:17 317°	23:19 325°	23:19 322°	23:16 323°	23:21 313°	23:18 307°	23:19 311°	23:17 312°	23:22 300°
9.9.	SAO 93721 5,8 mag	Eintritt	2:05 355°	1:46 1°	1:58 2°	2:00 350°	-	-	-	2:01 357°	1:48 7°	1:54 1°	1:52 359°	1:47 17°
9.9.	SAO 93721 5,8 mag	Austritt	2:29 317°	2:18 308°	2:32 309°	2:18 321°	-	-	-	2:28 314°	2:28 302°	2:26 309°	2:22 311°	2:38 293°
11.9.	SAO 77420 6,5 mag	Eintritt	0:27 96°	0:20 99°	0:25 99°	0:24 96°	0:29 92°	0:27 93°	0:25 93°	0:26 97°	0:22 101°	0:23 99°	0:22 98°	0:22 106°
11.9.	SAO 77420 6,5 mag	Austritt	1:23 237°	1:13 234°	1:20 235°	1:19 238°	1:25 242°	1:23 241°	1:20 241°	1:21 236°	1:14 231°	1:17 234°	1:16 235°	1:14 226°
11.9.	SAO 77559 7,5 mag	Eintritt	3:07 106°	2:55 112°	3:06 110°	2:59 106°	3:05 99°	3:03 102°	2:59 102°	3:04 107°	3:01 115°	3:01 111°	2:59 110°	3:08 122°
11.9.	SAO 77559 7,5 mag	Austritt	4:10 228°	3:51 219°	4:06 224°	4:00 227°	4:10 235°	4:07 232°	4:01 231°	4:06 226°	3:57 217°	4:00 222°	3:57 222°	3:59 211°
11.9.	SAO 77647 7,0 mag	Eintritt	5:43 51°	5:25 64°	5:41 56°	5:33 55°	5:42 45°	5:39 48°	5:32 51°	5:40 54°	5:33 64°	5:35 59°	5:31 60°	-
11.9.	SAO 77647 7,0 mag	Austritt	6:53 292°	6:45 275°	6:55 287°	6:47 285°	6:46 297°	6:47 293°	6:43 289°	6:52 288°	6:53 277°	6:51 282°	6:48 280°	-
12.9.	SAO 78568 6,8 mag	Eintritt	0:40 93°	0:34 97°	0:38 96°	0:38 93°	0:42 89°	0:40 90°	0:39 90°	0:38 94°	0:35 98°	0:36 96°	0:36 95°	0:34 103°
12.9.	SAO 78568 6,8 mag	Austritt	1:35 252°	1:26 248°	1:32 250°	1:31 253°	1:37 257°	1:35 256°	1:33 256°	1:33 251°	1:27 246°	1:30 249°	1:29 250°	1:27 241°

Datum	Stern	Vorgang	Berlin	Bern	Dresden	Frankfurt	Hamburg	Hannover	Köln	Leipzig	München	Nürnberg	Stuttgart	Wien
12.9.	SAO 78610 7,6 mag	Eintritt	1:35 92°	1:28 97°	1:33 95°	1:32 92°	1:36 87°	1:35 89°	1:33 89°	1:33 93°	1:29 98°	1:31 95°	1:30 95°	1:30 103°
12.9.	SAO 78610 7,6 mag	Austritt	2:34 253°	2:23 247°	2:32 250°	2:29 253°	2:35 258°	2:33 256°	2:30 256°	2:32 252°	2:26 246°	2:28 249°	2:27 249°	2:26 240°
12.9.	SAO 78707 7,4 mag	Eintritt	4:17 141°	-	4:20 150°	4:12 146°	4:12 132°	4:12 137°	4:08 139°	4:17 146°	-	4:19 156°	4:16 156°	-
12.9.	SAO 78707 7,4 mag	Austritt	4:56 207°	-	4:49 198°	4:45 201°	4:59 216°	4:54 211°	4:48 208°	4:51 202°	-	4:40 191°	4:37 190°	-
13.9.	SAO 79527 7,2 mag	Eintritt	0:49 133°	-	0:48 137°	0:48 133°	0:50 128°	0:49 130°	0:49 130°	0:48 135°	0:47 142°	0:48 138°	0:47 137°	0:48 150°
13.9.	SAO 79527 7,2 mag	Austritt	1:26 225°	-	1:23 221°	1:24 224°	1:30 231°	1:28 229°	1:27 229°	1:24 223°	1:18 215°	1:21 220°	1:21 220°	1:13 207°
13.9.	SAO 79607 6,2 mag	Eintritt	3:17 152°	-	3:20 162°	3:14 156°	3:14 143°	3:14 147°	3:12 148°	3:17 157°	-	3:20 168°	3:18 167°	-
13.9.	SAO 79607 6,2 mag	Austritt	3:46 207°	-	3:38 196°	3:38 202°	3:50 217°	3:47 212°	3:43 210°	3:41 202°	-	3:31 190°	3:30 190°	-
13.9.	SAO 79618 7,7 mag	Eintritt	3:47 10°	3:26 32°	3:38 23°	3:38 17°	-	-	-	3:41 18°	3:28 34°	3:33 27°	3:32 26°	3:27 41°
13.9.	SAO 79618 7,7 mag	Austritt	3:59 350°	4:00 325°	4:04 336°	3:57 341°	-	-	-	4:01 341°	4:04 324°	4:02 331°	4:00 331°	4:11 317°
13.9.	SAO 79657 7,8 mag	Eintritt	4:41 70°	4:28 81°	4:39 74°	4:34 73°	4:42 64°	4:39 67°	4:35 69°	4:38 73°	4:32 81°	4:34 77°	4:32 77°	4:36 85°
13.9.	SAO 79657 7,8 mag	Austritt	5:46 293°	5:35 279°	5:46 288°	5:39 288°	5:42 298°	5:42 295°	5:38 292°	5:44 290°	5:41 280°	5:42 285°	5:39 284°	5:48 278°
14.9.	SAO 80262 7,8 mag	Eintritt	1:12 72°	-	1:10 75°	-	1:16 67°	-	-	1:11 73°	-	-	-	-
14.9.	SAO 80262 7,8 mag	Austritt	1:59 298°	-	1:58 295°	-	2:00 303°	-	-	1:58 296°	-	-	-	1:55 286°
19.9.	SAO 139584 7,0 mag	Eintritt	17:38 58°	-	17:40 60°	-	-	-	-	17:38 60°	17:40 66°	17:38 64°	17:37 66°	17:45 63°
19.9.	SAO 139584 7,0 mag	Austritt	18:11 352°	-	18:15 350°	-	-	-	-	18:14 350°	18:21 345°	18:17 347°	18:18 345°	18:23 346°
20.9.	Mu Lib 5,4 mag	Eintritt	19:00 155°	19:08 163°	19:03 157°	19:01 158°	18:55 154°	18:57 155°	18:58 157°	19:01 157°	19:08 161°	19:05 159°	19:05 160°	-
20.9.	Mu Lib 5,4 mag	Austritt	19:42 244°	19:46 237°	19:44 242°	19:43 242°	19:40 247°	19:41 245°	19:41 244°	19:43 243°	19:46 238°	19:45 241°	19:45 240°	-

Datum	Stern	Vorgang	Berlin	Bern	Dresden	Frankfurt	Hamburg	Hannover	Köln	Leipzig	München	Nürnberg	Stuttgart	Wien
22.9.	SAO 184593 7,5 mag	Eintritt	18:20 163°	18:26 180°	18:23 165°	18:19 169°	18:14 163°	18:16 165°	18:15 169°	18:21 165°	18:27 173°	18:23 170°	18:22 172°	18:33 172°
22.9.	SAO 184593 7,5 mag	Austritt	18:55 222°	18:44 208°	18:56 219°	18:49 217°	18:51 223°	18:51 222°	18:47 219°	18:54 220°	18:52 212°	18:52 216°	18:49 214°	18:58 211°
25.9.	SAO 188470 6,6 mag	Eintritt	18:21 94°	18:08 101°	18:21 96°	18:13 97°	18:17 94°	18:16 95°	18:11 97°	18:19 96°	18:16 99°	18:16 98°	18:12 99°	18:24 98°
25.9.	SAO 188470 6,6 mag	Austritt	19:39 252°	19:27 248°	19:39 251°	19:31 252°	19:34 254°	19:33 253°	19:28 253°	19:37 252°	19:35 249°	19:34 250°	19:31 250°	19:43 247°
25.9.	SAO 188547 7,6 mag	Eintritt	20:53 134°	20:49 138°	20:57 138°	20:47 133°	20:45 129°	20:46 130°	20:42 130°	20:53 135°	20:57 142°	20:53 137°	20:50 136°	21:12 154°
25.9.	SAO 188547 7,6 mag	Austritt	21:36 202°	21:29 198°	21:35 198°	21:32 204°	21:34 209°	21:34 207°	21:32 208°	21:35 201°	21:32 194°	21:33 198°	21:32 200°	21:29 180°
26.9.	SAO 189613 7,2 mag	Eintritt	21:54 42°	21:47 44°	21:54 44°	21:49 40°	21:51 36°	21:51 38°	21:48 37°	21:53 42°	21:52 47°	21:52 44°	21:49 43°	21:57 52°
26.9.	SAO 189613 7,2 mag	Austritt	22:59 280°	22:58 276°	23:02 277°	22:56 281°	22:53 286°	22:54 284°	22:52 285°	23:00 279°	23:03 273°	23:00 277°	22:58 278°	23:09 267°
27.9.	Eps Cap 4,7 mag	Eintritt	22:31 72°	22:23 74°	22:32 75°	22:25 71°	22:26 67°	22:26 69°	22:22 68°	22:30 73°	22:30 77°	22:29 75°	22:26 73°	22:37 83°
27.9.	Eps Cap 4,7 mag	Austritt	23:45 238°	23:42 235°	23:46 235°	23:42 239°	23:42 244°	23:42 242°	23:40 243°	23:45 237°	23:45 232°	23:45 235°	23:43 236°	23:49 225°
27.9.	SAO 164528 7,3 mag	Eintritt	23:08 35°	23:02 38°	23:08 38°	23:04 33°	23:07 28°	23:06 30°	23:03 29°	23:07 36°	23:06 41°	23:06 38°	23:04 36°	23:10 47°
28.9.	SAO 164528 7,3 mag	Austritt	0:11 276°	0:11 271°	0:13 272°	0:08 277°	0:05 283°	0:06 281°	0:05 281°	0:11 274°	0:15 268°	0:12 272°	0:11 273°	0:20 261°
29.9.	SAO 165504 7,6 mag	Eintritt	18:31 36°	18:15 43°	18:28 37°	18:22 38°	18:31 35°	18:28 36°	18:23 38°	18:27 37°	18:20 41°	18:22 39°	18:20 40°	18:23 40°
29.9.	SAO 165504 7,6 mag	Austritt	19:32 277°	19:18 273°	19:30 276°	19:23 277°	19:30 280°	19:28 279°	19:23 278°	19:29 277°	19:23 274°	19:25 275°	19:22 275°	19:29 272°
1.10.	30 Psc 4,7 mag	Eintritt	1:03 94°	0:57 101°	1:06 99°	0:57 93°	0:57 87°	0:57 89°	0:53 89°	1:03 96°	1:05 105°	1:02 100°	0:59 98°	1:17 115°
1.10.	30 Psc 4,7 mag	Austritt	2:04 201°	1:54 191°	2:02 195°	1:59 200°	2:03 209°	2:02 205°	1:59 205°	2:02 198°	1:57 188°	1:59 194°	1:57 194°	1:57 178°
2.10.	SAO 128974 6,8 mag	Eintritt	4:10 51°	4:08 65°	4:11 56°	4:08 56°	4:08 45°	4:08 49°	4:06 52°	4:10 54°	4:11 64°	4:10 59°	4:09 60°	4:14 66°
2.10.	SAO 128974 6,8 mag	Austritt	5:15 254°	5:17 238°	5:16 249°	5:16 248°	5:12 259°	5:14 255°	5:14 251°	5:16 251°	5:18 240°	5:17 245°	5:17 243°	5:19 239°

Datum	Stern	Vorgang	Berlin	Bern	Dresden	Frankfurt	Hamburg	Hannover	Köln	Leipzig	München	Nürnberg	Stuttgart	Wien
2.10.	SAO 109873 7,7 mag	Eintritt	21:36 58°	21:20 58°	21:33 59°	21:28 56°	21:35 54°	21:33 55°	21:28 54°	21:33 58°	21:26 60°	21:28 59°	21:25 58°	21:30 65°
2.10.	SAO 109873 7,7 mag	Austritt	22:50 239°	22:34 239°	22:48 237°	22:41 241°	22:48 244°	22:46 243°	22:40 244°	22:47 239°	22:41 235°	22:42 238°	22:39 239°	22:46 230°
2.10.	SAO 109895 6,4 mag	Eintritt	22:57 82°	22:41 82°	22:56 84°	22:47 79°	22:54 77°	22:52 78°	22:46 76°	22:54 82°	22:49 86°	22:50 83°	22:46 82°	22:57 93°
3.10.	SAO 109895 6,4 mag	Austritt	0:08 212°	23:52 210°	0:06 208°	23:59 214°	0:07 218°	0:05 216°	23:59 218°	0:05 211°	23:58 206°	0:00 209°	23:57 211°	0:02 198°
3.10.	SAO 110325 6,5 mag	Eintritt	19:23 39°	19:13 43°	19:20 40°	19:19 40°	19:26 37°	19:23 38°	19:21 38°	19:21 39°	19:15 42°	19:17 41°	19:16 41°	19:14 44°
3.10.	SAO 110325 6,5 mag	Austritt	20:18 269°	20:07 267°	20:16 268°	20:13 269°	20:19 272°	20:17 271°	20:14 271°	20:16 269°	20:10 266°	20:12 268°	20:11 268°	20:12 263°
3.10.	64 Cet 5,7 mag	Eintritt	23:28 48°	23:12 49°	23:26 51°	23:19 46°	23:27 43°	23:25 44°	23:20 43°	23:25 49°	23:18 53°	23:20 50°	23:17 49°	23:23 59°
4.10.	64 Cet 5,7 mag	Austritt	0:45 248°	0:30 245°	0:44 244°	0:36 249°	0:42 254°	0:40 252°	0:34 253°	0:43 247°	0:37 242°	0:38 245°	0:35 246°	0:44 235°
4.10.	Xi1 Cet 4,5 mag	Eintritt	0:47 44°	0:30 47°	0:45 47°	0:38 42°	0:45 37°	0:43 39°	0:37 38°	0:44 45°	0:37 50°	0:39 47°	0:36 46°	0:44 57°
4.10.	Xi1 Cet 4,5 mag	Austritt	2:05 253°	1:52 247°	2:05 249°	1:56 253°	2:00 260°	1:59 257°	1:54 257°	2:03 251°	2:00 244°	2:00 248°	1:56 249°	2:07 238°
5.10.	SAO 93261 7,5 mag	Eintritt	5:23 109°	5:37 141°	5:28 116°	5:24 119°	5:17 104°	5:19 109°	5:19 114°	5:25 114°	5:36 133°	5:30 124°	5:30 127°	5:41 133°
5.10.	SAO 93261 7,5 mag	Austritt	6:19 210°	6:00 176°	6:18 203°	6:12 198°	6:17 214°	6:16 209°	6:12 203°	6:17 204°	6:10 186°	6:13 195°	6:10 191°	6:14 187°
5.10.	SAO 93536 6,3 mag	Eintritt	21:15 52°	21:05 54°	21:12 54°	21:11 51°	21:17 49°	21:15 50°	21:13 49°	21:13 53°	21:07 56°	21:09 54°	21:08 53°	21:06 59°
5.10.	SAO 93536 6,3 mag	Austritt	22:15 261°	22:03 259°	22:13 258°	22:09 262°	22:16 265°	22:13 264°	22:10 264°	22:13 260°	22:07 257°	22:09 259°	22:07 260°	22:09 252°
6.10.	SAO 93630 7,7 mag	Eintritt	4:14 112°	4:18 136°	4:18 119°	4:10 118°	4:06 105°	4:08 109°	4:04 113°	4:15 116°	4:23 134°	4:17 125°	4:15 126°	4:35 140°
6.10.	SAO 93630 7,7 mag	Austritt	5:14 209°	4:50 180°	5:12 202°	5:04 199°	5:12 214°	5:10 209°	5:04 205°	5:11 204°	5:00 185°	5:04 194°	5:00 192°	5:05 182°
6.10.	SAO 93941 7,9 mag	Eintritt	20:57 32°	20:49 35°	20:54 34°	20:55 31°	21:01 28°	20:58 29°	20:57 29°	20:55 33°	20:49 36°	20:52 34°	20:52 34°	20:47 40°
6.10.	SAO 93941 7,9 mag	Austritt	21:41 290°	21:33 288°	21:39 288°	21:37 291°	21:42 295°	21:40 294°	21:38 294°	21:39 290°	21:35 286°	21:37 288°	21:36 289°	21:36 281°

Datum	Stern	Vorgang	Berlin	Bern	Dresden	Frankfurt	Hamburg	Hannover	Köln	Leipzig	München	Nürnberg	Stuttgart	Wien
6.10.	SAO 93973 7,1 mag	Eintritt	22:18 95°	22:08 97°	22:15 97°	22:13 94°	22:18 91°	22:17 92°	22:14 91°	22:16 96°	22:11 99°	22:12 97°	22:11 96°	22:13 104°
6.10.	SAO 93973 7,1 mag	Austritt	23:15 224°	23:02 222°	23:11 222°	23:09 226°	23:17 229°	23:14 228°	23:11 229°	23:12 224°	23:04 219°	23:07 222°	23:06 223°	23:04 213°
7.10.	SAO 76680 5,7 mag	Eintritt	3:06 66°	2:50 75°	3:05 70°	2:56 68°	3:03 60°	3:01 63°	2:55 64°	3:03 68°	2:58 76°	2:59 72°	2:55 72°	3:07 81°
7.10.	SAO 76680 5,7 mag	Austritt	4:28 259°	4:15 245°	4:28 254°	4:20 254°	4:23 264°	4:22 260°	4:17 258°	4:26 255°	4:23 246°	4:23 250°	4:20 249°	4:31 243°
7.10.	109 Tau 5,1 mag	Eintritt	21:21 101°	21:17 104°	21:20 103°	21:20 101°	21:24 97°	21:22 99°	21:21 98°	21:20 102°	21:17 105°	21:18 103°	21:18 103°	21:16 109°
7.10.	109 Tau 5,1 mag	Austritt	22:12 230°	22:04 227°	22:09 228°	22:09 231°	22:15 235°	22:13 233°	22:11 234°	22:10 230°	22:04 226°	22:07 228°	22:06 229°	22:02 221°
8.10.	SAO 77191 7,7 mag	Eintritt	1:56 87°	1:42 94°	1:55 91°	1:48 88°	1:54 81°	1:52 84°	1:47 84°	1:54 89°	1:49 96°	1:50 92°	1:47 92°	1:56 102°
8.10.	SAO 77191 7,7 mag	Austritt	3:12 244°	2:54 233°	3:10 239°	3:02 241°	3:09 249°	3:07 246°	3:02 245°	3:09 241°	3:02 232°	3:04 237°	3:00 237°	3:08 228°
8.10.	9 Gem 6,3 mag	Eintritt	23:14 85°	23:07 89°	23:12 88°	23:11 85°	23:16 81°	23:14 82°	23:13 82°	23:13 86°	23:08 91°	23:10 88°	23:09 87°	23:08 95°
9.10.	9 Gem 6,3 mag	Austritt	0:14 255°	0:04 251°	0:12 252°	0:09 255°	0:15 260°	0:13 258°	0:11 258°	0:12 254°	0:06 249°	0:08 252°	0:07 252°	0:06 243°
8.10.	8 Gem 6,1 mag	Eintritt	23:18 15°	23:08 22°	23:14 21°	23:16 14°	23:28 0°	23:23 7°	23:21 5°	23:16 17°	23:07 26°	23:11 21°	23:11 20°	23:04 33°
8.10.	8 Gem 6,1 mag	Austritt	23:44 325°	23:38 317°	23:44 319°	23:39 326°	23:37 341°	23:39 334°	23:36 335°	23:43 322°	23:41 313°	23:41 318°	23:40 320°	23:45 306°
9.10.	SAO 78210 6,6 mag	Eintritt	0:22 148°	-	0:25 158°	0:16 147°	0:17 137°	0:17 140°	0:14 140°	0:21 151°	-	0:23 161°	0:19 158°	-
9.10.	SAO 78210 6,6 mag	Austritt	0:46 192°	-	0:37 181°	0:40 192°	0:52 204°	0:48 200°	0:45 200°	0:41 188°	-	0:32 178°	0:32 182°	-
9.10.	SAO 78272 7,7 mag	Eintritt	1:41 131°	1:34 143°	1:42 137°	1:35 132°	1:38 123°	1:37 126°	1:33 126°	1:40 133°	1:41 147°	1:39 139°	1:36 138°	-
9.10.	SAO 78272 7,7 mag	Austritt	2:27 211°	2:05 196°	2:22 204°	2:18 208°	2:30 219°	2:26 215°	2:21 214°	2:23 208°	2:09 193°	2:15 201°	2:13 202°	-
13.10.	SAO 98984 7,8 mag	Eintritt	2:56 111°	2:51 123°	2:55 115°	2:53 115°	2:57 106°	2:56 109°	2:54 111°	2:55 114°	2:52 123°	2:53 118°	2:52 119°	2:53 126°
13.10.	SAO 98984 7,8 mag	Austritt	3:54 280°	3:45 266°	3:52 276°	3:49 275°	3:54 285°	3:53 282°	3:50 279°	3:52 277°	3:47 267°	3:49 272°	3:48 271°	3:49 265°

Datum	Stern	Vorgang	Berlin	Bern	Dresden	Frankfurt	Hamburg	Hannover	Köln	Leipzig	München	Nürnberg	Stuttgart	Wien
16.10.	65 Vir 5,9 mag	Eintritt	16:34 83°	16:39 90°	16:36 85°	16:36 87°	16:31 83°	16:33 84°	-	16:36 85°	16:40 88°	16:38 87°	16:38 88°	16:42 87°
16.10.	65 Vir 5,9 mag	Austritt	17:22 326°	17:32 320°	17:25 324°	17:26 324°	17:19 327°	17:22 326°	-	17:24 325°	17:30 321°	17:27 323°	17:28 322°	-
23.10.	SAO 189132 7,5 mag	Eintritt	15:50 63°	-	15:48 64°	-	15:48 63°	15:45 64°	-	15:47 64°	-	-	-	15:48 66°
23.10.	SAO 189132 7,5 mag	Austritt	17:03 280°	-	17:03 279°	-	16:59 281°	16:57 280°	-	17:01 279°	-	-	-	17:05 276°
23.10.	SAO 189244 7,5 mag	Eintritt	19:27 14°	19:17 18°	19:26 18°	19:22 12°	19:27 5°	19:26 8°	19:23 6°	19:25 15°	19:21 21°	19:22 17°	19:21 16°	19:25 28°
23.10.	SAO 189244 7,5 mag	Austritt	20:05 313°	20:02 309°	20:09 309°	19:59 316°	19:55 323°	19:57 320°	19:52 322°	20:05 312°	20:10 305°	20:06 309°	20:03 311°	20:20 297°
24.10.	SAO 190252 7,1 mag	Eintritt	20:39 90°	20:32 92°	20:41 93°	20:33 89°	20:33 85°	20:33 86°	20:30 85°	20:38 91°	20:39 96°	20:37 93°	20:34 91°	20:48 102°
24.10.	SAO 190252 7,1 mag	Austritt	21:47 223°	21:43 219°	21:47 219°	21:44 224°	21:44 229°	21:45 227°	21:43 228°	21:47 222°	21:46 216°	21:46 220°	21:44 221°	21:48 209°
28.10.	SAO 128787 7,0 mag	Eintritt	21:48 43°	21:33 44°	21:47 46°	21:40 41°	21:46 37°	21:44 39°	21:39 37°	21:45 44°	21:40 48°	21:41 45°	21:38 44°	21:47 55°
28.10.	SAO 128787 7,0 mag	Austritt	23:06 249°	22:55 245°	23:06 245°	22:58 250°	23:01 255°	23:00 253°	22:56 254°	23:04 247°	23:02 241°	23:02 245°	22:59 246°	23:09 235°
30.10.	SAO 109775 7,6 mag	Eintritt	0:34 46°	0:24 54°	0:34 50°	0:28 47°	0:32 39°	0:31 42°	0:27 43°	0:33 48°	0:30 56°	0:30 52°	0:28 51°	0:37 61°
30.10.	SAO 109775 7,6 mag	Austritt	1:48 252°	1:44 240°	1:50 247°	1:45 248°	1:44 258°	1:44 254°	1:42 253°	1:48 249°	1:49 240°	1:48 244°	1:46 244°	1:53 236°
31.10.	SAO 110286 7,2 mag	Eintritt	1:45 41°	1:35 53°	1:45 46°	1:39 44°	1:43 35°	1:42 38°	1:37 40°	1:44 44°	1:41 53°	1:41 48°	1:38 49°	1:47 57°
31.10.	SAO 110286 7,2 mag	Austritt	2:55 264°	2:54 248°	2:57 259°	2:53 258°	2:50 269°	2:52 265°	2:50 262°	2:56 260°	2:58 250°	2:56 254°	2:55 253°	3:02 248°
31.10.	SAO 110316 7,6 mag	Eintritt	3:10 50°	3:06 66°	3:11 55°	3:06 56°	3:07 45°	3:07 49°	3:05 53°	3:09 54°	3:10 64°	3:09 59°	3:07 61°	3:14 65°
31.10.	SAO 110316 7,6 mag	Austritt	4:17 261°	4:19 242°	4:19 256°	4:17 253°	4:13 264°	4:15 260°	4:15 256°	4:18 257°	4:20 246°	4:19 251°	4:19 248°	4:23 246°
31.10.	SAO 110337 6,7 mag	Eintritt	4:27 70°	4:31 89°	4:29 75°	4:27 78°	4:24 67°	4:25 71°	4:25 75°	4:28 74°	4:31 85°	4:29 81°	4:29 83°	4:33 85°
31.10.	SAO 110337 6,7 mag	Austritt	5:30 246°	5:32 225°	5:31 241°	5:31 237°	5:29 248°	5:30 244°	5:30 239°	5:31 242°	5:33 231°	5:32 235°	5:32 232°	5:33 233°

Datum	Stern	Vorgang	Berlin	Bern	Dresden	Frankfurt	Hamburg	Hannover	Köln	Leipzig	München	Nürnberg	Stuttgart	Wien
2.11.	SAO 93484 7,0 mag	Eintritt	1:36 21°	1:17 34°	1:33 27°	1:26 25°	1:36 13°	1:33 17°	1:26 19°	1:32 25°	1:24 35°	1:26 30°	1:23 30°	1:31 40°
2.11.	SAO 93484 7,0 mag	Austritt	2:33 292°	2:30 275°	2:37 286°	2:29 286°	2:24 300°	2:27 295°	2:24 291°	2:34 288°	2:37 276°	2:34 281°	2:32 280°	2:45 273°
2.11.	SAO 93504 7,8 mag	Eintritt	3:27 131°	-	3:36 143°	3:35 151°	3:18 123°	3:22 129°	3:24 138°	3:32 139°	-	-	-	-
2.11.	SAO 93504 7,8 mag	Austritt	4:06 191°	-	4:00 179°	3:48 169°	4:05 198°	4:02 191°	3:53 181°	4:00 182°	-	-	-	-
2.11.	SAO 93844 7,8 mag	Eintritt	22:36 45°	22:20 48°	22:32 49°	22:28 44°	22:37 39°	22:34 41°	22:29 40°	22:32 46°	22:25 51°	22:27 48°	22:25 47°	22:28 57°
2.11.	SAO 93844 7,8 mag	Austritt	23:45 268°	23:30 263°	23:44 265°	23:35 269°	23:41 275°	23:39 273°	23:34 273°	23:42 267°	23:37 260°	23:38 264°	23:34 265°	23:44 255°
3.11.	lot Tau 4,7 mag	Eintritt	19:47 106°	19:42 109°	19:46 109°	19:45 106°	19:49 102°	19:48 104°	19:46 103°	19:46 107°	19:42 111°	19:44 109°	19:43 108°	19:43 116°
3.11.	lot Tau 4,7 mag	Austritt	20:36 221°	20:26 218°	20:32 218°	20:32 222°	20:39 225°	20:36 224°	20:35 225°	20:33 220°	20:27 216°	20:30 218°	20:29 219°	20:25 210°
3.11.	SAO 77003 7,7 mag	Eintritt	23:25 99°	23:12 105°	23:24 103°	23:17 99°	23:22 93°	23:21 95°	23:16 95°	23:22 101°	23:18 108°	23:19 104°	23:16 103°	23:26 115°
4.11.	SAO 77003 7,7 mag	Austritt	0:32 226°	0:13 217°	0:28 221°	0:22 225°	0:31 232°	0:28 229°	0:23 229°	0:28 224°	0:19 215°	0:22 220°	0:19 220°	0:22 208°
4.11.	SAO 77851 7,9 mag	Eintritt	22:28 92°	22:17 96°	22:26 95°	22:22 91°	22:28 87°	22:26 88°	22:23 88°	22:25 93°	22:21 98°	22:22 95°	22:20 94°	22:23 104°
4.11.	SAO 77851 7,9 mag	Austritt	23:32 244°	23:18 238°	23:29 240°	23:25 244°	23:32 250°	23:30 247°	23:26 247°	23:29 242°	23:22 236°	23:24 240°	23:22 240°	23:24 230°
5.11.	SAO 78051 7,7 mag	Eintritt	3:18 55°	3:01 72°	3:17 60°	3:07 62°	3:15 50°	3:12 54°	3:06 58°	3:15 59°	3:10 70°	3:10 65°	3:06 67°	3:18 71°
5.11.	SAO 78051 7,7 mag	Austritt	4:28 297°	4:25 276°	4:31 291°	4:25 287°	4:22 300°	4:23 296°	4:21 290°	4:29 292°	4:32 281°	4:29 285°	4:27 283°	4:39 282°
5.11.	8 Gem 6,1 mag	Eintritt	7:03 120°	7:17 147°	7:07 124°	7:07 133°	6:59 120°	7:02 124°	7:04 131°	7:06 125°	7:14 137°	7:10 132°	7:11 137°	-
5.11.	8 Gem 6,1 mag	Austritt	8:03 246°	8:00 220°	8:05 242°	8:01 234°	8:00 245°	8:01 242°	7:59 234°	8:04 242°	8:05 231°	8:04 235°	8:02 230°	-
5.11.	SAO 78855 6,8 mag	Eintritt	21:54 73°	21:46 77°	21:51 75°	21:51 72°	21:56 68°	21:54 69°	21:53 69°	21:52 74°	21:47 79°	21:49 76°	21:48 75°	21:46 83°
5.11.	SAO 78855 6,8 mag	Austritt	22:52 275°	22:43 270°	22:50 272°	22:48 275°	22:53 281°	22:51 279°	22:48 278°	22:50 274°	22:45 268°	22:47 271°	22:46 272°	22:47 263°

Datum	Stern	Vorgang	Berlin	Bern	Dresden	Frankfurt	Hamburg	Hannover	Köln	Leipzig	München	Nürnberg	Stuttgart	Wien
6.11.	Ome Gem 5,2 mag	Eintritt	1:44 119°	1:37 134°	1:45 124°	1:38 123°	1:40 113°	1:39 116°	1:35 119°	1:43 122°	1:43 134°	1:41 128°	1:39 129°	1:52 139°
6.11.	Ome Gem 5,2 mag	Austritt	2:51 237°	2:29 218°	2:48 231°	2:40 230°	2:49 242°	2:46 238°	2:40 235°	2:47 233°	2:37 220°	2:41 226°	2:37 225°	2:44 217°
6.11.	SAO 79065 6,9 mag	Eintritt	4:42 131°	4:54 166°	4:46 137°	4:41 144°	4:35 128°	4:37 133°	4:36 140°	4:43 137°	4:53 154°	4:47 146°	4:46 151°	4:58 150°
6.11.	SAO 79065 6,9 mag	Austritt	5:46 239°	5:21 203°	5:46 234°	5:35 225°	5:41 241°	5:40 236°	5:33 228°	5:43 234°	5:36 217°	5:38 224°	5:33 219°	5:47 223°
6.11.	SAO 79688 7,8 mag	Eintritt	21:02 21°	-	20:58 27°	-	-	-	-	21:00 24°	-	-	-	20:49 40°
6.11.	SAO 79688 7,8 mag	Austritt	21:21 339°	-	21:22 333°	-	-	-	-	21:21 337°	-	-	-	21:22 319°
7.11.	SAO 79805 6,7 mag	Eintritt	0:49 36°	0:31 50°	0:44 43°	0:41 40°	0:54 25°	0:49 32°	0:44 34°	0:44 40°	0:35 51°	0:38 46°	0:36 46°	0:36 56°
7.11.	SAO 79805 6,7 mag	Austritt	1:27 328°	1:22 311°	1:29 320°	1:23 322°	1:21 338°	1:22 332°	1:20 328°	1:27 323°	1:27 311°	1:26 316°	1:24 316°	1:34 307°
7.11.	SAO 79847 6,9 mag	Eintritt	2:40 138°	2:43 166°	2:42 145°	2:35 146°	2:34 132°	2:35 136°	2:32 141°	2:40 143°	2:46 161°	2:41 151°	2:39 154°	2:55 164°
7.11.	SAO 79847 6,9 mag	Austritt	3:37 234°	3:06 202°	3:34 227°	3:24 224°	3:35 239°	3:32 234°	3:24 229°	3:32 229°	3:18 210°	3:24 219°	3:19 216°	3:25 209°
7.11.	SAO 79864 6,4 mag	Eintritt	3:40 16°	3:06 52°	3:29 32°	3:18 37°	-	3:34 16°	3:21 30°	3:29 30°	3:14 49°	3:18 42°	3:14 44°	3:22 50°
7.11.	SAO 79864 6,4 mag	Austritt	3:51 359°	4:04 319°	4:02 343°	3:58 336°	-	3:47 357°	3:52 342°	3:59 345°	4:08 325°	4:04 332°	4:03 328°	4:16 327°
7.11.	SAO 79951 7,9 mag	Eintritt	7:23 186°	-	-	-	7:21 189°	-	-	-	-	-	-	-
7.11.	SAO 79951 7,9 mag	Austritt	7:35 204°	-	-	-	7:27 200°	-	-	-	-	-	-	-
10.11.	SAO 99280 6,8 mag	Eintritt	3:22 125°	3:19 145°	3:22 130°	3:19 133°	3:21 122°	3:20 125°	3:18 130°	3:21 129°	3:21 141°	3:20 136°	3:19 138°	3:24 141°
10.11.	SAO 99280 6,8 mag	Austritt	4:26 279°	4:13 257°	4:25 274°	4:19 269°	4:24 281°	4:23 277°	4:19 272°	4:24 274°	4:19 262°	4:20 267°	4:17 264°	4:24 264°
10.11.	SAO 99287 7,6 mag	Eintritt	3:50 38°	3:27 71°	3:43 51°	3:36 56°	-	3:47 40°	3:39 51°	3:43 49°	3:32 67°	3:36 60°	3:33 63°	3:36 66°
10.11.	SAO 99287 7,6 mag	Austritt	4:09 6°	4:17 331°	4:15 354°	4:14 346°	-	4:08 3°	4:11 351°	4:13 355°	4:19 337°	4:17 343°	4:16 339°	4:23 339°

Datum	Stern	Vorgang	Berlin	Bern	Dresden	Frankfurt	Hamburg	Hannover	Köln	Leipzig	München	Nürnberg	Stuttgart	Wien
11.11.	Nu Vir	Eintritt	6:40	6:39	6:41	6:37	6:36	6:36	6:35	6:39	6:41	6:39	6:38	6:45
	4,2 mag		129°	152°	133°	140°	128°	132°	139°	133°	144°	140°	144°	138°
11.11.	Nu Vir	Austritt	7:49	7:40	7:50	7:43	7:45	7:45	7:41	7:48	7:47	7:47	7:44	7:55
	4,2 mag		293°	270°	290°	281°	292°	289°	282°	289°	279°	282°	278°	286°
21.11.	SAO 164697	Eintritt	18:08	17:56	18:06	18:02	18:09	18:07	18:04	18:06	18:00	18:02	18:00	18:04
	6,1 mag		8°	10°	12°	5°	359°	1°	359°	9°	14°	11°	9°	22°
21.11.	SAO 164697	Austritt	18:51	18:43	18:54	18:42	18:40	18:42	18:36	18:50	18:53	18:50	18:46	19:04
	6,1 mag		301°	299°	297°	305°	312°	309°	312°	300°	294°	298°	300°	285°
22.11.	Tau1 Aqr	Eintritt	22:11	-	22:18	22:11	22:03	22:06	22:05	22:14	-	22:19	22:18	-
	5,7 mag		120°		129°	122°	109°	113°	114°	124°		133°	132°	
22.11.	Tau1 Aqr	Austritt	22:47	-	22:43	22:44	22:49	22:48	22:46	22:45	-	22:39	22:39	-
	5,7 mag		183°		173°	179°	193°	189°	187°	178°		167°	168°	
23.11.	SAO 146799	Eintritt	23:46	23:46	23:47	23:45	23:45	23:45	23:44	23:46	23:47	23:47	23:46	23:49
	7,3 mag		48°	60°	53°	52°	42°	45°	47°	51°	60°	56°	56°	64°
24.11.	SAO 146799	Austritt	0:48	0:52	-	0:49	0:46	0:47	0:48	0:49	0:52	0:51	0:51	-
	7,3 mag		256°	241°		251°	261°	257°	254°	252°	242°	247°	246°	
24.11.	SAO 128621	Eintritt	16:42	16:26	16:39	16:34	16:43	16:40	16:36	16:39	16:31	16:34	16:31	16:34
	6,0 mag		16°	19°	18°	16°	13°	14°	14°	17°	20°	18°	18°	24°
24.11.	SAO 128621	Austritt	17:36	17:20	17:35	17:26	17:32	17:30	17:24	17:33	17:28	17:29	17:25	17:36
	6,0 mag		284°	283°	282°	286°	289°	288°	289°	284°	281°	283°	284°	275°
25.11.	SAO 129029	Eintritt	17:59	17:43	17:56	17:52	18:01	17:58	17:53	17:56	17:48	17:51	17:49	17:51
	7,7 mag		18°	18°	20°	15°	12°	14°	12°	18°	21°	19°	18°	27°
25.11.	SAO 129029	Austritt	18:58	18:41	18:57	18:47	18:53	18:51	18:45	18:55	18:50	18:51	18:47	18:59
	7,7 mag		278°	278°	275°	281°	284°	283°	285°	277°	273°	276°	278°	266°
25.11.	SAO 109552	Eintritt	19:29	19:12	19:25	19:22	19:32	19:29	19:25	19:25	19:16	19:20	19:18	19:19
	7,9 mag		2°	2°	6°	357°	351°	354°	351°	2°	8°	4°	2°	16°
25.11.	SAO 109552	Austritt	20:15	20:01	20:17	20:04	20:05	20:05	19:58	20:13	20:12	20:10	20:05	20:23
	7,9 mag		290°	288°	285°	294°	302°	299°	302°	289°	282°	287°	289°	273°
26.11.	26 Cet	Eintritt	0:26	0:17	0:25	0:21	0:27	0:25	0:22	0:24	0:21	0:22	0:20	0:24
	6,2 mag		15°	31°	21°	20°	6°	12°	15°	19°	31°	25°	26°	34°
26.11.	26 Cet	Austritt	1:14	1:21	1:17	1:16	1:08	1:11	1:12	1:16	1:22	1:19	1:19	1:25
	6,2 mag		288°	269°	282°	281°	296°	290°	285°	284°	271°	277°	275°	269°
26.11.	SAO 110004	Eintritt	15:55	15:46	15:53	15:51	15:57	15:54	15:52	15:53	15:48	15:50	15:48	15:49
	7,7 mag		89°	93°	90°	90°	87°	88°	89°	90°	93°	91°	91°	94°
26.11.	SAO 110004	Austritt	16:52	16:39	16:49	16:46	16:54	16:51	16:48	16:50	16:42	16:45	16:43	16:43
	7,7 mag		216°	214°	214°	217°	219°	218°	218°	216°	213°	215°	215°	210°

Datum	Stern	Vorgang	Berlin	Bern	Dresden	Frankfurt	Hamburg	Hannover	Köln	Leipzig	München	Nürnberg	Stuttgart	Wien
26.11.	*Nu Psc 4,7 mag	Eintritt	20:20 345°	20:02 348°	20:14 352°	20:17 336°	-	-	-	20:16 347°	20:04 356°	20:09 350°	20:08 347°	20:04 7°
26.11.	*Nu Psc 4,7 mag	Austritt	20:46 308°	20:33 302°	20:49 300°	20:31 316°	-	-	-	20:44 305°	20:46 294°	20:43 301°	20:37 305°	20:59 283°
27.11.	SAO 110516 7,6 mag	Eintritt	18:38 78°	18:24 78°	18:36 80°	18:30 76°	18:38 73°	18:35 74°	18:31 73°	18:35 78°	18:29 81°	18:31 79°	18:28 78°	18:34 86°
27.11.	SAO 110516 7,6 mag	Austritt	19:47 221°	19:31 221°	19:44 219°	19:39 224°	19:47 227°	19:44 225°	19:39 227°	19:44 221°	19:36 217°	19:39 220°	19:36 221°	19:39 211°
27.11.	SAO 110537 6,5 mag	Eintritt	20:45 66°	20:28 67°	20:43 69°	20:35 64°	20:42 60°	20:40 61°	20:34 60°	20:42 66°	20:36 71°	20:37 68°	20:33 67°	20:43 78°
27.11.	SAO 110537 6,5 mag	Austritt	22:04 231°	21:48 226°	22:02 228°	21:54 232°	22:01 238°	21:59 235°	21:53 236°	22:01 230°	21:55 223°	21:56 227°	21:53 228°	22:01 217°
28.11.	SAO 93261 7,5 mag	Eintritt	16:12 10°	16:03 15°	16:09 12°	16:09 10°	16:17 6°	16:14 8°	16:12 8°	16:10 11°	16:03 15°	16:07 13°	16:06 13°	16:01 18°
28.11.	SAO 93261 7,5 mag	Austritt	16:44 303°	16:37 299°	16:42 300°	16:40 303°	16:44 307°	16:43 306°	16:41 306°	16:42 302°	16:39 298°	16:40 300°	16:39 301°	16:40 294°
29.11.	SAO 93377 7,7 mag	Eintritt	0:28 77°	0:21 91°	0:30 82°	0:22 81°	0:23 72°	0:23 75°	0:19 77°	0:27 80°	0:28 90°	0:26 85°	0:23 86°	0:36 93°
29.11.	SAO 93377 7,7 mag	Austritt	1:45 238°	1:36 220°	1:46 233°	1:40 231°	1:42 242°	1:41 238°	1:38 235°	1:44 234°	1:42 223°	1:42 228°	1:40 226°	1:48 222°
29.11.	SAO 93650 6,0 mag	Eintritt	16:30 132°	-	16:29 135°	16:29 133°	16:31 128°	16:30 129°	16:29 130°	16:29 133°	16:28 141°	16:28 136°	-	16:30 150°
29.11.	SAO 93650 6,0 mag	Austritt	16:55 187°	-	16:51 184°	16:53 187°	17:00 192°	16:58 190°	16:56 190°	16:53 186°	16:45 178°	16:49 183°	-	16:39 168°
29.11.	SAO 93676 7,9 mag	Eintritt	17:28 100°	17:21 103°	17:26 102°	17:25 100°	17:29 97°	17:28 98°	17:26 98°	17:26 101°	17:22 104°	17:24 102°	17:23 102°	17:23 108°
29.11.	SAO 93676 7,9 mag	Austritt	18:18 215°	18:07 213°	18:15 213°	18:14 217°	18:21 220°	18:18 219°	18:16 219°	18:16 215°	18:09 211°	18:12 214°	18:11 214°	18:07 206°
29.11.	SAO 93721 5,8 mag	Eintritt	20:26 98°	20:12 101°	20:25 102°	20:18 97°	20:24 92°	20:22 94°	20:17 93°	20:23 99°	20:19 105°	20:20 101°	20:16 100°	20:26 113°
29.11.	SAO 93721 5,8 mag	Austritt	21:27 212°	21:10 208°	21:24 208°	21:19 213°	21:28 219°	21:25 217°	21:20 218°	21:24 211°	21:15 204°	21:18 208°	21:15 210°	21:16 196°
30.11.	SAO 93763 7,9 mag	Eintritt	0:54 11°	0:31 32°	0:49 20°	0:41 19°	0:57 359°	0:50 8°	0:42 13°	0:49 17°	0:39 31°	0:42 25°	0:38 26°	0:46 34°
30.11.	SAO 93763 7,9 mag	Austritt	1:33 312°	1:38 287°	1:39 303°	1:33 301°	1:22 323°	1:27 313°	1:28 307°	1:36 305°	1:43 290°	1:39 297°	1:38 294°	1:51 290°

Datum	Stern	Vorgang	Berlin	Bern	Dresden	Frankfurt	Hamburg	Hannover	Köln	Leipzig	München	Nürnberg	Stuttgart	Wien
30.11.	SAO 93814 7,8 mag	Eintritt	4:38 11°	4:26 44°	4:35 20°	4:29 30°	4:36 8°	4:33 17°	4:28 27°	4:34 20°	4:30 36°	4:31 31°	4:29 35°	4:35 31°
30.11.	SAO 93814 7,8 mag	Austritt	5:02 327°	5:21 295°	5:08 319°	5:12 308°	4:58 330°	5:04 321°	5:10 310°	5:07 319°	5:18 303°	5:14 308°	5:16 303°	5:17 309°
30.11.	SAO 93840 7,5 mag	Eintritt	6:32 29°	6:32 53°	6:32 34°	6:31 42°	6:31 29°	6:31 34°	6:30 42°	6:32 34°	6:32 46°	6:32 42°	6:31 46°	6:33 40°
30.11.	SAO 93840 7,5 mag	Austritt	7:06 314°	7:21 290°	7:09 309°	7:15 300°	7:06 313°	7:09 308°	7:14 301°	7:10 308°	7:17 297°	7:15 301°	7:17 297°	-
30.11.	SAO 93844 7,8 mag	Eintritt	6:36 67°	6:43 86°	6:38 70°	6:39 77°	6:35 67°	6:37 70°	6:38 76°	6:38 71°	6:41 79°	6:40 76°	6:41 80°	-
30.11.	SAO 93844 7,8 mag	Austritt	7:30 275°	7:39 258°	7:31 272°	7:35 266°	7:30 275°	7:31 272°	7:34 266°	7:32 272°	-	7:34 267°	7:36 264°	-
30.11.	SAO 76767 6,9 mag	Eintritt	19:24 32°	19:12 35°	19:20 35°	19:19 30°	19:27 26°	19:24 28°	19:22 27°	19:21 33°	19:14 37°	19:17 34°	19:16 33°	19:13 43°
30.11.	SAO 76767 6,9 mag	Austritt	20:14 289°	20:02 286°	20:12 286°	20:07 291°	20:12 296°	20:10 294°	20:06 295°	20:11 288°	20:07 283°	20:08 286°	20:06 287°	20:11 276°
30.11.	SAO 76850 7,5 mag	Eintritt	23:33 117°	23:27 134°	23:35 124°	23:25 121°	23:26 110°	23:26 113°	23:21 115°	23:32 121°	23:36 136°	23:31 128°	23:28 128°	23:52 148°
1.12.	SAO 76850 7,5 mag	Austritt	0:31 210°	0:05 188°	0:27 202°	0:19 203°	0:30 216°	0:27 212°	0:20 209°	0:27 205°	0:13 188°	0:19 197°	0:14 196°	0:14 179°
1.12.	SAO 77003 7,7 mag	Eintritt	7:18 103°	7:30 122°	7:20 106°	7:23 113°	7:17 103°	7:19 106°	7:22 112°	7:20 106°	7:26 115°	7:24 112°	7:26 115°	7:24 109°
1.12.	SAO 77003 7,7 mag	Austritt	8:10 250°	8:15 232°	8:11 247°	8:13 240°	8:10 249°	8:11 246°	8:13 241°	8:12 246°	8:14 239°	8:13 241°	8:14 238°	8:13 244°
1.12.	SAO 77355 7,8 mag	Eintritt	18:34 25°	18:26 29°	18:30 28°	18:32 24°	18:39 18°	18:37 20°	18:36 20°	18:32 26°	18:26 31°	18:29 28°	18:29 27°	18:23 37°
1.12.	SAO 77355 7,8 mag	Austritt	19:09 308°	19:03 304°	19:08 305°	19:05 310°	19:08 316°	19:07 313°	19:05 314°	19:08 307°	19:05 301°	19:06 305°	19:05 306°	19:07 295°
1.12.	SAO 77413 6,5 mag	Eintritt	19:32 64°	19:23 67°	19:29 66°	19:28 63°	19:34 59°	19:32 60°	19:30 60°	19:30 64°	19:24 69°	19:26 66°	19:25 65°	19:24 73°
1.12.	SAO 77413 6,5 mag	Austritt	20:32 268°	20:21 265°	20:30 265°	20:26 269°	20:32 274°	20:30 272°	20:27 272°	20:29 267°	20:24 262°	20:26 265°	20:24 266°	20:26 257°
1.12.	SAO 77450 6,1 mag	Eintritt	20:11 111°	20:02 115°	20:09 114°	20:06 110°	20:10 105°	20:09 107°	20:06 106°	20:09 112°	20:05 118°	20:06 114°	20:04 113°	20:09 125°
1.12.	SAO 77450 6,1 mag	Austritt	21:03 221°	20:49 216°	21:00 217°	20:57 222°	21:06 227°	21:03 225°	20:59 226°	21:00 220°	20:52 213°	20:55 217°	20:54 218°	20:51 205°

Datum	Stern	Vorgang	Berlin	Bern	Dresden	Frankfurt	Hamburg	Hannover	Köln	Leipzig	München	Nürnberg	Stuttgart	Wien
2.12.	SAO 77851 7,9 mag	Eintritt	6:26 123°	6:43 150°	6:29 127°	6:32 136°	6:23 124°	6:26 128°	6:30 135°	6:29 128°	6:37 139°	6:34 135°	6:36 140°	6:36 132°
2.12.	SAO 77851 7,9 mag	Austritt	7:17 240°	7:16 215°	7:19 237°	7:17 228°	7:15 239°	7:16 236°	7:16 228°	7:18 236°	7:19 226°	7:19 229°	7:18 224°	7:22 233°
2.12.	SAO 78572 6,7 mag	Eintritt	20:36 34°	20:25 40°	20:32 39°	20:32 34°	20:41 26°	20:37 29°	20:35 29°	20:33 36°	20:26 43°	20:29 39°	20:28 38°	20:24 49°
2.12.	SAO 78572 6,7 mag	Austritt	21:18 309°	21:10 302°	21:17 305°	21:12 309°	21:15 318°	21:14 315°	21:11 315°	21:16 307°	21:13 300°	21:14 304°	21:12 305°	21:17 293°
3.12.	SAO 78706 7,2 mag	Eintritt	0:19 28°	23:55 46°	0:13 35°	0:06 34°	0:22 16°	0:16 24°	0:08 28°	0:13 33°	0:02 46°	0:06 40°	0:02 41°	0:08 50°
3.12.	SAO 78706 7,2 mag	Austritt	1:00 325°	0:58 303°	1:04 317°	0:56 316°	0:49 335°	0:53 327°	0:51 321°	1:01 319°	1:04 305°	1:02 311°	0:59 309°	1:13 303°
3.12.	SAO 78855 6,8 mag	Eintritt	5:28 124°	5:42 150°	5:32 128°	5:32 136°	5:24 124°	5:26 128°	5:28 135°	5:31 128°	5:39 140°	5:35 136°	5:36 140°	5:41 133°
3.12.	SAO 78855 6,8 mag	Austritt	6:29 251°	6:26 226°	6:31 248°	6:27 239°	6:26 250°	6:26 247°	6:24 239°	6:30 247°	6:31 237°	6:30 240°	6:28 235°	6:36 243°
3.12.	SAO 79477 7,9 mag	Eintritt	19:43 66°	19:38 71°	19:40 69°	19:41 66°	19:46 61°	19:44 63°	19:44 63°	19:41 68°	19:37 73°	19:39 70°	19:39 69°	19:35 77°
3.12.	SAO 79477 7,9 mag	Austritt	20:34 290°	20:28 285°	20:33 287°	20:31 290°	20:35 295°	20:34 293°	20:32 293°	20:33 289°	20:29 283°	20:31 286°	20:30 287°	20:29 278°
4.12.	SAO 79688 7,8 mag	Eintritt	3:25 120°	3:27 144°	3:27 124°	3:21 130°	3:18 118°	3:19 122°	3:17 128°	3:25 124°	3:30 137°	3:26 132°	3:25 135°	3:36 133°
4.12.	SAO 79688 7,8 mag	Austritt	4:39 262°	4:27 236°	4:40 257°	4:31 250°	4:33 262°	4:33 258°	4:28 251°	4:37 257°	4:36 246°	4:35 250°	4:32 246°	4:45 251°
5.12.	Gam Cnc 4,7 mag	Eintritt	4:12 182°	-	-	-	4:04 179°	-	-	-	-	-	-	-
5.12.	Gam Cnc 4,7 mag	Austritt	4:31 212°	-	-	-	4:27 213°	-	-	-	-	-	-	-
5.12.	SAO 98567 7,5 mag	Eintritt	21:47 137°	21:46 149°	21:46 142°	21:46 139°	21:47 131°	21:46 134°	21:46 135°	21:46 139°	21:46 150°	21:46 144°	21:46 144°	21:48 156°
5.12.	SAO 98567 7,5 mag	Austritt	22:32 244°	22:21 230°	22:28 238°	22:28 240°	22:35 250°	22:32 246°	22:30 245°	22:29 241°	22:22 230°	22:25 235°	22:25 235°	22:19 223°
6.12.	SAO 98640 7,8 mag	Eintritt	1:05 132°	1:02 152°	1:06 137°	1:01 139°	1:02 127°	1:02 131°	1:00 135°	1:04 136°	1:05 149°	1:04 143°	1:02 145°	1:11 150°
6.12.	SAO 98640 7,8 mag	Austritt	2:09 259°	1:49 236°	2:07 254°	1:59 250°	2:07 263°	2:05 259°	1:59 254°	2:06 255°	1:57 241°	2:00 247°	1:56 244°	2:04 242°

Datum	Stern	Vorgang	Berlin	Bern	Dresden	Frankfurt	Hamburg	Hannover	Köln	Leipzig	München	Nürnberg	Stuttgart	Wien
6.12.	42 Leo 6,1 mag	Eintritt	22:37 125°	- 	22:36 129°	22:36 128°	22:38 119°	22:37 122°	22:37 124°	22:36 127°	22:35 137°	22:36 132°	22:35 132°	22:36 141°
6.12.	42 Leo 6,1 mag	Austritt	23:30 266°	23:21 252°	23:27 261°	23:26 262°	23:31 271°	23:30 268°	23:28 265°	23:28 263°	23:22 253°	23:25 258°	23:24 257°	23:22 250°
7.12.	SAO 99144 7,8 mag	Eintritt	1:44 66°	1:29 87°	1:41 72°	1:35 76°	1:45 61°	1:41 66°	1:36 72°	1:41 71°	1:33 84°	1:36 79°	1:33 81°	1:37 84°
7.12.	SAO 99144 7,8 mag	Austritt	2:33 335°	2:32 312°	2:35 329°	2:31 324°	2:29 340°	2:30 334°	2:29 327°	2:34 330°	2:35 317°	2:34 322°	2:33 319°	2:40 319°
7.12.	SAO 99150 7,1 mag	Eintritt	2:12 149°	2:19 184°	2:13 156°	2:10 161°	2:08 145°	2:09 150°	2:08 157°	2:12 155°	2:18 172°	2:14 164°	2:14 168°	2:21 170°
7.12.	SAO 99150 7,1 mag	Austritt	3:08 255°	2:40 219°	3:05 249°	2:56 242°	3:05 257°	3:03 253°	2:56 245°	3:04 249°	2:53 231°	2:57 239°	2:52 234°	3:01 236°
7.12.	46 Leo 5,7 mag	Eintritt	3:58 119°	3:54 141°	3:58 123°	3:53 129°	3:53 118°	3:53 122°	3:50 128°	3:57 123°	3:58 134°	3:56 130°	3:54 134°	4:04 130°
7.12.	46 Leo 5,7 mag	Austritt	5:12 294°	5:03 271°	5:14 290°	5:06 282°	5:07 293°	5:07 290°	5:03 283°	5:11 289°	5:11 279°	5:10 283°	5:07 279°	5:19 285°
7.12.	SAO 99202 7,7 mag	Eintritt	6:27 83°	6:19 106°	6:28 86°	6:19 96°	6:21 85°	6:20 88°	6:16 96°	6:25 88°	6:25 97°	6:24 94°	6:21 99°	6:34 90°
7.12.	SAO 99202 7,7 mag	Austritt	7:25 335°	7:33 314°	7:29 332°	7:28 323°	7:21 332°	7:24 329°	7:25 322°	7:27 331°	7:34 323°	7:31 325°	7:31 321°	7:37 330°
8.12.	SAO 118813 6,7 mag	Eintritt	2:41 155°	2:56 200°	2:43 161°	2:42 168°	2:38 152°	2:39 157°	2:39 164°	2:42 161°	2:49 180°	2:44 171°	2:45 176°	2:51 176°
8.12.	SAO 118813 6,7 mag	Austritt	3:34 257°	3:02 210°	3:31 251°	3:22 242°	3:32 259°	3:29 254°	3:22 245°	3:30 251°	3:18 232°	3:23 240°	3:18 234°	3:27 238°
8.12.	SAO 118859 6,8 mag	Eintritt	5:14 140°	5:18 167°	5:16 144°	5:13 153°	5:10 141°	5:11 145°	5:10 152°	5:15 145°	5:19 156°	5:16 152°	5:15 157°	5:23 150°
8.12.	SAO 118859 6,8 mag	Austritt	6:23 281°	6:11 256°	6:24 278°	6:16 269°	6:18 280°	6:18 276°	6:13 269°	6:22 277°	6:20 267°	6:20 270°	6:16 265°	6:30 275°
9.12.	SAO 119262 6,9 mag	Eintritt	1:28 82°	1:20 101°	1:25 87°	1:24 90°	1:30 77°	1:27 82°	1:25 87°	1:26 86°	1:21 97°	1:23 93°	1:22 95°	1:22 98°
9.12.	SAO 119262 6,9 mag	Austritt	2:16 328°	2:15 307°	2:17 323°	2:15 318°	2:15 332°	2:15 327°	2:15 321°	2:16 323°	2:16 312°	2:16 316°	2:15 314°	2:18 313°
10.12.	SAO 139229 7,5 mag	Eintritt	6:51 120°	6:47 142°	6:52 123°	6:47 132°	6:47 122°	6:47 125°	6:45 132°	6:50 124°	6:50 133°	6:49 130°	6:48 134°	6:56 126°
10.12.	SAO 139229 7,5 mag	Austritt	8:01 306°	7:56 287°	8:02 304°	7:57 295°	7:57 303°	7:57 301°	7:54 295°	8:01 302°	8:01 295°	8:00 297°	7:58 293°	8:08 302°

Datum	Stern	Vorgang	Berlin	Bern	Dresden	Frankfurt	Hamburg	Hannover	Köln	Leipzig	München	Nürnberg	Stuttgart	Wien
11.12.	SAO 139713 6,5 mag	Eintritt	5:26 150°	5:32 181°	5:27 154°	5:27 164°	5:25 150°	5:25 154°	5:26 163°	5:26 155°	5:29 168°	5:28 163°	5:28 169°	5:29 161°
11.12.	SAO 139713 6,5 mag	Austritt	6:22 271°	6:03 240°	6:20 267°	6:12 257°	6:19 270°	6:17 266°	6:12 257°	6:19 266°	6:13 254°	6:14 258°	6:10 252°	6:20 262°
11.12.	95 Vir 5,5 mag	Eintritt	6:26 96°	6:16 119°	6:25 100°	6:19 108°	6:23 97°	6:22 101°	6:18 108°	6:24 101°	6:21 110°	6:21 107°	6:19 112°	6:26 104°
11.12.	95 Vir 5,5 mag	Austritt	7:26 326°	7:23 305°	7:27 323°	7:24 314°	7:24 324°	7:24 321°	7:22 314°	7:26 322°	7:27 314°	7:26 316°	7:24 312°	7:31 320°
13.12.	SAO 159655 7,1 mag	Eintritt	6:53 106°	6:47 127°	6:52 109°	6:49 117°	6:53 107°	6:51 110°	6:49 116°	6:51 110°	6:49 119°	6:49 116°	6:48 120°	6:51 113°
13.12.	SAO 159655 7,1 mag	Austritt	7:54 302°	7:46 282°	7:54 299°	7:49 291°	7:53 300°	7:52 297°	7:49 291°	7:53 298°	7:50 290°	7:51 292°	7:49 288°	7:54 296°
14.12.	Merkur -1 mag	Eintritt	10:47 104°	10:37 113°	10:47 105°	10:39 109°	10:43 105°	10:42 106°	10:37 110°	10:45 106°	10:43 109°	10:42 108°	10:40 110°	10:50 106°
14.12.	Merkur -1 mag	Austritt	12:10 283°	12:01 274°	12:11 282°	12:03 279°	12:05 282°	12:04 281°	12:00 278°	12:09 282°	12:08 278°	12:07 279°	12:04 277°	12:17 280°
19.12.	SAO 164998 7,4 mag	Eintritt	15:13 66°	-	15:12 67°	15:04 65°	15:10 63°	15:08 63°	15:03 63°	15:11 66°	15:06 68°	15:07 67°	15:03 66°	15:14 72°
19.12.	SAO 164998 7,4 mag	Austritt	16:31 243°	-	16:31 241°	16:23 245°	16:27 247°	16:26 246°	16:21 247°	16:29 242°	16:26 239°	16:26 241°	16:23 243°	16:33 234°
21.12.	30 Psc 4,7 mag	Eintritt	21:05 55°	21:01 64°	21:06 59°	21:02 57°	21:02 49°	21:02 52°	21:00 52°	21:05 57°	21:05 65°	21:04 61°	21:02 61°	21:10 70°
21.12.	30 Psc 4,7 mag	Austritt	22:14 244°	22:13 231°	22:15 239°	22:13 240°	22:11 250°	22:12 246°	22:11 244°	22:14 241°	22:15 232°	22:15 236°	22:14 236°	22:17 228°
23.12.	SAO 128974 6,8 mag	Eintritt	0:09 13°	0:04 35°	0:07 21°	0:06 23°	0:10 7°	0:08 13°	0:06 19°	0:07 19°	0:05 32°	0:06 27°	0:05 29°	0:06 33°
23.12.	SAO 128974 6,8 mag	Austritt	0:47 295°	0:59 272°	-	0:53 285°	0:44 301°	0:48 295°	0:51 288°	0:51 290°	0:58 276°	0:55 282°	0:56 279°	-
23.12.	SAO 109873 7,7 mag	Eintritt	17:35 49°	17:19 49°	17:33 51°	17:26 46°	17:34 44°	17:32 45°	17:26 43°	17:32 49°	17:25 52°	17:27 50°	17:24 48°	17:31 58°
23.12.	SAO 109873 7,7 mag	Austritt	18:54 244°	18:38 242°	18:53 241°	18:44 246°	18:50 250°	18:48 248°	18:43 250°	18:51 243°	18:46 238°	18:47 241°	18:43 243°	18:53 232°
23.12.	SAO 109895 6,4 mag	Eintritt	18:59 77°	18:45 79°	18:59 80°	18:50 75°	18:55 71°	18:54 72°	18:48 71°	18:57 78°	18:53 83°	18:53 80°	18:49 78°	19:03 91°
23.12.	SAO 109895 6,4 mag	Austritt	20:15 216°	20:01 210°	20:13 211°	20:07 216°	20:13 222°	20:11 220°	20:06 220°	20:12 214°	20:07 207°	20:08 211°	20:05 212°	20:11 199°

Datum	Stern	Vorgang	Berlin	Bern	Dresden	Frankfurt	Hamburg	Hannover	Köln	Leipzig	München	Nürnberg	Stuttgart	Wien
24.12.	SAO 110325 6,5 mag	Eintritt	15:09 35°	-	15:06 37°	-	15:11 32°	15:09 33°	-	15:07 36°	-	-	-	15:00 41°
24.12.	SAO 110325 6,5 mag	Austritt	16:09 267°	-	16:07 266°	-	16:08 271°	16:06 270°	-	16:06 267°	-	-	-	16:04 260°
24.12.	64 Cet 5,7 mag	Eintritt	19:32 62°	19:16 65°	19:31 65°	19:23 60°	19:29 55°	19:27 57°	19:21 56°	19:29 63°	19:24 68°	19:25 65°	19:21 63°	19:33 75°
24.12.	64 Cet 5,7 mag	Austritt	20:53 234°	20:39 228°	20:52 230°	20:44 234°	20:49 241°	20:48 238°	20:43 238°	20:51 233°	20:46 225°	20:47 229°	20:44 230°	20:52 219°
24.12.	Xi1 Cet 4,5 mag	Eintritt	20:52 57°	20:39 64°	20:52 61°	20:44 58°	20:49 51°	20:47 54°	20:42 54°	20:50 59°	20:47 67°	20:47 62°	20:43 62°	20:55 72°
24.12.	Xi1 Cet 4,5 mag	Austritt	22:12 243°	22:03 231°	22:12 238°	22:06 239°	22:08 248°	22:07 245°	22:04 243°	22:11 240°	22:09 231°	22:09 235°	22:06 235°	22:15 227°
25.12.	SAO 93216 7,2 mag	Eintritt	21:39 19°	21:21 31°	21:36 25°	21:30 22°	21:40 11°	21:36 15°	21:30 16°	21:36 23°	21:28 32°	21:30 27°	21:27 27°	21:34 38°
25.12.	SAO 93216 7,2 mag	Austritt	22:37 288°	22:34 272°	22:41 281°	22:33 282°	22:29 296°	22:31 291°	22:28 288°	22:38 284°	22:41 272°	22:38 277°	22:36 277°	22:49 269°
26.12.	SAO 93261 7,5 mag	Eintritt	1:25 128°	-	1:32 138°	1:39 154°	1:39 154°	1:24 130°	1:30 143°	1:30 137°	-	-	-	-
26.12.	SAO 93261 7,5 mag	Austritt	2:02 195°	-	1:59 186°	1:48 169°	1:48 169°	1:59 192°	1:52 179°	1:58 187°	-	-	-	-
26.12.	SAO 93504 7,8 mag	Eintritt	15:23 20°	-	15:20 22°	-	15:27 15°	15:25 17°	-	15:21 20°	-	-	-	15:13 28°
26.12.	SAO 93504 7,8 mag	Austritt	16:04 294°	-	16:02 291°	-	16:04 299°	16:02 298°	-	16:02 293°	-	-	-	15:59 284°
26.12.	SAO 93536 6,3 mag	Eintritt	16:50 86°	16:38 87°	16:48 88°	16:44 84°	16:50 81°	16:48 82°	16:45 82°	16:47 86°	16:42 89°	16:44 87°	16:42 86°	16:44 94°
26.12.	SAO 93536 6,3 mag	Austritt	17:52 224°	17:38 223°	17:49 221°	17:45 226°	17:53 229°	17:50 228°	17:46 229°	17:49 223°	17:41 219°	17:44 222°	17:42 223°	17:43 213°
26.12.	SAO 93561 7,2 mag	Eintritt	-	19:20 349°	19:35 348°	-	-	-	-	-	19:21 357°	19:29 348°	19:29 343°	19:20 9°
26.12.	SAO 93561 7,2 mag	Austritt	-	19:42 316°	19:55 318°	-	-	-	-	-	19:54 308°	19:49 318°	19:43 322°	20:08 296°
27.12.	SAO 93941 7,9 mag	Eintritt	16:05 76°	15:57 78°	16:02 78°	16:02 75°	16:07 73°	16:05 74°	16:03 73°	16:03 77°	15:58 80°	16:00 78°	16:00 77°	15:58 83°
27.12.	SAO 93941 7,9 mag	Austritt	17:04 244°	16:53 242°	17:01 242°	16:59 245°	17:05 248°	17:03 247°	17:01 248°	17:01 243°	16:55 240°	16:58 242°	16:57 243°	16:55 236°

Datum	Stern	Vorgang	Berlin	Bern	Dresden	Frankfurt	Hamburg	Hannover	Köln	Leipzig	München	Nürnberg	Stuttgart	Wien
27.12.	SAO 76680 5,7 mag	Eintritt	22:40 114°	22:39 135°	22:43 120°	22:34 119°	22:34 119°	22:33 111°	22:29 114°	22:40 118°	22:46 134°	22:41 125°	22:38 126°	22:58 140°
27.12.	SAO 76680 5,7 mag	Austritt	23:43 214°	23:17 188°	23:40 207°	23:31 206°	23:31 206°	23:38 215°	23:31 210°	23:39 209°	23:27 192°	23:32 200°	23:27 198°	23:33 188°
28.12.	SAO 76767 6,9 mag	Eintritt	4:34 73°	4:41 92°	4:41 92°	4:36 83°	4:36 83°	4:33 76°	4:35 82°	4:35 77°	4:39 85°	4:37 83°	4:38 86°	4:39 81°
28.12.	SAO 76767 6,9 mag	Austritt	5:30 275°	5:38 257°	5:38 257°	5:34 266°	5:34 266°	5:31 272°	5:34 266°	5:32 272°	5:36 264°	5:35 266°	5:36 263°	5:35 268°
29.12.	SAO 77355 7,8 mag	Eintritt	3:21 92°	3:28 113°	3:28 113°	3:22 102°	3:22 102°	3:22 102°	3:20 101°	3:23 96°	3:28 106°	3:25 102°	3:25 106°	3:30 101°
29.12.	SAO 77355 7,8 mag	Austritt	4:26 266°	4:30 246°	4:30 246°	4:28 256°	4:28 256°	4:28 256°	4:26 256°	4:28 262°	4:31 253°	4:29 256°	4:29 253°	4:33 258°
29.12.	SAO 77413 6,5 mag	Eintritt	4:39 94°	4:49 114°	4:49 114°	4:43 104°	4:43 104°	4:43 104°	4:41 104°	4:41 98°	4:47 106°	4:44 104°	4:45 107°	4:47 102°
29.12.	SAO 77413 6,5 mag	Austritt	5:38 265°	5:44 247°	5:44 247°	5:41 256°	5:41 256°	5:41 256°	5:40 256°	5:40 262°	5:44 254°	5:42 256°	5:43 253°	5:43 259°
29.12.	SAO 77450 6,1 mag	Eintritt	5:23 125°	5:41 152°	5:41 152°	5:31 137°	5:31 137°	5:31 137°	5:29 137°	5:29 137°	5:34 140°	5:31 136°	5:34 141°	5:34 141°
29.12.	SAO 77450 6,1 mag	Austritt	6:09 234°	6:09 209°	6:09 209°	6:10 223°	6:10 223°	6:10 223°	6:09 223°	6:09 223°	6:11 221°	6:10 224°	6:10 219°	6:10 219°
29.12.	8 Gem 6,1 mag	Eintritt	17:36 81°	17:29 85°	17:33 84°	17:33 81°	17:38 77°	17:38 77°	17:35 78°	17:35 78°	17:30 87°	17:32 84°	17:31 83°	17:31 83°
29.12.	8 Gem 6,1 mag	Austritt	18:34 259°	18:24 255°	18:31 256°	18:30 259°	18:35 263°	18:35 263°	18:31 262°	18:31 262°	18:26 253°	18:29 255°	18:27 256°	18:27 256°
30.12.	SAO 78572 6,7 mag	Eintritt	5:24 38°	5:22 64°	5:25 43°	5:21 53°	5:21 40°	5:21 40°	5:19 53°	5:23 44°	5:24 55°	5:23 52°	5:22 56°	5:27 48°
30.12.	SAO 78572 6,7 mag	Austritt	5:56 334°	6:13 310°	6:00 329°	6:05 319°	5:55 331°	5:55 331°	6:04 319°	6:00 328°	6:09 318°	6:06 321°	6:08 316°	6:06 325°
30.12.	48 Gem 5,8 mag	Eintritt	17:43 80°	17:38 84°	17:41 83°	17:42 80°	17:46 76°	17:46 76°	17:44 77°	17:44 77°	17:38 86°	17:40 83°	17:40 82°	17:40 82°
30.12.	48 Gem 5,8 mag	Austritt	18:38 272°	18:31 268°	18:36 269°	18:35 272°	18:40 277°	18:40 277°	18:36 275°	18:36 275°	18:32 266°	18:34 269°	18:33 269°	18:33 269°
31.12.	SAO 79477 7,9 mag	Eintritt	3:48 98°	3:52 119°	3:52 119°	3:47 109°	3:47 109°	3:47 109°	3:44 108°	3:49 102°	3:54 111°	3:54 111°	3:50 112°	3:58 106°
31.12.	SAO 79477 7,9 mag	Austritt	4:56 285°	5:01 266°	5:01 266°	4:57 275°	4:57 275°	4:57 275°	4:55 275°	4:58 281°	5:02 274°	5:02 274°	5:00 272°	5:05 279°

Datum	Stern	Vorgang	Berlin	Bern	Dresden	Frankfurt	Hamburg	Hannover	Köln	Leipzig	München	Nürnberg	Stuttgart	Wien
31.12.	SAO 79618 7,7 mag	Eintritt	8:14 97°	8:24 110°	8:24 110°	8:19 104°	8:19 104°	8:19 104°	8:19 104°	8:19 104°	-	8:19 103°	8:21 105°	8:21 105°
31.12.	SAO 79618 7,7 mag	Austritt	9:05 283°	9:15 273°	9:15 273°	9:10 278°	9:10 278°	9:10 278°	9:10 278°	9:10 278°	-	9:10 278°	9:12 276°	9:12 276°
31.12.	SAO 80024 6,4 mag	Eintritt	-	20:00 11°	20:00 11°	-	-	-	-	-	19:59 16°	19:59 16°	-	19:54 29°
31.12.	SAO 80024 6,4 mag	Austritt	-	20:09 352°	20:09 352°	-	-	-	-	-	20:14 347°	20:14 347°	-	20:21 335°

Position von Merkur und Venus relativ zur Sonne

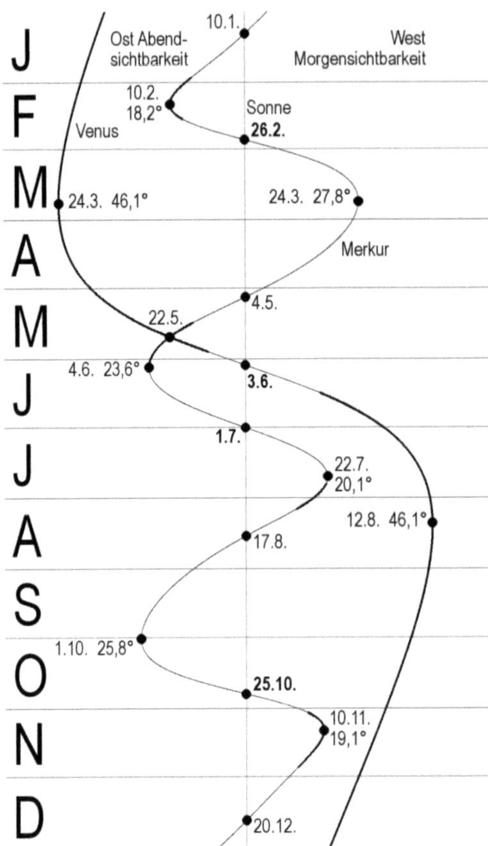

Position von Merkur und Venus in Bezug zur Sonne im Lauf des Jahres 2020. Die
Datumswerte geben die Zeitpunkte der größten Elongationen (mit Elongationswert)
und der oberen und unterern Konjunktionen zur Sonne an. Daten der unteren
Konjunktionen sind fett, die der Elongationen und oberen Konjunktionen normal
gedruckt. Eine dicke Linie bedeutet freiäugige Sichtbarkeit in Mitteleuropa.

Helligkeiten und Scheibchendurchmesser der Planeten 2020

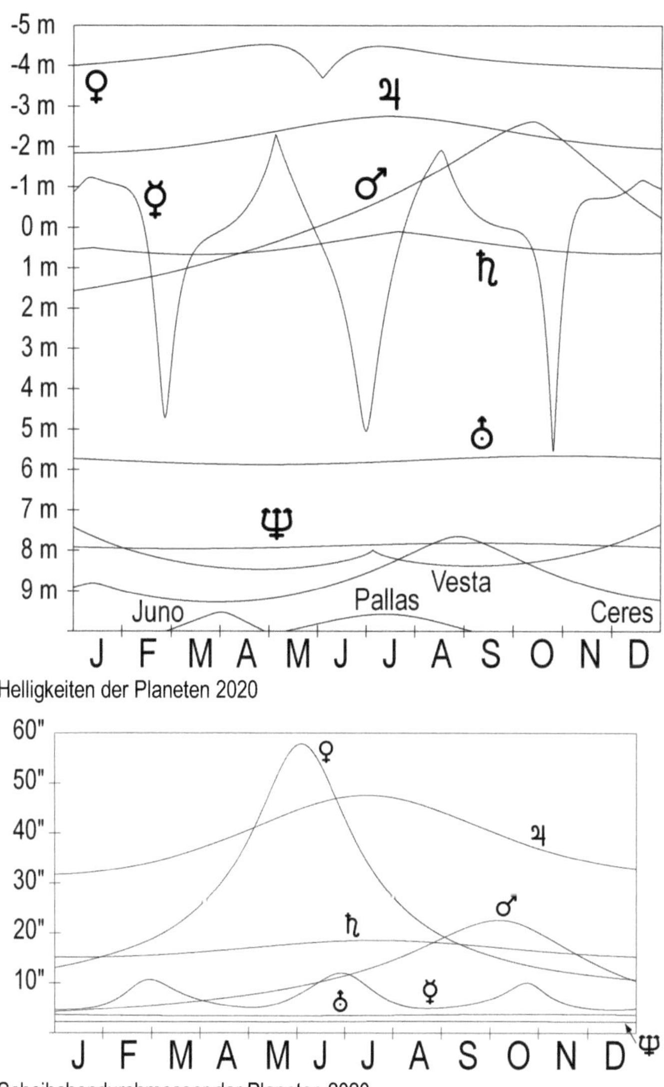

Helligkeiten der Planeten 2020

Scheibchendurchmesser der Planeten 2020

Ephemeriden

Sonne

Datum	Rektaszension	Deklination	Scheibchendurchmesser	Zentralmeridian	B	P
1.1.	18h43,4m	-23,06°	32,6'	71,7°	-3,0°	2,2°
6.1.	19h05,4m	-22,59°	32,6'	5,8°	-3,5°	-0,2°
11.1.	19h27,2m	-21,92°	32,6'	300,0°	-4,1°	-2,6°
16.1.	19h48,8m	-21,08°	32,6'	234,1°	-4,6°	-5,0°
21.1.	20h10,2m	-20,08°	32,5'	168,3°	-5,1°	-7,3°
26.1.	20h31,2m	-18,91°	32,5'	102,5°	-5,5°	-9,5°
31.1.	20h51,9m	-17,60°	32,5'	36,6°	-5,9°	-11,6°
5.2.	21h12,2m	-16,16°	32,5'	330,8°	-6,3°	-13,6°
10.2.	21h32,2m	-14,61°	32,5'	265,0°	-6,6°	-15,5°
15.2.	21h51,9m	-12,95°	32,4'	199,1°	-6,8°	-17,3°
20.2.	22h11,3m	-11,20°	32,4'	133,3°	-7,0°	-18,9°
25.2.	22h30,4m	-9,39°	32,4'	67,5°	-7,1°	-20,4°
1.3.	22h49,2m	-7,51°	32,3'	1,6°	-7,2°	-21,7°
6.3.	23h07,9m	-5,59°	32,3'	295,7°	-7,3°	-22,8°
11.3.	23h26,3m	-3,63°	32,2'	229,8°	-7,2°	-23,8°
16.3.	23h44,7m	-1,66°	32,2'	163,9°	-7,1°	-24,7°
21.3.	0h02,9m	0,31°	32,1'	98,0°	-7,0°	-25,3°
26.3.	0h21,1m	2,28°	32,1'	32,1°	-6,8°	-25,8°
31.3.	0h39,3m	4,23°	32,1'	326,2°	-6,6°	-26,1°
5.4.	0h57,6m	6,15°	32,0'	260,2°	-6,3°	-26,3°
10.4.	1h15,9m	8,02°	32,0'	194,2°	-5,9°	-26,2°
15.4.	1h34,3m	9,84°	31,9'	128,2°	-5,6°	-26,0°
20.4.	1h52,9m	11,59°	31,9'	62,2°	-5,2°	-25,6°
25.4.	2h11,7m	13,26°	31,8'	356,1°	-4,7°	-25,0°
30.4.	2h30,7m	14,83°	31,8'	290,0°	-4,2°	-24,2°
5.5.	2h49,8m	16,31°	31,8'	224,0°	-3,7°	-23,2°
10.5.	3h09,3m	17,67°	31,7'	157,8°	-3,2°	-22,1°
15.5.	3h28,9m	18,91°	31,7'	91,7°	-2,6°	-20,8°
20.5.	3h48,8m	20,02°	31,6'	25,6°	-2,0°	-19,3°
25.5.	4h08,9m	20,98°	31,6'	319,4°	-1,4°	-17,7°
30.5.	4h29,2m	21,80°	31,6'	253,3°	-0,8°	-15,9°
4.6.	4h49,7m	22,45°	31,6'	187,1°	-0,2°	-14,0°
9.6.	5h10,4m	22,94°	31,5'	120,9°	0,4°	-12,0°
14.6.	5h31,1m	23,27°	31,5'	54,8°	1,0°	-9,9°
19.6.	5h51,9m	23,42°	31,5'	348,6°	1,6°	-7,8°
24.6.	6h12,7m	23,40°	31,5'	282,4°	2,1°	-5,5°
29.6.	6h33,5m	23,21°	31,5'	216,2°	2,7°	-3,3°
4.7.	6h54,1m	22,85°	31,5'	150,0°	3,3°	-1,0°
9.7.	7h14,6m	22,33°	31,5'	83,8°	3,8°	1,2°

Datum	Rektaszension	Deklination	Scheibchendurchmesser	Zentralmeridian	B	P
14.7.	7h35,0m	21,64°	31,5'	17,7°	4,3°	3,5°
19.7.	7h55,1m	20,80°	31,5'	311,5°	4,8°	5,7°
24.7.	8h15,1m	19,82°	31,5'	245,4°	5,2°	7,8°
29.7.	8h34,7m	18,69°	31,5'	179,2°	5,6°	9,9°
3.8.	8h54,2m	17,44°	31,6'	113,1°	6,0°	11,9°
8.8.	9h13,3m	16,07°	31,6'	47,0°	6,3°	13,7°
13.8.	9h32,3m	14,60°	31,6'	340,9°	6,6°	15,5°
18.8.	9h51,0m	13,03°	31,6'	274,8°	6,8°	17,2°
23.8.	10h09,5m	11,37°	31,7'	208,7°	7,0°	18,7°
28.8.	10h27,8m	9,63°	31,7'	142,7°	7,1°	20,2°
2.9.	10h45,9m	7,84°	31,7'	76,6°	7,2°	21,5°
7.9.	11h04,0m	5,99°	31,8'	10,6°	7,3°	22,6°
12.9.	11h22,0m	4,10°	31,8'	304,5°	7,2°	23,6°
17.9.	11h39,9m	2,17°	31,9'	238,5°	7,2°	24,5°
22.9.	11h57,8m	0,23°	31,9'	172,5°	7,0°	25,2°
27.9.	12h15,8m	-1,71°	31,9'	106,5°	6,9°	25,7°
2.10.	12h33,9m	-3,65°	32,0'	40,6°	6,6°	26,1°
7.10.	12h52,1m	-5,58°	32,0'	334,6°	6,4°	26,2°
12.10.	13h10,4m	-7,47°	32,1'	268,6°	6,1°	26,2°
17.10.	13h29,0m	-9,32°	32,1'	202,7°	5,7°	26,1°
22.10.	13h47,8m	-11,12°	32,2'	136,7°	5,3°	25,7°
27.10.	14h07,0m	-12,85°	32,2'	70,8°	4,8°	25,1°
1.11.	14h26,4m	-14,49°	32,3'	4,8°	4,3°	24,4°
6.11.	14h46,1m	-16,04°	32,3'	298,9°	3,8°	23,4°
11.11.	15h06,2m	-17,47°	32,3'	233,0°	3,3°	22,3°
16.11.	15h26,7m	-18,78°	32,4'	167,1°	2,7°	20,9°
21.11.	15h47,5m	-19,95°	32,4'	101,2°	2,1°	19,4°
26.11.	16h08,6m	-20,97°	32,4'	35,3°	1,5°	17,7°
1.12.	16h30,1m	-21,83°	32,5'	329,4°	0,8°	15,8°
6.12.	16h51,8m	-22,51°	32,5'	263,5°	0,2°	13,8°
11.12.	17h13,7m	-23,01°	32,5'	197,6°	-0,5°	11,7°
16.12.	17h35,8m	-23,32°	32,5'	131,7°	-1,1°	9,4°
21.12.	17h58,0m	-23,44°	32,6'	65,8°	-1,7°	7,1°
26.12.	18h20,2m	-23,36°	32,6'	360,0°	-2,3°	4,7°
31.12.	18h42,3m	-23,08°	32,6'	294,1°	-2,9°	2,3°

Änderung des Zentralmeridian: 0,55°/Stunde, B = Neigung der Sonnenachse zur Erde, P = Positionswinkel des Sonnen-Nordpols

Beginn der synodischen Sonnenrotation nach Carrington 2020

Rotation	Datum
2226	6.1. 10h12m
2227	2.2. 18h22m
2228	1.3. 2h27m
2229	28.3. 9h58m
2230	24.4. 16h30m
2231	21.5. 22h00m

Rotation	Datum
2232	18.6. 2h51m
2233	15.7. 7h37m
2234	11.8. 12h51m
2235	7.9. 18h46m
2236	5.10. 1h19m
2237	1.11. 8h21m
2238	28.11. 15h45m
2239	25.12. 23h31m

Merkur

Datum	Rektaszension	Deklination	Kulmination	Auf-/Untergang	Phase	Helligkeit	Scheibchendurchmesser
1.1.	18h19,0m	-24,63°	12:04	8:12A	0,99	-0,9 mag	4,7"
6.1.	18h54,0m	-24,52°	12:20		1,00	-1,1 mag	4,7"
11.1.	19h29,3m	-23,81°	12:35		1,00	-1,2 mag	4,7"
16.1.	20h04,9m	-22,47°	12:51	16:59U	0,99	-1,2 mag	4,8"
21.1.	20h40,2m	-20,49°	13:07	17:28U	0,98	-1,1 mag	4,9"
26.1.	21h14,9m	-17,88°	13:22	17:58U	0,94	-1,1 mag	5,2"
31.1.	21h48,0m	-14,71°	13:35	18:29U	0,87	-1,0 mag	5,5"
5.2.	22h17,8m	-11,18°	13:44	18:57U	0,74	-0,9 mag	6,1"
10.2.	22h40,8m	-7,73°	13:47	19:15U	0,55	-0,6 mag	7,0"
15.2.	22h52,6m	-5,11°	13:37	19:17U	0,31	0,3 mag	8,1"
20.2.	22h49,4m	-4,13°	13:13	18:55U	0,11	2,0 mag	9,4"
25.2.	22h33,5m	-5,09°	12:36	18:12U	0,01	4,5 mag	10,4"
1.3.	22h14,2m	-7,27°	11:58	6:31A	0,04	3,4 mag	10,7"
6.3.	22h01,7m	-9,44°	11:27	6:10A	0,15	1,8 mag	10,2"
11.3.	21h59,8m	-10,87°	11:06	5:56A	0,27	1,0 mag	9,4"
16.3.	22h07,4m	-11,37°	10:55	5:47A	0,38	0,6 mag	8,5"
21.3.	22h21,9m	-11,03°	10:50	5:40A	0,47	0,3 mag	7,8"
26.3.	22h41,3m	-9,95°	10:50	5:34A	0,55	0,2 mag	7,2"
31.3.	23h04,1m	-8,21°	10:53	5:29A	0,62	0,1 mag	6,7"
5.4.	23h29,4m	-5,91°	10:59	5:23A	0,68	0,0 mag	6,3"
10.4.	23h56,9m	-3,09°	11:07	5:17A	0,74	-0,2 mag	5,9"
15.4.	0h26,4m	0,20°	11:17	5:11A	0,80	-0,4 mag	5,6"
20.4.	0h58,1m	3,89°	11:29	5:06A	0,86	-0,7 mag	5,4"
25.4.	1h32,4m	7,90°	11:44	5:01A	0,92	-1,0 mag	5,2"
30.4.	2h09,7m	12,09°	12:02	4:57A	0,98	-1,6 mag	5,1"
5.5.	2h50,2m	16,24°	12:23	19:54U	1,00	-2,3 mag	5,1"
10.5.	3h33,2m	19,96°	12:47	20:39U	0,97	-1,7 mag	5,2"
15.5.	4h16,7m	22,87°	13:11	21:20U	0,88	-1,2 mag	5,5"
20.5.	4h58,1m	24,74°	13:32	21:53U	0,75	-0,8 mag	5,9"
25.5.	5h35,3m	25,58°	13:49	22:14U	0,62	-0,3 mag	6,5"
30.5.	6h07,1m	25,55°	14:00	22:24U	0,49	0,1 mag	7,2"
4.6.	6h32,4m	24,87°	14:05	22:23U	0,38	0,5 mag	8,1"
9.6.	6h50,6m	23,75°	14:03	22:12U	0,28	1,0 mag	9,0"
14.6.	7h01,0m	22,41°	13:53	21:52U	0,19	1,6 mag	10,0"
19.6.	7h03,3m	21,03°	13:34	21:25U	0,11	2,4 mag	11,0"

Datum	Rektaszen-sion	Deklina-tion	Kulmina-tion	Auf-/Untergang	Phase	Helligkeit	Scheibchen-durchmesser
24.6.	6h57,7m	19,79°	13:08	20:51U	0,05	3,5 mag	11,7"
29.6.	6h46,6m	18,89°	12:37		0,01	4,8 mag	12,0"
4.7.	6h34,0m	18,46°	12:05		0,02	4,5 mag	11,7"
9.7.	6h25,1m	18,57°	11:37	4:00A	0,07	3,0 mag	10,9"
14.7.	6h23,7m	19,17°	11:17	3:36A	0,15	1,8 mag	9,8"
19.7.	6h31,7m	20,05°	11:06	3:19A	0,27	0,9 mag	8,6"
24.7.	6h49,5m	20,94°	11:05	3:12A	0,42	0,1 mag	7,5"
29.7.	7h16,8m	21,46°	11:14	3:17A	0,59	-0,5 mag	6,6"
3.8.	7h52,1m	21,24°	11:30	3:34A	0,76	-1,0 mag	5,9"
8.8.	8h32,5m	19,99°	11:51	4:03A	0,90	-1,4 mag	5,4"
13.8.	9h14,4m	17,68°	12:13	4:39A	0,98	-1,7 mag	5,1"
18.8.	9h54,8m	14,57°	12:34	19:48U	1,00	-1,9 mag	5,0"
23.8.	10h32,1m	10,97°	12:51	19:46U	0,98	-1,4 mag	4,9"
28.8.	11h06,3m	7,14°	13:05	19:41U	0,95	-0,9 mag	5,0"
2.9.	11h37,8m	3,27°	13:17	19:34U	0,91	-0,6 mag	5,0"
7.9.	12h07,0m	-0,52°	13:26	19:25U	0,87	-0,4 mag	5,2"
12.9.	12h34,4m	-4,16°	13:33	19:15U	0,83	-0,2 mag	5,4"
17.9.	13h00,2m	-7,58°	13:39	19:04U	0,79	-0,1 mag	5,6"
22.9.	13h24,3m	-10,72°	13:44	18:53U	0,74	0,0 mag	5,9"
27.9.	13h46,7m	-13,51°	13:46	18:41U	0,67	0,0 mag	6,3"
2.10.	14h06,4m	-15,86°	13:46	18:28U	0,60	0,1 mag	6,8"
7.10.	14h22,2m	-17,59°	13:41	18:15U	0,49	0,2 mag	7,5"
12.10.	14h31,5m	-18,47°	13:30	17:59U	0,36	0,5 mag	8,3"
17.10.	14h30,7m	-18,08°	13:08	17:41U	0,20	1,2 mag	9,2"
22.10.	14h17,3m	-15,97°	12:34	17:19U	0,05	3,1 mag	9,9"
27.10.	13h55,9m	-12,41°	11:53	6:50A	0,01	4,8 mag	9,9"
1.11.	13h40,4m	-9,28°	11:19	6:01A	0,14	1,6 mag	9,0"
6.11.	13h40,7m	-8,28°	11:01	5:38A	0,38	0,0 mag	7,8"
11.11.	13h55,1m	-9,34°	10:57	5:39A	0,60	-0,6 mag	6,7"
16.11.	14h18,0m	-11,56°	11:01	5:54A	0,76	-0,7 mag	6,0"
21.11.	14h45,4m	-14,21°	11:09	6:15A	0,86	-0,7 mag	5,5"
26.11.	15h15,1m	-16,87°	11:19	6:40A	0,92	-0,7 mag	5,2"
1.12.	15h46,2m	-19,31°	11:30	7:05A	0,95	-0,8 mag	4,9"
6.12.	16h18,3m	-21,41°	11:43	7:31A	0,98	-0,8 mag	4,8"
11.12.	16h51,4m	-23,09°	11:56	7:54A	0,99	-0,9 mag	4,7"
16.12.	17h25,3m	-24,28°	12:11		1,00	-1,1 mag	4,6"
21.12.	18h00,0m	-24,95°	12:26		1,00	-1,2 mag	4,7"
26.12.	18h35,1m	-25,05°	12:41	16:31U	0,99	-1,1 mag	4,7"
31.12.	19h10,6m	-24,54°	12:57	16:51U	0,98	-1,0 mag	4,8"

Venus

Datum	Rektaszen-sion	Deklina-tion	Kulmina-tion	Auf-/Untergang	Phase	Helligkeit	Scheibchen-durchmesser
1.1.	21h09,5m	-18,28°	14:54	19:27U	0,82	-4,0 mag	13,1"
6.1.	21h33,9m	-16,35°	14:58	19:43U	0,81	-4,0 mag	13,4"
11.1.	21h57,6m	-14,24°	15:02	19:58U	0,80	-4,0 mag	13,7"

Datum	Rektaszension	Deklination	Kulmination	Auf-/Untergang	Phase	Helligkeit	Scheibchendurchmesser
16.1.	22h20,7m	-11,98°	15:06	20:13U	0,78	-4,0 mag	14,0"
21.1.	22h43,3m	-9,59°	15:08	20:28U	0,77	-4,1 mag	14,4"
26.1.	23h05,5m	-7,11°	15:11	20:42U	0,75	-4,1 mag	14,8"
31.1.	23h27,2m	-4,55°	15:13	20:57U	0,74	-4,1 mag	15,2"
5.2.	23h48,6m	-1,95°	15:14	21:11U	0,72	-4,1 mag	15,7"
10.2.	0h09,7m	0,67°	15:16	21:25U	0,70	-4,1 mag	16,2"
15.2.	0h30,6m	3,28°	15:17	21:39U	0,69	-4,2 mag	16,8"
20.2.	0h51,3m	5,86°	15:18	21:52U	0,67	-4,2 mag	17,4"
25.2.	1h11,9m	8,39°	15:19	22:05U	0,65	-4,2 mag	18,0"
1.3.	1h32,5m	10,85°	15:20	22:18U	0,63	-4,2 mag	18,8"
6.3.	1h52,9m	13,20°	15:20	22:31U	0,61	-4,3 mag	19,6"
11.3.	2h13,4m	15,44°	15:21	22:44U	0,58	-4,3 mag	20,5"
16.3.	2h33,7m	17,53°	15:22	22:56U	0,56	-4,3 mag	21,5"
21.3.	2h53,8m	19,47°	15:22	23:08U	0,53	-4,3 mag	22,6"
26.3.	3h13,8m	21,23°	15:22	23:19U	0,51	-4,4 mag	23,8"
31.3.	3h33,4m	22,79°	15:22	23:29U	0,48	-4,4 mag	25,2"
5.4.	3h52,4m	24,16°	15:21	23:37U	0,45	-4,4 mag	26,8"
10.4.	4h10,7m	25,31°	15:20	23:43U	0,41	-4,5 mag	28,5"
15.4.	4h27,8m	26,24°	15:17	23:47U	0,38	-4,5 mag	30,5"
20.4.	4h43,5m	26,96°	15:13	23:48U	0,34	-4,5 mag	32,8"
25.4.	4h57,4m	27,46°	15:07	23:45U	0,30	-4,5 mag	35,3"
30.4.	5h08,9m	27,74°	14:58	23:38U	0,26	-4,5 mag	38,2"
5.5.	5h17,3m	27,81°	14:47	23:27U	0,21	-4,5 mag	41,4"
10.5.	5h22,3m	27,65°	14:31	23:09U	0,17	-4,5 mag	44,9"
15.5.	5h23,1m	27,25°	14:12	22:46U	0,12	-4,4 mag	48,5"
20.5.	5h19,5m	26,57°	13:48	22:16U	0,07	-4,3 mag	52,0"
25.5.	5h11,8m	25,60°	13:21	21:41U	0,03	-4,1 mag	55,0"
30.5.	5h00,8m	24,33°	12:50	21:01U	0,01	-3,9 mag	57,1"
4.6.	4h48,0m	22,84°	12:17	4:15A	0,00	-3,7 mag	57,8"
9.6.	4h35,6m	21,27°	11:45	3:53A	0,01	-3,9 mag	57,0"
14.6.	4h25,5m	19,81°	11:16	3:32A	0,04	-4,1 mag	54,8"
19.6.	4h19,0m	18,63°	10:50	3:13A	0,08	-4,3 mag	51,6"
24.6.	4h16,4m	17,81°	10:28	2:56A	0,12	-4,4 mag	48,1"
29.6.	4h17,6m	17,35°	10:10	2:40A	0,17	-4,4 mag	44,5"
4.7.	4h22,4m	17,20°	9:56	2:26A	0,21	-4,5 mag	41,1"
9.7.	4h30,3m	17,32°	9:44	2:13A	0,26	-4,5 mag	37,9"
14.7.	4h40,9m	17,63°	9:35	2:03A	0,30	-4,5 mag	35,0"
19.7.	4h53,7m	18,05°	9:28	1:53A	0,34	-4,5 mag	32,5"
24.7.	5h08,4m	18,53°	9:24	1:46A	0,38	-4,4 mag	30,3"
29.7.	5h24,7m	19,01°	9:20	1:39A	0,41	-4,4 mag	28,3"
3.8.	5h42,4m	19,44°	9:18	1:35A	0,44	-4,4 mag	26,5"
8.8.	6h01,2m	19,79°	9:18	1:32A	0,47	-4,3 mag	25,0"
13.8.	6h21,1m	20,03°	9:18	1:31A	0,50	-4,3 mag	23,6"
18.8.	6h41,9m	20,11°	9:19	1:31A	0,53	-4,3 mag	22,4"
23.8.	7h03,3m	20,02°	9:21	1:34A	0,55	-4,2 mag	21,3"
28.8.	7h25,3m	19,74°	9:23	1:38A	0,58	-4,2 mag	20,3"
2.9.	7h47,7m	19,26°	9:26	1:43A	0,60	-4,2 mag	19,4"
7.9.	8h10,4m	18,58°	9:29	1:50A	0,62	-4,2 mag	18,5"

Datum	Rektaszension	Deklination	Kulmination	Auf-/Untergang	Phase	Helligkeit	Scheibchendurchmesser
12.9.	8h33,2m	17,68°	9:32	1:58A	0,64	-4,2 mag	17,8"
17.9.	8h56,2m	16,58°	9:35	2:08A	0,66	-4,1 mag	17,1"
22.9.	9h19,1m	15,28°	9:38	2:18A	0,68	-4,1 mag	16,5"
27.9.	9h42,0m	13,80°	9:41	2:29A	0,70	-4,1 mag	16,0"
2.10.	10h04,8m	12,14°	9:44	2:41A	0,72	-4,1 mag	15,5"
7.10.	10h27,5m	10,32°	9:47	2:54A	0,74	-4,1 mag	15,0"
12.10.	10h50,0m	8,37°	9:50	3:07A	0,75	-4,1 mag	14,6"
17.10.	11h12,6m	6,29°	9:53	3:20A	0,77	-4,0 mag	14,2"
22.10.	11h35,0m	4,13°	9:56	3:33A	0,78	-4,0 mag	13,8"
27.10.	11h57,4m	1,89°	9:59	3:46A	0,80	-4,0 mag	13,4"
1.11.	12h19,9m	-0,40°	10:01	4:00A	0,81	-4,0 mag	13,1"
6.11.	12h42,4m	-2,72°	10:04	4:14A	0,83	-4,0 mag	12,8"
11.11.	13h05,2m	-5,03°	10:07	4:28A	0,84	-4,0 mag	12,6"
16.11.	13h28,1m	-7,32°	10:10	4:42A	0,85	-4,0 mag	12,3"
21.11.	13h51,4m	-9,56°	10:14	4:57A	0,86	-4,0 mag	12,1"
26.11.	14h15,0m	-11,71°	10:18	5:12A	0,88	-4,0 mag	11,9"
1.12.	14h39,0m	-13,76°	10:22	5:27A	0,89	-4,0 mag	11,7"
6.12.	15h03,4m	-15,68°	10:27	5:42A	0,90	-4,0 mag	11,5"
11.12.	15h28,4m	-17,43°	10:32	5:57A	0,91	-4,0 mag	11,3"
16.12.	15h53,8m	-18,99°	10:38	6:11A	0,92	-4,0 mag	11,1"
21.12.	16h19,8m	-20,34°	10:44	6:25A	0,92	-3,9 mag	11,0"
26.12.	16h46,1m	-21,44°	10:51	6:38A	0,93	-3,9 mag	10,9"
31.12.	17h12,9m	-22,29°	10:58	6:51A	0,94	-3,9 mag	10,7"

Mars

Datum	Rektaszension	Deklination	Kulmination	Auf-/Untergang	Phase	Helligkeit	Scheibchendurchmesser
1.1.	15h44,8m	-19,44°	9:28	5:04A	0,96	1,6 mag	4,3"
6.1.	15h58,7m	-20,20°	9:22	5:03A	0,95	1,5 mag	4,4"
11.1.	16h12,8m	-20,89°	9:17	5:01A	0,95	1,5 mag	4,4"
16.1.	16h27,1m	-21,52°	9:11	4:59A	0,95	1,5 mag	4,5"
21.1.	16h41,5m	-22,07°	9:06	4:57A	0,94	1,4 mag	4,6"
26.1.	16h56,1m	-22,54°	9:01	4:55A	0,94	1,4 mag	4,7"
31.1.	17h10,8m	-22,93°	8:56	4:53A	0,93	1,4 mag	4,8"
5.2.	17h25,6m	-23,24°	8:51	4:50A	0,93	1,3 mag	4,9"
10.2.	17h40,5m	-23,47°	8:46	4:46A	0,93	1,3 mag	5,0"
15.2.	17h55,4m	-23,61°	8:41	4:42A	0,92	1,3 mag	5,1"
20.2.	18h10,5m	-23,67°	8:37	4:38A	0,92	1,2 mag	5,2"
25.2.	18h25,5m	-23,64°	8:32	4:33A	0,91	1,2 mag	5,3"
1.3.	18h40,6m	-23,52°	8:27	4:28A	0,91	1,1 mag	5,5"
6.3.	18h55,6m	-23,32°	8:23	4:22A	0,91	1,1 mag	5,6"
11.3.	19h10,6m	-23,03°	8:18	4:15A	0,90	1,0 mag	5,7"
16.3.	19h25,6m	-22,65°	8:13	4:08A	0,90	1,0 mag	5,9"
21.3.	19h40,5m	-22,20°	8:08	4:01A	0,89	0,9 mag	6,0"
26.3.	19h55,3m	-21,67°	8:04	3:52A	0,89	0,9 mag	6,2"
31.3.	20h10,0m	-21,06°	7:59	3:44A	0,89	0,8 mag	6,4"

Datum	Rektaszension	Deklination	Kulmination	Auf-/Untergang	Phase	Helligkeit	Scheibchendurchmesser
5.4.	20h24,6m	-20,38°	7:53	3:35A	0,88	0,7 mag	6,6"
10.4.	20h39,0m	-19,63°	7:48	3:25A	0,88	0,7 mag	6,7"
15.4.	20h53,3m	-18,81°	7:43	3:15A	0,87	0,6 mag	6,9"
20.4.	21h07,5m	-17,94°	7:37	3:04A	0,87	0,6 mag	7,1"
25.4.	21h21,5m	-17,01°	7:31	2:53A	0,87	0,5 mag	7,4"
30.4.	21h35,3m	-16,04°	7:26	2:42A	0,86	0,4 mag	7,6"
5.5.	21h49,0m	-15,02°	7:20	2:30A	0,86	0,4 mag	7,8"
10.5.	22h02,5m	-13,96°	7:13	2:18A	0,86	0,3 mag	8,1"
15.5.	22h15,8m	-12,87°	7:07	2:06A	0,85	0,2 mag	8,3"
20.5.	22h29,0m	-11,75°	7:00	1:54A	0,85	0,2 mag	8,6"
25.5.	22h42,0m	-10,61°	6:54	1:42A	0,85	0,1 mag	8,9"
30.5.	22h54,7m	-9,46°	6:47	1:29A	0,85	0,0 mag	9,2"
4.6.	23h07,3m	-8,30°	6:39	1:16A	0,85	-0,1 mag	9,5"
9.6.	23h19,7m	-7,14°	6:32	1:03A	0,85	-0,1 mag	9,8"
14.6.	23h31,8m	-5,99°	6:25	0:50A	0,84	-0,2 mag	10,1"
19.6.	23h43,8m	-4,84°	6:17	0:37A	0,84	-0,3 mag	10,5"
24.6.	23h55,5m	-3,72°	6:09	0:23A	0,84	-0,4 mag	10,9"
29.6.	0h06,9m	-2,62°	6:00	0:10A	0,84	-0,5 mag	11,3"
4.7.	0h18,0m	-1,55°	5:52	23:54A	0,85	-0,6 mag	11,7"
9.7.	0h28,8m	-0,51°	5:43	23:40A	0,85	-0,6 mag	12,1"
14.7.	0h39,3m	0,48°	5:34	23:26A	0,85	-0,7 mag	12,6"
19.7.	0h49,3m	1,42°	5:24	23:12A	0,85	-0,8 mag	13,1"
24.7.	0h58,8m	2,30°	5:14	22:57A	0,86	-0,9 mag	13,7"
29.7.	1h07,9m	3,12°	5:03	22:42A	0,86	-1,0 mag	14,2"
3.8.	1h16,3m	3,87°	4:52	22:27A	0,87	-1,1 mag	14,8"
8.8.	1h24,1m	4,55°	4:40	22:12A	0,87	-1,2 mag	15,5"
13.8.	1h31,0m	5,15°	4:27	21:57A	0,88	-1,3 mag	16,1"
18.8.	1h37,1m	5,67°	4:14	21:41A	0,89	-1,5 mag	16,8"
23.8.	1h42,2m	6,09°	3:59	21:24A	0,90	-1,6 mag	17,5"
28.8.	1h46,2m	6,43°	3:43	21:06A	0,91	-1,7 mag	18,3"
2.9.	1h49,0m	6,67°	3:26	20:48A	0,92	-1,8 mag	19,0"
7.9.	1h50,4m	6,81°	3:08	20:29A	0,93	-2,0 mag	19,8"
12.9.	1h50,5m	6,86°	2:48	20:09A	0,95	-2,1 mag	20,5"
17.9.	1h49,2m	6,80°	2:27	19:48A	0,96	-2,2 mag	21,2"
22.9.	1h46,4m	6,66°	2:05	19:26A	0,97	-2,3 mag	21,7"
27.9.	1h42,3m	6,45°	1:41	19:03A	0,98	-2,4 mag	22,2"
2.10.	1h37,2m	6,18°	1:16	18:40A	0,99	-2,5 mag	22,5"
7.10.	1h31,3m	5,87°	0:51	18:15A	1,00	-2,6 mag	22,6"
12.10.	1h25,0m	5,56°	0:25	17:51A	1,00	-2,6 mag	22,4"
17.10.	1h18,6m	5,27°	23:54	6:26U	1,00	-2,6 mag	22,1"
22.10.	1h12,6m	5,04°	23:28	6:00U	1,00	-2,4 mag	21,6"
27.10.	1h07,3m	4,88°	23:04	5:34U	0,99	-2,3 mag	20,9"
1.11.	1h03,0m	4,82°	22:40	5:10U	0,98	-2,1 mag	20,1"
6.11.	0h59,9m	4,86°	22:17	4:47U	0,97	-2,0 mag	19,2"
11.11.	0h58,0m	5,01°	21:56	4:26U	0,96	-1,8 mag	18,2"
16.11.	0h57,4m	5,28°	21:36	4:08U	0,95	-1,6 mag	17,3"
21.11.	0h58,1m	5,64°	21:17	3:51U	0,94	-1,5 mag	16,4"
26.11.	1h00,0m	6,10°	21:00	3:35U	0,93	-1,3 mag	15,5"

228

Datum	Rektaszen-sion	Deklina-tion	Kulmina-tion	Auf-/Untergang	Phase	Helligkeit	Scheibchen-durchmesser
1.12.	1h02,9m	6,65°	20:43	3:21U	0,92	-1,1 mag	14,6"
6.12.	1h06,9m	7,27°	20:27	3:08U	0,92	-1,0 mag	13,8"
11.12.	1h11,7m	7,95°	20:13	2:57U	0,91	-0,8 mag	13,0"
16.12.	1h17,4m	8,69°	19:59	2:46U	0,90	-0,7 mag	12,3"
21.12.	1h23,8m	9,48°	19:46	2:37U	0,90	-0,5 mag	11,7"
26.12.	1h30,9m	10,31°	19:33	2:29U	0,89	-0,4 mag	11,1"
31.12.	1h38,6m	11,16°	19:21	2:21U	0,89	-0,3 mag	10,5"

Jupiter

Datum	Rektaszen-sion	Deklina-tion	Kulmina-tion	Auf-/Untergang	Helligkeit	Scheibchen-durchmesser
1.1.	18h29,0m	-23,18°	12:11	8:10A	-1,8 mag	31,7"
6.1.	18h34,0m	-23,13°	11:57	7:55A	-1,8 mag	31,8"
11.1.	18h39,0m	-23,06°	11:42	7:40A	-1,8 mag	31,8"
16.1.	18h43,9m	-22,99°	11:27	7:25A	-1,8 mag	31,9"
21.1.	18h48,8m	-22,90°	11:12	7:09A	-1,9 mag	32,1"
26.1.	18h53,6m	-22,81°	10:57	6:54A	-1,9 mag	32,2"
31.1.	18h58,4m	-22,72°	10:42	6:38A	-1,9 mag	32,4"
5.2.	19h03,1m	-22,61°	10:27	6:22A	-1,9 mag	32,6"
10.2.	19h07,6m	-22,50°	10:12	6:07A	-1,9 mag	32,9"
15.2.	19h12,1m	-22,39°	9:57	5:51A	-1,9 mag	33,2"
20.2.	19h16,4m	-22,27°	9:42	5:35A	-1,9 mag	33,5"
25.2.	19h20,6m	-22,14°	9:26	5:19A	-1,9 mag	33,8"
1.3.	19h24,6m	-22,02°	9:11	5:02A	-2,0 mag	34,2"
6.3.	19h28,4m	-21,90°	8:55	4:45A	-2,0 mag	34,5"
11.3.	19h32,1m	-21,77°	8:39	4:28A	-2,0 mag	35,0"
16.3.	19h35,6m	-21,65°	8:22	4:11A	-2,0 mag	35,4"
21.3.	19h38,9m	-21,54°	8:06	3:55A	-2,1 mag	35,9"
26.3.	19h41,9m	-21,43°	7:49	3:37A	-2,1 mag	36,4"
31.3.	19h44,7m	-21,32°	7:33	3:20A	-2,1 mag	36,9"
5.4.	19h47,3m	-21,22°	7:15	3:02A	-2,2 mag	37,5"
10.4.	19h49,6m	-21,14°	6:58	2:44A	-2,2 mag	38,0"
15.4.	19h51,6m	-21,06°	6:40	2:26A	-2,2 mag	38,6"
20.4.	19h53,3m	-20,99°	6:22	2:08A	-2,3 mag	39,2"
25.4.	19h54,8m	-20,94°	6:04	1:49A	-2,3 mag	39,9"
30.4.	19h55,9m	-20,90°	5:46	1:31A	-2,3 mag	40,5"
5.5.	19h56,7m	20,88°	5.27	1:11A	-2,4 mag	41,2"
10.5.	19h57,2m	-20,87°	5:08	0:52A	-2,4 mag	41,8"
15.5.	19h57,3m	-20,87°	4:48	0:32A	-2,4 mag	42,5"
20.5.	19h57,2m	-20,89°	4:28	0:13A	-2,5 mag	43,1"
25.5.	19h56,6m	-20,93°	4:08	23:49A	-2,5 mag	43,8"
30.5.	19h55,8m	-20,98°	3:47	23:29A	-2,6 mag	44,4"
4.6.	19h54,7m	-21,05°	3:27	23:08A	-2,6 mag	45,0"
9.6.	19h53,2m	-21,13°	3:06	22:47A	-2,6 mag	45,5"
14.6.	19h51,5m	-21,22°	2:44	22:26A	-2,6 mag	46,0"
19.6.	19h49,5m	-21,32°	2:23	22:06A	-2,7 mag	46,4"

Datum	Rektaszen -sion	Deklina- tion	Kulmina- tion	Auf- /Untergang	Helligkeit	Scheibchen- durchmesser
24.6.	19h47,3m	-21,43°	2:01	21:45A	-2,7 mag	46,8"
29.6.	19h44,9m	-21,55°	1:39	21:23A	-2,7 mag	47,1"
4.7.	19h42,3m	-21,66°	1:16	21:02A	-2,7 mag	47,4"
9.7.	19h39,7m	-21,78°	0:54	20:40A	-2,7 mag	47,5"
14.7.	19h36,9m	-21,90°	0:32		-2,8 mag	47,6"
19.7.	19h34,2m	-22,02°	0:09	4:17U	-2,7 mag	47,6"
24.7.	19h31,5m	-22,13°	23:43	3:55U	-2,7 mag	47,5"
29.7.	19h28,9m	-22,23°	23:20	3:32U	-2,7 mag	47,3"
3.8.	19h26,4m	-22,32°	22:58	3:09U	-2,7 mag	47,0"
8.8.	19h24,1m	-22,41°	22:36	2:46U	-2,7 mag	46,7"
13.8.	19h22,1m	-22,49°	22:15	2:24U	-2,7 mag	46,3"
18.8.	19h20,2m	-22,55°	21:53	2:02U	-2,6 mag	45,8"
23.8.	19h18,7m	-22,61°	21:32	1:41U	-2,6 mag	45,3"
28.8.	19h17,5m	-22,65°	21:11	1:20U	-2,6 mag	44,8"
2.9.	19h16,5m	-22,69°	20:51	0:59U	-2,6 mag	44,2"
7.9.	19h15,9m	-22,71°	20:31	0:38U	-2,5 mag	43,6"
12.9.	19h15,7m	-22,72°	20:11	0:18U	-2,5 mag	42,9"
17.9.	19h15,8m	-22,72°	19:51	23:55U	-2,5 mag	42,3"
22.9.	19h16,3m	-22,71°	19:32	23:36U	-2,4 mag	41,6"
27.9.	19h17,0m	-22,69°	19:13	23:18U	-2,4 mag	41,0"
2.10.	19h18,2m	-22,66°	18:55	22:59U	-2,4 mag	40,4"
7.10.	19h19,6m	-22,62°	18:37	22:41U	-2,3 mag	39,8"
12.10.	19h21,4m	-22,56°	18:19	22:24U	-2,3 mag	39,1"
17.10.	19h23,4m	-22,50°	18:01	22:07U	-2,3 mag	38,6"
22.10.	19h25,8m	-22,42°	17:44	21:50U	-2,2 mag	38,0"
27.10.	19h28,4m	-22,33°	17:27	21:34U	-2,2 mag	37,4"
1.11.	19h31,3m	-22,23°	17:10	21:18U	-2,2 mag	36,9"
6.11.	19h34,4m	-22,12°	16:54	21:02U	-2,1 mag	36,4"
11.11.	19h37,7m	-22,00°	16:37	20:46U	-2,1 mag	36,0"
16.11.	19h41,2m	-21,86°	16:21	20:31U	-2,1 mag	35,5"
21.11.	19h45,0m	-21,71°	16:05	20:16U	-2,1 mag	35,1"
26.11.	19h48,9m	-21,55°	15:49	20:01U	-2,0 mag	34,7"
1.12.	19h52,9m	-21,38°	15:34	19:47U	-2,0 mag	34,4"
6.12.	19h57,1m	-21,19°	15:18	19:32U	-2,0 mag	34,1"
11.12.	20h01,5m	-20,99°	15:03	19:18U	-2,0 mag	33,8"
16.12.	20h05,9m	-20,78°	14:48	19:04U	-2,0 mag	33,5"
21.12.	20h10,4m	-20,55°	14:33	18:50U	-2,0 mag	33,3"
26.12.	20h15,1m	-20,31°	14:18	18:37U	-2,0 mag	33,1"
31.12.	20h19,8m	-20,07°	14:03	18:23U	-2,0 mag	32,9"

Saturn

Datum	Rektaszen- sion	Deklina- tion	Kulmina- tion	Auf- /Untergang	Helligkeit	Scheibchen- durchmesser	Ring- öffnung
1.1.	19h32,4m	-21,68°	13:14	17:25U	0,5 mag	15,2"	23,6°
6.1.	19h34,9m	-21,60°	12:57	17:08U	0,5 mag	15,1"	23,4°
11.1.	19h37,5m	-21,51°	12:40	16:52U	0,5 mag	15,1"	23,3°

Datum	Rektaszen-sion	Deklina-tion	Kulmina-tion	Auf-/Untergang	Helligkeit	Scheibchen-durchmesser	Ring-öffnung
16.1.	19h40,0m	-21,42°	12:23	8:10A	0,5 mag	15,1"	23,1°
21.1.	19h42,5m	-21,32°	12:06	7:53A	0,5 mag	15,1"	22,9°
26.1.	19h45,0m	-21,22°	11:48	7:35A	0,6 mag	15,2"	22,8°
31.1.	19h47,4m	-21,13°	11:31	7:17A	0,6 mag	15,2"	22,6°
5.2.	19h49,9m	-21,03°	11:14	6:59A	0,6 mag	15,2"	22,4°
10.2.	19h52,2m	-20,93°	10:57	6:41A	0,6 mag	15,3"	22,3°
15.2.	19h54,5m	-20,83°	10:39	6:23A	0,6 mag	15,3"	22,1°
20.2.	19h56,8m	-20,74°	10:22	6:05A	0,6 mag	15,4"	22,0°
25.2.	19h59,0m	-20,64°	10:04	5:48A	0,7 mag	15,5"	21,8°
1.3.	20h01,1m	-20,55°	9:47	5:30A	0,7 mag	15,5"	21,7°
6.3.	20h03,1m	-20,46°	9:29	5:11A	0,7 mag	15,6"	21,5°
11.3.	20h04,9m	-20,37°	9:11	4:53A	0,7 mag	15,7"	21,4°
16.3.	20h06,7m	-20,29°	8:53	4:34A	0,7 mag	15,8"	21,2°
21.3.	20h08,4m	-20,21°	8:35	4:16A	0,7 mag	15,9"	21,1°
26.3.	20h09,9m	-20,14°	8:17	3:57A	0,7 mag	16,0"	21,0°
31.3.	20h11,3m	-20,08°	7:59	3:39A	0,7 mag	16,2"	20,9°
5.4.	20h12,6m	-20,02°	7:41	3:20A	0,7 mag	16,3"	20,8°
10.4.	20h13,7m	-19,97°	7:22	3:01A	0,6 mag	16,4"	20,7°
15.4.	20h14,6m	-19,92°	7:03	2:42A	0,6 mag	16,5"	20,7°
20.4.	20h15,4m	-19,89°	6:44	2:23A	0,6 mag	16,7"	20,6°
25.4.	20h16,1m	-19,86°	6:25	2:04A	0,6 mag	16,8"	20,6°
30.4.	20h16,5m	-19,85°	6:06	1:45A	0,6 mag	17,0"	20,5°
5.5.	20h16,8m	-19,84°	5:47	1:25A	0,6 mag	17,1"	20,5°
10.5.	20h17,0m	-19,84°	5:27	1:06A	0,5 mag	17,2"	20,5°
15.5.	20h16,9m	-19,85°	5:08	0:46A	0,5 mag	17,4"	20,5°
20.5.	20h16,7m	-19,87°	4:48	0:26A	0,5 mag	17,5"	20,6°
25.5.	20h16,4m	-19,89°	4:28	0:06A	0,5 mag	17,7"	20,6°
30.5.	20h15,8m	-19,93°	4:07	23:43A	0,4 mag	17,8"	20,6°
4.6.	20h15,1m	-19,98°	3:47	23:23A	0,4 mag	17,9"	20,7°
9.6.	20h14,3m	-20,03°	3:27	23:02A	0,4 mag	18,0"	20,8°
14.6.	20h13,3m	-20,09°	3:06	22:42A	0,3 mag	18,1"	20,9°
19.6.	20h12,3m	-20,15°	2:45	22:21A	0,3 mag	18,2"	21,0°
24.6.	20h11,0m	-20,22°	2:24	22:01A	0,3 mag	18,3"	21,1°
29.6.	20h09,7m	-20,30°	2:03	21:41A	0,2 mag	18,4"	21,2°
4.7.	20h08,4m	-20,38°	1:42	21:20A	0,2 mag	18,4"	21,3°
9.7.	20h06,9m	-20,46°	1:21	20:59A	0,2 mag	18,5"	21,4°
14.7.	20h05,4m	-20,54°	1:00	20:38A	0,1 mag	18,5"	21,5°
19.7.	20h03,9m	-20,63°	0:39		0,1 mag	18,5"	21,7°
24.7.	20h02,3m	-20,71°	0:18	4:34U	0,1 mag	18,5"	21,8°
29.7.	20h00,8m	-20,79°	23:52	4:12U	0,1 mag	18,5"	21,9°
3.8.	19h59,3m	-20,87°	23:31	3:51U	0,2 mag	18,5"	22,0°
8.8.	19h57,8m	-20,94°	23:10	3:29U	0,2 mag	18,4"	22,1°
13.8.	19h56,5m	-21,01°	22:49	3:08U	0,2 mag	18,4"	22,2°
18.8.	19h55,2m	-21,08°	22:28	2:46U	0,2 mag	18,3"	22,3°
23.8.	19h54,0m	-21,14°	22:07	2:25U	0,3 mag	18,2"	22,4°
28.8.	19h52,9m	-21,19°	21:47	2:04U	0,3 mag	18,1"	22,5°
2.9.	19h51,9m	-21,24°	21:26	1:43U	0,3 mag	18,0"	22,6°
7.9.	19h51,1m	-21,28°	21:06	1:23U	0,3 mag	17,9"	22,7°

Datum	Rektaszension	Deklination	Kulmination	Auf-/Untergang	Helligkeit	Scheibchendurchmesser	Ringöffnung
12.9.	19h50,4m	-21,32°	20:45	1:02U	0,4 mag	17,8"	22,7°
17.9.	19h49,9m	-21,34°	20:25	0:42U	0,4 mag	17,6"	22,8°
22.9.	19h49,6m	-21,36°	20:05	0:21U	0,4 mag	17,5"	22,8°
27.9.	19h49,4m	-21,37°	19:45	0:02U	0,5 mag	17,4"	22,8°
2.10.	19h49,5m	-21,38°	19:26	23:38U	0,5 mag	17,2"	22,8°
7.10.	19h49,6m	-21,37°	19:06	23:19U	0,5 mag	17,1"	22,8°
12.10.	19h50,0m	-21,36°	18:47	23:00U	0,5 mag	16,9"	22,8°
17.10.	19h50,5m	-21,34°	18:28	22:40U	0,5 mag	16,8"	22,7°
22.10.	19h51,3m	-21,31°	18:09	22:22U	0,6 mag	16,7"	22,7°
27.10.	19h52,1m	-21,28°	17:50	22:03U	0,6 mag	16,5"	22,6°
1.11.	19h53,2m	-21,24°	17:32	21:45U	0,6 mag	16,4"	22,6°
6.11.	19h54,3m	-21,19°	17:13	21:27U	0,6 mag	16,3"	22,5°
11.11.	19h55,7m	-21,13°	16:55	21:09U	0,6 mag	16,1"	22,4°
16.11.	19h57,2m	-21,07°	16:37	20:51U	0,6 mag	16,0"	22,3°
21.11.	19h58,8m	-21,00°	16:19	20:33U	0,6 mag	15,9"	22,2°
26.11.	20h00,5m	-20,92°	16:01	20:16U	0,6 mag	15,8"	22,0°
1.12.	20h02,4m	-20,83°	15:43	19:59U	0,6 mag	15,7"	21,9°
6.12.	20h04,3m	-20,74°	15:25	19:42U	0,6 mag	15,6"	21,8°
11.12.	20h06,4m	-20,64°	15:08	19:25U	0,6 mag	15,5"	21,6°
16.12.	20h08,5m	-20,54°	14:50	19:08U	0,6 mag	15,5"	21,4°
21.12.	20h10,7m	-20,43°	14:33	18:51U	0,6 mag	15,4"	21,3°
26.12.	20h13,0m	-20,32°	14:15	18:34U	0,6 mag	15,4"	21,1°
31.12.	20h15,3m	-20,20°	13:58	18:17U	0,6 mag	15,3"	20,9°

Uranus

Datum	Rektaszension	Deklination	Kulmination	Auf-/Untergang	Helligkeit	Scheibchendurchmesser
1.1.	2h02,7m	11,94°	19:43	2:48U	5,7 mag	3,6"
11.1.	2h02,5m	11,93°	19:04	2:08U	5,8 mag	3,6"
21.1.	2h02,6m	11,95°	18:24	1:30U	5,8 mag	3,6"
31.1.	2h03,1m	12,00°	17:46	0:51U	5,8 mag	3,5"
10.2.	2h03,9m	12,08°	17:07	0:13U	5,8 mag	3,5"
20.2.	2h05,1m	12,18°	16:29	23:32U	5,8 mag	3,5"
1.3.	2h06,4m	12,31°	15:51	22:54U	5,8 mag	3,4"
11.3.	2h08,1m	12,46°	15:13	22:17U	5,9 mag	3,4"
21.3.	2h09,9m	12,62°	14:36	21:41U	5,9 mag	3,4"
31.3.	2h11,9m	12,80°	13:59	21:04U	5,9 mag	3,4"
10.4.	2h14,0m	12,98°	13:21	20:28U	5,9 mag	3,4"
20.4.	2h16,2m	13,17°	12:44	19:52U	5,9 mag	3,4"
30.4.	2h18,5m	13,36°	12:07	4:59A	5,9 mag	3,4"
10.5.	2h20,7m	13,55°	11:30	4:20A	5,9 mag	3,4"
20.5.	2h22,8m	13,73°	10:53	3:43A	5,9 mag	3,4"
30.5.	2h24,9m	13,90°	10:16	3:04A	5,9 mag	3,4"
9.6.	2h26,8m	14,05°	9:38	2:26A	5,9 mag	3,4"
19.6.	2h28,6m	14,20°	9:01	1:48A	5,8 mag	3,4"
29.6.	2h30,1m	14,32°	8:23	1:09A	5,8 mag	3,5"

Datum	Rektaszen-sion	Deklina-tion	Kulmina-tion	Auf-/Untergang	Helligkeit	Scheibchen-durchmesser
9.7.	2h31,4m	14,42°	7:45	0:30A	5,8 mag	3,5"
19.7.	2h32,5m	14,50°	7:06	23:48A	5,8 mag	3,5"
29.7.	2h33,2m	14,55°	6:28	23:09A	5,8 mag	3,5"
8.8.	2h33,6m	14,58°	5:49	22:30A	5,8 mag	3,6"
18.8.	2h33,7m	14,59°	5:10	21:51A	5,7 mag	3,6"
28.8.	2h33,4m	14,57°	4:30	21:12A	5,7 mag	3,6"
7.9.	2h32,9m	14,52°	3:50	20:32A	5,7 mag	3,7"
17.9.	2h32,1m	14,45°	3:10	19:52A	5,7 mag	3,7"
27.9.	2h31,0m	14,36°	2:30	19:12A	5,7 mag	3,7"
7.10.	2h29,6m	14,26°	1:49	18:32A	5,7 mag	3,7"
17.10.	2h28,2m	14,14°	1:08	17:52A	5,7 mag	3,7"
27.10.	2h26,6m	14,01°	0:27	17:12A	5,7 mag	3,7"
6.11.	2h25,0m	13,88°	23:42	6:58U	5,7 mag	3,7"
16.11.	2h23,4m	13,75°	23:02	6:16U	5,7 mag	3,7"
26.11.	2h21,9m	13,63°	22:21	5:35U	5,7 mag	3,7"
6.12.	2h20,7m	13,53°	21:40	4:53U	5,7 mag	3,7"
16.12.	2h19,6m	13,44°	21:00	4:12U	5,7 mag	3,7"
26.12.	2h18,8m	13,38°	20:20	3:33U	5,7 mag	3,6"
31.12.	2h18,5m	13,36°	20:00	3:12U	5,7 mag	3,6"

Neptun

Datum	Rektaszen-sion	Deklina-tion	Kulmina-tion	Auf-/Untergang	Helligkeit	Scheibchen-durchmesser
1.1.	23h11,0m	-6,36°	16:52	22:24U	7,9 mag	2,2"
11.1.	23h11,8m	-6,28°	16:14	21:46U	7,9 mag	2,2"
21.1.	23h12,8m	-6,17°	15:35	21:08U	7,9 mag	2,2"
31.1.	23h13,9m	-6,05°	14:57	20:30U	7,9 mag	2,2"
10.2.	23h15,2m	-5,92°	14:19	19:53U	8,0 mag	2,2"
20.2.	23h16,5m	-5,78°	13:41	19:16U	8,0 mag	2,2"
1.3.	23h17,9m	-5,64°	13:03	18:38U	8,0 mag	2,2"
11.3.	23h19,3m	-5,49°	12:25		8,0 mag	2,2"
21.3.	23h20,7m	-5,34°	11:47	6:10A	8,0 mag	2,2"
31.3.	23h22,0m	-5,20°	11:09	5:32A	8,0 mag	2,2"
10.4.	23h23,3m	-5,07°	10:31	4:53A	8,0 mag	2,2"
20.4.	23h24,5m	-4,95°	9:53	4:14A	7,9 mag	2,2"
30.4.	23h25,6m	-4,84°	9:15	3:35A	7,9 mag	2,2"
10.5.	23h26,5m	-4,74°	8:36	2:56A	7,9 mag	2,2"
20.5.	23h27,3m	-4,67°	7:58	2:17A	7,9 mag	2,2"
30.5.	23h27,9m	-4,62°	7:19	1:39A	7,9 mag	2,2"
9.6.	23h28,3m	-4,58°	6:40	0:59A	7,9 mag	2,2"
19.6.	23h28,5m	-4,57°	6:01	0:20A	7,9 mag	2,3"
29.6.	23h28,5m	-4,58°	5:22	23:37A	7,9 mag	2,3"
9.7.	23h28,3m	-4,61°	4:42	22:58A	7,9 mag	2,3"
19.7.	23h27,9m	-4,66°	4:02	22:18A	7,8 mag	2,3"
29.7.	23h27,3m	-4,72°	3:22	21:39A	7,8 mag	2,3"
8.8.	23h26,6m	-4,80°	2:42	20:59A	7,8 mag	2,3"

Datum	Rektaszen-sion	Deklina-tion	Kulmina-tion	Auf-/Untergang	Helligkeit	Scheibchen-durchmesser
18.8.	23h25,7m	-4,90°	2:02	20:19A	7,8 mag	2,3"
28.8.	23h24,8m	-5,00°	1:22	19:40A	7,8 mag	2,3"
7.9.	23h23,8m	-5,11°	0:42	19:00A	7,8 mag	2,3"
17.9.	23h22,8m	-5,22°	23:57	5:39U	7,8 mag	2,3"
27.9.	23h21,8m	-5,33°	23:17	4:58U	7,8 mag	2,3"
7.10.	23h20,9m	-5,42°	22:37	4:17U	7,8 mag	2,3"
17.10.	23h20,0m	-5,51°	21:57	3:37U	7,8 mag	2,3"
27.10.	23h19,3m	-5,59°	21:17	2:57U	7,8 mag	2,3"
6.11.	23h18,7m	-5,64°	20:37	2:16U	7,8 mag	2,3"
16.11.	23h18,4m	-5,68°	19:57	1:37U	7,9 mag	2,3"
26.11.	23h18,2m	-5,69°	19:18	0:57U	7,9 mag	2,3"
6.12.	23h18,2m	-5,68°	18:38	0:18U	7,9 mag	2,2"
16.12.	23h18,5m	-5,65°	17:59	23:35U	7,9 mag	2,2"
26.12.	23h18,9m	-5,60°	17:21	22:56U	7,9 mag	2,2"
31.12.	23h19,2m	-5,56°	17:01	22:37U	7,9 mag	2,2"

Pluto

Datum	Rektaszen-sion	Deklinat-ion	Kulmina-tion	Auf-/Untergang	Helligkeit
1.1.	19h37,1m	-22,22°	13:19	17:26U	14,4 mag
11.1.	19h38,6m	-22,18°	12:41	16:48U	14,4 mag
21.1.	19h40,0m	-22,14°	12:03	7:55A	14,4 mag
31.1.	19h41,4m	-22,10°	11:25	7:17A	14,4 mag
10.2.	19h42,8m	-22,06°	10:47	6:39A	14,4 mag
20.2.	19h44,0m	-22,03°	10:09	6:01A	14,4 mag
1.3.	19h45,2m	-22,00°	9:31	5:22A	14,4 mag
11.3.	19h46,2m	-21,97°	8:52	4:44A	14,3 mag
21.3.	19h47,0m	-21,96°	8:14	4:05A	14,3 mag
31.3.	19h47,7m	-21,95°	7:35	3:27A	14,3 mag
10.4.	19h48,1m	-21,95°	6:56	2:47A	14,3 mag
20.4.	19h48,3m	-21,96°	6:17	2:08A	14,3 mag
30.4.	19h48,4m	-21,98°	5:38	1:30A	14,3 mag
10.5.	19h48,2m	-22,01°	4:59	0:50A	14,3 mag
20.5.	19h47,8m	-22,04°	4:19	0:10A	14,3 mag
30.5.	19h47,3m	-22,08°	3:39	23:27A	14,3 mag
9.6.	19h46,6m	-22,13°	2:59	22:47A	14,3 mag
19.6.	19h45,8m	-22,18°	2:19	22:07A	14,3 mag
29.6.	19h44,9m	-22,24°	1:39	21:28A	14,3 mag
9.7.	19h43,9m	-22,30°	0:58	20:48A	14,3 mag
19.7.	19h42,9m	-22,36°	0:18	4:24U	14,3 mag
29.7.	19h41,8m	-22,41°	23:34	3:44U	14,3 mag
8.8.	19h40,9m	-22,46°	22:53	3:03U	14,3 mag
18.8.	19h40,0m	-22,51°	22:13	2:22U	14,3 mag
28.8.	19h39,3m	-22,55°	21:33	1:42U	14,3 mag
7.9.	19h38,6m	-22,59°	20:53	1:02U	14,3 mag
17.9.	19h38,2m	-22,62°	20:13	0:22U	14,3 mag

Datum	Rektaszension	Deklination	Kulmination	Auf-/Untergang	Helligkeit
27.9.	19h38,0m	-22,64°	19:34	23:39U	14,3 mag
7.10.	19h37,9m	-22,65°	18:55	22:59U	14,3 mag
17.10.	19h38,1m	-22,65°	18:15	22:20U	14,3 mag
27.10.	19h38,5m	-22,65°	17:37	21:41U	14,3 mag
6.11.	19h39,0m	-22,64°	16:58	21:02U	14,4 mag
16.11.	19h39,8m	-22,62°	16:19	20:24U	14,4 mag
26.11.	19h40,7m	-22,59°	15:41	19:46U	14,4 mag
6.12.	19h41,8m	-22,56°	15:03	19:08U	14,4 mag
16.12.	19h43,1m	-22,52°	14:25	18:30U	14,4 mag
26.12.	19h44,4m	-22,48°	13:47	17:52U	14,4 mag
31.12.	19h45,1m	-22,45°	13:28	17:34U	14,4 mag

Ceres

Datum	Rektaszension	Deklination	Kulmination	Auf-/Untergang	Helligkeit
1.1.	19h19,9m	-26,21°	13:02	16:42U	8,9 mag
6.1.	19h28,7m	-26,03°	12:51		8,9 mag
11.1.	19h37,6m	-25,83°	12:40		8,8 mag
16.1.	19h46,4m	-25,60°	12:29		8,8 mag
21.1.	19h55,1m	-25,34°	12:18		8,9 mag
26.1.	20h03,8m	-25,06°	12:07		8,9 mag
31.1.	20h12,5m	-24,76°	11:56		9,0 mag
5.2.	20h21,0m	-24,44°	11:45		9,0 mag
10.2.	20h29,5m	-24,10°	11:34	7:39A	9,1 mag
15.2.	20h37,9m	-23,75°	11:23	7:25A	9,1 mag
20.2.	20h46,1m	-23,39°	11:11	7:11A	9,2 mag
25.2.	20h54,3m	-23,01°	11:00	6:57A	9,2 mag
1.3.	21h02,4m	-22,62°	10:48	6:43A	9,2 mag
6.3.	21h10,3m	-22,23°	10:36	6:29A	9,2 mag
11.3.	21h18,1m	-21,83°	10:24	6:14A	9,3 mag
16.3.	21h25,7m	-21,43°	10:12	6:00A	9,3 mag
21.3.	21h33,2m	-21,03°	10:00	5:46A	9,3 mag
26.3.	21h40,6m	-20,63°	9:48	5:31A	9,3 mag
31.3.	21h47,8m	-20,24°	9:35	5:16A	9,3 mag
5.4.	21h54,8m	-19,86°	9:23	5:01A	9,3 mag
10.4.	22h01,6m	-19,49°	9:10	4:46A	9,3 mag
15.4.	22h08,3m	-19,13°	8:57	4:31A	9,3 mag
20.4.	22h14,7m	-18,79°	8:43	4:15A	9,2 mag
25.4.	22h20,9m	-18,47°	8:30	4:00A	9,2 mag
30.4.	22h26,9m	-18,18°	8:17	3:45A	9,2 mag
5.5.	22h32,7m	-17,91°	8:03	3:30A	9,2 mag
10.5.	22h38,2m	-17,67°	7:48	3:14A	9,1 mag
15.5.	22h43,4m	-17,47°	7:34	2:58A	9,1 mag
20.5.	22h48,4m	-17,30°	7:19	2:43A	9,1 mag
25.5.	22h53,0m	-17,18°	7:04	2:27A	9,0 mag
30.5.	22h57,3m	-17,10°	6:49	2:11A	9,0 mag

Datum	Rektaszen-sion	Deklina-tion	Kulmina-tion	Auf-/Untergang	Helligkeit
4.6.	23h01,2m	-17,06°	6:33	1:55A	8,9 mag
9.6.	23h04,8m	-17,08°	6:17	1:40A	8,9 mag
14.6.	23h08,0m	-17,15°	6:01	1:23A	8,8 mag
19.6.	23h10,7m	-17,27°	5:44	1:07A	8,7 mag
24.6.	23h13,0m	-17,45°	5:26	0:50A	8,7 mag
29.6.	23h14,8m	-17,69°	5:09	0:34A	8,6 mag
4.7.	23h16,1m	-17,98°	4:50	0:17A	8,5 mag
9.7.	23h16,8m	-18,34°	4:31	0:00A	8,4 mag
14.7.	23h17,0m	-18,75°	4:12	23:40A	8,4 mag
19.7.	23h16,6m	-19,21°	3:52	23:22A	8,3 mag
24.7.	23h15,6m	-19,72°	3:31	23:04A	8,2 mag
29.7.	23h14,1m	-20,26°	3:10	22:46A	8,1 mag
3.8.	23h12,0m	-20,83°	2:48	22:28A	8,0 mag
8.8.	23h09,3m	-21,42°	2:26	22:09A	7,9 mag
13.8.	23h06,2m	-22,00°	2:03	21:50A	7,8 mag
18.8.	23h02,7m	-22,58°	1:40	21:31A	7,7 mag
23.8.	22h58,8m	-23,13°	1:16	5:17U	7,7 mag
28.8.	22h54,7m	-23,64°		4:50U	7,7 mag
2.9.	22h50,5m	-24,09°		4:23U	7,7 mag
7.9.	22h46,2m	-24,48°		3:57U	7,7 mag
12.9.	22h42,1m	-24,79°	23:38	3:31U	7,8 mag
17.9.	22h38,1m	-25,02°	23:14	3:06U	7,9 mag
22.9.	22h34,5m	-25,17°	22:50	2:41U	8,0 mag
27.9.	22h31,3m	-25,23°	22:27	2:18U	8,1 mag
2.10.	22h28,6m	-25,21°	22:05	1:56U	8,2 mag
7.10.	22h26,4m	-25,11°	21:44	1:35U	8,3 mag
12.10.	22h24,7m	-24,93°	21:22	1:15U	8,4 mag
17.10.	22h23,7m	-24,69°	21:01	0:56U	8,4 mag
22.10.	22h23,3m	-24,38°	20:41	0:37U	8,5 mag
27.10.	22h23,4m	-24,01°	20:22	0:20U	8,6 mag
1.11.	22h24,2m	-23,60°	20:03	0:04U	8,7 mag
6.11.	22h25,4m	-23,13°	19:44	23:45U	8,7 mag
11.11.	22h27,2m	-22,62°	19:26	23:31U	8,8 mag
16.11.	22h29,5m	-22,07°	19:09	23:17U	8,9 mag
21.11.	22h32,3m	-21,49°	18:52	23:03U	8,9 mag
26.11.	22h35,5m	-20,88°	18:36	22:50U	9,0 mag
1.12.	22h39,1m	-20,23°	18:20	22:38U	9,0 mag
6.12.	22h43,0m	-19,56°	18:04	22:26U	9,1 mag
11.12.	22h47,3m	-18,87°	17:48	22:15U	9,1 mag
16.12.	22h51,9m	-18,15°	17:33	22:04U	9,1 mag
21.12.	22h56,8m	-17,41°	17:18	21:54U	9,2 mag
26.12.	23h01,9m	-16,66°	17:04	21:43U	9,2 mag
31.12.	23h07,2m	-15,88°	16:50	21:33U	9,2 mag

Pallas

Datum	Rektaszen-sion	Deklina-tion	Kulmina-tion	Auf-/Untergang	Helligkeit
1.1.	17h34,4m	3,66°	11:17	17:37U	10,2 mag
6.1.	17h41,9m	3,79°	11:04	17:25U	10,3 mag
11.1.	17h49,2m	3,97°	10:52	17:13U	10,3 mag
16.1.	17h56,5m	4,19°	10:39	17:02U	10,3 mag
21.1.	18h03,6m	4,45°	10:27	4:03A	10,3 mag
26.1.	18h10,6m	4,76°	10:14	3:49A	10,3 mag
31.1.	18h17,4m	5,11°	10:01	3:34A	10,3 mag
5.2.	18h24,1m	5,50°	9:49	3:20A	10,3 mag
10.2.	18h30,6m	5,93°	9:35	3:04A	10,4 mag
15.2.	18h37,0m	6,40°	9:22	2:48A	10,4 mag
20.2.	18h43,1m	6,91°	9:08	2:32A	10,4 mag
25.2.	18h49,0m	7,46°	8:54	2:16A	10,4 mag
1.3.	18h54,7m	8,04°	8:40	1:59A	10,4 mag
6.3.	19h00,1m	8,66°	8:26	1:42A	10,4 mag
11.3.	19h05,2m	9,30°	8:11	1:24A	10,3 mag
16.3.	19h10,1m	9,98°	7:57	1:06A	10,3 mag
21.3.	19h14,6m	10,68°	7:42	0:47A	10,3 mag
26.3.	19h18,9m	11,40°	7:26	0:28A	10,3 mag
31.3.	19h22,7m	12,14°	7:11	0:08A	10,3 mag
5.4.	19h26,2m	12,90°	6:54	23:45A	10,3 mag
10.4.	19h29,4m	13,66°	6:38	23:24A	10,2 mag
15.4.	19h32,1m	14,44°	6:21	23:03A	10,2 mag
20.4.	19h34,4m	15,22°	6:03	22:41A	10,2 mag
25.4.	19h36,2m	15,99°	5:46	22:19A	10,1 mag
30.4.	19h37,6m	16,75°	5:28	21:57A	10,1 mag
5.5.	19h38,5m	17,50°	5:09	21:34A	10,1 mag
10.5.	19h38,9m	18,22°	4:49	21:10A	10,0 mag
15.5.	19h38,8m	18,91°	4:29	20:46A	10,0 mag
20.5.	19h38,2m	19,56°	4:09	20:22A	9,9 mag
25.5.	19h37,1m	20,15°	3:49		9,9 mag
30.5.	19h35,4m	20,69°	3:27		9,8 mag
4.6.	19h33,3m	21,15°	3:06		9,8 mag
9.6.	19h30,7m	21,53°	2:43		9,8 mag
14.6.	19h27,7m	21,82°	2:20		9,7 mag
19.6.	19h24,3m	22,02°	1:58		9,7 mag
24.6.	19h20,7m	22,10°	1:34		9,6 mag
29.6.	19h16,8m	22,07°	1:11		9,6 mag
4.7.	19h12,7m	21,93°	0:47		9,6 mag
9.7.	19h08,6m	21,67°	0:23		9,6 mag
14.7.	19h04,5m	21,29°	23:57		9,6 mag
19.7.	19h00,5m	20,81°	23:33		9,6 mag
24.7.	18h56,7m	20,22°	23:09		9,6 mag
29.7.	18h53,2m	19,53°	22:46		9,6 mag
3.8.	18h50,0m	18,76°	22:23		9,7 mag
8.8.	18h47,3m	17,92°	22:00		9,7 mag

Datum	Rektaszension	Deklination	Kulmination	Auf-/Untergang	Helligkeit
13.8.	18h44,9m	17,02°	21:39	5:10U	9,7 mag
18.8.	18h43,1m	16,07°	21:17	4:43U	9,8 mag
23.8.	18h41,7m	15,09°	20:56	4:17U	9,8 mag
28.8.	18h40,9m	14,09°	20:36	3:51U	9,9 mag
2.9.	18h40,6m	13,08°	20:16	3:26U	10,0 mag
7.9.	18h40,8m	12,07°	19:57	3:01U	10,0 mag
12.9.	18h41,5m	11,07°	19:38	2:37U	10,1 mag
17.9.	18h42,7m	10,09°	19:19	2:13U	10,1 mag
22.9.	18h44,3m	9,14°	19:01	1:51U	10,2 mag
27.9.	18h46,4m	8,21°	18:43	1:29U	10,2 mag
2.10.	18h48,9m	7,33°	18:26	1:07U	10,3 mag
7.10.	18h51,9m	6,48°	18:09	0:46U	10,3 mag
12.10.	18h55,2m	5,68°	17:53	0:26U	10,4 mag
17.10.	18h58,8m	4,92°	17:37	0:06U	10,4 mag
22.10.	19h02,8m	4,21°	17:21	23:43U	10,4 mag
27.10.	19h07,1m	3,55°	17:05	23:25U	10,5 mag
1.11.	19h11,7m	2,95°	16:50	23:07U	10,5 mag
6.11.	19h16,5m	2,39°	16:35	22:49U	10,5 mag
11.11.	19h21,5m	1,88°	16:21	22:32U	10,5 mag
16.11.	19h26,8m	1,42°	16:06	22:15U	10,6 mag
21.11.	19h32,3m	1,02°	15:53	21:59U	10,6 mag
26.11.	19h38,0m	0,66°	15:38	21:44U	10,6 mag
1.12.	19h43,8m	0,36°	15:24	21:29U	10,6 mag
6.12.	19h49,8m	0,10°	15:11	21:14U	10,6 mag
11.12.	19h55,8m	-0,12°	14:57	20:59U	10,6 mag
16.12.	20h02,0m	-0,28°	14:43	20:44U	10,6 mag
21.12.	20h08,3m	-0,40°	14:30	20:30U	10,6 mag
26.12.	20h14,7m	-0,48°	14:17	20:17U	10,6 mag
31.12.	20h21,1m	-0,52°	14:03	20:03U	10,5 mag

Juno

Datum	Rektaszension	Deklination	Kulmination	Auf-/Untergang	Helligkeit
1.1.	13h06,6m	-5,25°	6:49	1:12A	10,6 mag
6.1.	13h10,6m	-5,38°	6:34	0:57A	10,6 mag
11.1.	13h14,3m	-5,45°	6:17	0:41A	10,6 mag
16.1.	13h17,5m	-5,47°	6:01	0:24A	10,5 mag
21.1.	13h20,3m	-5,42°	5:45	0:07A	10,5 mag
26.1.	13h22,6m	-5,31°	5:27	23:46A	10,4 mag
31.1.	13h24,4m	-5,14°	5:09	23:27A	10,4 mag
5.2.	13h25,6m	-4,90°	4:51	23:07A	10,3 mag
10.2.	13h26,3m	-4,59°	4:32	22:47A	10,2 mag
15.2.	13h26,4m	-4,21°	4:12	22:25A	10,2 mag
20.2.	13h25,9m	-3,76°	3:52	22:03A	10,1 mag
25.2.	13h24,8m	-3,26°	3:31	21:40A	10,0 mag
1.3.	13h23,2m	-2,69°	3:10	21:16A	10,0 mag

Datum	Rektaszension	Deklination	Kulmination	Auf-/ Untergang	Helligkeit
6.3.	13h21,0m	-2,07°	2:48	20:51A	9,9 mag
11.3.	13h18,3m	-1,41°	2:26	20:26A	9,8 mag
16.3.	13h15,2m	-0,72°	2:03	20:00A	9,7 mag
21.3.	13h11,8m	-0,01°	1:40	19:34A	9,7 mag
26.3.	13h08,1m	0,71°	1:17	19:07A	9,6 mag
31.3.	13h04,2m	1,42°	0:53		9,5 mag
5.4.	13h00,2m	2,11°	0:29		9,6 mag
10.4.	12h56,3m	2,76°	0:06		9,6 mag
15.4.	12h52,4m	3,36°	23:39		9,7 mag
20.4.	12h48,9m	3,91°	23:16		9,8 mag
25.4.	12h45,6m	4,38°	22:53		9,9 mag
30.4.	12h42,7m	4,79°	22:30	4:59U	10,0 mag
5.5.	12h40,2m	5,11°	22:08	4:38U	10,1 mag
10.5.	12h38,2m	5,37°	21:47	4:18U	10,2 mag
15.5.	12h36,7m	5,54°	21:26	3:58U	10,3 mag
20.5.	12h35,7m	5,65°	21:05	3:38U	10,4 mag
25.5.	12h35,2m	5,68°	20:45	3:18U	10,5 mag
30.5.	12h35,2m	5,65°	20:25	2:58U	10,6 mag
4.6.	12h35,6m	5,56°	20:05	2:38U	10,7 mag
9.6.	12h36,6m	5,41°	19:47	2:18U	10,7 mag
14.6.	12h37,9m	5,21°	19:29	1:59U	10,8 mag
19.6.	12h39,7m	4,96°	19:11	1:40U	10,9 mag
24.6.	12h41,9m	4,67°	18:53	1:22U	11,0 mag
29.6.	12h44,4m	4,34°	18:36	1:03U	11,0 mag
4.7.	12h47,3m	3,98°	18:19	0:44U	11,1 mag
9.7.	12h50,5m	3,58°	18:03	0:25U	11,1 mag
14.7.	12h54,0m	3,16°	17:47	0:07U	11,2 mag
19.7.	12h57,8m	2,71°	17:30	23:46U	11,2 mag
24.7.	13h01,8m	2,24°	17:15	23:28U	11,3 mag
29.7.	13h06,1m	1,75°	16:59	23:10U	11,3 mag
3.8.	13h10,6m	1,25°	16:44	22:52U	11,3 mag
8.8.	13h15,3m	0,73°	16:29	22:35U	11,4 mag
13.8.	13h20,1m	0,20°	16:14	22:17U	11,4 mag
18.8.	13h25,2m	-0,33°	16:00	22:00U	11,4 mag
23.8.	13h30,4m	-0,88°	15:45	21:44U	11,4 mag
28.8.	13h35,8m	-1,42°	15:31	21:27U	11,5 mag
2.9.	13h41,3m	-1,97°	15:17	21:10U	11,5 mag
7.9.	13h47,0m	-2,52°	15:03	20:53U	11,5 mag
12.9.	13h52,8m	-3,07°	14:49	20:36U	11,5 mag
17.9.	13h58,6m	-3,61°	14:35	20:20U	11,5 mag
22.9.	14h04,6m	-4,15°	14:21	20:04U	11,5 mag
27.9.	14h10,7m	-4,69°	14:07	19:48U	11,5 mag
2.10.	14h16,9m	-5,21°	13:55	19:32U	11,5 mag
7.10.	14h23,2m	-5,72°	13:41	19:16U	11,4 mag
12.10.	14h29,6m	-6,23°	13:28	19:00U	11,4 mag
17.10.	14h36,0m	-6,72°	13:14	18:44U	11,4 mag
22.10.	14h42,5m	-7,19°	13:01	18:29U	11,4 mag
27.10.	14h49,0m	-7,65°	12:48	18:13U	11,4 mag

Datum	Rektaszension	Deklination	Kulmination	Auf-/Untergang	Helligkeit
1.11.	14h55,6m	-8,09°	12:35	17:58U	11,3 mag
6.11.	15h02,2m	-8,51°	12:22	17:44U	11,3 mag
11.11.	15h08,9m	-8,91°	12:09	17:29U	11,3 mag
16.11.	15h15,6m	-9,29°	11:56	17:14U	11,3 mag
21.11.	15h22,3m	-9,64°	11:43	16:59U	11,4 mag
26.11.	15h29,0m	-9,97°	11:30	16:44U	11,4 mag
1.12.	15h35,7m	-10,28°	11:17	16:29U	11,4 mag
6.12.	15h42,3m	-10,56°	11:04	5:52A	11,5 mag
11.12.	15h49,0m	-10,81°	10:51	5:41A	11,5 mag
16.12.	15h55,6m	-11,04°	10:38	5:29A	11,5 mag
21.12.	16h02,1m	-11,23°	10:24	5:17A	11,5 mag
26.12.	16h08,6m	-11,40°	10:11	5:04A	11,5 mag
31.12.	16h15,0m	-11,53°	9:58	4:51A	11,5 mag

Vesta

Datum	Rektaszension	Deklination	Kulmination	Auf-/Untergang	Helligkeit
1.1.	2h46,8m	9,20°	20:28	3:18U	7,4 mag
6.1.	2h47,0m	9,57°	20:08	3:01U	7,5 mag
11.1.	2h47,9m	9,98°	19:50	2:44U	7,6 mag
16.1.	2h49,5m	10,42°	19:32	2:28U	7,7 mag
21.1.	2h51,6m	10,90°	19:14	2:13U	7,8 mag
26.1.	2h54,4m	11,41°	18:57	1:59U	7,9 mag
31.1.	2h57,6m	11,94°	18:41	1:45U	7,9 mag
5.2.	3h01,4m	12,48°	18:25	1:32U	8,0 mag
10.2.	3h05,7m	13,04°	18:09	1:20U	8,1 mag
15.2.	3h10,4m	13,61°	17:55	1:07U	8,1 mag
20.2.	3h15,5m	14,18°	17:40	0:56U	8,2 mag
25.2.	3h21,0m	14,76°	17:26	0:45U	8,2 mag
1.3.	3h26,8m	15,33°	17:12	0:34U	8,3 mag
6.3.	3h33,0m	15,91°	16:58	0:23U	8,3 mag
11.3.	3h39,5m	16,47°	16:45	0:13U	8,3 mag
16.3.	3h46,2m	17,02°	16:32	0:04U	8,4 mag
21.3.	3h53,2m	17,56°	16:19	23:50U	8,4 mag
26.3.	4h00,5m	18,09°	16:06	23:41U	8,4 mag
31.3.	4h08,0m	18,59°	15:55	23:32U	8,4 mag
5.4.	4h15,7m	19,08°	15:43	23:23U	8,4 mag
10.4.	4h23,6m	19,55°	15:31	23:14U	8,5 mag
15.4.	4h31,7m	19,99°	15:19	23:05U	8,5 mag
20.4.	4h40,0m	20,40°	15:08	22:56U	8,5 mag
25.4.	4h48,5m	20,79°	14:56	22:47U	8,5 mag
30.4.	4h57,1m	21,15°	14:45	22:38U	8,5 mag
5.5.	5h05,8m	21,48°	14:34	22:29U	8,5 mag
10.5.	5h14,6m	21,77°	14:23	22:20U	8,5 mag
15.5.	5h23,6m	22,04°	14:13	22:11U	8,4 mag
20.5.	5h32,6m	22,27°	14:02	22:02U	8,4 mag

Datum	Rektaszension	Deklination	Kulmination	Auf-/Untergang	Helligkeit
25.5.	5h41,8m	22,46°	13:52	21:53U	8,4 mag
30.5.	5h51,0m	22,62°	13:41	21:44U	8,4 mag
4.6.	6h00,3m	22,75°	13:31	21:34U	8,4 mag
9.6.	6h09,7m	22,83°	13:21	21:24U	8,3 mag
14.6.	6h19,1m	22,89°	13:10	21:14U	8,3 mag
19.6.	6h28,5m	22,90°	13:00	21:04U	8,2 mag
24.6.	6h38,0m	22,88°	12:50	20:53U	8,2 mag
29.6.	6h47,5m	22,82°	12:39	20:43U	8,1 mag
4.7.	6h57,0m	22,73°	12:29		8,0 mag
9.7.	7h06,5m	22,60°	12:19	4:17A	8,1 mag
14.7.	7h16,0m	22,44°	12:09	4:08A	8,1 mag
19.7.	7h25,4m	22,24°	11:59	3:59A	8,2 mag
24.7.	7h34,9m	22,01°	11:49	3:50A	8,2 mag
29.7.	7h44,3m	21,75°	11:38	3:42A	8,3 mag
3.8.	7h53,6m	21,45°	11:28	3:33A	8,3 mag
8.8.	8h02,9m	21,13°	11:18	3:25A	8,3 mag
13.8.	8h12,2m	20,78°	11:07	3:17A	8,3 mag
18.8.	8h21,3m	20,40°	10:57	3:08A	8,4 mag
23.8.	8h30,5m	20,00°	10:46	3:00A	8,4 mag
28.8.	8h39,5m	19,58°	10:35	2:52A	8,4 mag
2.9.	8h48,4m	19,13°	10:24	2:44A	8,4 mag
7.9.	8h57,3m	18,67°	10:14	2:36A	8,4 mag
12.9.	9h06,0m	18,19°	10:03	2:27A	8,4 mag
17.9.	9h14,7m	17,69°	9:52	2:19A	8,4 mag
22.9.	9h23,2m	17,18°	9:41	2:11A	8,4 mag
27.9.	9h31,7m	16,67°	9:30	2:03A	8,4 mag
2.10.	9h40,0m	16,14°	9:18	1:55A	8,3 mag
7.10.	9h48,1m	15,62°	9:07	1:46A	8,3 mag
12.10.	9h56,2m	15,09°	8:55	1:37A	8,3 mag
17.10.	10h04,0m	14,56°	8:43	1:28A	8,3 mag
22.10.	10h11,7m	14,04°	8:31	1:19A	8,2 mag
27.10.	10h19,3m	13,53°	8:19	1:10A	8,2 mag
1.11.	10h26,6m	13,04°	8:06	1:00A	8,2 mag
6.11.	10h33,8m	12,56°	7:54	0:50A	8,1 mag
11.11.	10h40,7m	12,10°	7:42	0:39A	8,1 mag
16.11.	10h47,4m	11,66°	7:29	0:28A	8,0 mag
21.11.	10h53,9m	11,26°	7:15	0:17A	8,0 mag
26.11.	11h00,1m	10,89°	7:02	0:06A	7,9 mag
1.12.	11h06,0m	10,56°	6:48	23:50A	7,9 mag
6.12.	11h11,5m	10,27°	6:34	23:38A	7,8 mag
11.12.	11h16,7m	10,04°	6:19	23:24A	7,7 mag
16.12.	11h21,5m	9,86°	6:04	23:10A	7,6 mag
21.12.	11h25,9m	9,73°	5:49	22:55A	7,6 mag
26.12.	11h29,8m	9,68°	5:34	22:40A	7,5 mag
31.12.	11h33,2m	9,69°	5:17	22:23A	7,4 mag

Saturnmonde

März

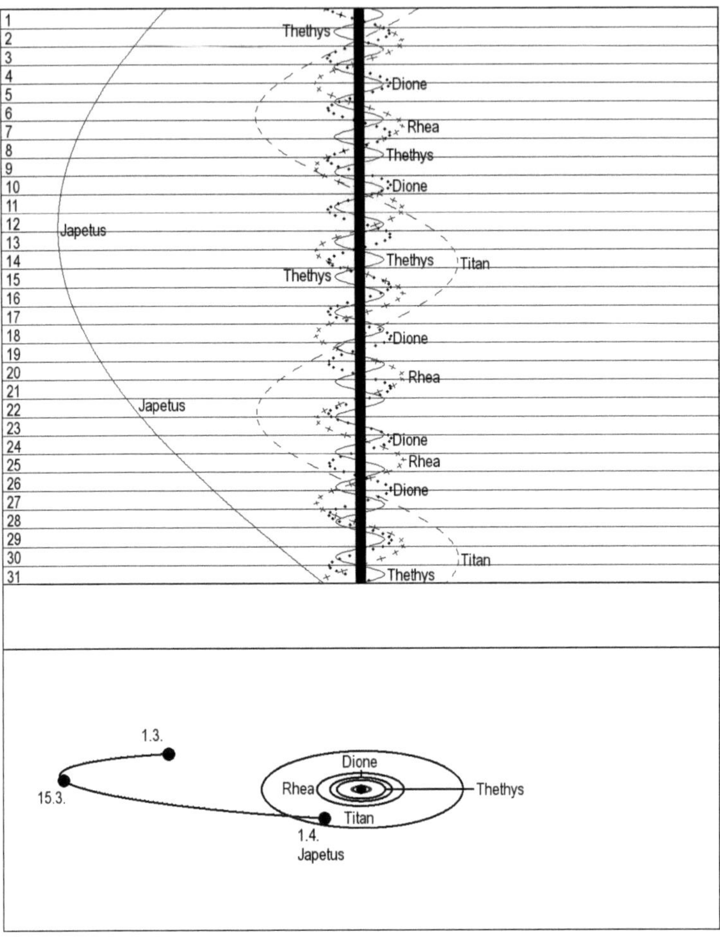

April

Dione
Dione
Thethys
Titan
Thethys
Rhea
Dione
Rhea
Japetus
Japetus
Titan
Dione
Rhea
Thethys
Japetus
1.5.
1.4.
15.4.

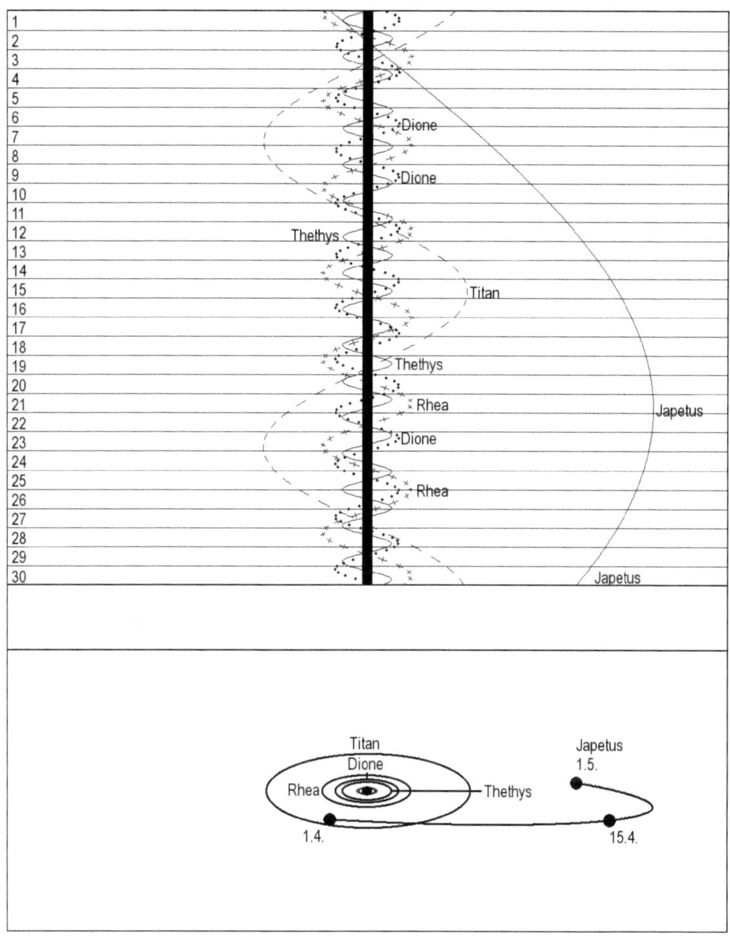

243

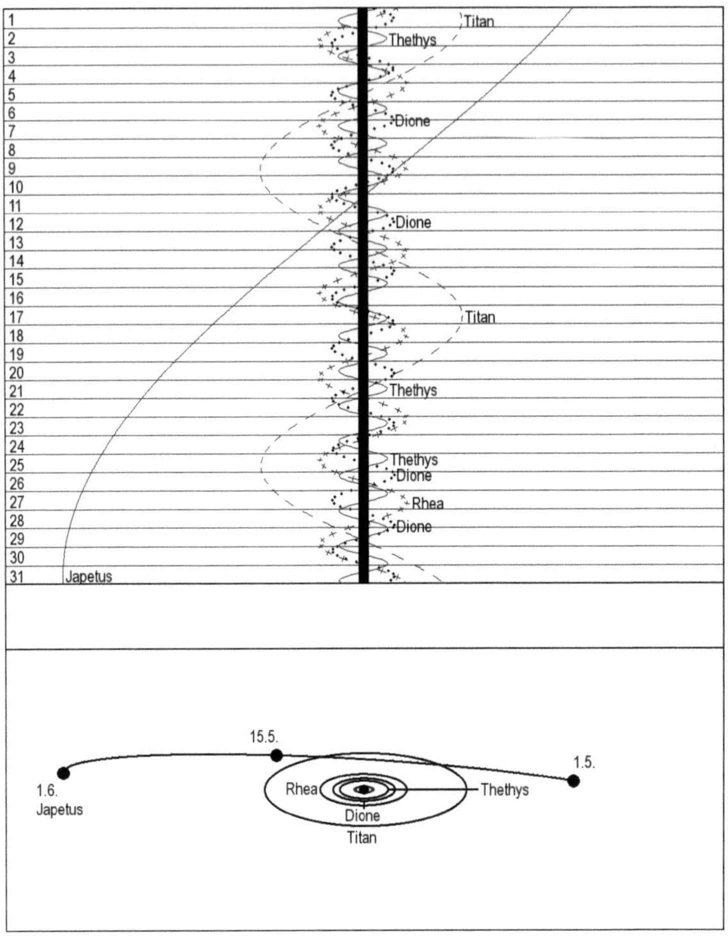

1
2
3
4
5
6
7
8
9
10
11
12
13
14
15
16
17
18
19
20
21
22
23
24
25
26
27
28
29
30
31
Titan
Thethys
Dione
Dione
Titan
Thethys
Thethys
Dione
Rhea
Dione
Japetus
15.5.
1.5.
Rhea
Thethys
Dione
Titan
1.6.
Japetus

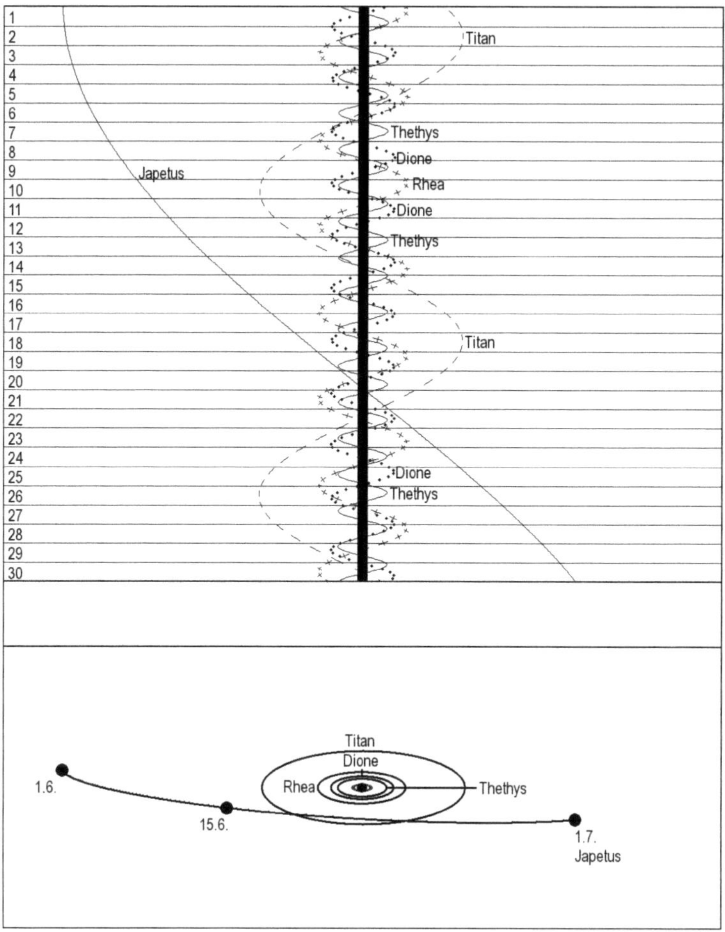
Titan
Thethys
Dione
Japetus
Rhea
Dione
Thethys
Titan
Dione
Thethys
Titan
Dione
Rhea
Thethys
Japetus
1.6.
15.6.
1.7.
Japetus

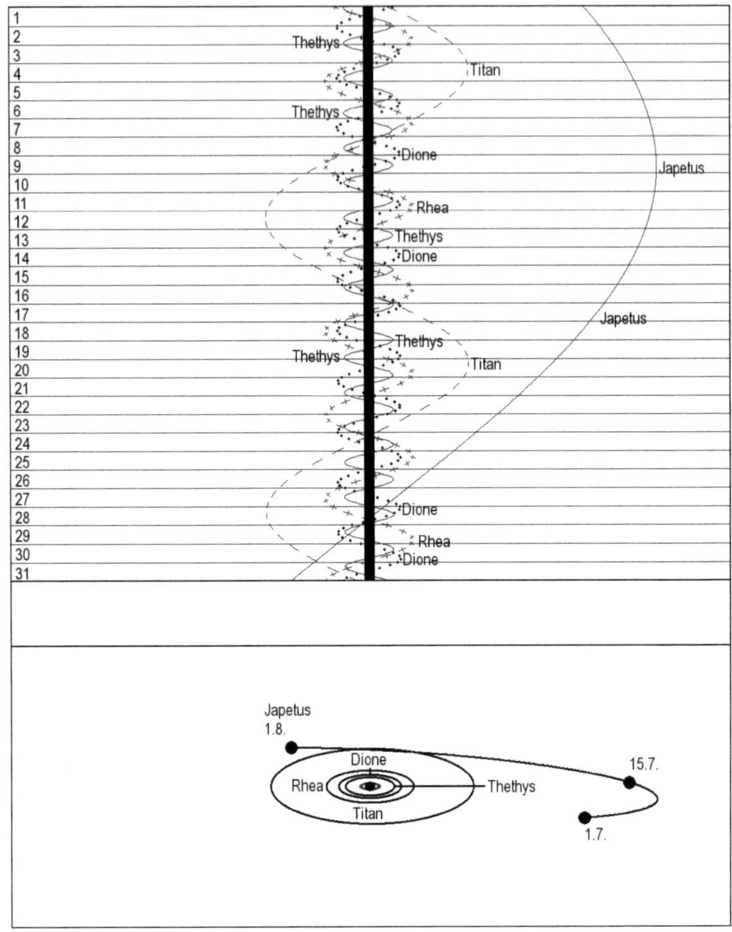

Thethys
Titan
Thethys
Dione
Japetus
Rhea
Thethys
Dione
Japetus
Thethys
Thethys
Titan
Dione
Rhea
Dione
Japetus
1.8.
Dione
Rhea
Thethys
Titan
15.7.
1.7.

August

1
2
3
4
5
6
7
8
9
10
11
12
13
14
15
16
17
18
19
20
21
22
23
24
25
26
27
28
29
30
31
Titan
Thethys
Dione
Dione
Thethys
Japetus
Thethys
Titan
Japetus
Dione
Rhea
15.8.
1.8.
1.9.
Japetus
Dione
Rhea
Thethys
Titan

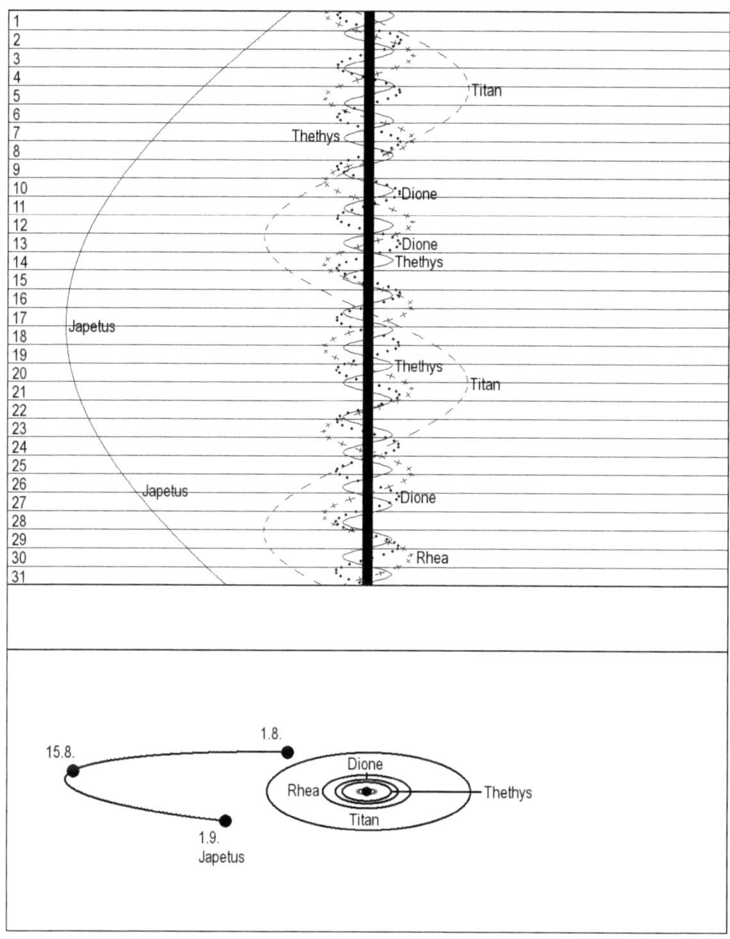

247

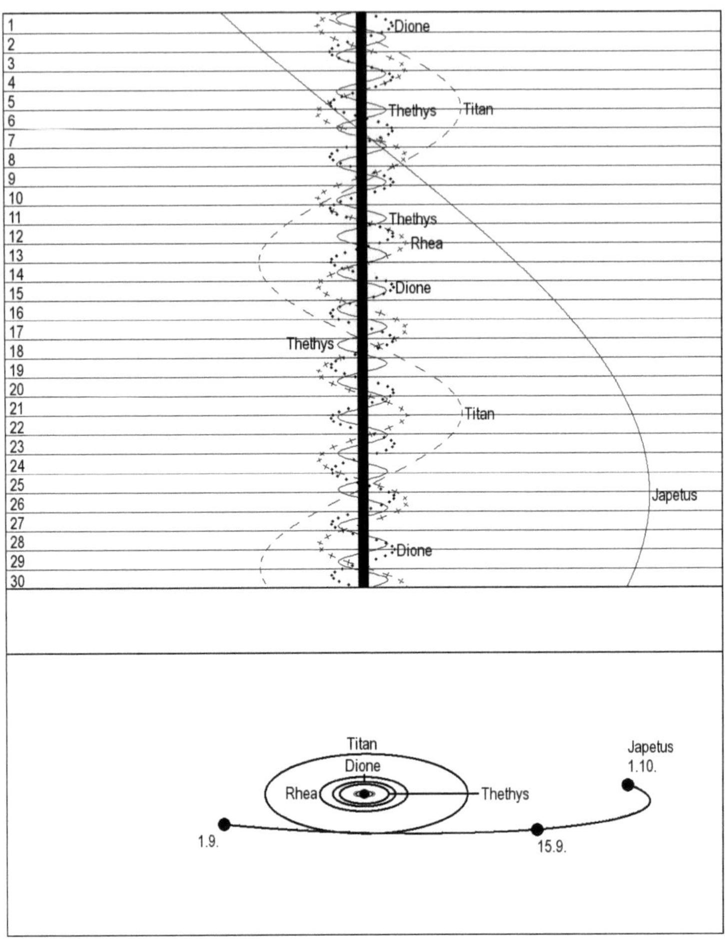

1
2
3
4
5
6
7
8
9
10
11
12
13
14
15
16
17
18
19
20
21
22
23
24
25
26
27
28
29
30
Dione
Thethys
Titan
Thethys
Rhea
Dione
Thethys
Titan
Japetus
Dione
Titan
Dione
Rhea
Thethys
Japetus
1.10.
1.9.
15.9.

Oktober

1
2
Thethys
3
4
Japetus
5
6
7
8
Thethys
Titan
9
10
11
12
13
14
15
16
17
18
19
Rhea
20
21
22
23
Titan
24
25
26
27
28
29
Dione
30
Thethys
31
Japetus
1.11.
15.10.
1.10.
Rhea
Thethys
Dione
Titan

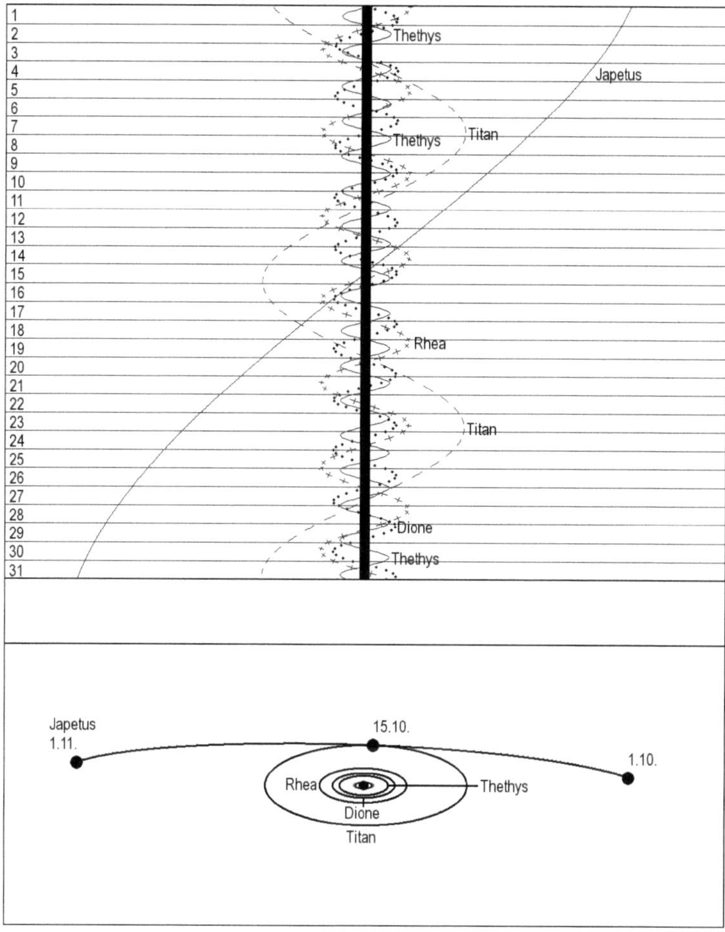

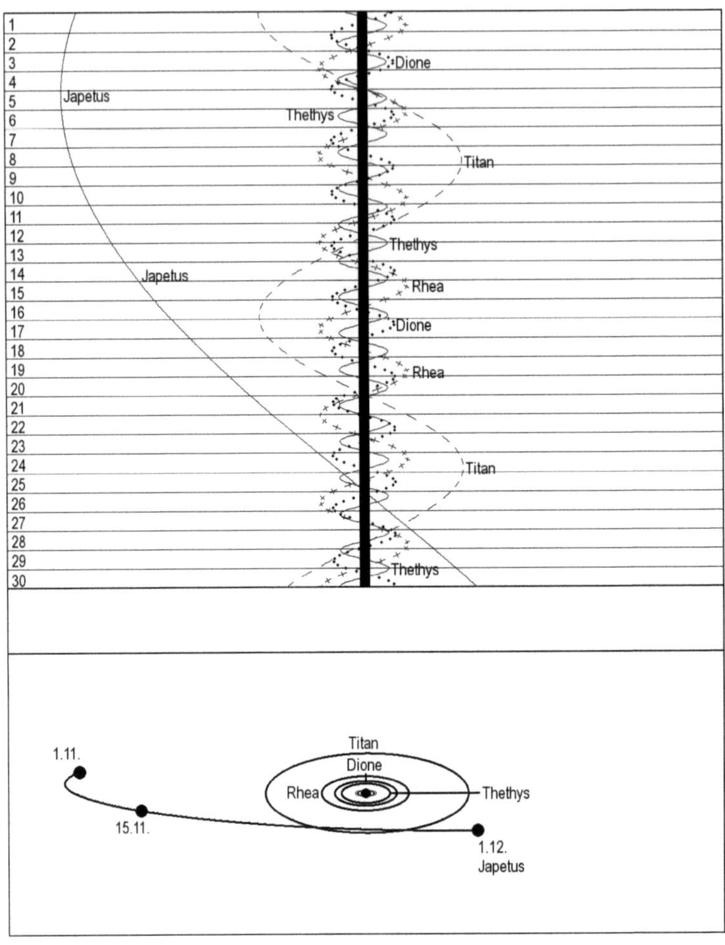

1
2
3
4
5
6
7
8
9
10
11
12
13
14
15
16
17
18
19
20
21
22
23
24
25
26
27
28
29
30
Japetus
Dione
Thethys
Titan
Thethys
Japetus
Rhea
Dione
Rhea
Titan
Thethys
1.11.
15.11.
Titan
Dione
Rhea
Thethys
1.12.
Japetus

Dezember

Thethys
Rhea
Dione
Titan
Thethys
Dione
Japetus
Thethys
Dione
Rhea
Dione
Japetus
Thethys
Titan
Dione
Rhea
Thethys
Titan
Japetus
1.1.
15.12.
1.12.

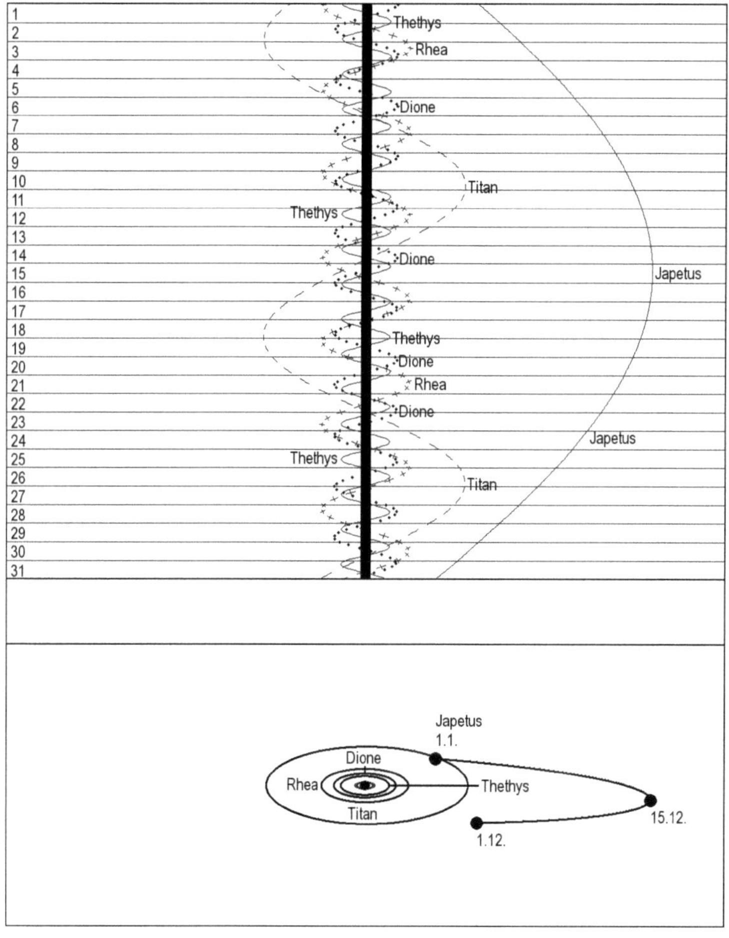

Sternzeit für 0 Uhr MEZ und 9° östlicher Länge

	J	F	M	A	M	J	J	A	S	O	N	D
1	6:16	8:19	10:13	12:15	14:13	16:16	18:14	20:16	22:18	0:17	2:19	4:17
2	6:20	8:22	10:17	12:19	14:17	16:20	18:18	20:20	22:22	0:21	2:23	4:21
3	6:24	8:26	10:21	12:23	14:21	16:23	18:22	20:24	22:26	0:24	2:27	4:25
4	6:28	8:30	10:25	12:27	14:25	16:27	18:26	20:28	22:30	0:28	2:31	4:29
5	6:32	8:34	10:29	12:31	14:29	16:31	18:30	20:32	22:34	0:32	2:35	4:33
6	6:36	8:38	10:33	12:35	14:33	16:35	18:34	20:36	22:38	0:36	2:39	4:37
7	6:40	8:42	10:37	12:39	14:37	16:39	18:38	20:40	22:42	0:40	2:42	4:41
8	6:44	8:46	10:40	12:43	14:41	16:43	18:41	20:44	22:46	0:44	2:46	4:45
9	6:48	8:50	10:44	12:47	14:45	16:47	18:45	20:48	22:50	0:48	2:50	4:49
10	6:52	8:54	10:48	12:51	14:49	16:51	18:49	20:52	22:54	0:52	2:54	4:53
11	6:56	8:58	10:52	12:55	14:53	16:55	18:53	20:56	22:58	0:56	2:58	4:57
12	7:00	9:02	10:56	12:58	14:57	16:59	18:57	20:59	23:02	1:00	3:02	5:00
13	7:04	9:06	11:00	13:02	15:01	17:03	19:01	21:03	23:06	1:04	3:06	5:04
14	7:08	9:10	11:04	13:06	15:05	17:07	19:05	21:07	23:10	1:08	3:10	5:08
15	7:12	9:14	11:08	13:10	15:09	17:11	19:09	21:11	23:14	1:12	3:14	5:12
16	7:15	9:18	11:12	13:14	15:13	17:15	19:13	21:15	23:17	1:16	3:18	5:16
17	7:19	9:22	11:16	13:18	15:16	17:19	19:17	21:19	23:21	1:20	3:22	5:20
18	7:23	9:26	11:20	13:22	15:20	17:23	19:21	21:23	23:25	1:24	3:26	5:24
19	7:27	9:30	11:24	13:26	15:24	17:27	19:25	21:27	23:29	1:28	3:30	5:28
20	7:31	9:33	11:28	13:30	15:28	17:31	19:29	21:31	23:33	1:32	3:34	5:32
21	7:35	9:37	11:32	13:34	15:32	17:34	19:33	21:35	23:37	1:35	3:38	5:36
22	7:39	9:41	11:36	13:38	15:36	17:38	19:37	21:39	23:41	1:39	3:42	5:40
23	7:43	9:45	11:40	13:42	15:40	17:42	19:41	21:43	23:45	1:43	3:46	5:44
24	7:47	9:49	11:44	13:46	15:44	17:46	19:45	21:47	23:49	1:47	3:49	5:48
25	7:51	9:53	11:48	13:50	15:48	17:50	19:48	21:51	23:53	1:51	3:53	5:52
26	7:55	9:57	11:51	13:54	15:52	17:54	19:52	21:55	23:57	1:55	3:57	5:56
27	7:59	10:01	11:55	13:58	15:56	17:58	19:56	21:59	0:01	1:59	4:01	6:00
28	8:03	10:05	11:59	14:02	16:00	18:02	20:00	22:03	0:05	2:03	4:05	6:04
29	8:07	10:09	12:03	14:05	16:04	18:06	20:04	22:06	0:09	2:07	4:09	6:07
30	8:11		12:07	14:09	16:08	18:10	20:08	22:10	0:13	2:11	4:13	6:11
31	8:15		12:11		16:12		20:12	22:14		2:15		6:15

- Änderung: 60,164 min/h
- Korrektur für Orte anderer geographischer Länge:
  (Länge des Orts – 9)* 4 min

Mittelmeridiane

Mars

	M	J	J	A	S	O	N	D
1	292	347	53	114	182	272	358	83
2	282	337	44	104	173	263	349	74
3	272	327	34	95	164	254	340	64
4	262	318	24	85	155	245	331	55
5	252	308	14	76	146	236	322	46
6	242	298	5	66	136	228	313	36
7	233	288	355	57	127	219	304	27
8	223	278	345	47	118	210	295	17

	M	J	J	A	S	O	N	D
9	213	269	336	38	109	201	286	8
10	203	259	326	28	100	192	277	359
11	193	249	316	19	91	184	268	349
12	184	239	306	9	82	175	259	340
13	174	229	297	360	73	166	249	330
14	164	219	287	350	64	157	240	321
15	154	210	277	341	55	148	231	311
16	144	200	268	332	46	140	222	302
17	134	190	258	322	37	131	213	292
18	125	180	248	313	28	122	204	283
19	115	171	239	303	19	113	195	273
20	105	161	229	294	10	104	185	264
21	95	151	220	285	1	96	176	254
22	85	141	210	275	352	87	167	245
23	75	131	200	266	343	78	158	235
24	66	122	191	257	334	69	148	226
25	56	112	181	247	325	60	139	216
26	46	102	171	238	316	51	130	207
27	36	92	162	229	307	42	120	197
28	26	83	152	219	298	34	111	187
29	16	73	143	210	289	25	102	178
30	7	63	133	201	281	16	93	168
31	357		124	192		7		159

Neigung der Marsachse zur Erde

	M	J	J	A	S	O	N	D
1	-21,0	-23,9	-23,3	-20,3	-17,7	-18,8	-22,7	-24,2
2	-21,1	-23,9	-23,2	-20,2	-17,6	-19,0	-22,8	-24,2
3	-21,3	-23,9	-23,1	-20,1	-17,6	-19,1	-22,9	-24,2
4	-21,4	-24,0	-23,1	-19,9	-17,6	-19,2	-23,0	-24,2
5	-21,5	-24,0	-23,0	-19,8	-17,6	-19,3	-23,1	-24,2
6	-21,7	-24,0	-22,9	-19,7	-17,5	-19,4	-23,2	-24,2
7	-21,8	-24,0	-22,8	-19,6	-17,5	-19,6	-23,2	-24,2
8	-21,9	-24,0	-22,7	-19,5	-17,5	-19,7	-23,3	-24,1
9	-22,1	-24,0	-22,6	-19,4	-17,5	-19,8	-23,4	-24,1
10	-22,2	-24,0	-22,6	-19,3	-17,5	-20,0	-23,5	-24,1
11	-22,3	-24,0	-22,5	-19,2	-17,5	-20,1	-23,5	-24,1
12	-22,4	-24,0	-22,4	-19,1	-17,6	20,2	-23,6	-24,0
13	-22,5	-24,0	-22,3	-19,0	-17,6	-20,4	-23,7	-24,0
14	-22,6	-24,0	-22,2	-18,9	-17,6	-20,5	-23,7	-24,0
15	-22,7	-24,0	-22,1	-18,8	-17,6	-20,6	-23,8	-23,9
16	-22,8	-24,0	-22,0	-18,7	-17,7	-20,8	-23,8	-23,9
17	-22,9	-23,9	-21,9	-18,6	-17,7	-20,9	-23,9	-23,8
18	-23,0	-23,9	-21,8	-18,6	-17,8	-21,0	-23,9	-23,8
19	-23,1	-23,9	-21,7	-18,5	-17,8	-21,2	-24,0	-23,7
20	-23,2	-23,8	-21,6	-18,4	-17,9	-21,3	-24,0	-23,6
21	-23,3	-23,8	-21,5	-18,3	-17,9	-21,4	-24,1	-23,6

	M	J	J	A	S	O	N	D
22	-23,3	-23,8	-21,4	-18,2	-18,0	-21,5	-24,1	-23,5
23	-23,4	-23,7	-21,3	-18,2	-18,1	-21,7	-24,1	-23,4
24	-23,5	-23,7	-21,2	-18,1	-18,2	-21,8	-24,1	-23,4
25	-23,5	-23,6	-21,0	-18,0	-18,3	-21,9	-24,2	-23,3
26	-23,6	-23,6	-20,9	-18,0	-18,3	-22,0	-24,2	-23,2
27	-23,7	-23,5	-20,8	-17,9	-18,4	-22,1	-24,2	-23,1
28	-23,7	-23,5	-20,7	-17,9	-18,5	-22,3	-24,2	-23,0
29	-23,8	-23,4	-20,6	-17,8	-18,6	-22,4	-24,2	-23,0
30	-23,8	-23,3	-20,5	-17,8	-18,7	-22,5	-24,2	-22,9
31	-23,8		-20,4	-17,7		-22,6		-22,8

Jupiter, System I

	F	M	A	M	J	J	A	S	O	N	D
1	51	305	158	215	72	133	352	208	262	112	162
2	208	103	316	13	230	291	150	5	60	269	319
3	6	261	113	170	28	89	308	163	218	67	117
4	164	59	271	328	186	247	106	321	15	225	274
5	322	217	69	126	344	45	263	119	173	22	72
6	119	14	227	284	142	203	61	277	331	180	230
7	277	172	25	82	300	1	219	75	129	338	27
8	75	330	183	240	98	159	17	233	286	135	185
9	232	128	341	38	256	317	175	30	84	293	343
10	30	285	138	196	54	115	333	188	242	91	140
11	188	83	296	354	212	273	131	346	40	248	298
12	346	241	94	152	10	71	289	144	197	46	96
13	143	39	252	310	168	229	87	302	355	204	253
14	301	197	50	108	326	27	245	100	153	1	51
15	99	355	208	266	124	185	43	258	311	159	209
16	257	152	6	64	282	343	201	55	108	317	6
17	54	310	164	222	80	141	359	213	266	114	164
18	212	108	322	20	238	299	157	11	64	272	321
19	10	266	120	178	36	97	315	169	222	70	119
20	168	64	277	336	194	255	113	327	19	227	277
21	325	221	75	134	352	53	271	124	177	25	74
22	123	19	233	292	150	212	69	282	335	183	232
23	281	177	31	90	308	10	227	80	132	340	30
24	79	335	189	248	107	168	24	238	290	138	187
25	237	133	347	46	265	326	182	36	88	296	345
26	34	291	145	204	63	124	340	193	245	93	143
27	192	88	303	2	221	282	138	351	43	251	300
28	350	246	101	160	19	80	296	149	201	49	98
29	148	44	259	318	177	238	94	307	359	206	255
30		202	57	116	335	36	252	104	156	4	53
31		360		274		194	50		314		211

Änderung: +36,58°/Stunde

Jupiter, System II

	F	M	A	M	J	J	A	S	O	N	D
1	218	251	227	55	35	228	210	189	15	348	169
2	8	41	17	205	186	18	0	340	165	138	319
3	158	191	167	355	336	168	150	130	315	288	109
4	308	341	317	146	127	319	301	280	105	78	259
5	98	132	108	296	277	109	91	70	256	228	49
6	248	282	258	86	67	260	241	220	46	18	199
7	38	72	48	237	218	50	32	11	196	168	349
8	188	222	198	27	8	200	182	161	346	318	139
9	338	12	349	177	159	351	333	311	136	108	289
10	128	162	139	328	309	141	123	101	286	258	79
11	279	313	289	118	99	292	273	252	76	48	229
12	69	103	79	268	250	82	64	42	226	198	19
13	219	253	230	59	40	232	214	192	16	348	169
14	9	43	20	209	191	23	4	342	166	138	319
15	159	193	170	359	341	173	154	132	317	288	109
16	309	344	320	150	131	324	305	283	107	79	259
17	99	134	111	300	282	114	95	73	257	229	49
18	249	284	261	90	72	264	245	223	47	19	199
19	40	74	51	241	223	55	36	13	197	169	349
20	190	224	202	31	13	205	186	163	347	319	139
21	340	14	352	181	163	356	336	313	137	109	289
22	130	165	142	332	314	146	127	104	287	259	79
23	280	315	292	122	104	296	277	254	77	49	229
24	70	105	83	272	255	87	67	44	227	199	19
25	220	255	233	63	45	237	217	194	17	349	169
26	10	45	23	213	195	28	8	344	167	139	319
27	161	196	174	4	346	178	158	134	318	289	109
28	311	346	324	154	136	328	308	285	108	79	259
29	101	136	114	304	287	119	98	75	258	229	49
30		286	264	95	77	269	249	225	48	19	199
31		77		245		59	39		198		349

Änderung: 36,26°/Stunde

Neigung der Jupiterachse zur Erde

	F	M	A	M	J	J	A	S	O	N	D
1	-1,8	-1,7	-1,5	-1,3	-1,3	-1,3	-1,3	-1,3	-1,3	-1,2	-1,0
2	-1,8	-1,7	-1,5	-1,3	-1,3	-1,3	-1,3	-1,3	-1,3	-1,2	-1,0
3	-1,8	-1,6	-1,5	-1,3	-1,3	-1,3	-1,3	-1,3	-1,3	-1,2	-1,0
4	-1,8	-1,6	-1,5	-1,3	-1,3	-1,3	-1,3	-1,3	-1,3	-1,2	-1,0
5	-1,8	-1,6	-1,5	-1,3	-1,3	-1,3	-1,3	-1,3	-1,3	-1,2	-1,0
6	-1,8	-1,6	-1,4	-1,3	-1,3	-1,3	-1,3	-1,3	-1,3	-1,2	-1,0
7	-1,8	-1,6	-1,4	-1,3	-1,3	-1,3	-1,3	-1,3	-1,3	-1,2	-1,0
8	-1,8	-1,6	-1,4	-1,3	-1,2	-1,3	-1,3	-1,3	-1,3	-1,1	-1,0
9	-1,8	-1,6	-1,4	-1,3	-1,2	-1,3	-1,3	-1,3	-1,3	-1,1	-1,0
10	-1,8	-1,6	-1,4	-1,3	-1,2	-1,3	-1,3	-1,3	-1,3	-1,1	-1,0
11	-1,8	-1,6	-1,4	-1,3	-1,2	-1,3	-1,3	-1,3	-1,3	-1,1	-1,0

	F	M	A	M	J	J	A	S	O	N	D
12	-1,8	-1,6	-1,4	-1,3	-1,2	-1,3	-1,3	-1,3	-1,3	-1,1	-0,9
13	-1,8	-1,6	-1,4	-1,3	-1,2	-1,3	-1,3	-1,3	-1,2	-1,1	-0,9
14	-1,8	-1,6	-1,4	-1,3	-1,2	-1,3	-1,3	-1,3	-1,2	-1,1	-0,9
15	-1,8	-1,6	-1,4	-1,3	-1,2	-1,3	-1,3	-1,3	-1,2	-1,1	-0,9
16	-1,8	-1,6	-1,4	-1,3	-1,2	-1,3	-1,3	-1,3	-1,2	-1,1	-0,9
17	-1,7	-1,6	-1,4	-1,3	-1,2	-1,3	-1,3	-1,3	-1,2	-1,1	-0,9
18	-1,7	-1,6	-1,4	-1,3	-1,2	-1,3	-1,3	-1,3	-1,2	-1,1	-0,9
19	-1,7	-1,5	-1,4	-1,3	-1,2	-1,3	-1,3	-1,3	-1,2	-1,1	-0,9
20	-1,7	-1,5	-1,4	-1,3	-1,2	-1,3	-1,3	-1,3	-1,2	-1,1	-0,9
21	-1,7	-1,5	-1,4	-1,3	-1,2	-1,3	-1,3	-1,3	-1,2	-1,1	-0,9
22	-1,7	-1,5	-1,4	-1,3	-1,2	-1,3	-1,3	-1,3	-1,2	-1,1	-0,9
23	-1,7	-1,5	-1,4	-1,3	-1,2	-1,3	-1,3	-1,3	-1,2	-1,1	-0,9
24	-1,7	-1,5	-1,4	-1,3	-1,2	-1,3	-1,3	-1,3	-1,2	-1,1	-0,9
25	-1,7	-1,5	-1,4	-1,3	-1,2	-1,3	-1,3	-1,3	-1,2	-1,1	-0,9
26	-1,7	-1,5	-1,4	-1,3	-1,2	-1,3	-1,3	-1,3	-1,2	-1,1	-0,8
27	-1,7	-1,5	-1,3	-1,3	-1,2	-1,3	-1,3	-1,3	-1,2	-1,0	-0,8
28	-1,7	-1,5	-1,3	-1,3	-1,3	-1,3	-1,3	-1,3	-1,2	-1,0	-0,8
29	-1,7	-1,5	-1,3	-1,3	-1,3	-1,3	-1,3	-1,3	-1,2	-1,0	-0,8
30		-1,5	-1,3	-1,3	-1,3	-1,3	-1,3	-1,3	-1,2	-1,0	-0,8
31		-1,5		-1,3		-1,3	-1,3		-1,2		-0,8

Korrektur der Auf- und Untergangszeiten

Korrektur für geographische Länge:
(Geographische Länge des Orts – 9°)*4 Minuten

Korrektur für geographische Breite:
Deklinationabhängiger Korrekturwert für die geographische Breite des
Beobachtungsorts von der Aufgangszeit für 50° nördliche Breite subtrahieren und
zur Untergangszeit zu addieren.

Deklination / Geographische Breite	47°	48°	49°	50°	51°	52°	53°	54°
-30°	21	15	8	0	-8	-17	-27	-38
-29°	20	14	7	0	-8	-16	-25	-34
-28°	19	13	7	0	-7	-15	-23	-32
-27°	18	12	6	0	-7	-14	-21	-29
-26°	16	11	6	0	-6	-13	-20	-27
-25°	15	11	5	0	-6	-12	-18	-25
-24°	15	10	5	0	-5	-11	-17	-24
-23°	14	9	5	0	-5	-10	-16	-22

Deklination / Geographische Breite	47°	48°	49°	50°	51°	52°	53°	54°
-22°	13	9	4	0	-5	-10	-15	-21
-21°	12	8	4	0	-4	-9	-14	-19
-20°	11	8	4	0	-4	-9	-13	-18
-19°	11	7	4	0	-4	-8	-12	-17
-18°	10	7	3	0	-4	-7	-11	-16
-17°	9	6	3	0	-3	-7	-11	-15
-16°	9	6	3	0	-3	-6	-10	-14
-15°	8	5	3	0	-3	-6	-9	-13
-14°	7	5	3	0	-3	-6	-9	-12
-13°	7	5	2	0	-3	-5	-8	-11
-12°	6	4	2	0	-2	-5	-7	-10
-11°	6	4	2	0	-2	-4	-7	-9
-10°	5	4	2	0	-2	-4	-6	-8
-9°	5	3	2	0	-2	-4	-5	-7
-8°	4	3	1	0	-2	-3	-5	-7
-7°	4	3	1	0	-1	-3	-4	-6
-6°	3	2	1	0	-1	-2	-4	-5
-5°	3	2	1	0	-1	-2	-3	-4
-4°	2	2	1	0	-1	-2	-3	-3
-3°	2	1	1	0	-1	-1	-2	-3
-2°	1	1	0	0	0	-1	-1	-2
-1°	1	1	0	0	0	-1	-1	-1
0°	0	0	0	0	0	0	0	-1
1°	0	0	0	0	0	0	0	0
2°	-1	0	0	0	0	0	1	1
3°	-1	1	0	0	0	1	1	2
4°	-2	-1	-1	0	1	1	2	2
5°	-2	-1	-1	0	1	2	2	3
6°	-3	-2	-1	0	1	2	3	4
7°	-3	-2	-1	0	1	2	3	5
8°	-4	-2	-1	0	1	3	4	6
9°	-4	-3	-1	0	1	3	5	6

Deklination / Geographische Breite	47°	48°	49°	50°	51°	52°	53°	54°
10°	-5	-3	-2	0	2	3	5	7
11°	-5	-3	-2	0	2	4	6	8
12°	-6	-4	-2	0	2	4	6	9
13°	-6	-4	-2	0	2	5	7	10
14°	-7	-5	-2	0	2	5	8	11
15°	-7	-5	-3	0	3	5	8	11
16°	-8	-5	-3	0	3	6	9	12
17°	-9	-6	-3	0	3	6	10	13
18°	-9	-6	-3	0	3	7	11	14
19°	-10	-7	-3	0	4	7	11	16
20°	-11	-7	-4	0	4	8	12	17
21°	-11	-8	-4	0	4	8	13	18
22°	-12	-8	-4	0	4	9	14	19
23°	-13	-9	-4	0	5	10	15	21
24°	-14	-9	-5	0	5	10	16	22
25°	-15	-10	-5	0	5	11	17	24
26°	-15	-11	-5	0	6	12	19	26
27°	-17	-11	-6	0	6	13	20	28
28°	-18	-12	-6	0	7	14	21	30
29°	-19	-13	-7	0	7	15	23	32
30°	-20	-14	-7	0	8	16	25	35

Veränderliche Sterne

Algol

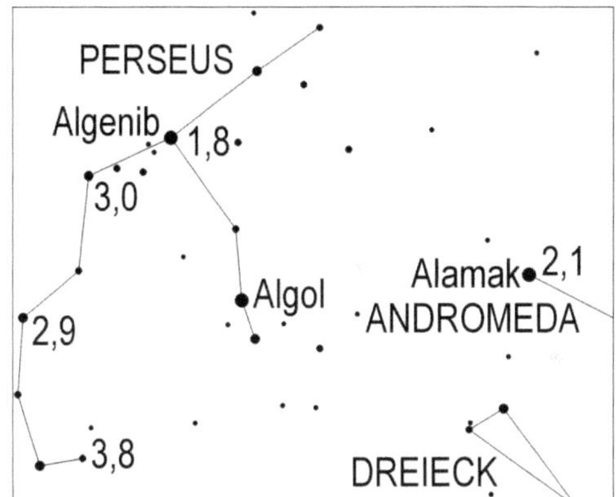

Aufsuchkarte für Algol. Die Dezimalzahlen bezeichnen die Helligkeitswerte (in mag) von Vergleichssternen zur Helligkeitsbestimmung.

Algol ist der bekannteste bedeckungsveränderliche Stern. Er hat eine Helligkeit von 2,1 mag. Alle 2,8673 Tage wird der hellere der beiden Sterne vom schwächeren bedeckt, wobei seine Helligkeit innerhalb von 5 Stunden auf 3,4 mag zurückgeht, um anschließend wieder im gleichen Zeitraum auf den ursprünglichen Wert anzusteigen. Nach einer halben Periode bedeckt die hellere Komponente des Algol-Systems die schwächere wodurch ein Nebenminimum entsteht. Dieses hat einen Betrag von unter 0,1 mag und kann mit bloßem Auge nicht erkannt werden.

Algol-Minima 2020

Es sind nur diejenigen Minima aufgeführt, die während der Nachtstunden stattfinden und bei denen Algol eine Höhe von mehr als 15° über dem Horizont hat. Alle aufgeführten Minima sind Hauptminima. (Zeiten in MEZ).

2.1.2020 20:29, 5.1.2020 17:18, 20.1.2020 1:24, 22.1.2020 22:14, 25.1.2020 19:03

11.2.2020 23:59, 14.2.2020 20:48, 17.2.2020 17:38

5.3.2020 22:34, 8.3.2020 19:23, 28.3.2020 21:08

20.4.2020 19:41

10.7.2020 2:29, 30.7.2020 4:10

2.8.2020 0:58, 22.8.2020 2:39, 24.8.2020 23:27

11.9.2020 4:19, 14.9.2020 1:07, 16.9.2020 21:56

4.10.2020 2:48, 6.10.2020 23:36, 9.10.2020 20:25, 24.10.2020 4:29,
27.10.2020 1:18, 29.10.2020 22:07

1.11.2020 18:55, 13.11.2020 6:11, 16.11.2020 3:00, 18.11.2020 23:49,
21.11.2020 20:38, 24.11.2020 17:27

6.12.2020 4:43, 9.12.2020 1:32, 11.12.2020 22:21, 14.12.2020 19:10,
17.12.2020 15:59, 29.12.2020 3:16

β (Beta) Lyrae

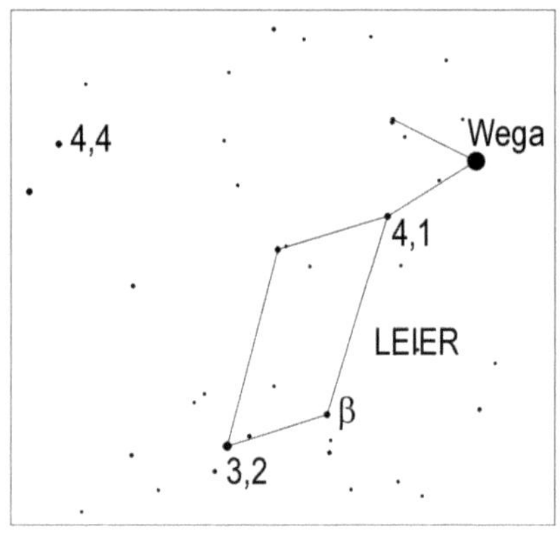

Aufsuchkarte für β Lyrae. Die Dezimalzahlen bezeichnen die Helligkeitswerte (in mag) von Vergleichssternen zur Helligkeitsbestimmung.

Die Helligkeit des bedeckungsveränderlichen Sterns β Lyrae schwankt mit einer Periode von 12,9075 Tagen zwischen 3,4 mag und 4,6 mag. Im Unterschied zu Algol ist bei β Lyrae das Nebenminimum, bei dem die Helligkeit auf 3,9 mag zurückgeht, gut beobachtbar. Es gibt bei β Lyrae auch keinen Zeitraum mit konstanter Helligkeit, sondern Haupt- und Nebenminimum folgen direkt aufeinander. Das System von β Lyrae besteht nicht nur aus den beiden, sich gegenseitig bedeckenden Sternen, sondern auch noch aus zwei Sternen, die im Fernglas bzw. Fernrohr beobachtet werden können. Ersterer hat eine Helligkeit von 7,1 mag und befindet sich in südsüdöstlicher Richtung vom Hauptsystem in 45,7" Abstand, letzterer steht 85,8" nordnordöstlich des Hauptsystems und hat eine Helligkeit von 10,6 mag.

Hauptminima von β Lyrae 2020

Es sind nur diejenigen Hauptminima aufgeführt, die während der Nachtstunden stattfinden und bei denen β Lyrae eine Höhe von mehr als 15° über dem Horizont hat. (Zeiten in MEZ).

3.1.2020 6:32, 16.1.2020 5:08, 29.1.2020 3:45, 1.10.2020 1:21, 13.10.2020 23:59,

26.10.2020 22:37, 8.11.2020 21:15, 21.11.2020 19:53, 4.12.2020 18:30,

17.12.2020 17:08

Nebenminima von β Lyrae 2020

Es sind nur diejenigen Nebenminima aufgeführt, die während der Nachtstunden stattfinden und bei denen Lyrae eine Höhe von mehr als 15° über dem Horizont hat. (Zeiten in MEZ).

9.1.2020 17:50, 18.5.2020 3:52, 31.5.2020 2:28, 13.6.2020 1:04,

25.6.2020 23:41, 8.7.2020 22:17, 21.7.2020 20:54

δ (Delta) Cephei

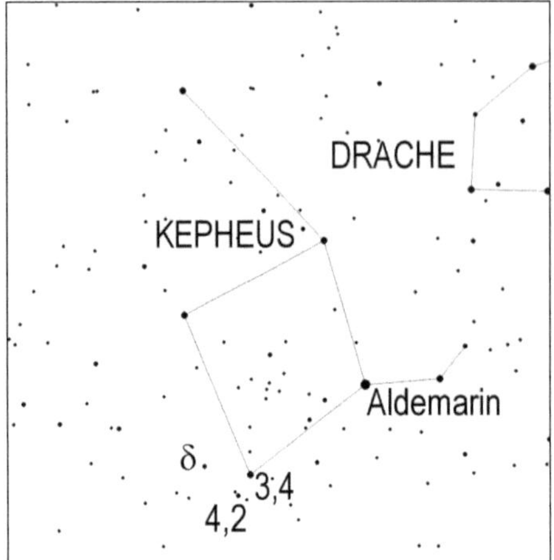

Aufsuchkarte für δ Cephei. Die Dezimalzahlen bezeichnen die Helligkeitswerte (in mag) von Vergleichssternen zur Helligkeitsbestimmung.

Die Helligkeit des physikalisch-veränderlichen Sterns δ Cephei, welcher der Prototyp einer Klasse veränderlicher Sterne ist, schwankt zwischen 3,5 mag und 4,4 mag mit einer Periode von 5,36643 Tagen. Seine Lichtkurve ist stark asymmetrisch: der Abfall von der Maximalhelligkeit zur Minimalhelligkeit dauert 4 Tage, während der Anstieg zum Maximalwert nur 1,36 Tage lang andauert.
δ Cephei hat einen 6,4 mag hellen Begleiter in 41" Abstand, der schon im Feldstecher gesehen werden kann.

Maxima von δ Cephei 2020

Es sind nur diejenigen Maxima aufgeführt, die während der Nachtstunden stattfinden. Für Beobachter in Mitteleuropa hat δ Cephei immer eine zur Beobachtung ausreichende Höhe über dem Horizont. (Zeiten in MEZ).

1.1.2020 17:38, 7.1.2020 2:26, 17.1.2020 20:02, 23.1.2020 4:50,

2.2.2020 22:26, 8.2.2020 7:13, 19.2.2020 0:49, 29.2.2020 18:25,

6.3.2020 3:13, 16.3.2020 20:48, 22.3.2020 5:36,

1.4.2020 23:11, 18.4.2020 1:33,

4.5.2020 3:56, 14.5.2020 21:30, 30.5.2020 23:52,

16.6.2020 2:14, 12.7.2020 22:09, 29.7.2020 0:31,

14.8.2020 2:53, 24.8.2020 20:27, 30.8.2020 5:14,

9.9.2020 22:49, 26.9.2020 1:11,

6.10.2020 18:46, 12.10.2020 3:34, 22.10.2020 21:09, 28.10.2020 5:56,

7.11.2020 23:32, 18.11.2020 17:07, 24.11.2020 1:55,

4.12.2020 19:31, 10.12.2020 4:19, 20.12.2020 21:54, 26.12.2020 6:42

Mira

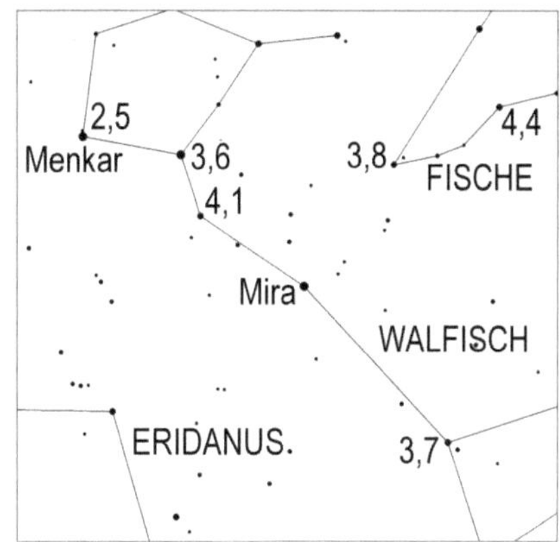

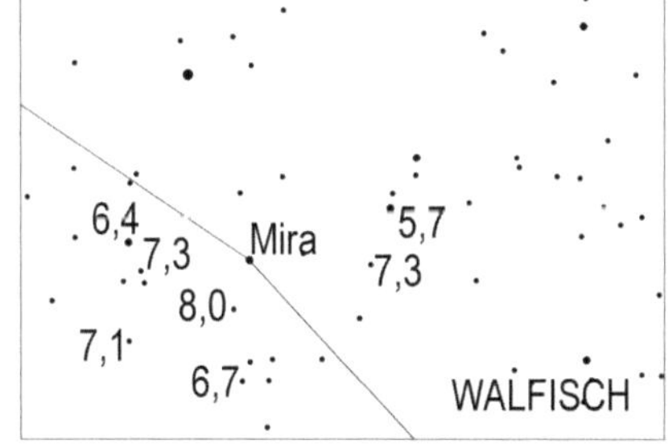

Aufsuchkarte für Mira. Die Dezimalzahlen bezeichnen die Helligkeitswerte (in mag) von Vergleichssternen zur Helligkeitsbestimmung.

Miras Helligkeit schwankt mit einer Periode von 332 Tagen zwischen 2,0 mag und 10,1 mag. Sie ist somit im Maximum mit bloßem Auge als auffälliger Stern zu sehen, während es im Minimum ein Fernrohr benötigt, um sie zu sehen. Allerdings erreicht Mira nicht in jedem Maximum 2,0 mag. Es wurden schon Maxima mit einer Helligkeit von nur 4,9 mag registriert. Miras Minimalhelligkeit fällt manchmal auch größer als der Maximalwert aus und erreichte in manchen Jahren nur 8,6 mag. Mira erreicht ihr Minimum am 18.5.2020 und ihr Maximum am 21.9.2020.

χ (Chi) Cygni

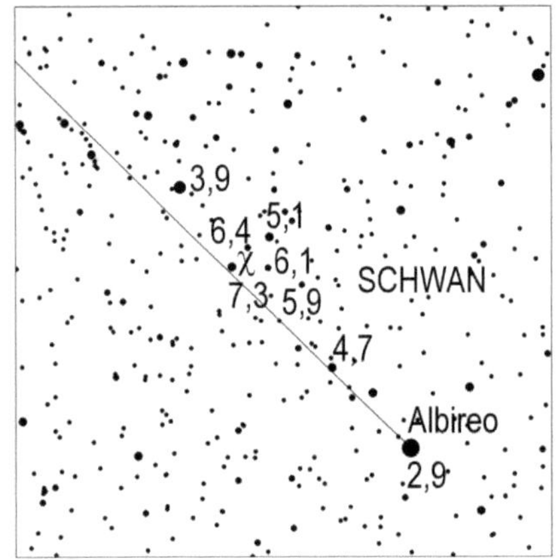

Aufsuchkarte für χ Cygni. Die Dezimalzahlen bezeichnen die Helligkeitswerte (in mag) von Vergleichssternen zur Helligkeitsbestimmung.

χ Cygni gehört zu den pulsationsveränderlichen Sternen mit dem größten Lichtwechsel, denn dieser Veränderliche vom Mira-Typ mit einer Periode von 408,7 Tagen kann im Maximum eine Helligkeit von 3,4 mag erreichen, während im Minimum seine Helligkeit auf 14,2 mag zurückgehen kann. Man kann diesen Stern somit im Maximum gut mit freiem Auge sehen, während zu seiner Beobachtung im Minimum ein Fernrohr von 30 cm-Durchmesser erforderlich ist. Wie bei Mira erreicht auch χ Cygni nicht in jedem Minimum und jedem Maximum die oben genannten Werte. Die mittlere Maximalhelligkeit von χ Cygni beträgt 4,8 mag, die mittlere Minimalhelligkeit 13,4 mag. Es wurden schon Maxima mit einer Helligkeit von 6,5 mag registriert. χ Cygni erreicht sein Maximum am 9.1.2020 und sein Minimum am 5.9.2020.

264

R Hydrae

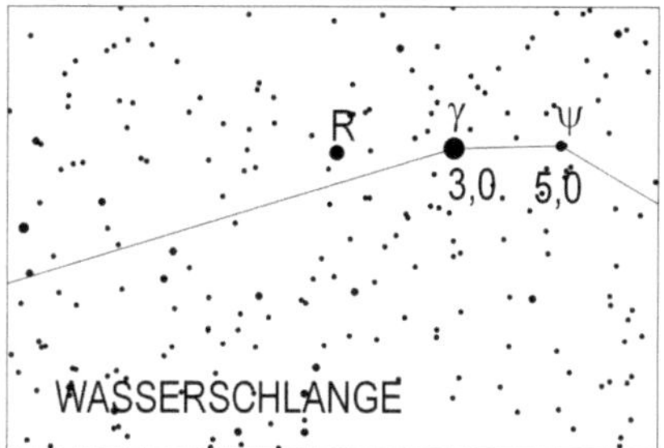

Aufsuchkarte für R Hydrae. Die Dezimalzahlen bezeichnen die Helligkeitswerte (in mag) von Vergleichssternen zur Helligkeitsbestimmung.

R Hydrae ist ein weiterer leicht beobachtbarer Mirastern, dessen Helligkeit mit einer leicht veränderlichen Periode von 389 Tagen zwischen 3,5 mag und 10,9 mag schwankt. R Hydrae erreicht sein Minimum am 30.5.2020 und sein Maximum am 7.12.2020.

R Leonis

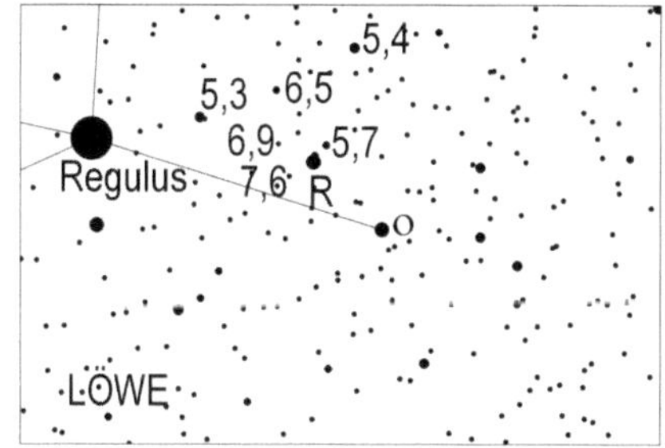

Aufsuchkarte für R Leonis. Die Dezimalzahlen bezeichnen die Helligkeitswerte (in mag) von Vergleichssternen zur Helligkeitsbestimmung.

R Leonis ist ein Mirastern im westlichen Teil des Sternbildes Löwe. Seine Helligkeit schwankt mit einer Periode von 312 Tagen zwischen 4,3 mag und 11,7 mag. R Leonis erreicht sein Minimum am 6.2.2020 und sein Maximum am 9.7.2020.

Herstellung und Verlag:
BoD - Books on Demand, Norderstedt
ISBN 978-3-7494-4943-9